普通高等教育"十二五"规划教材

能源与环境概论

李润东　可欣　主编

化学工业出版社

·北京·

本教材从化石燃料、可再生能源和新能源三方面论述能源利用与环境效益之间的关系。在化石燃料方面，介绍了我国化石能源构成的特点，以及煤、石油、天然气利用过程中产生的环境问题，减少和控制化石燃料利用产生污染的途径，国内外化石燃料清洁利用技术的最新发展状况和研究方向。在可再生能源方面，介绍了太阳能、风能、水能、生物质能、地热能和海洋能利用技术，新能源领域最新的研究成果，使学生了解该领域的前沿知识，认识到可再生能源利用在环境保护方面的巨大优势。在新能源方面，介绍了核能发展现状、现阶段利用技术和发展前景，为学生后期专业课的学习奠定基础。此外，本书涵盖了能源利用过程中各种节能技术，以及实际工程应用中的节能措施，使学生从能源生产环节和能源利用环节清晰地了解能源与环境之间的效应，为交叉学科专业的专业课学习打下良好的基础。同时，将可持续发展的内涵与特征、相关法律法规予以介绍，为从事能源与环境领域科研人员提供参考。本书既可作为能源动力工程、环境工程、新能源等专业的入门教材，又可作为引导一般工科学生了解能源与环境科学的选修教材，还可供对环境与能源感兴趣的社会人士阅读参考。

图书在版编目（CIP）数据

能源与环境概论/李润东，可欣主编. —北京：
化学工业出版社，2013.6（2024.8 重印）
普通高等教育"十二五"规划教材
ISBN 978-7-122-17306-5

Ⅰ.①能… Ⅱ.①李…②可… Ⅲ.①能源-关系-
环境-高等学校-教材 Ⅳ.①X24

中国版本图书馆 CIP 数据核字（2013）第 109553 号

责任编辑：满悦芝 装帧设计：尹琳琳
责任校对：宋　玮

出版发行：化学工业出版社（北京市东城区青年湖南街 13 号　邮政编码 100011）
印　　刷：北京云浩印刷有限责任公司
装　　订：三河市振勇印装有限公司
787mm×1092mm　1/16　印张 16½　字数 406 千字　2024 年 8 月北京第 1 版第 9 次印刷

购书咨询：010-64518888 售后服务：010-64518899
网　　址：http://www.cip.com.cn
凡购买本书，如有缺损质量问题，本社销售中心负责调换。

定　　价：38.00 元

《能源与环境概论》编写人员

主　编　李润东　可　欣

副主编　张　昀　栾敬德

参　编　沈　飞　张海军　王伟云　邓春健　袁海荣

前　言

　　能源与环境是当今世界发展的两大主题，更是关系到可持续发展的重大问题。能源是人类存在与社会发展的物质基础，是经济持续稳定发展和人民生活质量提高的重要保障。环境是人类社会赖以生存的大气、土壤、水、地质和生物等诸多因素的总和，是影响人类安全健康和社会可持续发展的关键要素。能源短缺、环境污染是当今社会面临的主要难题，利用清洁能源、保护地球环境成为21世纪科学发展的一大课题。

　　能源科学与环境科学，既自成体系，又相互交叉。能源科学是研究能源在勘探、开采、运输、转化、存储和利用过程中的基本规律及其应用的科学。环境科学是研究人类社会发展活动与环境演化规律之间相互作用关系，寻求人类社会与环境协同演化、持续发展途径与方法的科学。进入新世纪以来，解决能源、环境与可持续发展等问题无法孤立地开展研究和应用，需要借助多学科的理论和方法，能源与环境学科之间的交叉、渗透和融合愈来愈密切，本书着重体现能源与环境科学的交叉、集成与综合的特色。

　　全书分为8章，第1章绪论部分介绍能源与环境各自问题及相互关系，第2章主要阐述能源利用导致的温室效应，第3章论述化石能源利用导致的环境污染及防护，第4章论述了可再生能源对环境保护的贡献，第5章阐述核能及其对环境的影响，第6章论述了能源利用与水污染的关系，第7章阐述节能技术对环境保护的贡献，第8章主要论述能源、环境与可持续发展的辩证关系。

　　参加本书编写的人员及分工包括：李润东（第1章和第5章的一部分）、可欣（第1章和第6章的一部分）、张昀（第2章）、栾敬德（第3章）、沈飞（第4章）、张海军（第5章的一部分）、王伟云（第6章的一部分）、邓春健（第7章）、袁海荣（第8章）。

　　本书既可作为能源动力工程、环境工程、新能源等专业的入门教材，又可作为引导一般工科学生了解能源与环境科学的选修教材。

　　限于编者水平，本书难免有疏漏和错误之处，敬请读者不吝赐教，以求修正、完善与提高。

编者

2013 年 6 月

目　录

第1章 绪 论

1.1 能源利用与能源问题

能源是人类活动的物质基础。在某种意义上讲，人类社会的发展离不开优质能源的出现和先进能源技术的使用。在当今世界，能源的发展、能源和环境，是全世界、全人类共同关心的问题，也是我国社会经济发展的重要问题。

"能源"这一术语，过去人们谈论得很少，正是两次石油危机使它成了人们议论的热点。能源是整个世界发展和经济增长的最基本的驱动力，是人类赖以生存的基础。自工业革命以来，能源安全问题就开始出现。在全球经济高速发展的今天，国际能源安全已上升到了国家的高度，各国都制定了以能源供应安全为核心的能源政策。在此后的二十多年里，在稳定能源供应的支持下，世界经济规模取得了较大增长。但是，人类在享受能源带来的经济发展、科技进步等利益的同时，也遇到一系列无法避免的能源安全挑战，能源短缺、资源争夺以及过度使用能源造成的环境污染等问题威胁着人类的生存与发展。

1.1.1 能源及其分类

目前约有 20 种关于能源的定义。例如，《科学技术百科全书》："能源是可从其获得热、光和动力之类能量的资源"；《大英百科全书》："能源是一个包括着所有燃料、流水、阳光和风的术语，人类用适当的转换手段便可让它为自己提供所需的能量"；《日本大百科全书》："在各种生产活动中，我们利用热能、机械能、光能、电能等来作功，可利用来作为这些能量源泉的自然界中的各种载体，称为能源"；我国的《能源百科全书》："能源是可以直接或经转换提供人类所需的光、热、动力等任一形式能量的载能体资源"。可见，能源是一种呈多种形式的，且可以相互转换的能量的源泉。

确切而简单地说，能源是自然界中能为人类提供某种形式能量的物质资源。凡是能被人类加以利用以获得有用能量的各种来源都可以称为能源。

能源亦称能量资源或能源资源，是可产生各种能量（如热量、电能、光能和机械能等）或可作功的物质的统称；指能够直接取得或者通过加工、转换而取得有用能的各种资源，包括煤炭、原油、天然气、煤层气、水能、核能、风能、太阳能、地热能、生物质能等一次能源和电力、热力、成品油等二次能源，以及其他新能源和可再生能源。

能源种类繁多，而且经过人类不断的开发与研究，更多新型能源已经开始能够满足人类需求。根据不同的划分方式，能源也可分为不同的类型。

1.1.1.1 按来源分类

地球本身蕴藏的能量通常指与地球内部的热能有关的能源和与原子核反应有关的能源。

① 来自地球外部天体的能源（主要是太阳能）。除直接辐射外，并为风能、水能、生物能和矿物能源等的产生提供基础。人类所需能量的绝大部分都直接或间接地来自太阳。正是各种植物通过光合作用把太阳能转变成化学能在植物体内储存下来。煤炭、石油、天然气等化石燃料也是由古代埋在地下的动植物经过漫长的地质年代形成的。它们实质上是由古代生

物固定下来的太阳能。此外，水能、风能、波浪能、海流能等也都是由太阳能转换来的。

②地球本身蕴藏的能量。如原子核能、地热能等。温泉和火山爆发喷出的岩浆就是地热的表现。地球可分为地壳、地幔和地核三层，它是一个大热库。地壳就是地球表面的一层，一般厚度为几公里至 70 公里不等。地壳下面是地幔，它大部分是熔融状的岩浆，厚度为 2900 公里。火山爆发一般是这部分岩浆喷出。地球内部为地核，地核中心温度为 2000度。可见，地球上的地热资源储量也很大。

③地球和其他天体相互作用而产生的能量。如潮汐能。

1.1.1.2　按能源的基本形态分类

有一次能源和二次能源。前者即天然能源，指在自然界现成存在的能源，如煤炭、石油、天然气、水能等。后者指由一次能源加工转换而成的能源产品，如电力、煤气、蒸汽及各种石油制品等。一次能源又分为可再生能源（水能、风能及生物质能）和非再生能源（煤炭、石油、天然气、油页岩等）。根据产生的方式可分为一次能源（天然能源）和二次能源（人工能源）。一次能源是指自然界中以天然形式存在并没有经过加工或转换的能量资源，一次能源包括可再生的水力资源和不可再生的煤炭、石油、天然气资源，其中包括水、石油和天然气在内的三种能源是一次能源的核心，它们成为全球能源的基础；除此以外，太阳能、风能、地热能、海洋能、生物质能以及核能等可再生能源也被包括在一次能源的范围内；二次能源则是指由一次能源直接或间接转换成其他种类和形式的能量资源，如电力、煤气、汽油、柴油、焦炭、洁净煤、激光和沼气等能源都属于二次能源。

1.1.1.3　按能源性质分类

有燃料型能源（煤炭、石油、天然气、泥炭、木材）和非燃料型能源（水能、风能、地热能、海洋能）。人类利用自己体力以外的能源是从用火开始的，最早的燃料是木材，以后用各种化石燃料，如煤炭、石油、天然气、泥炭等。现正研究利用太阳能、地热能、风能、潮汐能等新能源。当前化石燃料消耗量很大，但地球上这些燃料的储量有限。未来铀和钍将提供世界所需的大部分能量。一旦控制核聚变的技术问题得到解决，人类实际上将获得无尽的能源。

1.1.1.4　根据能源消耗后是否造成环境污染分类

可分为污染型能源和清洁型能源。污染型能源包括煤炭、石油等；清洁型能源包括水力、电力、太阳能、风能以及核能等。

1.1.1.5　根据能源使用的类型分类

可分为常规能源和新型能源。常规能源包括一次能源中的可再生的水力资源和不可再生的煤炭、石油、天然气等资源。新型能源是相对于常规能源而言的，包括太阳能、风能、地热能、海洋能、生物能以及用于核能发电的核燃料等能源。由于新能源的能量密度较小，或品位较低，或有间歇性，按已有的技术条件转换利用的经济性尚差，还处于研究、发展阶段，只能因地制宜地开发和利用；但新能源大多数是再生能源，资源丰富，分布广阔，是未来的主要能源之一。

1.1.1.6　按能源的形态特征或转换与应用的层次进行分类

世界能源委员会推荐的能源类型分为：固体燃料、液体燃料、气体燃料、水能、电能、太阳能、生物质能、风能、核能、海洋能和地热能。其中，前三个类型统称化石燃料或化石能源。已被人类认识的上述能源，在一定条件下可以转换为人们所需的某种形式的能量。比如薪柴和煤炭，把它们加热到一定温度，能和空气中的氧气化合并放出大量的热能。我们可以用热来取暖、做饭或制冷，也可以用热来产生蒸汽，用蒸汽推动汽轮机，使热能变成机械能；也可以用汽轮机带动发电机，使机械能变成电能；如果把电送到工厂、企业、机关、农牧林区和住户，它又可以转换成机械能、光能或热能。

1.1.1.7 商品能源和非商品能源

凡进入能源市场作为商品销售的如煤、石油、天然气和电等均为商品能源。国际上的统计数字均限于商品能源。非商品能源主要指薪柴和农作物残余（秸秆等）。1975 年，世界上的非商品能源约为 0.6 太瓦年（1 太瓦年＝31.5×10^{15}千焦），相当于 6 亿吨标准煤。据估计，中国 1979 年的非商品能源约合 2.9 亿吨标准煤。

1.1.1.8 再生能源和非再生能源

人们对一次能源又进一步加以分类。凡是可以不断得到补充或能在较短周期内再产生的能源称为再生能源，反之称为非再生能源。风能、水能、海洋能、潮汐能、太阳能和生物质能等是可再生能源；煤、石油和天然气等是非再生能源。地热能基本上是非再生能源，但从地球内部巨大的蕴藏量来看，又具有再生的性质。核能的新发展将使核燃料循环而具有增殖的性质。核聚变的能比核裂变的能可高出 5～10 倍，核聚变最合适的燃料重氢（氘）又大量地存在于海水中，可谓"取之不尽，用之不竭"。核能是未来能源系统的支柱之一。

随着全球各国经济发展对能源需求的日益增加，现在许多发达国家都更加重视对可再生能源、环保能源以及新型能源的开发与研究；同时，我们也相信随着人类科学技术的不断进步，专家们会不断开发研究出更多新能源来替代现有能源，以满足全球经济发展与人类生存对能源的高度需求，而且我们能够预计地球上还有很多尚未被人类发现的新能源正等待我们去探寻与研究。

1.1.2 全球能源资源利用现状及存在问题

1.1.2.1 世界化石能源资源分布

世界上已发现的能源资源分布极其不平衡，其中煤炭资源主要分布在美国、俄罗斯、中国、印度、澳大利亚等国家；石油资源各大洲都有分布，但主要集中在中东地区及其他少数国家。石油输出国组织（OPEC）内已探明的国家石油剩余采储量占世界总量的 75.7%，其中中东地区国家占 60% 以上。按国别看，可采储量前 10 位的国家占世界总量的 82.6%。天然气资源主要集中在中东、俄罗斯和中亚地区，其俄罗斯、伊朗、卡塔尔天然气储量占世界总量的 55.7%。

1.1.2.2 多元化能源结构

统计表明，2006 年世界一次商品能源消费总量为 108.8×10^8toe（1toe＝1.4286 tce），其中石油占 35.8%，居第一位；煤炭占 28.4%，居第二位；天然气占 23.7%，居第三位；其次为水能和核能，分别占 6.3% 和 5.8%。在世界经济合作组织国家中，媒体消费的比例不断下降，天然气消费的比例已经超过煤炭。随着国际社会越来越关注环境问题以及能源技术不断进步，替代煤炭和石油的清洁能源增长迅速，煤炭和石油在一次能源总需求中的份额进一步下降，天然气、核能和可再生能源的份额将不断提高。但是，核能、风能、太阳能和生物质能的发展，除受技术因素影响外，其经济性也是一个制约因素，非化石能源大规模替代化石能源的路还很长。

1.1.2.3 气候变化对能源发展的影响

随着人们对温室气体排放和全球气候变化相互关系认识的不断加深，要求国际社会采取对策限制或减少温室气体排放的呼声越来越高。气候变化问题已经成为世界能源发展的新制约因素，也是世界石油危机后推动节能和替代能源发展的主要驱动因素。目前世界上已经有50 多个国家制定了相关的法律、法规和行动计划，提出了推动可再生能源发展的目标和途径。可以相信，未来世界能源技术势必向低碳、无碳化方向发展。

1.1.2.4　国际能源问题的政治化

目前全球石油贸易量占能源贸易量的 70% 以上。20 世纪 70 年代以来，世界石油市场经历了几次大的波动，一些石油输出国与消费国以及多种国际势力相互博弈，非供应因素对国际油价波动的影响越来越明显。中东等油气资源富集的地区受国际重大政治、军事、经济事件的影响，正常的油气贸易和投资活动受到较大的限制和干扰。此外，全球资本市场和虚拟经济的发展、金融衍生产品大量增加，各种投机资金逐利流动，也作用于石油市场。这些非供求因素的影响，给发展中国家维护本国利益设置了不小的障碍，同时给国际油气资源开发、管网修建和市场供应以及正常的企业增加了变数。

1.1.3　中国能源资源发展现状及存在的问题

1.1.3.1　中国能源资源发展现状

中国依赖其他地区的能源供应，地区动荡直接影响中国能源安全。中国并未放弃核能发展，但明显放缓步伐。

（1）地区局势动荡可能会增加中国能源安全所面临的风险　随着经济快速发展，中国能源需求不断增加。根据国际能源署预测，到 2035 年，中国将巩固自身作为世界最大能源消费国的地位，能源消费总量将比第二大能源消费国美国高出 70%，即使届时中国的人均能源消费依然不足美国的一半。

中国的能源依存度也在不断增加。1993 年，中国首度成为石油净进口国，当时的原油对外依存度仅为 6%。2000 年依存度上升到 26.7%，2009 年超过 50%，2010 年达到 53.8%。2011 年 8 月 15 日，国家发展和改革委员会（简称发改委）公布，上半年中国原油资源对外依存度为 54.8%。中国社科院 2010 年发布的《能源蓝皮书》预测，10 年后，中国原油对外依存度将达到 64.5%。国际能源署预测的形势更为严峻，认为中国的进口依存度或将升至 80%。因此，相关地区动荡将严重威胁中国的能源供应安全。

（2）中国放缓核能发展步伐　由于日本大地震，中国加强了核电站建设的安全评估工作和核安全监控，为快速发展的核电产业设置了一道"安全阀"。中国是核能发展大国，截至目前，国内正在运营的核电站 6 座，在建核电站 12 座，另有 25 座核电站在筹建。在中国 20 多年的核电发展史中，未出现过重大事故。福岛核电事故发生后，2011 年 3 月 16 日，时任国务院总理温家宝主持召开国务院常务会议，听取应对日本福岛核电站核泄漏有关情况的汇报。会议强调，要充分认识核安全的重要性和紧迫性，核电发展要把安全放在第一位。会议明确指出：调整完善《核电中长期发展规划》，《核安全规划》批准前，暂停审批核电项目包括开展前期工作的项目。

截至 2011 年 12 月，中国完成了对已经运行的 1314 个反应堆和 27 个在建机组的检查报告。国家核安全局组织了院士、专家对中国在建、已建核电机组进行了检查，结论是安全情况是可控的。《核安全规划》已由环保部审查通过，正进入下一个程序，工作已经接近尾声。国家能源局正在制定《核电中长期发展规划》。

尽管如此，中国核电发展预期已被调低。根据 2007 年公布的《核电中长期发展规划》，至 2020 年，核电装机总量将达到 4000 万千瓦；2010 年，这一目标又被调高至 8600 万千瓦。但是，2011 年，中国核电发电装机容量仅突破 1000 万千瓦，政策调整后，很难实现 2010 年设定的目标。中电联专职副理事长表示，中国的核电发展思路由"大力"发展改为"安全高效"发展。2020 年规划装机目标有可能调低至少 1000 万千瓦。核电在中国第一次能源比例中也将下调。目前核电在中国能源结构中所占的比例为 1.12%，尽管长期来看仍会有一定幅度增长，但不会超过 3%。

1.1.3.2　中国能源资源利用存在的问题

能源工业是国民经济的基础，对社会发展、经济发展和人民生活水平提高具有举足轻重的作用。在经济飞速发展的当今时代，中国能源工业面临着环境保护、资源节约、资源的科学开发与利用等多方面压力，如能源消耗量大、环境污染严重、供需矛盾突出和消费结构不合理等问题。

① 能源消耗量大。低下的技术水平和粗放的经济增长方式导致了资源消耗多。据统计，我国的能源利用率只有 32%（其中煤炭只有 6%），比发达国家低 10 多个百分点。中国火力发电每千瓦时耗煤 417 t，比美国、日本高 20%～30%。我国单位国民生产总值的能耗为日本的 6 倍、美国的 3 倍、韩国的 4.5 倍。我国单位 GNP 的能源消费量是西方发达国家的 4～14 倍；主要耗能产品的单位能耗远远高于工业发达国家；平均煤炭利用效率只有 30% 左右，比国际平均水平低 10%。

② 能源利用率低。中国能源利用效率呈上升趋势，但仍较低。中国单位 GDP 能耗处于下降态势，由 2001 年的 11.47 吨标准煤/万美元降低到 2007 年的 8.06 吨标准煤/万美元，年均下降率为 5.7%。尤其是 2004 年以来下降更快，2004～2007 年 4 年间单位 GDP 能耗下降了 3.89 吨标准煤/万美元，年均下降率为 12.3%。这表明近年来国家十分重视节能减排的工作，并取得了很大的成效。但与世界其他国家相比，中国的能源利用效率还比较低，2006 年中国单位 GDP 能耗是世界平均水平的 2.9 倍，分别是美国和日本的 3.7 倍和 5.4 倍，是印度和巴西的 1.4 倍和 3.3 倍（图 1.1）。

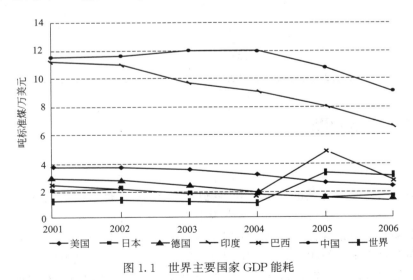

图 1.1　世界主要国家 GDP 能耗

③ 环境污染严重。我国由于能源消耗而引起的环境污染问题相当严重。以燃煤型为主的大气污染导致的酸雨覆盖区已扩大到占国土总面积的约 30%。以燃煤型为主的区域性环境污染，尤其是 SO_2 和酸雨，已成为影响某些地区经济快速发展的重要因素。此外，煤炭资

源的开采与利用还带来严重的地面污染。据统计，煤炭井工开采引起地表塌陷已达 $30 \times 10^4 hm^2$，造成农业减产，居民住房损坏；煤矸石积存量已达 3000Mt，占地面积达 $1.2 \times 10^4 hm^2$，且以 130Mt/年的速度外排，侵占了大量土地资源，对土壤、水源及周围环境造成严重污染；我国每年约有 $22 \times 10^8 t$ 矿井水外排，向大气排放 CH_4 $(80 \sim 100) \times 10^8 m^3$。

④ 供需矛盾突出。随着中国经济的快速发展，能源紧缺的矛盾日益突出，尤其是石油和天然气供需矛盾更加突出。我国能源具有"多煤、贫油、少气"的特点。数据显示，2000～2009 年，中国原油消费量由 2.41 亿吨上升到 3.88 亿吨，年均增长 6.78%，原油净进口量由 5969 万吨上升至 1.99 亿吨，对外依存度也由 24.8% 飙升到 51.29%。同时，中国石油进口源和石油运输线相对单一，进一步加剧了国家能源安全的风险。我国石化工业协会的数据显示，2009 年我国生产天然气 830 亿立方米，与上年相比增长 7.7%。2009 年我国天然气表观消费量为 874.5 亿立方米，同比增长 11.5%。与国内产量相比，国内天然气供需缺口达 40 多亿立方米，呈现供需不均衡状态。

⑤ 消耗结构不合理。中国能源主要为煤炭，中国是世界上最大的煤炭生产国、消费国及出口国；石油为中国第二大能源，并且其比例在不断增长；诸如天然气、水力、风力和核电等能源仅占很小的比例（见表 1.1）。我国的能源结构长期存在着过度依赖煤炭的问题，一直没有得到根本性的解决。能源结构的优化对能源需求总量影响很大，能源消费结构中煤炭的比例每下降 1%，相应的能源需求总量可降低 2000 万吨标准煤。在中国的一次能源消费结构中，煤炭所占的比例超过 70%，煤炭的采收和利用总效率只达到世界先进水平的一半左右。碳排放强度大，这既表明中国节能减排的空间很大，也显示目前清洁煤技术应用水平落后，需要通过加快技术研发，加大国际技术合作力度来实现化石能源的清洁化。

表 1.1 中国能源消耗总量及构成（数据源于中国统计年鉴）

年份	能源消费总量/万吨标准煤	占能源消费总量的比例/%			
		煤炭	石油	天然气	新能源
2005	224682	69.1	21.0	2.8	7.1
2006	246270	69.4	20.4	3.0	7.2
2007	265583	69.5	19.7	3.5	7.3
2008	285000	68.7	18.7	3.7	8.9
2009	306647	70.4	17.9	3.9	7.8

1.2 环境与环境问题

1.2.1 环境及其组成

所谓环境是指与体系有关的周围客观事物的总和，体系是指被研究的对象，即中心事物。环境总是相对于某项中心事物而言，它因中心事物的不同而不同，随中心事物的变化而变化。中心事物与环境是既相互对立，又相互依存、相互制约、相互作用和相互转化的，在它们之间存在着对立统一的相互关系。中国以及世界上其他国家颁布的环境保护法规中，对环境一词所作的明确具体界定，是从环境学含义出发所规定的法律适用对象或适用范围，目的是保证法律的准确实施，它不需要也不可能包括环境的全部含义。《中华人民共和国环境保护法》把环境定义为："影响人类生存和发展的各种天然的和经过人工改造的自然因素的总体，包括大气、水、海洋、土地、矿藏、森林、草原、野生生物、自然保护区、风景名胜、城市和乡村等。"

对于环境学来说，中心事物是人类，环境是以人类为主体、与人类密切相关的外部世界，即是人类生存、繁衍所必需的、相适应的环境。人类生存环境是庞大而复杂的多级大系统，它包括自然环境和社会环境两大部分。

1.2.1.1　自然环境

自然环境是人类目前赖以生存、生活和生产所必需的自然条件和自然资源的总称，即阳光、温度、气候、地磁、空气、水、岩石、土壤、动植物、微生物以及地壳的稳定性等自然因素的总和，用一句话概括就是"直接或间接影响到人类的一切自然形成的物质、能量和自然现象的总体"，有时简称为环境。

自然环境亦可以看作由地球环境和外围空间环境两部分组成。地球环境对于人类具有特殊的重要意义，它是人类赖以生存的物质基础，是人类活动的主要场所。外围空间环境是指地球以外的宇宙空间，理论上它的范围无穷大。不过在现阶段，由于人类活动的范围还主要限于地球，对广袤的宇宙还知之甚少，因而还没有明确地把其列入人类环境的范畴。

1.2.1.2　社会环境

社会环境是指人类的社会制度等上层建筑条件，包括社会的经济基础、城乡结构以及同各种社会制度相适应的政治、经济、法律、宗教、艺术、哲学的观念与机构等。它是人类在长期生存发展的社会劳动中所形成的，是在自然环境的基础上，人类通过长期有意识的社会劳动，加工和改造了的自然物质，所创造的物质生产体系，以及所积累的物质文化等构成的总和。社会环境是人类活动的必然产物，它一方面可以对人类社会进一步发展起促进作用，另一方面又可能成为束缚因素。社会环境是人类精神文明和物质文明的一种标志，并随着人类社会发展不断地发展和演变，社会环境的发展与变化直接影响到自然环境的发展与变化。人类的社会意识形态、社会政治制度，如对环境的认识程度、保护环境的措施，都会对自然环境质量的变化产生重大影响。近代环境污染的加剧正是由于工业迅猛发展所造成的，因而在研究中不可把自然环境和社会环境截然分开。

1.2.2　环境要素与环境质量

1.2.2.1　环境要素

环境要素，又称环境基质，是指构成人类环境整体的各个独立的、性质不同的而又服从整体演化规律的基本物质组分，包括自然环境要素和人工环境要素。自然环境要素通常指：水、大气、生物、阳光、岩石、土壤等。人工环境要素包括：综合生产力、技术进步、人工产品和能量、政治体制、社会行为、宗教信仰等。

环境要素组成环境结构单元，环境结构单元又组成环境整体或环境系统。例如，由水组成水体，全部水体总称为水圈；由大气组成大气层，整个大气层总称为大气圈；由生物体组成生物群落，全部生物群落构成生物圈。

1.2.2.2　环境质量

所谓环境质量，一般是指在一个具体的环境内，环境的总体或环境的某些要素，对人群的生存和繁衍以及经济发展的适宜程度，是反映人群的具体要求而形成的对环境评定的一种概念。最早是在 20 世纪 60 年代，由于环境问题的日趋严重，人们常用环境质量的好坏来表示环境遭受污染的程度。

显然，环境质量是对环境状况的一种描述，这种状况的形成，有自然的原因，也有人为的原因，而且从某种意义上说，后者更为重要。人为原因是指：污染可以改变环境质量；资源利用的合理与否，同样可以改变环境质量；此外，人群的文化状态也影响着环境质量。因此，环境质量除了所谓的大气环境质量、水环境质量、土壤环境质量、城市环境质量之外，还有生产环境质量、文化环境质量。

1.2.3　环境问题的产生与发展

人类在改造自然环境和创建社会环境的过程中，自然环境仍以其固有的自然规律变化着。社会环境一方面受自然环境的制约，也以其固有的规律运动着。人类与环境不断地相互影响和作用，产生环境问题。所谓环境问题是指由于自然原因或人类活动作用于周围环境所引起的环境结构和状态的变化，以及这种变化对人类的生产、生活和健康造成的影响现象。

1.2.3.1　环境问题的分类

按照形成的原因，环境问题可以分为以下两类。

① 原生环境问题。又称为第一环境问题，是指自然因素自身的失衡和污染引起的环境问题，如火山爆发、洪涝、干旱、地震和台风等自然界的异常变化，因环境中元素自然分布不均引起的地方病以及自然界中放射性物质产生的放射病等。

② 次生环境问题。又称第二环境问题，是指由人为因素造成的环境污染和自然资源与生态环境的破坏。人类开发自然资源时，超越了环境自身的承载能力，使生态环境质量恶化或自然资源枯竭的现象，这些都属于人为造成的环境问题，而通常所说的环境问题主要是指次生环境问题。

次生环境问题又可分为环境污染和生态环境破坏两大类。由于人为因素，使环境的化学组分或物理状态发生变化，与原来的情况相比，环境质量发生恶化，扰乱或破坏了原有的生态系统或人们正常的生产和生活条件，这种现象称为"环境污染"，又称为"公害"，如工业三废对水体、大气、土壤和生物的污染。生态环境破坏主要指人类盲目地开发自然资源引起的生态退化及由此而衍生的环境效应，是人类活动直接作用于自然界引起的，如过度放牧引起的草原退化、因毁林开荒造成的水土流失和沙漠化等。

1.2.3.2　环境问题的发展

随着人类社会的发展，环境问题也在发展变化，环境问题的发展大体经历以下四个阶段。

（1）环境问题的萌芽阶段（工业革命前）　人类社会早期因乱采、乱捕破坏人类聚居的局部地区的生物资源而引起生活资料缺乏甚至饥荒，或者因为用火不慎而烧毁大片森林和草地，迫使人们迁移以谋生存；以及奴隶社会和封建社会时期，在人口集中的城市，各种手工业作坊和居民抛弃生活垃圾都曾引起环境污染。但此时工业生产并不发达，由此引发的环境污染问题并不突出。

（2）环境问题的发展恶化阶段（工业革命至 20 世纪 50 年代）　第一次产业技术革命大幅度提高了劳动生产效率，增强了人类利用和改造自然环境的能力，大规模改变了环境自身的组成和结构，从而改变了生态系统中的物质循环系统，扩大了人类活动的范围，但同时也带来了新的环境问题。这一阶段的初期，煤炭是主要的能源，由于重工业的出现，大气中主要的污染物是颗粒物和二氧化硫；水体污染则主要是由矿山冶炼、制碱工业引起的。后期随着石油的出现，带动了有机化学工业和汽车工业的发展使环境污染更具有社会普遍性。如19 世纪后期，日本足尾铜矿区排出的废水污染了大片农田；1930 年 12 月，比利时马斯河谷工业区由于工厂排出的有害气体，在逆温条件下造成了严重的大气污染事件。但此时的环境污染尚属于局部、暂时的，其造成的危害也有限。

（3）环境问题的第一次高潮 环境问题的第一次高潮出现在 20 世纪 50、60 年代，这一时期环境问题更加突出，震惊世界的公害事件接连不断，形成了第一次环境问题的高潮，臭名昭著的八大公害事件多发生在这一时期。

① 1930 年马斯河谷烟雾事件；

② 1943 年洛杉矶光化学烟雾事件；

③ 1948 年多诺拉烟雾事件；

④ 1952 年伦敦烟雾事件；

⑤ 1953～1956 年日本水俣病事件；

⑥ 1955 年日本四日事件；

⑦ 1955～1972 年日本富山骨痛病事件；

⑧ 1968 年日本米糠油事件。

（4）环境问题的第二次高潮（20 世纪 80 年代以后） 第二次高潮是伴随环境污染和大范围生态破坏，在 20 世纪 80 年代初开始出现的。这一时期，人类经济与社会发展是以扩大开采自然资源和无偿利用环境为代价的，一方面创造了空前巨大的物质财富和前所未有的社会文明，另一方面也造成全球性的生态破坏、资源短缺、环境污染加剧等重大问题。总体而言，全球环境仍在进一步恶化，这就从根本上削弱和动摇了现代经济社会赖以存在和持续发展的基础。

1.2.4 全球性环境问题

所谓全球性环境问题是指超越国家的国界和管辖范围的、区域性和全球性的环境污染和生态破坏问题。目前国际社会最为关心的全球性环境问题主要包括：全球性气候变暖、臭氧层破坏、酸雨、森林锐减、生物多样性减少、土地荒漠化、淡水危机、海洋污染、持久性有机污染物（POPs）污染、危险废物越境转移等需要全球共同合作的环境问题。

1.2.4.1 全球气候变暖

近 100 多年来，全球平均气温经历了冷-暖-冷-暖两次波动，总的看为上升趋势。进入 20 世纪 80 年代后，全球气温明显上升。1981～1990 年全球平均气温比 100 年前上升了 0.48℃。导致全球变暖的主要原因是人类在近一个世纪以来大量使用矿物燃料（如煤、石油等），排放出大量的 CO_2 等多种温室气体。这些温室气体对来自太阳辐射的短波具有高度的透过性，而对地球反射出来的长波辐射具有高度的吸收性，就是常说的温室效应。全球气候变暖的后果，会使全球降水量重新分配，冰川和冻土消融，海平面上升等，既危害自然生态系统的平衡，更威胁人类的食物供应和居住环境。

1.2.4.2 臭氧层破坏

在地球大气层近地面约 20～30 公里的平流层里存在着一个臭氧层，其中臭氧含量占这一高度气体总量的十万分之一。臭氧含量虽然极微，却具有强烈的吸收紫外线的功能，因此，它能挡住太阳紫外辐射对地球生物的伤害，保护地球上的一切生命。然而人类生产和生活所排放出的一些污染物，如冰箱空调等设备制冷剂的氟氯烃类化合物以及其他用途的氟溴烃类等化合物，它们受到紫外光的照射下与臭氧（O_3）分子发生链式光化学反应，形成氧分子（O_2），使得臭氧迅速耗减，进而引起臭氧层的破坏。南极的臭氧层空洞，就是臭氧层破坏的一个最显著的标志。到 1994 年，南极上空的臭氧层破坏面积已达 2400 万平方公里。南极上空的臭氧层是在 20 亿年里形成的，可是在一个世纪里就被破坏了 60%。北半球上空的臭氧层也比以往任何时候都薄，欧洲和北美上空的臭氧层平均减少了 10%～15%，西伯利亚上空甚至减少了 35%。因此科学家警告说，地球上空臭氧层破坏的程度远比一般人想象的要严重得多。

1.2.4.3　酸雨

酸雨是由于大气中硫氧化物（SO_x）和氮氧化物（NO_x）等酸性污染物引起的 pH 值小于 5.6 的酸性降水。受酸雨危害的地区，出现了土壤和湖泊酸化，植被和生态系统遭受破坏，建筑材料、金属结构和文物被腐蚀等一系列严重的环境问题。酸雨在 20 世纪 50、60 年代最早出现于北欧及中欧，当时北欧的酸雨是欧洲中部工业酸性废气迁移所致。70 年代以来，许多工业化国家采取各种措施防治城市和工业的大气污染，其中一个重要的措施是增加烟囱的高度，这一措施虽然有效地改变了排放地区的大气环境质量，但大气污染物远距离迁移的问题却更加严重，污染物越过国界进入邻国，甚至飘浮很远的距离，形成了更广泛的跨国酸雨。此外，全世界使用矿物燃料的量有增无减，也使得受酸雨危害的地区进一步扩大。全球受酸雨危害严重的有欧洲、北美及东亚地区。我国在 20 世纪 80 年代，酸雨主要发生在西南地区，到 90 年代中期，已发展到长江以南、青藏高原以东及四川盆地的广大地区。

1.2.4.4　森林锐减

森林是人类赖以生存的生态系统中的一个重要的组成部分。地球上曾经有 76 亿公顷的森林，到 20 世纪时下降为 55 亿公顷，到 1976 年已经减少到 28 亿公顷。由于世界人口的增长，对耕地、牧场、木材的需求量日益增加，导致对森林的过度采伐和开垦，使森林受到前所未有的破坏。据统计，全世界每年约有 1200 万公顷的森林消失，其中绝大多数是对全球生态平衡至关重要的热带雨林。对热带雨林的破坏主要发生在热带地区的发展中国家，尤以巴西的亚马逊情况最为严重。亚马逊森林居世界热带雨林之首，但是，到 20 世纪 90 年代初期，这一地区的森林覆盖率比原来减少了 11%，相当于 70 万平方公里，平均每 5 秒钟就有差不多有一个足球场大小的森林消失。此外，在亚太地区、非洲的热带雨林也在遭到破坏。

1.2.4.5　生物多样性减少

现今地球上生存着 500 万～1000 万种生物。一般来说物种灭绝速度与物种生成的速度应是平衡的。但是，由于人类活动破坏了这种平衡，使物种灭绝速度加快。物种灭绝将对整个地球的食物供给带来威胁，对人类社会发展带来的损失和影响是难以预料和挽回的。

1.2.4.6　土地荒漠化

1992 年联合国环境与发展大会对荒漠化的概念作了这样的定义："荒漠化是由于气候变化和人类不合理的经济活动等因素，使干旱、半干旱和具有干旱灾害的半湿润地区的土地发生了退化"。1996 年 6 月 17 日第二个世界防治荒漠化和干旱日，联合国防治荒漠化公约秘书处发表公报指出：当前世界荒漠化现象仍在加剧。全球现有 12 亿多人受到荒漠化的直接威胁，其中有 1.35 亿人在短期内有失去土地的危险。荒漠化已经不再是一个单纯的生态环境问题，而且演变为经济问题和社会问题，它给人类带来贫困和社会不稳定。到 1996 年为止，全球荒漠化的土地已达到 3600 万平方公里，占到整个地球陆地面积的 1/4，相当于俄罗斯、加拿大、中国和美国国土面积的总和。全世界受荒漠化影响的国家有 100 多个，尽管各国人民都在进行着同荒漠化的抗争，但荒漠化却以每年 5 万～7 万平方公里的速度扩大，相当于爱尔兰的面积。在人类当今诸多的环境问题中，荒漠化是最为严重的灾难之一。

1.2.4.7　淡水资源危机

地球表面虽然 2/3 被水覆盖，但是 97% 为无法饮用的海水，只有不到 3% 是淡水，其中又有 2% 封存于极地冰川之中。在仅有的 1% 淡水中，25% 为工业用水，70% 为农业用水，只有很少的一部分可供饮用和其他生活用途。然而，在这样一个缺水的世界里，水却被大量滥用、浪费和污染。加之区域分布不均匀，致使世界上缺水现象十分普遍，全球淡水危机日趋严重。目前世界上 100 多个国家和地区缺水，其中 28 个国家被列为严重缺水的国家和地区。预测再过 20～30 年，严重缺水的国家和地区将达 46～52 个，缺水人口将达 28～33 亿人。我国广大的北方和沿海地区水资源严重不足，据统计我国北方缺水区总面积达 58 万平方公里。全国 500 多座城市中，有 300 多座城市缺水，每年缺水量达 58 亿立方米，这些缺水城市主要集中在华北、沿海和省会城市、工业型城市。

1.2.4.8　海洋污染

海洋总面积 3.6 亿平方千米，覆盖 71% 的地球表面，占地球总水量的 97%。海洋具有浩瀚的水域、独自的潮汐和洋流系统、比较稳定和较高的盐度（3.5% 左右）。海洋以其巨大的容量消纳着一切来自自然源和人为源的污染物，是大部分污染物的最终归宿地。随着人类活动的加剧，海洋已经遭受日益严重的人为污染，其中主要的是海洋石油污染。

造成海洋石油污染的主要原因是石油的海上运输事故、海底油井和输油管道的泄漏事故，以及其他正常输油船只的冲洗、排放等；其次是陆地油田、机动车、船只或其他机器散溢的石油和润滑油，这些废油最终进入近海。据统计，每年海运过程中流失的原油估计达 150 万吨，其他途径进入海洋的原油及石油产品总量达到 200 万～2000 万吨。

1.2.4.9　持久性有机污染物（POPs）污染

持久性有机污染物（persistent organic pollutants，POPs），在环境中难降解，具有很强的亲脂性，容易在食物链中富集，能够远距离传输，毒性极大。据统计，目前市场上约有 7 万～8 万种化学品，并且每年约有 1000～2000 种新的化学品投入市场，其中对人体健康和生态环境有危害的约有 3.5 万种；具有致癌、致畸、致突变作用的约 500 余种。由此引发的大气、水体和土壤问题日趋严重，持久性有机污染物对环境的污染问题，已经成为影响人类健康、制约区域经济发展的全球性环境问题。

1.2.4.10　危险废物越境转移

危险废物是指除放射性物质以外，具有化学活性或毒性、爆炸性、腐蚀性和其他对人类生存环境存在有害特性的废物。美国在《资源保护与回收法》中规定，所谓危险废物是指一种固体废物和几种固体废物的混合物，引起数量和浓度较高，可能造成或导致人类死亡率上升，或引起严重的难以治愈疾病或致残的废物。美国每年可产生 5000 万～6000 万吨的危险废物，通过越境向外转移的有几百万吨，如费城有 1.5 万吨的工业焚烧飞灰被倾倒在几内亚的卡萨岛上；西欧各国每年约 2.5 万吨危险废物通过越境转移。由此引发的环境污染问题屡屡发生，发人深省。

1.3　能源利用与环境保护

1.3.1　能源开发引起的环境问题

1.3.1.1　煤炭开发引起的环境问题

（1）煤矿开采引起地面塌陷　煤矿开采引起的地面塌陷是煤矿矿区一种极为普遍的地质灾害。地面塌陷对矿区的开发和农业生产环境的危害都是非常大的。随着采煤量的增加，塌陷面积将逐步扩大。每年由于煤炭开采形成的地面塌陷就约达 $(2.4\sim2.6)\times10^4 \text{hm}^2$。

岩层深处的煤采用地下开采方法。当煤层被开采挖空后，上覆岩层的应力平衡被破坏，导致上岩层的断裂塌陷，甚至地表整体下沉。塌陷下落的体积可达开采煤炭的 $60\%\sim70\%$。地表塌陷直接导致了地面建筑的损坏；影响居民的居住和生活，影响农田耕种，造成粮食减产；地表沉陷后，较浅处雨季积水、旱季泛碱，较深处则长期积水会形成湖泊；塌陷裂缝使地表和地下水流紊乱，地表水漏入矿井，还使城镇的街道、建筑物遭到破坏。开采沉陷盆地会形成地表常年积水，导致土地的盐碱化、荒漠化等。

（2）煤矿开采引起工程地质损害　煤矿开采中引起的工程地质损害主要是因为矿物被开采后，上覆岩层内部剧烈移动变形传递到地表，破坏地表斜坡的原始平衡导致的。常常表现为地表裂缝、塌陷坑、岩溶塌陷、山体滑坡、崩塌、冲击地压、矿震、煤与瓦斯突出等灾害。

接近地表的煤层采用露天开采方法。露天采煤时，先挖去某一狭长地段的覆盖土层，采出剥露的煤炭，形成一道地沟。然后将紧邻狭长地段的覆盖土翻入这道地沟，开采出下一地段的煤炭，依次类推。其结果为，平原采煤后矿区地表形成一道道交错起伏的脊梁和洼地，形如"搓板"；丘陵采煤后出现层层"梯田"。露天煤矿开采后使植被遭到破坏，地表丧失地力，地面被污染，水土流失严重，整个生态平衡被打破。

（3）煤矿开采引起水环境损害　煤炭开采除了造成采空塌陷外，还危及地下水资源，会引起各种水迁移运动所造成的各种损害（如渗漏、水土流失、冲刷、污染等），加剧缺水地区的供水紧张。随着煤炭开采强度和延伸速度的不断加大提高，矿区地下水位大面积下降，使缺水矿区供水更为紧张，以致影响当地居民的生产和生活。另一方面，大量地下水资源因煤系地层破坏而渗漏矿井并被排出，这些矿井水被净化利用的不足 20%，对矿区周边环境又造成了新的污染，严重影响了社会经济的可持续发展。同时地下水位的严重下降，也使区域内的作物大面积减产，抗御自然灾难能力下降，严重危害农业生产。水环境的破坏会造成地面植被破坏，水土流失加剧，大面积山体滑坡，影响矿区及周围的地下水与地表水水质，导致矿区周围生态环境恶化等。

煤炭开采过程中的矿井水、洗煤水和矸石淋溶水等未经完全净化就被直接排放，对四周水环境造成了严重的污染。煤炭中通常含有黄铁矿（FeS_2），与进入矿井内的地下水、地表水和生产用水等生成稀酸，使矿井的排水呈酸性。此外，矿区洗煤过程中也排出含硫、酚等有害污染物的酸性水。大量的酸性废水排入河流，致使河水污染。

（4）煤矿开采引起大气损害　煤矿开采大气损害主要有大气烟尘污染和有害气体污染。大气烟尘主要来自于煤矿爆破、矿山矿物运输、燃煤过程中排放的煤烟、粉尘。烟尘量中的"炭黑"只有 $0.6\mu m$，大量的"炭黑"聚集在一起，吸收太阳的热能，加热周围空气，形成降雨，从而改变区域大气环流和水循环。矿山有害气体主要是以 SO_2、NO_x、CO_2 为主的化合物以及矸石山自燃产生的各种有害气体，给矿区的空气质量及人们的身体健康带来极大的危害。

煤的开采、装卸、运输过程中，难免有大量细小的煤灰、粉尘飞扬，使矿区空气中的固体颗粒悬浮浓度增大，严重危害人体健康及矿区生态环境。开采出来的煤堆或地壳煤层经常会自动地缓慢燃烧。煤的自燃不仅浪费有价值的资源，而且释放一氧化碳、硫化物等有害气体，严重污染空气。

（5）噪声污染　煤矿区地面及井下各种噪声大、振动强烈的设备多，如空气压缩机、风机、凿岩机、风镐、采煤机，据华北一些煤矿的调查测试，90dB 以上的设备占 70%，其中 $90\sim100$dB 的占 45%，$100\sim130$dB 的占 25%。因此，矿山机械噪声被认为是矿区声环境污染的首要原因；其次，伴随着煤矿的不断发展，煤矿与外界的联系日益密切，车流量不断增加，载货汽车的吨位不断提高，交通噪声逐渐成为矿区噪声污染的又一主要原因。这种污染不仅损害作业职工的身心健康，对附近的居民区也有严重的影响。

（6）煤矿开采产生固体废物　煤矿生产过程中伴有大量的煤矸石外排，其利用率低，大量堆积构成煤矿矿区特有的固体废物污染，给矿区的环境治理带来极大困难。

1.3.1.2　石油和天然气勘探开采对环境的影响

（1）对土地的毁坏　采煤、采油，都要占用、浪费大量的土地资源。采油的钻台、设备，占地是自身设备的几十倍，对土地的毁坏是不可逆的。气田开采过程中产生的底层水，含有硫、锂、钾、溴等元素，主要危害是使土壤盐渍化。地面下沉，致使山体滑坡，地震的可能性大大增加，地面建筑倒塌的危险大大增加。

（2）对地下水的破坏　油气加工利用过程中会产生一些炼油废水、废气（含二氧化硫、硫化氢、氮氧化物、烃类、一氧化碳和颗粒物）、废渣（催化剂、吸附剂反应后产物）。油田勘探开采过程中往往出现井喷事件，产生大量的采油废水、钻井废水、洗井废水以及处理人工注水产生的污水，会造成地下水位降低，水质变差等污染。

（3）对空气的污染　油气开采过程中排放的硫化氢。会对空气造成污染。

（4）能源问题　石油属不可再生能源。煤和石油都是古生物的遗体被掩压在地下深层中，经过漫长的地质年代而形成的（故也称为"化石燃料"），一旦被燃烧耗用后，不可能在数百年乃至数万年内再生。

1.3.2　能源利用过程中引起的环境问题

1.3.2.1　城市大气污染

一次能源利用过程中，产生大量的 CO、SO_2、NO_x、TSP 及多种芳烃化合物，已对一些国家的城市造成了十分严重的污染，不仅导致对生态的破坏，而且损害人体健康。欧盟由于大气污染造成的材料破坏、农作物和森林以及人体健康损失费用每年超出 100 亿美元。我国大气污染造成的损失每年达 120 亿元人民币。如果考虑一次能源开采、运输和加工过程中的不良影响，则造成的损失更为严重。以采煤而言，世界每采 1×10^4 t 煤，受伤人数为 15～30 人，破坏土地 200hm²（露天矿），排出矿坑废水达 10×10^4 t。

1.3.2.2　矿物燃料的燃烧，温室效应增强

工业革命前，大气中的 CO_2 按体积计算是每 100 万大气单位中有 280 个单位的 CO_2。之后，由于大量化石能源的燃烧，大气 CO_2 浓度不断增加，1988 年已达到 349 个单位，如果大气中 CO_2 浓度增加一倍，全球平均表面温度将上升 1.5～3℃，极地温度可能上升 6～8℃。这样的温度可能导致海平面上升 20～140cm，将对全球许多国家的经济、社会产生严重影响。

1.3.2.3　酸雨

化石能源的燃烧产生的大量 SO_2 和 NO_x 等污染物通过大气传输，在一定条件下形成大面积酸雨，改变酸雨覆盖区的土壤性质，危害农作物和森林生态系统，改变湖泊水库的酸度，破坏了水生生态系统，腐蚀材料，造成重大经济损失。酸雨还导致地区气候改变，造成难以估量的后果。

1.3.2.4　核废料问题

发展核能技术，尽管在反应堆方面已有了安全保障，但是，世界范围内的民用核能计划

的实施，已产生了上千吨的核废料。这些核废料的最终处理问题并没有完全解决。这些废料在数百年里仍将保持着有危害的放射性。

1.3.3　能源与环境协调发展

　　能源的大量使用构成了能源环境问题。在能源与环境的关系中，能源对环境具有消极作用时，环境对能源也具有制约关系。能源与环境必须协调发展，其实质是要以环境保护作为制约条件促使能源的开发、加工、利用的不断合理化、最优化，达到既能满足社会经济发展对能源不断增长的需求，又能保证能源对环境的消极影响这样一个最佳目的。

　　能源与环境关系的形成可以说集中于下述三个原因：①能源消耗的全球性增长；②理想燃料的迅速减少；③能源的开发和利用所造成的环境破坏。

　　由于上述三个原因，预计能源问题在今后会有一个转折，各国在这一转折中都要做到两个适应。其一是适应较高的能源代价，保证做到合理地、无浪费地使用非再生能源；二是使能源多样化，以适应环境所允许的能源构成，以此来解决能源的需求问题。环境问题将成为决定能源政策的主要支配因素之一。随着能源需求量的增大，两者的关系将更密切，直到清洁能源充分满足人类需要。

　　环境对能源不但有制约的一面，更有促进能源开发的一面。从某种意义上说由于能源和资源没有得到合理利用而造成环境问题。在条件不变的情况下，能源利用率的提高程度与环境污染的减轻程度是成正比的，污染物作为资源回收率与环境污染减轻程度也是成正比的。因此，提高能源利用率和资源回收率就会使环境污染程度相应下降。

　　我国是世界上能耗最多的国家之一，仅次于美国和前苏联。但产品的能源和资源单耗高，废弃物排放多，每消耗一吨标准煤所提供的社会产品仅为经济发达国家的 $25\%\sim50\%$。因此，提高能源利用率和资源回收率就显得更为重要。

思　考　题

1. 什么是能源？可供人类利用的能源有哪些？如何进行分类？
2. 简述全球能源资源的现状和发展趋势。
3. 叙述我国能源利用现状及存在的问题。
4. 什么是环境问题？简述其分类和发展历程。
5. 简述环境的含义、组成及要素。
6. 当前人类面临的全球性环境问题有哪些？
7. 论述能源开发利用对环境的影响。

参　考　文　献

[1] 钱易，唐孝炎. 环境保护与可持续发展. 北京：高等教育出版社，2000.
[2] 何强，井文勇，王翊亭. 环境学概论. 北京：清华大学出版社，2004.
[3] 黄素逸，高伟. 能源概率. 北京：高等教育出版社，2004.
[4] 周乃君. 能源与环境. 长沙：中南大学出版社，2008.
[5] 崔民选. 2007中国能源发展报告. 北京：社会文献出版社，2007.
[6] 王革华等. 能源与可持续发展. 北京：化学工业出版社，2005.
[7] 卢平等. 能源与环境概率. 北京：中国水利水电出版社，2011.
[8] 黄发友. 世界能源形势及中国面临的挑战. 福州大学《形势与政策》课教案.
[9] 中国能源信息网. 我国能源消费现状与趋势. 2009-06-22.

第2章 温室效应

多年来，在关于全球环境变化的研究讨论中，受到关注最大、投入最多、争议最激烈的要算温室效应问题了。

《联合国气候变化框架公约》阐明：承认地球气候的变化及其不利影响是人类共同关心的问题，令人忧虑的是，人类活动已大幅增加大气中温室气体的浓度，从而增强了全球温室效应，使地球表面和大气层进一步增温，并可能对自然生态系统和人类产生不利影响。

2.1 温室效应的概念

自然界的一切物体都以电磁波的形式向周围放射能量，这种传播能量的方式就是辐射。一般来说，任何物体的辐射能量和辐射波长都取决于物体的温度，高温物体向外发出高能短波辐射，而低温物体则发出低能长波辐射。吸收电磁波的物体，必定放射电磁波，否则只吸收不放射，其物体的温度将无限上升。各物体的温度由于能量收支取得平衡而稳定。地球处于距太阳非常遥远的地方，只能吸收太阳放射的电磁波极小部分（仅从太阳面对地球方向放射的电磁波），而地球却从其全部表面放射着电磁波。

根据地球红外线能量计算，理论上的地球平均表面温度为254.5K（−18.5℃），也被称作地球的等价黑体温度。然而对地球平均表面温度进行实际测量，则为288K（15℃）。这里，实际与理论出现了33.5℃的差异。产生这种差异的原因在于：大气中天然存在的水蒸气（H_2O）、甲烷（CH_4）等微量气体成分，一方面能让太阳光通过，加热地球表面；另一方面，却能吸收由地球表面发射回宇宙空间的远红外线，从而对大气起加热作用，维持地球气温于一定水平，为人类和地球上所有生物提供适宜的生存温度和气候。这种现象称作温室效应，也被称为花房效应，是地球大气层上的一种物理特性。

地球从太阳得到辐射能，主要为可见光和近红外线，波长在$0.2 \sim 4\mu m$，平均太阳辐射强度为342W/m^2，其中约30%（102W/m^2）为空气分子、云、气溶胶或地面所直接反射，其余部分主要为地面吸收，变成热能，以红外线方式发射回宇宙空间，波长在$4 \sim 100\mu m$，总量达240W/m^2，因而保持能量的收支平衡。

地球能量的收支平衡如图2.1所示，假设从宇宙空间辐射到地球的太阳能为100，那么其中的30%通过云层、大气、地表面等反射，直接返归向宇宙。这30%中约20%通过云层反射，6%通过大气反射（空气扩散），剩余的4%通过地表面反射。另外的太阳能（70%），被云层、大气和地表面吸收。通过大气（水蒸气、二氧化碳、臭氧、灰尘等温室效应气体）吸收16%，通过云层吸收3%，通过地表面吸收51%。另一方面，地球将由地表面吸收的相等能量（51%）返归于宇宙。其中，作为红外线为21%（其中，15%被水蒸气、二氧化碳、臭氧等气体吸收，所以实质仅6%返归宇宙），作为水分的蒸发潜热为2356kJ/kg，作为通过对等热移动的显热为7%。这样，地球的均衡得以保持。这里所谓潜热，是指从地表面作为热传给大气的能量，这部分能量不包括地表面作为红外线而放出的。具体地说，是在蒸发时，以气化热的形式从地表面失去的能量。另外所谓显热，是反映通过空气对流等，地表热直接传递到大气中的热。

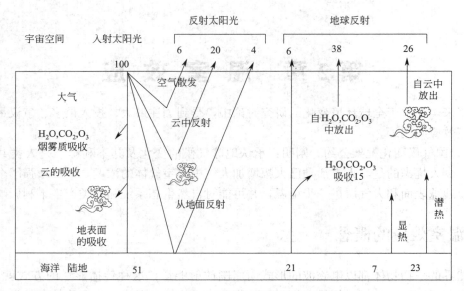

图 2.1　地球能量的收支平衡

从图 2.1 很明显地看到，地球整体吸收的能量与放射的能量充分达到均衡。另外它还与纬度有关系。从北纬 5°到南纬 35°的低纬地区，两半球吸收的能量都比放射的能量大；相反，越过 35°的高纬度地区，两半球较之吸收的能量，放射的能量更大。作为整体，通过在低纬度地区过剩吸收能量，在高纬度地区过剩放射能量，从而取得平衡。

温室效应使地球成为生物能够生存的温暖世界，但目前随着人类生产和生活活动的规模越来越大，向大气排放了过量的一些气体，远远超过了自然所能消纳的程度，导致这类微量气体在大气中迅速积聚，从而使地球大气的温室效应增强，造成气温上升和全球气体的变化。由此影响到地球生物圈的稳定和人类社会生活，成为持续发展所面临的最重大的环境问题。

2.2　温室效应气体

在《联合国气候变化框架公约》中，把"大气中那些吸收和重新放出红外辐射的自然和人为的气体成分"称为温室效应气体，或简称温室气体。大气中主要的温室气体有水蒸气（H_2O）、二氧化碳（CO_2）、甲烷（CH_4）、一氧化二氮（N_2O）、臭氧（O_3）和氯氟烃（CFCs）等。

大气中温室效应的气体的存在量极低，水蒸气只有大气总量的 0.5%，二氧化碳仅占大气总量的 0.04%，其他气体所占份额更少。任何一种气体，在同样的温度中，以同样的压力，在同一体积中，其所含分子数相同。这样，比较气体体积，也就成了比较气体的分子数。通常，把 0℃，1atm（101325Pa）的状态称作标准状况。如果把地球的全部大气换算成这一标准状态，那么大约厚达 8000m。如把温室气体分别换算为各自的标准状况，那么二氧化碳浓度（本节气体浓度均为体积分数）为 $350×10^{-6}$，厚度约为 2.8m；甲烷浓度为 $1.7×10^{-6}$；厚度约为 1.4m；臭氧浓度为 $400×10^{-9}$，厚度约为 3mm；一氧化二氮浓度为 $310×10^{-9}$，厚度约为 2.5mm；氟利昂浓度为 $400×10^{-12}$，厚度约为 3μm。

温室气体占大气层不足 1%，虽然含量甚微，但其微小的变化波及环境的影响却非常重大。水蒸气是自然温室气体的代表，它在吸收红外线方面起十分重要的作用。实际上，大气层所吸收的红外线中 90%是水蒸气、云和 CO_2 去完成的，其余 10%才是由其他痕量气体完成。不过，现在作为全球气候变暖原因的温室气体，主要是指人类活动所增加的气体成分，如二氧化碳、甲烷、一氧化二氮、对流层臭氧、氯氟烃等，这也是人类能够主动控制的部分。大气层中的水蒸气并不直接受人类活动所影响。

2.2.1　二氧化碳（CO_2）

CO_2 是数量最大的温室气体，约占大气总容量 0.04%。二氧化碳是一种无色、无味的气体，既不可燃，又不助燃，比氧气或氢气更易溶解于水。CO_2 相对分子质量为 44，标准状态下的密度为 $1.976kg/m^3$，是空气密度的 1.52 倍。二氧化碳的临界压力为 7.29MPa，临界温度为 31.1℃，加压容易变成无色液体，当液态的二氧化碳暴露在空气中时，其中一部分迅速蒸发并吸收大量的热，使其余部分液态二氧化碳的温度急剧下降，凝成雪花状的固体。固体二氧化碳可直接升华，其升华潜热为 590.34J/g，产生 -78℃低温，因此是一种良好的制冷剂。经过压缩的固体二氧化碳外形像冰，称作干冰。二氧化碳分子热稳定性很高，在 2000℃的高温下，只有 1.8%分解成 CO 和 O_2，因此二氧化碳在低空大气中相当稳定，不发生任何化学反应，一般在大气中停留 5～10 年。二氧化碳与水混合时，呈弱酸性，可腐蚀某些普通金属，但对铜类及不锈钢金属不腐蚀。二氧化碳是一种无毒气体，对人体无显著危害作用。

大气 CO_2 浓度的上升，主要是人为因素造成的，包括土地利用破坏植被的自然排放和燃烧矿物燃料的人工排放。根据联合国环境规划署（UNEP）估算，热带地区的土地利用改变释放出的 CO_2 每年约 1.33 亿吨碳，而燃烧矿物燃料、生产水泥等人工排放的 CO_2 量则高达每年 55 亿吨碳，如表 2.1 所示。

表 2.1　全球人为因素排放二氧化碳情况（以 C 计）　　　　$\times 10^6$ t/a

年度	固体燃料	液体燃料	天然气	气体着火	火泥生产	合计
1950	1078	423	97	23	18	1639
1952	1127	504	124	26	22	1803
1954	1123	557	138	27	27	1872
1956	1281	679	161	32	32	2185
1958	1344	732	192	35	36	2339
1960	1419	850	235	39	43	2586
1962	1358	981	277	44	49	2709
1964	1442	1138	328	51	57	3016
1966	1485	1325	380	60	63	3313
1968	1456	1552	445	73	70	3596
1970	1571	1838	515	88	78	4090
1972	1587	2056	582	95	89	4409
1974	1591	2244	616	107	96	4654
1976	1723	2313	644	110	103	4893
1978	1802	2384	672	106	116	5080
1980	1921	2409	721	78	120	5248
1982	1986	2188	724	56	121	5075
1984	2080	2200	783	47	128	4238
1986	2250	2297	827	45	136	5555

2.2.2 甲烷（CH_4）

仅次于 CO_2 成为问题的温室气体是 CH_4。CH_4 主要由厌氧微生物活动产生，其增长与世界人口的增长趋势一致。大气中 CH_4 的浓度，在 200 年前大约为 0.8×10^{-6}，100 年前增加到 0.9×10^{-6}。根据冰川生物气泡分析，CH_4 也与 CO_2 一样，从 18 世纪中叶开始增加，进入 20 世纪后期，呈急剧增加势态，如图 2.2 所示。大气中 CH_4 现在存留 49 亿吨，每年以 1% 的比例增加。按目前的速度发展，到 2030 年，大气中甲烷约比现在增加 40%，达到 2.34×10^{-6}，2050 年可上升到 2.5×10^{-6}。

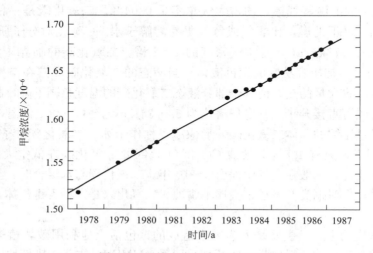

图 2.2 甲烷在大气中浓度的变化

大气中 CH_4 浓度的纬度分布与 CO_2 一样，北半球中、高纬度的 CH_4 浓度高，南半球低，这表明与人类活动密切相关。北半球中、高纬度与南半球的平均浓度差约 130×10^{-9}，南半球比北半球滞后 7~8 年。与此相比，南北半球的 CO_2 浓度相差约 3×10^{-6}，南半球仅比北半球滞后 2 年。这表明，CH_4 在大气中易被氧化成其他物质，寿命不长。现每年平均排放到大气中的 CH_4 约有 4.25 亿吨，但积累量只有约 5000 万吨，约有 3.75 亿吨被氧化破坏了。CH_4 的主要来源是沼泽、稻田，其他尚有生物燃烧、固体有机物地下分解和天然气逸散以及煤矿逸出等，如表 2.2 所示。

表 2.2 大气中甲烷的来源

来源	排出量/（$\times10^6$t/a）	来源	排出量/（$\times10^6$t/a）
反刍动物	70~100	燃烧天然气	55~100
稻田释放	70~100	煤矿释放	35
沼泽地/湿地	25~70	其他来源	1~2
海洋湖泊和其他生物活动场	15~35	合计	300~550

在大气中 CH_4 主要与 OH 基反应，而 OH 基浓度可因与 CO 反应而降低。由于化石燃料的不完全燃烧而使大气中 CO 增加，相应地也减少了 OH 基的浓度，因之也减少了 OH 基与 CH_4 的反应，从而导致大气中 CH_4 的增加。这被认为是大气中 CH_4 增加的间接原因，但至今几乎未做过定量的研究。

2.2.3 一氧化二氮（N_2O）

N_2O 毒性强，吸进人体，面部局部痉挛表现出笑状，因而又被称作"笑气"。N_2O 是一种极稳定的化合物，它在大气中平均存在 150 年，因而可在大气中不断积累。在对流层，它是一种重要的温室气体。当它上升到平流层时，它将破坏地球的臭氧层。N_2O 既由天然产生，也由人为产生。N_2O 浓度的历史性增长率与矿物燃料，特别是煤和燃油的利用增长密切相关。

据 UNEP 报告，每年由土壤产生的 N_2O 为 600 万吨，海洋和淡水水域产生 200 万吨，燃烧矿物燃料产生 190 万吨，燃烧沼气产生 100 万～200 万吨，含氮肥料的施用产生 60 万～230 万吨，其他尚有毁林和发电等，总计每年约产生 1200 万～500 万吨。

从 1880～1980 年 100 年间，排入大气中的 N_2O 已由每年 900 万吨上升至 1400 万吨。从 1940 年开始，大气中 N_2O 浓度开始出现明显增长趋势，当时的含量约为 285×10^{-9}。目前，大气中 N_2O 的含量约为 310×10^{-9}，每年增加 0.8×10^{-9} 左右，约以 0.26% 的速度增加，增长情况如表 2.3 所示。

表 2.3　大气中一氧化二氮含量增长情况　　$\times 10^{-9}$

年度	南半球	北半球	年度	南半球	北半球
1975	297	297	1985	307.3	307.5
1980	303.4	303.8	1988	310.4	308.9

2.2.4　对流层臭氧（O_3）

O_3 在平流层由于氟利昂增加而遭到破坏，不断减少，这就是臭氧层环境问题。O_3 在对流层反而增加，这又造成温室效应气体的环境问题。近年，氮氧化物等污染物导致对流层 O_3 的增加令人关注。根据欧洲观察，地面上的 O_3 含量在 19 世纪末～20 世纪初大约在 10×10^{-9} 的水平，最近有显著增加的趋势，年增长率达 2%～3%。这样的增长势头在其他地方也已观察到了，如阿拉斯加的巴罗，年增长约 0.8%，夏威夷岛约 1.4%。对流层中臭氧增加的趋势甚至在高空的游离大气中也已观察到。有报告称，北半球中纬度游离大气中的臭氧年增加率为 0.5%～3%。但至今尚未在南半球发现像北半球那种显著增加的现象。

对流层 O_3 增加的主要原因是人为排放 NO_2 所致。NO_2 光解生成氧原子，氧原子将空气中的氧分子氧化而生成 O_3。控制对流层臭氧浓度变化速率的过程是复杂的，而且还没有完全被认识。O_3 浓度在不同的地理位置、纬度和经度，在一天不同的时间也大不相同。目前对 O_3 只有一些零星观察，对其全面尚未把握。

2.2.5　氯氟烃（CFCs）

CFCs 是一种主要的破坏大气臭氧层物质，同时也是主要的温室气体之一。CFCs 化学性质稳定，能在大气中长期存留。随着生产和消费的增加，大气中的 CFCs 也在逐步增加，如表 2.4。CFCs 中以 CFC-11 及 CFC-12 较为重要，因为其浓度比较高以及它们对平流层内的 O_3 有很大影响。两者都是每年增加 5%，是威胁物质。

表 2.4　大气中氟氯烃增长情况　　$\times 10^{-12}$

年度	CFC-11		CFC-12	
	北半球	南半球	北半球	南半球
1975	120	86	200	165
1980	179	59	307	270
1985	223	505	384	354
1988	261	38	46	392

CFCs 广泛用作制冷剂（占 31.1%）、发泡剂（占 20%）、清洗剂（占 14.6%）、喷雾剂（占 19.7%）、灭火剂（占 2.0%）以及溶剂等。全世界每年生产和消费的 CFCs 量达 100 多万吨，年增加率约 5%。

温室气体还有许多，这里仅对上述几种做简要介绍。

2.3　温室效应作用

20 世纪 80 年代的研究结果认为，人为造成的温室气体对全球温室效应的贡献为：CO_2 占 55%，CFCs 占 24%，CH_4 占 14%，H_2O 占 6%，其他气体占 1%。人工微量气体虽然微乎其微，但温室效应较 CO_2 则很高，已处于不可忽视的状况。各种温室气体对地球的能量平衡有不同程度的影响。为了帮助决策者量度各种温室气体对地球变暖的影响，政府间气候变化委员会（IPCC）在 1990 年的报告中引入"全球变暖潜能"的概念。"全球变暖潜能"反映了温室气体的相对强度，其定义是指某一单位质量的温室气体在一定时间内相对于 CO_2 的累积辐射力。辐射力的定义是由于太阳或红外线辐射分量的转变而引起对流层顶部的平均辐射改变。辐射力影响了地球吸收和释放辐射的平衡。正值的辐射力会使地球表面变暖，负值的辐射力使地球表面变凉。全球变暖潜能含有一些不确定因素，以 CO_2 作为相对比较，一般约在 ±35%。

大气中温室气体的累积而造成温室效应的增强将首先使地球气温上升，气候变暖，并由此导致海平面上升以及地球生态的一系列变化。

2.3.1　气候变暖

在漫长的地球历史中，气候始终处于变化和波动之中。引起地球系统气候波动的原因很多，可归纳为天文原因和人为原因两点。天文原因也可称自然因素，有太阳活动、地球轨道参数的改变、地外物体的撞击等。人为影响有燃烧化石燃料释放大量的温室气体、砍伐森林以及耕地减少等土地利用方式的改变间接改变了大气中温室气体的浓度等。

最新分析表明，过去的 100 年中，全球地表温度平均上升了 0.6℃。目前，各种气候模型都是以 CO_2 增加所导致的气候变暖为对象进行预测的。有的气候模型预测结果指出，如果大气中 CO_2 浓度增加 1 倍，全球温度将上升 3～5℃，这比过去 1 万年地球平均气温的变化还要大。IPCC 利用有关气候模式模拟结果还说明，21 世纪内全球平均气温将以每 10 年 0.2～0.5℃的速率持续升高。如果化石燃料消耗减少，2050 年的升温也许可控制在 0.3℃左右。这样的升温将给地球上各种类型的生态系统形成巨大威胁，对人类生活也产生直接和间接的影响。

温室效应无疑是全球变暖最重要的原因之一，但是全球变暖绝不是仅仅因为温室效应增强。两者之间的关系相当复杂，也是人们长时间争论的焦点，至少现在还有较大的意见分歧。

2.3.2　海平面上升

全球变暖将导致海水受热膨胀、冰川和格陵兰及南极洲上的冰溶解使海洋水分增加，因而造成海平面上升。

根据燃料的不同消耗速度和大气 CO_2 的不同增长率，预测到 2050 年，海平面可能比 1980 年上升 12.0～27.5cm。或者说在 CO_2 增加 1 倍的情况下，海平面上升（65±35）cm，这种情况是完全可能出现的。13 万年前地球气温比现在高约 23℃，海平面也比现在高 6m 左右。IPCC 对海平面上升的预测幅度较宽，认为到 2100 年，海平面将上升 13～94cm，但最可能的上升幅度是 49cm。

据美国国家海洋大气管理局的研究报告，世界大洋温度正以每年 0.1℃的速度升温。有关分析表明，全世界海平面在过去的 100 年里平均上升 14.4cm，我国沿海海平面也平均上升 11.5cm，海平面上升已是一种既成事实。

海平面的显著升高将严重威胁低地势岛屿和沿海低洼地区，带来一系列的政治、经济影响。全世界人口约三分之一生活在距海岸 60km 以内的地带。沿海也是世界经济和财富最集中的地区。美国 9 座最大的城市就有 7 座在沿海。中国的海岸线绵延 32000km，三大平原也分布在沿海地带，并坐落着广州、上海、天津等大中城市。由于这些平原地区海拔大多只有几米，甚至低于海平面，目前已受到海水侵蚀和盐渍化等问题的困扰。估计在未来海平面上升后，风浪和海侵将会给中国的沿海地区带来重大经济损失，这是我们必须面对的现实。日本东京和大阪等地，处在海拔 0m 地带的居住人口超过 410 万人，当海面水位上升 1m 时土地和建筑物等相当于 1.09 亿日元的资产将被淹没水下。如果海平面上升 1m，低地势的孟加拉国国土的 17%将被海水淹没，损失的资产总额将占 28.5%，并产生大量难民。南太平洋珊瑚礁形成的国家，由于海平面持续上升，国土将被海水淹没，国家陷入危机。海平面上升也将给国际社会带来严重的政治、经济问题。

海平面上升会破坏沿海生态系统。沿岸沼泽地区消失肯定会令鱼类，尤其是贝壳类的数量减少。河口水质变咸会减少淡水鱼的品种数目，相反该地区海洋鱼类的品种也可能相对增多。至于整体海洋生态所受的影响仍未能完全清楚知道。

2.3.3　水分平衡变化

全球降雨可能会增加，但是地区性降雨量的改变则仍未知。某些地区可能会有更多雨量，但有些地区的雨量可能会减少。此外，温度的提高会增加水分的蒸发，这给地面上水源的运用带来压力。

虽然对气候变暖后降水的丰度和区域分配的变化还难以预测，但 Wigley 等借助历史资料研究了 1925～1974 年北半球 200 多个气象站的记录，发现暖年份和冷年份降水有明显差异。从冷的年份到暖的年份，欧洲大部、美国、西非、中亚、东北亚和印度地区，雨量减少；而加拿大、东非和阿拉伯半岛、东南亚和东亚，雨量增加。美国气候学家 Kellogg W. W 根据冰川后期高温时期的植被分布，推断当大气 CO_2 浓度增加 1 倍时，俄罗斯、美国会变干，而非洲和印度、澳大利亚则都会明显变湿。

有关研究表明，由温室效应造成的升温是高纬度区增温大，低纬度区增温小；降水则是低纬度降水量增加，中纬度夏季降水减少。这可能是由于北方增温大，减弱了冷空气的势力，使锋面活动减弱，从而减少降水。

我国有人根据 1470 年以来中国冷暖和干湿变化的气候序列，推测出在全球变暖情况下，中国降水的区域性变化。变干的地区有：黄河流域的陕西东部、山西、河北西部、河南和山东、长江流域的湖北大部、安徽、江苏、湖南北部、江西大部、浙江和贵州南部，还有广西、广东和福建沿海。变湿的地区有：黄河河曲以上，广江宜昌以西，银川和包头一带河套地区，重庆以西地区等。

2.3.4　影响热带气旋

热带气旋生成的必要条件之一是洋面的海水温度在 27.5℃以上。热带气旋胚胎 93%是在赤道辐右带（ITCZ）上形成。因此，热带气旋生成的位置及数量的多少，与ITCZ位置及所在区域的海水温度有关。这两点恰好与全球气温变化有密切联系。

气候变暖对热带气旋活动规律可能有三方面的影响。第一，使海水升温，27.5℃海水等温线向高纬度方向推进，有可能使热带气旋生成范围向北扩大。第二，由于高纬度升温比低纬度明显，经圈方向温度梯度将减少，最终使纬度大气环流发生改变。气候模拟指出，经圈方向温度梯度如变化15℃，可使副热带高压所在纬度变化10°，二者反相关。同时，若赤道和高纬度之间的温度梯度减少，副热带高压将向北移，ITCZ北移，热带气旋发生的位置将比现在的位置偏北。第三，副热带高压位置北移，将使热带气旋的转向点和登陆点亦偏北，热带气旋的移动速度可能有所变化。

西北太平洋是热带气旋发生频率最高的区域，平均每年生成36.8个热带气旋，达到热带风暴强度的平均每年28.3个，占全球的38%。我国是受热带气旋影响最多的国家，强热带气旋造成的损失十分巨大。1988年7月台风在浙江登陆，风力达九级以上，使1050万人受灾，倒塌房屋66935间，沉没船只1000多艘，农作物受损面积3267万亩，直接经济损失10亿元以上。对20世纪80年代前8年热带气旋活动规律进行分析得出，热带气旋生成位置北偏明显，登陆位置有北移趋势，登陆浙江以北的频数比前30年明显增多；热带气旋转向点的平均纬度29.5°N，亦比常年平均位置偏北0.5°。这些统计结果与气温变暖对热带气旋的影响趋势相吻合。温室效应对厄尔尼诺现象也将有很大影响。

2.3.5 农业的变化

气候变化对农业生产产生非常复杂的影响，正面影响和负面影响相互交织，如图2.3所示。气候变化对农业生产的正面影响主要有三个方面。一是大气中CO_2浓度升高后，植物光合作用会有所增强，作物生产力也会随之提高。二是气温升高后作物的生长期延长，有助于提高产量。三是降水量的增加也会促进作物生长，减少旱灾的影响。负面影响也可以概括为三个方面。一是在一些地区，特别是中纬度内陆地区，由于干燥程度增加，作物遭受干旱的频率增加，会造成减产。二是气温升高会使作物耕作周期缩短，物质积累有所减少，质量下降。三是海平面上升会增加沿海和平原地区的洪涝灾害和土壤盐渍化程度。此外，一些学者认为气温升高会使农业病虫害有所加剧，从而造成减产。但目前还缺乏充分的理论依据。

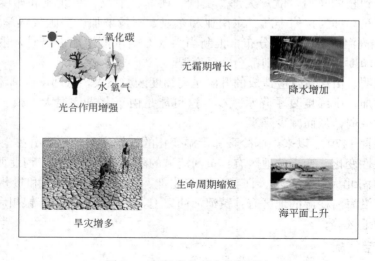

图2.3 气候变化对农业的影响

温室效应所产生的影响十分复杂，以上仅仅是依据局部的观测事实和模式所做的估测，带有很大的不确定性。很明显，温室效应在全球的影响有很大的不一致性。

我国农业是受气候变化影响最严重的经济部门，全球气候变化对我国农业的影响，可能既有有利的一面，也有不利的一面。气候变暖将造成全球降水量、蒸发量和土壤含水量的变化。升温将促进蒸发，从而在一定程度上增加降水量，但是升温将造成各地区降水量分布的不均匀，甚至在某些地区（如我国北方）降水量减少，土壤含水量减少，从而加剧干旱和沙漠化进程。当大气中二氧化碳的浓度增加 1 倍时，我国的各种温度带向北移动将达 4 个纬度。这将有助于减弱霜冻对作物的危害，如果其他因素维持不变，可望使作物播种形式增多，并由于 CO_2 的"肥料效应"增强光合作用（虽然实验室研究结果表明，CO_2 浓度的增加可使某些作物增产 50%，但是这种增产趋势会逐渐下降，最终会接近正常 CO_2 水平下的农作物产量）。然而，温度升高，将加剧土壤水分的蒸发，我国的研究结果也表明，温度每升高 1℃，土壤蒸发量将增加 5%～10%。因此当二氧化碳浓度增加 1 倍时，我国的许多地区将变得更加干燥。在蒸发量多于降水量的地区，额外的灌溉将加剧土壤遭受再次盐渍化的威胁。由于气候变化的缘故，我国各个地区将遭受土壤侵蚀的更大威胁。海平面上升将淹没一些沿海地区，并使低海拔地区洪水泛滥和暴雨更为频繁，台风袭击更为猛烈，排水更为不畅。在三角洲地区，海水入侵将造成农田退化及地下水的盐渍化。随着温度升高，虫害和杂草在春天出现得更早，而在秋天持续时间更长，造成作物严重受损及虫草治理开支的增加。

气候增暖可能使作物的生长季延长，使作物的分布区域向北移动。随着全球气候的变暖，在北方生产谷物的地区特别是在东北和青藏高原，气温升高使作物生长速率增加，使适合作物生长的生长季变长，无疑会使作物增产。但是，温室效应带来的暖湿条件也有不利于作物生长的方面，温室效应能使病虫害发生、蔓延的区域范围发生改变，如锈病，它目前对农作物的损坏不算太大，但是增暖后锈病造成的损失会显著增加。阴雨天气不利于收获，闷热天气有利于害虫繁殖和病害传播，作物分布区向高纬度移动有可能使耕作区移到土壤贫瘠的地区。此外，农业系统对气候的敏感性也非常重要，我国的生产水平低、产量不稳定、粮食储备少、进口能力弱，对气候的敏感性较大。还有，气温升高不是对所有的作物都有利，气温升高对耐寒植物如大麦、牧草、浆果等都是不利的。尽管我国的三季稻的种植面积会有所增加，但由于可用水减少，预计平均产量仍然要下降。通过风险影响作物生产的多种因素，如气温、降水、CO_2 肥料效应、蒸发、暴雨、洪水、病害及作物适应性，我国研究人员估算了当二氧化碳浓度倍增时，一些作物，如小麦、水稻和棉花产量可能的减降。从有关机构建立的动态模型模拟的未来 CO_2 倍增情景下，气候变化对我国五种主要作物影响的最新模拟结果来看，小麦、玉米和水稻最高产量变化幅度在 −21.4%～+54.7% 之间，大豆为 −43.8%～+80.3%，棉花为 +13.5%～+93.0%，其变化随所用的 GCM 气候情景和模拟地点的不同而异。显然，其平均值也并不能代表一般状况。在还不能完全解决技术上的不确定性的今天，给出这样一些可能的范围是正常的，相反，如果给出的是一个或几个确切的值，那倒不正常了。研究表明，上述产量下降的经济影响，在很大程度上可以通过农业水平的适应措施、国际贸易和 CO_2 的肥效作用得到补偿或抵消。

气候变化还将不可避免地对我国的种植制度产生影响。由于气候变暖，将使我国长江以北地区，特别是中纬度和高原地区的生长季开始的日期提早、终止的日期延后，潜在的生长季有所延长；还将使多熟种植的北界向北推移，有利于多熟种植和复种指数的提高。北移的大致范围将是那些在现气候条件下居于过渡带的区域。河套、河西地区和辽河平原一年两熟的概率会显著地增大；江淮平原、滇黔边境高原和贵州高原的三熟制概率亦会明显提高。

2.4 温室效应控制

全球气候变化是当代和后代人类持续发展所面临的严重挑战。全球气候变暖主要是人类活动过多地排放温室效应气体、干扰地球大气的热量平衡造成的。因此，控制全球气候变暖主要从控制温室气体排放着眼。在各种温室气体中，CO_2 排放量最大，CO_2 占温室效应份额亦最多，因而成为气候变暖控制的战略焦点。在稳定大气 CO_2 的努力中，有两个基本方向：一是减少化石能源消耗所排放的 CO_2 量，即控制 CO_2 排放源；二是增加自然界吸收 CO_2 的量，即增加 CO_2 的汇集。据计算，今后要把 CO_2 浓度保持在目前水平，有必要把 CO_2 的排放量削减 50%～80%（平均 60.5%），将现在 CO_2 的排放量换算为碳量，每年为 60 亿吨。把它削减 60.5%，就意味着至少要削减约 30 亿吨。怎样有效地控制温室效应，防止全球气候变暖，是一个很值得人们深入研究的问题。

2.4.1 改变能源结构

自第二次世界大战后，世界能源的消费量一直持续增长。全世界在消费的能源类别方面，依次为石油、煤、天然气。1973 年石油危机后，石油消费受抑，煤、天然气的利用增加。中国的用煤比例最大，占近 8 成。发展中国家仍较多依赖薪柴、木炭、畜粪等传统能源。撒哈拉以南的非洲国家，传统能源占 7 成。1986 年，世界的一次能源消费中，石油占 41%，煤占 24%，天然气占 17%，水力 3%，原子能 2%，生物质能 15%，太阳能、风能和地热总计不足 1%。CO_2 排放量多少不仅与化石燃料消耗量有关，而且与能源结构有关。煤在产生同样热量时，放出的 CO_2 比 CH_4 多 2 倍。煤在世界一次能源消费中占 24%，但 CO_2 排放量却占 39%。如果用天然气代替煤和石油，那么在获得等量热量的情况下，就可以大大降低排到大气中的 CO_2 量。目前，世界上很多国家正扩大天然气等低碳能源使用量。

2.4.2 提高能源利用效率

提高能源利用效率是目前限控 CO_2 排放量最经济可行并且容易被普遍接受的重要措施。现代经济的发展是以大量消费化石能源为基础的，但是有限的能源资源量与无限增长的需求之间永远存在矛盾。根据确认的化石能源埋藏量和能源的使用量增长情况，已计算出化石能源使用寿命（R/p＝资源量/年产量）为：

石油　　　　R/p＝43 年　　　　R＝8873 亿桶

天然气　　　R/p＝56 年　　　　R＝108 兆立方米

煤　　　　　R/p＝174 年　　　R＝7308 亿吨

因此，在寻找到并最终实现向新的能源安全过渡之前，节能的技术开发和提高能源效率将成为现代经济持续发展的基础。

提高能源效率，从技术上讲，主要是提高热的有效利用，如采用富氧燃烧（助燃空气氧量超过 21%）以减少排气的能量损失、余热利用、助燃空气加热、改进燃烧设备等；提高传热效率，如脉动燃烧法可提高传热系数 3 倍左右等；提高能源转换效率，如热电联产、燃煤电厂的气化复合技术、加压流化床燃烧等；还有开发电力储存系统、超级热泵能量蓄积系统、燃料电池电力生产技术等。

提高能效是目前控制 CO_2 排放量最现实的战略，已成为世界各国努力的重要目标。依靠现有技术，可以使照明系统的能效提高 3 倍，新汽车的燃料经济性亦可提高 1 倍。在照明电动机和装置方面的能效提高可减少能耗 40%～75%，而新的发电技术至少可使电力成本减少一半以上。通过改进燃烧炉和空调机以及建筑物和窗户绝热性的改进可大幅度减少采暖和制冷的能耗。

2.4.3　节约能源

节能既是一种能源技术的革新，也是人们观念上的一次革命。例如，从节能出发，要改进住宅等建筑物隔热结构设计，建造被动式太阳房，在建筑物中安装太阳能热水器、太阳能电池等自然能利用设施。又如今后的用品，小型化和多功能化将越来越受到推崇，而耗能和消耗原材料大的设计和产品都会被淘汰。现在每加仑汽油可行驶 70～100 英里的家庭用汽车已揭开序幕，美国和瑞典超级绝缘房屋也已问世，其所需能量只及现在房屋的 1/10。研究还表明，现有的商业性可行的能源效率措施可削减电动机、房屋设备、照明和钢铁冶炼的能量需求的 50%，而使用现有技术可使能效提高 1 倍以上。

节能主要是从用能方式考虑的提高能源效率的措施，包括的内容很多，本身是一个巨大的系统工程。首先节能包括构筑新的能源体系：包括海水、河水、都市废热等未利用能源的应用；提高能源管理水平；物流和运输的合理化和高效化；提高汽车燃料费用；提高产业和全社会的能源利用率等。其次包括节能技术的开发和推广应用。应重视技术开发，理顺开发体制，有计划地进行综合节能技术的推广应用。节能还包括产业的企业实体确立节能目标，提供必要的情报服务和确定具体实施手段等。日本是世界上最重视节能的国家，其能源利用效率也比其他工业化国家高。

2.4.4　清洁能源和可再生能源

化石燃料的燃烧时代的终结已指日可待，新能源的利用前景已经展现眼前。1987 年，水电在世界一次能源消费中占 6.9%，生物质能占 15% 左右，太阳能、风能和地热等占 1%。随着技术的进步，人类可能寻找到新的能源。

水能是一种十分清洁的能源，世界许多国家都注意优先开发水电。发达国家水能已得到比较充分的开发，如法国和日本为 100%，美国为 77.1%，意大利为 74.4%。水电对许多发展中国家，是一种尚待开发的大宗清洁能源。中国是世界上水力资源最丰富的国家，理论蕴藏量达 $6.76 \times 10^8 \, kW$，但目前开发程度只有 5.5%，水电占全国电量的 19.6%，居世界第 6 位。水能的综合开发利用还会带来灌溉、防洪等效益，但也有可能带来某些生态问题。

生物质能作为煤和石油的直接替代品，可以减少硫氧化物及氮氧化物等大气污染物的排放量，同时也不会发生 CO_2 的净释放，从而缓解了燃烧化石燃料释放 CO_2 对大气的压力。但生物质的生产和利用效率低，如果要种植高能作物，就势必要侵占有限的土地资源，因此这种再生能源技术在实际应用中受到很大的限制。目前在我国农村很多地方，因地制宜，利用柴草和作物秸秆等生物质能来取暖做饭。还有一种新型的再生能源为生物燃料电池，这种电池通过电化学氧化产生电力，即将氧化剂中的化学能转化为电能。该电池能量转化效率高（可达 40%～60%），设计简单、污染小，并节约了初级能源，这种新型能源潜力很大，并已在航天、国防、交通等领域得到应用。太阳能直接转化为电能可能是可持续世界能源体系的基石。太阳能量大，分布广泛，可以获得，特别适于在水的沸点以下供热，可广泛用于采热和制冷，这类应用占发达国家能耗的 30%～50%，而发展中国家可能更高。太阳能集热器与其他新技术配合，可将太阳光转换成电能。太阳能技术还可望以更低的成本生产电力。

风能具有很大潜力，可为许多国家提供 1/5 以上的电力。世界上最有潜力利用风能的地区是北欧、北非、南美南部、美国西部平原以及沿赤道信风带。在过去 10 年，风能发电的成本已下降了 75%。美国加利福尼亚州的风能发电量占世界近 80%。荷兰是世界上第二个最大的风能生产国，1990 年风动发电机提供的动力约占其总动力的 2%。

地热也是一种重要的可再生能源，但其开采需要有限度而不使局部地热源枯竭。世界上已建的地热发电厂相当于 $5.6 \times 10^6 \text{kW}$ 以上。萨尔瓦多 40% 的电力来自地热，尼加拉瓜达 28%，肯尼亚达 11%。大多数太平洋周边国家以及沿东非大峡谷和地中海周围国家都可开采地热能。

氢气作为一种不导致环境污染的、清洁的燃料，已引起人们极大的重视。常规的制氢方法主要有水电解法、水煤气转化法、甲烷裂化法等，这些方法均需耗费大量能量。近期有研究利用高浓度有机废水发酵法生物处理制取氢气，但提高产氢速率是关键。氢气用作燃料或发电等用途日益广泛，用量亦迅速增加。因此，寻求经济、节能的制氢技术具有重要的价值。

2.4.5 防止滥砍滥伐，增加绿色植物

由于森林破坏，换算成碳，每年有 $1000 \sim 2000 \text{Mt}$ 以上的 CO_2 排出。所以，一方面要防止森林破坏，另一方面要进行大规模植树造林。这一策略已经受到世界科学界和各国政府的普遍重视。全球性的植树造林和控制破坏森林的活动，对减缓全球变暖状况起了很大作用。在发达国家要种植 4000 万株树，发展中国家要种植 1.3 亿株树，才能减少当前 CO_2 释放量的 1/4，而且这些工作都要在保持现有状况的条件下进行。1998 年日本利用生物技术开发出在沙漠也能生长的植物，这种植物在缺水状态下能长期生息。今后在沙漠海滩及盐碱地种植典型的特殊培育植物，也可大大降低大气中 CO_2 的含量。

在城市环境中，草坪是 CO_2 的最好消耗者，生长良好的草坪能吸收 CO_2 $1.5 \text{g}/(\text{m}^2 \cdot \text{h})$，而每人呼出的 CO_2 约为 38g/h，所以 25m^2 的草坪，就可以把一个人呼出的 CO_2 全部吸收。小范围的栽树种草如同杯水车薪，难以逆转 CO_2 积累的趋势。经过人们的研究发现，藻类吸收 CO_2 的潜力巨大。美国一些研究人员提出利用浮游植物的光合作用吸收 CO_2。浮游生物是一种单细胞植物，像一切植物一样能进行光合作用，于是 CO_2 分子中的碳原子就会贮存在浮游生物体内，如果浮游生物不被海洋生物吃掉，那么大量的碳就会伴随死去的浮游生物一起沉到海底，形成所谓碳沉积。同时研究人员也提出，在加利福尼亚州巨藻上繁殖一种可吸收 CO_2 的钙质海藻，吸收 CO_2 后形成碳酸钙沉入海底，空余出巨藻表面可供继续繁殖。这些探索如能成功，必将解决 CO_2 排放增加而产生的许多问题，故具有很大的现实意义。

2.4.6 CO_2 的分离回收、储存和利用

只有把 CO_2 从燃烧中分离提纯，才能进行 CO_2 的存储、处理和利用等。分离提纯 CO_2 的方法很多，但是工业上最为常用的是吸收法（物理吸收法和化学吸收法）、吸附法、膜分离法和低温蒸馏法以及海水洗涤法等。分离回收的 CO_2 可利用深海、煤层、废弃油/气开采区以及含盐储水层来进行储存，但存在费用高昂、CO_2 的二次释放等缺点。

CO_2 虽然有温室效应的负面影响，但也是一种潜在的碳资源，具有广泛的利用价值。分离捕集下来的 CO_2 用于生产过程，不仅可以节省处理的费用，而且获得的有价值产品可以弥补回收 CO_2 所需要的费用。农业方面，CO_2 可作为气肥提高农作物的产量，CO_2 还可用于粮食的贮存，杀虫灭鼠、防潮防霉。利用浓氨水吸收 CO_2，可生成碳氨化肥。食品工业可利用 CO_2 保鲜水果和蔬菜。固体的 CO_2（干冰）是一种极好的制冷剂。CO_2 还在碳酸饮料、金属保护焊、铸件砂型固化和烟丝膨胀剂等方面都有很好的应用前景。在医疗卫生方面，

CO_2 是一种良好的呼吸刺激剂，并正在处理碱中毒和麻醉的过程中作为一种增效剂。在废水处理中，可利用 CO_2 溶于水呈弱酸性来中和碱性废水。在石油工业上，可用 CO_2 作为油田注入剂提高石油产量。在地热利用上，可用 CO_2 作为工作介质提高效率。CO_2 的临界温度是31.1℃，接近常温，临界压力为 7.29MPa，超临界 CO_2 流体兼有液体和气体的性质，被广泛用作萃取剂和反应介质。CO_2 为原料可生成一系列有机化工产品，如表 2.5 所示。综上所述，研究 CO_2 的应用不仅可以获得一定的经济效益，而且还具有良好的环境效益。

表 2.5　CO_2 为原料合成的化工产品

方法	生成物	特　点
无机合成	碳酸镁、碳酸钠、碳酸氢钠、碱式碳酸铅、白炭黑、硼砂等	多为基本化工原料，广泛用于冶金、化工、轻工、建材、医药、电子、机械等行业
有机合成	水杨酸钠、尿素	开创了 CO_2 化工先例，并已开始大规模的工业生产
合成高分子材料	聚碳酸酯、聚醚酮酯等	合成的高分子材料有优良的物理性能，作为功能材料有广泛用途，关键是开发高效催化剂
催化加氢法	甲烷、甲醇、甲酸、乙酯、汽油、烃类	使 CO_2 资源化，变为燃料和化工原料，但需要解决 H_2 来源并开发高效催化剂

2.4.7　温室效应控制的其他对策

在新形势下，保护气候是离不开国际合作的。世界各国都在共同努力减少温室气体的排放，并签署了一系列国际公约。1992 年 6 月，154 个工业国家在巴西里约热内卢召开的"联合国环境与发展大会"签署了《联合国气候变化框架公约》（FCCC）。该公约要求各国采取相应的政策和措施减少温室气体的排放，到 2000 年排放的温室气体维持在 1990 年的水平。随后在德国柏林、瑞士日内瓦、日本京都和阿根廷布宜诺斯艾利斯连续召开了 4 次缔约大会。其中 1997 年 12 月在日本京都举行的第 3 次会议取得实质性的进展，签署了《京都协议书》。该协议要求 38 个工业化国家在 2008～2012 年将温室气体排放量降低到 1990 年以下的水平，削减幅度分别为欧盟 8%，美国 7%，日本 6%，有些国家削减幅度较小，总平均削减速度只占排放总量的 5% 多一点。另外也规定了削减的 6 种温室气体，分别为 CO_2、CH_4、NO_x 和另外三种用于取代氯氟烃的卤烃。同时也指出不能实现限制排放目标的国家，可以从排放指标未用完的国家购买新"配额"，并明确规定违约的处理方式。对包括温室气体排放大国的中国、印度在内的第三世界发展中国家，京都会议认为可自愿制定排放目标。虽然中国目前没有减排 CO_2 的义务，但我国作为公约的缔约方之一，也在履行该公约的要求。可以制定征税政策，对化石燃料的生产和消费征收相应的税金，再用于森林保护和造林、新能源开发上。可以通过改善现行农业技术，抑制温室效应气体甲烷的发生。制定相应法规，完全废除氟利昂，限制工厂、汽车等排气。另外，温室效应使全球变暖，有其不利的一面，也存在有利的部分，以这种环境变化为前提采取一些适应对策，并开发与之适应的技术，也有十分重要的现实意义。

2.5　我国二氧化碳的排放及其对环境、经济的影响

2.5.1　我国的能源构成及二氧化碳排放

能源消耗是产生温室气体的最主要来源，化石燃料是最重要的一次能源，也是使地球变暖的最主要根源。三种化石燃料，煤、石油和天然气各自的化学成分构成比例并不相同，天

然气的 H/C 最高，煤的 H/C 最低。H/C 越高，燃烧反应所产生的 CO_2 越少。从燃料燃烧所释出的单位能量来比较，单位能量所排放的 CO_2 以煤最多。

　　煤炭仍然是我国最主要的一次能源。从 1985 年以来，我国能源消费结构基本稳定在表 2.6 所示的比例上。不仅如此，我国这种以煤为主的能源结构在今后相当长的一段时间内不会有根本改变。随着经济的发展，煤炭消费还将保持继续增长的趋势。因此，煤燃烧排放的 CO_2 量也将呈现增长的趋势。

表 2.6　我国能源结构

能源类别	折成标准煤占总能源的比例/%	能源类别	折成标准煤占总能源的比例/%
煤炭	76	天然气	2.5
石油	17	水电	4.5

　　图 2.4 给出了为我国在 1949～1996 年间，固体、液体和气体燃料的燃烧以及水泥制造过程中释放的 CO_2 量。从图中可以看出，我国总的 CO_2 排放量中绝大部分是固体燃料的燃烧所排放的，并呈不断增长的趋势。尽管近年来，固体燃料所排放的 CO_2 量所占比例有所下降，但仍然是最主要的来源。因此从控制 CO_2 排放的角度看，改善能源构成减少煤炭的消耗比例是减少 CO_2 排放的重要措施。

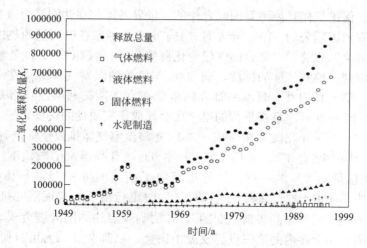

图 2.4　1994～1996 年估算的中国 CO_2 的释放量

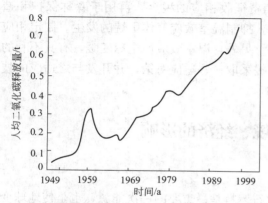

图 2.5　1950～1996 年我国人均 CO_2 释放量

　　图 2.5 所示为 1950～1996 年我国化石燃料燃烧以及水泥制造过程中年人均 CO_2 释放量。大气中 CO_2 浓度增加引起气候变化，从而破坏地球生态平衡。我国人口多，耕地面积少，地理位置处于中纬度生态脆弱的地区，极易受气候变化不利影响的危害；我国的沿海地区人口密集、经济发达，直接受到海平面上升的威胁，而且我国发展经济、改善和提高人民生活的任务艰巨，防御自然灾害的能力和技术水平都极为有限。因此，不论从减缓气候变化对我国的危害，还是从全球范围气候变化对人类的危害

来看，都很有必要采取有效的措施减少温室气体的排放量。

2.5.2　我国各地区二氧化碳的排放量

2.5.2.1　CO_2 排放量的计算方法

化石燃料的燃烧和水泥、石灰石、氮肥等工业生产过程中排放的 CO_2 量可用以下公式计算：

$$G(CO_2)=aQ(1-b) \tag{2.1}$$

式中，$G(CO_2)$ 为某类 CO_2 排放源的排放量，Mt/a；a 为某类 CO_2 排放源的排放因子；Q 为燃料或物质的消费量或生产量，Mt/a；b 为某类燃料在运输、分配加工过程中的平均损失系数，%。

燃料燃烧时的 CO_2 排放因子不仅与燃料的种类、燃烧方式有关，而且还与操作条件、原料成分、生产工艺流程有关。根据北京市环境监测中心的研究结果，各类 CO_2 排放源的排放因子见表 2.7。

表 2.7　各类 CO_2 排放源的排放因子

燃料因子	煤炭	石油	天然气	水泥	氮肥
排放因子	2.01	3.11	2.40	0.329	0.96

2.5.2.2　我国中长期二氧化碳排放量预测

（1）能源部门二氧化碳排放与构成预测　根据清华大学核能研究所提出的 MET 模型的计算结果，可以预测 1990～2060 年我国化石燃料燃烧排放 CO_2 的数量和构成，详见表 2.8。

表 2.8　化石燃料燃烧排放 CO_2 量　　　Mt

方案	分类	1990	2000	2010	2020	2030	2040	2050	2060
Low BAU	总量	621.373	988.525	1309.38	1754.76	2107.3	2355.41	2530.13	2728.76
	煤炭	524.82	833.746.	1157.94	1441.48	1710.60	1892.21	2006.74	2139.24
	石油	88.2309	135.906	198.045	260.342	322.689	377.671	420.982	469.842
	天然气	8.32274	18.8726	34.395	52.9494	74.0119	85.5288	102.409	119.681
High BAU	总量	621.373	1001.73	1446.00	1870.78	2277.81	2666.30	3022.20	3287.71
	煤炭	524.82	849.453	1218.37	1562.08	1883.13	2185.48	2454.21	2642.50
	石油	88.2309	134.023	195.307	259.564	328.289	402.676	475.935	535.885
	天然气	8.32274	18.2584	32.3294	49.1363	66.3867	78.1378	94.0520	109.324
Low Policy	总量	621.373	890.262	1159.62	1388.58	1574.93	1727.67	1857.18	1989.18
	煤炭	524.82	750.226	965.569	1142.88	1279.40	1387.57	1474.66	1562.20
	石油	88.2309	123.967	168.597	210.572	250.632	287.984	319.337	353.444
	天然气	8.32274	16.0691	25.4612	35.1208	44.9054	52.1149	63.1740	73.5337
High Policy	总量	621.373	938.815	1268.70	1500.12	1866.35	2123.74	2347.59	2523.46
	煤炭	524.82	793.846	1059.68	1233.97	1524.34	1712.34	1868.38	1985.62
	石油	88.2309	128.593	182.457	229.806	295.157	355.418	410.852	457.413
	天然气	8.322	16.3751	26.5554	36.3346	46.8499	55.9738	68.3579	80.4343
Low A Policy	总量	151.076	239.424	349.710	470.064	564.138	661.955	760.993	842.180
	煤炭	120.230	175.231	248.631	313.153	402.206	484.322	559.861	623.309
	石油	10.6771	21.0073	34.0675	46.6130	60.103	71.808	87.6952	103.187
	天然气	20.1683	43.1856	67.0122	110.297	101.828	105.825	113.436	115.683

续表

方案	分类	1990	2000	2010	2020	2030	2040	2050	2060
Low B Policy	总量	151.076	226.653	313.341	406.597	475.751	537.306	583.078	645.221
	煤炭	120.230	163.301	214.840	253.264	312.161	369.324	390.074	438.277
	石油	10.6771	20.1665	31.4284	43.0353	56.2737	66.1694	79.5678	93.5081
	天然气	20.1683	43.1856	67.0122	110.297	107.316	101.813	113.436	113.436

注：INET 能源系统分析模型由能源需求分析（energy demand analysis，EDA）模型和能源技术选择（energy technology option，ETO）模型耦合而成。Low BAU、Low Policy 和 Low A-Policy 分别指低经济增长构想下能源利用的基准方案、政策减排方案和强化政策减排方案；High BAU、High Policy 和 High A-Policy 分别指高经济增长构想下能源利用的基准方案、政策减排方案和强化政策减排方案。

（2）水泥生产过程中二氧化碳的排放与预测　水泥生产以石灰石为原料，生产过程中石灰石被高温分解，其中氧化钙成为水泥成分，而 CO_2 被排放。对水泥生产中 CO_2 排放量的预测，主要取决于未来的水泥产量。我国近年来的水泥产量一直处于高速增长阶段。我国未来国民经济仍将持续高速增长、基础设施的建设和人民群众住宅建设的任务仍非常重，因此水泥的产量仍将继续增长。但是随着我国经济增长方式向集约型模式的转变，以及经济增长速度的减缓，我国人均水泥产量的增长速度将会相对降低，今后将低于 GDP 的增长速度。预计到 2030 年前后，我国的水泥产量将达到高峰。我国未来水泥产量的预测见表 2.9。显然，未来水泥生产过程中的二氧化碳的排放量，相对于化石燃料燃烧所排放的二氧化碳的量，还是非常少的。

表 2.9　我国未来水泥产量

年　　代	2000	2010	2020	2030
人口/亿	11.43	12.96	13.86	15.60
人均水泥产量/(kg/人)	28.3	400	500	600
水泥总产量/Mt	209.71	517.6	693.0	936.0
排放量(以 C 计)/Mt	21.91	54.09	72.42	97.81

（3）森林吸收二氧化碳的能力及预测　目前我国的森林面积为 $12765 \times 10^4 hm^2$，森林覆盖率为 13.29%，活立木储蓄量为 $108.2 \times 10^8 m^3$，森林生物量约 $206 \times 10^8 t$，每年造林面积为 $490.5 \times 10^4 hm^2$，年森林采伐面积为 $437 \times 10^4 hm^2$，森林面积逐年增加。目前我国森林的生物生长量大于采伐量，构成 CO_2 净吸收汇，每年森林净吸收二氧化碳的量（以 C 计）为 866.27Mt，2010 年我国的森林覆盖率达到 17%，到 2030 年我国的森林覆盖率将达到 22%，据此可以估算未来我国森林生物量的变化趋势。

森林的消耗还必须包括农村居民的生活用能，由于薪炭林的发展，未来生活用木材消费占整个森林采伐量中的比例将逐渐下降。另一方面，生产建设用木材的需求随经济增长将呈上升趋势。随着今后经济增长方式的改变，以及基本建设规模的压缩和代用材料的开发，生产用木材的需求对 GDP 的弹性将相应放缓，由 20 世纪 80 年代的 0.25～0.30 降低到 2000 年的 0.25 左右，直至 21 世纪初的 0.10～0.15 左右。因此，尽管未来对木材的需求是上升的，但由于薪炭林的发展，农村用生活燃料中商品化能源的供应比例的增大，以及森林保护的加强，森林资源的采伐量将相对减缓，植树造林政策将使森林资源的增长量超过消费的增长量，森林的固碳量会不断增强。表 2.10 给出了未来森林固碳量的估计。

表 2.10　未来森林对 CO_2 的吸收预测

年　　代	2000	2010	2020	2030
年生物生产量/Mt	260	877	994	1286
年生物采伐量/Mt	608	660	710	740
长期储存于木制品中的生物量/Mt	20.6	24.0	27.5	35.0
森林净固碳量(以 C 计)/Mt	86.3	120.5	156.0	290.0

到 2030 年，森林的固碳能力可能是 1990 年的 3.4 倍，但相对于化石燃料的二氧化碳排放量而言，其数量仍然是非常小的。在 BAU 方案中，2030 年化石燃料消费的二氧化碳排放量（以 C 计）为 2559Mt，是届时森林固碳量的 8.8 倍。

2.6　我国对减排二氧化碳所做的努力及应对措施

工业革命以来，欧美等西方国家把大气视为自由而无限的资源来发展其经济，因而排放了大量的 CO_2 等温室气体。即使是现在，约有 3/4 的温室气体的排放仍来自于人口占全球 1/4 的发达国家。这些温室气体在大气中存留的时间相当长，其积累效应造成了目前大气中温室气体浓度的显著增长，已经开始影响全球的气候模式，引起全球性的气候变化。气候的变化给全球的生态环境以及经济发展带来了严重的影响，成为人类当今面临的最严峻的挑战之一。

与其他发展中国家一样，中国是气候变化不利后果的受害者之一。中国政府十分重视全球气候变化问题。中国是世界上前 10 个批准《联合国气候变化框架公约》的国家之一，巴西里约热内卢环境与发展大会后，中国政府制定了适合中国国情的可持续发展战略《中国二十一世纪议程》。中国国务院专门成立了各有关部门参加的气候变化协调小组，在中国的经济和社会发展规划中已考虑气候变化的因素。尽管目前我国的 CO_2 排放量非常大，但是在中国现有的经济发展水平和技术条件下，与发达国家在工业化和经济快速发展时期的经济增长和能耗状况相比，中国已做到了以较低的能源消费增长速度和较低的二氧化碳排放增长速度支持了经济的高速增长。同时，中国以比当今发达国家低得多、不到世界人均水平 1/2 的能耗使全世界 1/5 以上的人口摆脱贫困并进一步发展。这些已经是中国对减排二氧化碳、防止全球气候变暖、对全人类的可持续发展做出的巨大努力和贡献。

2.6.1　提高能源效率和节约能源

中国从 20 世纪 80 年代以来，提高能源效率和节约能源的成就非常显著。80 年代中国单位 GDP 能耗年均降低 3.6%，与日本能源效率提高较快的 70 年代的相应降低率 3.8% 相近，到了 90 年代中国节能的步伐更大，1990～1995 年单位 GDP 能耗年均降低 4.66%。中国在"八五"计划时期，能源消费弹性系数为 0.42%，年均节能率达 5.8%，五年共节约和少用能源 3.58 亿吨标准煤，相当于每年减少 2 亿吨二氧化碳（以碳计）排放，而世界上其他发达国家在其工业化阶段的能源弹性系数大都大于 1.0%。

2.6.2　开发替代能源

中国一直积极开发替代能源，从 1991 年来，有 330 个县进行了农村能源综合建设，推广沼气、太阳能、风能、地热能、小水电，开发薪炭林，推行省柴节煤炉。到 1995 年形成了新增和节约 8000 万吨标准煤的能力，约相当于减排 44 万吨二氧化碳（以碳计）。

2.6.3　林业系统

中国非常重视森林资源的科学培育和林业生态体系工程建设，自 1990 年以来，中国完成人工林 2470 万公顷，飞播造林 1274 万公顷，封山育林 2626 万公顷，森林覆盖率由 12.92％提高到 13.92％；除继续实施"三北"、"长江中下游"、"沿海"三个防护林体系建设工程和太行山绿化工程、平原农田防护林建设工程外，1995 年又启动了淮河、太湖、珠江、辽河领域和黄河中游防护林体系建设工程。近几年来，中国每年净增森林面积超过 200 万公顷。现有的中国森林每年可以吸收 8600 万吨二氧化碳（以碳计），约相当于人为二氧化碳排放量的 15％左右。

2.6.4　人口控制

中国早在 1982 年就把实行计划生育作为基本国策。进入 20 世纪 90 年代后，特别是联合国环境与发展大会后，中国政府采取综合措施解决人口问题，在降低人口出生率的同时，把计划生育和发展经济、消除贫困、普及教育、合理开发利用资源结合起来，以缓减人口对资源需求、能源消耗的压力。1996 年中国人口出生率为 16.98‰，自然增长率为 10.42‰，远远低于 1990 年的 21.06‰和 14.39‰。

2.6.5　建立法规政策

1995 年中国修改和完善了《中华人民共和国大气污染法》，1996 年颁布了《节能技术政策大纲》，《中华人民共和国节约能源法》于 2007 年 10 月通过，以期从法律和行政上采取措施降低能耗，减少二氧化碳排放。在中国已推行污染物排放总量控制制度和排污许可证制度，实行污染物排放的全过程控制，鼓励采用清洁生产工艺和实行资源综合利用，对严重污染环境的落后生产工艺和设备实行淘汰制度，"八五"计划期间淘汰了一批污染严重的工业设备和企业。

2.7　我国减排二氧化碳的应对措施

2.7.1　我国控制 CO_2 的指导战略

随着我国经济的持续、高速发展，我国在全球的 CO_2 排放量的比例无疑会进一步增加，国际社会对我国减排 CO_2 非常重视。温室效应给我国带来巨大的损失和潜在威胁，减排 CO_2 也体现了我国的利益。在不损害经济发展的前提下，继续和深化我国的经济改革、提高经济效益是我国削减温室气体尤其是 CO_2 排放量的最重要和最有效的方法。这也和我国及其他低收入国家消除贫困的目标一致。

除此之外我国在中、短时间内还有许多 CO_2 减排的低费用方案可供选择。这些项目的减排潜力十分显著，由于它们会产生较大的财政、经济效益以及许多情况下的局地环境效益，其 CO_2 的减排费用很少或没有。

目前一些替代能源技术已经在我国实现了商业化，应把它们扩大为中期无煤项目的一部分。然而，许多最具前景的低碳能源无论在费用和规模上都还无法和煤炭竞争，因此在替代能源进一步开发之前，它们在我国还不可能被大规模地采用。

除此之外，在人口控制方面，我国政府还应坚持始于 1982 年的实行计划生育作为基本国策，继续采取综合措施解决人口问题，在降低人口出生率的同时，把计划生育和发展经济、消除贫困、普及教育、合理开发利用资源结合起来，以缓减人口对资源需求、能源消耗的压力。在未来的几十甚至几百年中，这一基本国策将对我国的温室气体减排和我国实现现代化的宏伟目标起到极其巨大的作用。

综上所述，不包括我国继续执行严格人口控制的基本国策，我国的 CO_2 减排对策应建立在以下原则之上：

① 继续和扩大经济改革，提高资源利用效率；

② 加速中、短时期内无煤项目的实施；

③ 扩大和加强低碳、无碳或可再生能源技术的开发。

2.7.2　减排二氧化碳的洁净煤技术

大气中的 CO_2 主要来源于化石燃料的燃烧，来源于能源领域的 CO_2 排放，因此，控制 CO_2 的排放必然要减少煤炭等化石燃料的使用。但是，从目前我国的情况来看，化石燃料仍然是我国的主要能源，为了维持经济的增长，仍然必须大量使用煤炭等化石燃料。因此，根据我国目前的情况，推广和采用洁净煤技术对我国减排 CO_2 具有重要意义。洁净煤技术包括以下内容。

（1）改进煤炭加工　洁净煤技术的采用和推广是我国温室气体减排对策的重要组成部分。从长远的观点出发，采用高效的煤气化技术可带来实质性的能效提高和局部环境效益。从局部环境考虑，我国已把扩大民用、商业和城市小型工业用户的煤气化摆在了首选位置。就项目实施而言，开发煤气化的联合循环发电技术有诸多好处。然而，通过增加动力煤洗选量、依用户需要对不同煤种进行合理筛选和配置以及生产型煤，来改进煤炭的供应质量，这是我国近期有关煤炭高效清洁使用的最为紧迫的问题。基于经济领域中煤炭使用的主导地位以及一半以上的煤被小型用户所消耗这一事实，提高煤炭供应质量和稳定性，可大大提高能源效率和减少 CO_2 的排放量。此外，还应完成煤炭供应和分配体制的改革，把卖方型体制转变为买方型体制和市场体制；加强大气污染物排放的法规，特别是大气污染标准的执行。

能源部门在选择减排二氧化碳技术时应推广使用洁净煤技术，这些技术具有综合效益，不仅能通过提高煤炭燃烧效率减少二氧化碳的排放，同时能够大量地减少 SO_2、NO_x、烟尘等大气污染物。

（2）选煤加工　选煤加工可以大大减少煤中的灰分和硫分，提高煤炭的燃烧效率。可以使用的选煤工艺有：筛分、物理筛选、化学选煤、细菌脱硫等。广泛采用选煤技术是电站和锅炉减少烟灰和 SO_2 排放、提高燃煤效率的最经济的途径。据计算，选煤可节约 10% 的原煤消耗，间接减少 CO_2 排放。

（3）使用型煤　将煤粉和低品位煤用机械方法制成的型煤（煤球、蜂窝煤、煤砖），可以用于民用取暖、烹调用的灶炉，也可以用于工业锅炉、机车或用于气化和炼铁的型焦。型煤配合先进的炉具可使热效率比烧散煤高，可节约 20%～30% 的煤炭，减少烟尘和 CO_2 的排放约 40%～60%，减少 CO_2 的排放 80%，减少 SO_2 的排放 40%～50%，减少 NO_x 的排放 20%～30%。

（4）水煤浆技术　水煤浆技术（CWS）是 20 世纪 70 年代发展起来的新型燃料，由 70% 的细煤粉、30% 的水按比例混合，并加入适量化学添加剂配制而成。它可以像燃料油一样运输、储存、燃烧。水煤浆的运输、储存和燃烧对环境的影响均比煤炭小得多。

（5）流化床技术 流化床与带有烟气净化装置的煤粉炉相比，SO_2、NO_x 的排放可减少到 50%，达到很高的燃烧效率，大大地节省煤炭。

（6）煤炭气化 气化技术可将所有种类的煤转化成各种气体产品，包括城市民用和工厂工艺燃料气，发电燃料气，化工原料气。煤炭气化技术的一大优点是煤气燃烧前脱除气态硫和氮组分。通过高温吸附净化工艺可脱除 99% 的硫，还可在气化器中加入石灰石固硫。

（7）煤气化联合循环发电（IGCC） 煤气化联合循环发电包括煤气化，气体净化，燃气轮机发电，蒸汽发电。煤气化联合循环发电具有最优的环境特性，单位热量所排放的污染物最少，SO_2 的排放量比煤粉炉加烟气脱硫装置减少 70%，NO_2 的排放可减少 60%。IGCC 的热效率可达 42%，而常规电厂仅为 36%，因而可节省大量的燃料，减少 CO_2 的排放。

（8）发展燃料电池 燃料电池也是一种有很好开发与应用前途的清洁能源，其总的能源利用效率超过了普通电池。

上述的洁净煤技术不仅排出的常规污染物少，而且能源利用率高，它们的推广应用可节约能源消费，减少 CO_2 的排放。

2.7.3 改变能源消费结构、开发替代能源

我国和世界上许多国家一样，目前的能源构成主要是化石燃料。由于资源、技术、历史上的原因，我国的煤炭消费占全部能源消费的 75% 左右。但是在过去的 20 年间，由于工业污染排放引起的生态环境恶化问题突出，已经引起全社会的重视。这些事实极大地推动了我国新能源、核能及高效节能产业的发展。新能源在我国主要指利用现代技术开发利用的可再生能源，包括太阳能、风能、生物质能、地热能、海洋能、小水电和氢能等，其共同特点是资源总量巨大、可再生、无污染或少污染，但能量密度低。国际社会在制订能源可持续发展战略时，将发展可再生能源作为首选方案已经形成共识。我国通过现代技术开发可再生能源始于 20 世纪 70 年代末，主要为补充常规能源供应不足，以及利用当地资源解决农村能源短缺问题。农村户用沼气池当时曾达到 800 万户，也涌现出一批小型地热发电站、潮汐电站和简易太阳能热水器生产厂家，技术水平和商品化程度都不很高，但确实产生了很好的经济效益和社会效益。在 80 年代初可再生能源被纳入国民经济发展计划和科技发展计划以后，技术水平和产业化程度迅速提高，进入新的发展阶段。1992 年联合国环境与发展大会以后，在中国政府制定的《中国 21 世纪议程》和促进环境与发展的对策中，从实施可持续发展战略的高度强调了发展可再生能源的重要性，同时制定了中国新能源和可再生能源发展规划。截止到 1997 年，户用沼气池 638 万户，总产气量达到 $18 \times 10^8 m^3$，处理有机废水的大型沼气工程 700 余座，年产气 $1.3 \times 10^8 m^3$；太阳能热水器安装量近 $1000 \times 10^4 m^2$，生产企业超过 1000 家，年产量约 $350 \times 10^4 m^2$；风力发电机装机容量达到 $170 \sim 200MW$，包括约 15 万台百瓦级小型风力机和数个大型并网风力发电厂；太阳能电池的生产能力达到 $2MW/a$，累计装机容量接近 $8MW$；以农村秸秆为原料的生物质热解气化装置在全国 50 多个村建成，为解决秸秆焚烧污染和为农民提供优质清洁燃料，已经显示出良好的产业发展前景。被动式太阳房、太阳灶、小水电站在具备资源条件的农村地区已经得到推广并产生很好的经济效益。利用潮汐、海流、地热的发电技术基本掌握，但需要进一步降低成本，增加竞争力。总体来看，除了农村生物质能利用（多为直接燃烧秸秆、薪柴，总利用量约为 2 亿吨标准煤）和小水电（约为 7000 万吨标准煤）之外，其他可再生能源的开发利用规模还不够大，估计有近 100 亿元产值的规模（主要是沼气、太阳能热水器、太阳能电池和风力发电机），尚处于产业化进程之中。

核能是伴随着现代科技发展出现的能源家族新成员，从 1954 年世界建成第一座试验核电站起，至 1997 年，全世界核电总装机容量已达到 350GW，占世界发电总装机容量的 17％。进入 20 世纪 80 年代，在世界范围内，核电的发展速度趋缓，主要原因是核电发展过程中曾发生几次核泄漏事故，引起社会公众对核能利用安全性的担忧。但是，核能是一种清洁的能源，在一些经济发达、能源短缺的沿海地区，可以适度加快核电的建设。

我国已建立了完整的核能产业体系。在 20 世纪 70 年代初我国将核能的和平利用，特别是发展核电纳入了国民经济发展规划。除核电之外，我国在研究开发核供热技术高温气冷堆和快中子增殖堆技术方面也已经取得重要的进展。

新能源以及核能的利用将较大程度地改善我国的能源结构，从而在减排 CO_2 方面做出贡献。

2.7.4　提高能源利用率和节能

提高能源利用率、大力发展高效节能产业也是我国减排 CO_2 的重要途径，分为以下几个方面。

① 降低供电煤耗。我国能源以煤炭为主，1997 年生产煤炭 $13.73×10^8$ t，其中发电用煤占 33.7％。1998 年供电煤耗仍在 404g/(kW·h)，比世界先进国家高约 70g/(kW·h)，平均能源利用率为 30％。我国现有的 125～200MW 机组，供电煤耗 370g/(kW·h)，热效率 33.3％；300～600MW 机组供电煤耗 330g/(kW·h)，热效率 37.3％；超临界 600MW 机组供电煤耗不足 300g/(kW·h)，热效率达到 42％。我国供电煤耗高，节能潜力很大。合理加工和洗选煤，一般可节能 5％；采用高参数、大容量发电机组及高效辅机可节能 10％；热电联供可节能 15％。如果发电热效率提高 10％，可节约 25％的燃煤，约 $1.20×10^8$ t 煤，还可减轻大气污染。

② 中低压电网改造。我国有近 $2000×10^4$ kV·A 的高耗能变压器在运行，一些城网高能耗配电变压器占总配电变压器的 50％，并且无功补偿不足、调节手段落后，致使电压偏低、损耗过大。我国的线损率 1980 年为 8.93％，1995 年为 8.7％，1997 年为 8.2％，2000 年达到 7.8％。而法国、日本、德国的线损率为 5％～6％。估计我国电网配用电系统电能损失约为 35％，其中装置无功损失为 10％，民用和商用电表与电器间损失为 20％，配电系统缺少智能控制损失为 5％。为了提高我国电网的安全度、可靠性和输配电的效率，我国政府已经开展中、低压电网改造。用于装配高效配电变压器、改造线路、增强自动控制系统，以带动一批高效节电技术产业。

③ 工业锅炉与窑炉节能改造。我国现有工业锅炉 50 万台，工业窑炉 16 万台，年耗煤约 5.80 亿吨，占全国煤炭消费总量的 43％。我国工业锅炉容量小、低压运行、负荷低，实际热效率约为 40％～60％，比国外平均水平低 10％～15％，节能潜力很大。循环流化床锅炉，其热效率可达 85％。

我国水泥生产窑炉热效率很低，其中湿法窑仅为 30％，半干法窑为 38.2％，窑外分解为 49.2％。工业窑炉选用工业型煤还可节煤 15％～27％，年产工业型煤约 20Mt。目前全国有 600 套工业型煤生产线。

④ 变频调速。《节能法》第 39 条规定变频调速列入通用节能技术加以推广，同时还列入了原国家经贸委"九五"重点实施的 10 项技术改造示范工程。如果有 10％电动机进行调速改造，按年均运行 4000h、节电率 20％～25％计算，年节电潜力为 32～40TW·h。市场

潜力很大，用于风机、水泵、轧钢机、提升机、电梯、电力机车、电动汽车、空调、各类小型电机调速，其节能潜力 30%～50%。同时，由于变频调速系统改善工艺系统控制性，对提高产品质量和生产系统可靠性都有很大的意义。

原国家科委 1988 年组织的"电力电子技术发展战略"研究，为我国电力电子基础元器件和变频装置的发展提供了科学依据。1989 年变频调速装置被列入国家火炬计划，并引进 20 条元器件和装置生产线。全国变频调速装置市场销售额超过 10 亿元。变频调速装置总容量超过 5GW 节电率 20%，年运行 5000h 计算，每年可节电 5TW·h。

2.7.5　林业部门 CO_2 控制

植树造林和林业保护能以较低的净费用实现温室气体 CO_2 的较大减排。用于碳吸收的造林计划的优先权不同于为实现其他环境目的行动，如水土流失控制、生物多样性等。下述造林和林业管理活动已经被认为是我国最有潜力的费用最小的净碳减排措施：①在优质土地上种植速生丰产木材林；②在适宜的土地上种植丰产薪柴林；③发展某些多用途的保护林；④加强开放林管理，增加开放林种植。尽管薪炭林本身不会大量吸收碳，但能限制天然林的滥伐，以及替代煤炭和其他化石燃料的直接使用和发电，因此能大大削减 CO_2 的排放量。

鉴于我国用于发展林业的公共资源有限，以及国家对林业产品需求的大量增长，我国应鼓励私人在商业木材林和薪炭林项目中的投资。加速我国林业发展的措施包括：①改善金融市场；②进一步进行价格改革；③明确林地使用权。

通过技术转让、示范和技术援助，政府可促进优先造林项目更经济地开发和管理。其中具有较大意义的领域包括：①改进生长储备，如基因改良、种子供应和繁殖体系；②改进现场管理，如场址选择和分类、施肥、杂草治理；③改进标准化管理，包括树木间距、树林密度和修剪。在森林和苗圃管理、林业研究和开发、市场分析以及造林模式设计等方面，需要提高相关人员的素养。

2.7.6　农业部门 CO_2 控制

多种农业技术和实践能减排 CO_2 等温室气体，而且为了减排温室气体之外的其他目的，我国正在推广这些农业技术和实践。实际上，农业部门是甲烷的最主要的排放源，水稻生产和反刍动物排放的甲烷几乎占我国总甲烷排放的全部。而对于 CO_2 而言，农业部门是我国非常重要的碳汇。我国的农业系统碳汇平衡状况分析表明，在我国，除了京津沪、广东以及云贵地区之外，其他地区农业系统为明显的 CO_2 吸收汇。尽管农业系统的循环周期一般仅为一年，但它对大气 CO_2 浓度的增加确实起到了减缓作用。现阶段我国农业生态系统对碳的吸收量均大于排放量，对大气 CO_2 浓度而言，其碳汇功能不可忽视。下述农业技术、实践和管理活动已经被认为是我国农业系统较有潜力的费用较小的净碳减排措施。

（1）发展农业科技，提高单产　我国目前的耕地面积逐年减少，因此提高单产是强化农业系统碳源功能的关键之一。地方政府、大农场和农户应不断改善农业生产条件，增加农业投入，大力加强农田基本建设，提高农业的科技含量。

（2）充分利用耕地资源　因地制宜提高复种指数，调整耕作制度，变农业经济的二元结构为三元结构。提高耕地利用率不仅可以增加碳吸收，其结果，如减少冬闲农田和裸地面积，还可以大大降低土壤的碳排放。

（3）鼓励非经济产量资源化利用　鼓励和引导对农作物副产品进行深加工利用。措施包括：扩大秸秆作为饲料、工业或手工业原料的比例，在农村推广腐熟还田、发展沼气；直接还田的秸秆要在粉碎、沤制后施用，严禁就地焚烧；加强生物质能的商品化技术研究和推广等。

（4）培养和推广优良作物品种　根据我国农业生产的实际和未来气候变暖趋势，有计划地培养和引进具有对高温、干旱等气候及病虫害有抗性的优良品种，确保在新的生态环境中农牧产品产量不断提高，扩大农业系统对 CO_2 的吸收。

（5）土壤保护和改良　全球气温升高，地温也随之升高，土壤有机质的分解速率随之加快，从而土壤的碳排放增加，同时土壤的有机质下降。措施包括：调控使用有机肥和化肥的比例；加强盐碱涝洼地、黄红壤等低产田的治理改良，增加土壤有机质，提高单位面积产量，扩大碳吸收同时减少碳排放。

（6）合理改良和保护草地资源　改良天然草地，扩大人工草地，既能保护土壤、减少碳排放，又有利于提高产草量，促进畜牧生产。同时还应特别注意对草地资源的保护，严禁破坏草地，防止草地沙荒化。

（7）保护耕地面积和控制人口数量　我国政府应该制定严格的耕地保护法规和政策，严格限制耕地的非农业使用，最大限度地稳定耕地面积。防止耕地闲弃、沙荒化和为了减排二氧化碳与其他特定的目的，如保护生物多样性等，进行治沙行动。继续坚持计划生育的基本国策，控制人口增长。加强我国农业系统对二氧化碳的减源增汇技术和实践的研究和推广，广泛开展国际交流合作，吸收并借鉴国外先进技术和经验，使我国的农业碳汇功能不断增强。

2.7.7　交通部门减排 CO_2 的措施

交通工具排放的 CO_2 的量已占到 CO_2 总排放量的不小的份额，估算目前此值在我国已经达到 2.8%，预计到 2020 年此值将达到 5.5% 左右，但是该部门能源消费的绝对量将从 1990 年的 45Mtce 到 2020 年的 173Mtce。美国国家环保局估计，交通工具排放的 CO_2 的量占 CO_2 总排放量的份额值在美国已达到 24%。交通工具的排放与电厂和集中供热站完全不同，其特点是数亿辆汽车作为小排放源散布于全国各地，而且都是流动的排放源，这给治理带来了非常大的困难，使得无法使用从废气中回收 CO_2 的办法，只能采用减少二氧化碳排放和以清洁能源取代常规燃油的办法。从全球角度来看，通过能源效率的提高、模式转换和结构调整等措施减少 CO_2 排放是重要的。单纯通过提高燃料燃烧效率的方式对交通部门减排 CO_2 所起的作用非常有限。建议我国交通部门减排 CO_2 的技术和长期战略包括：① 开发和使用替代能源取代常规燃油；② 建立低二氧化碳排放的交通运输结构；③ 建立低二氧化碳排放的城市和地区结构。此外，我国政府还应加大对环保汽车的开发研究力度，从政策上和财政上予以支持和重视。

2.7.7.1　研发和使用替代能源取代常规燃油

替代能源的发展除了具有巨大的环境意义之外，还有更重大的意义，即可以避免由于石油资源的大量消耗而造成新的能源危机，从而对社会的稳定和发展做出贡献。最符合要求的替代燃料应该是取自生活资源并且能大量生产的燃料，同时还要满足许多适合汽车的具体的技术上的要求。近期有三种可能的替代燃料：压缩天然气、乙醇、甲醇。

天然气取代汽油可使 CO_2 的排放减少 16%，这主要是由于天然气的 H/C 比值高。干燥天然气中 CH_4 的含量一般大于 95%，而石油中 H/C 大致可达到 1.71 左右。天然气取代汽油这一方法已在我国的部分城市，如西安、北京、上海等，进行了实验，效果比较理想，但是其费用仍有待进一步降低。

　　第二种替代燃料是乙醇。乙醇可以从谷物的发酵蒸馏得到,在汽油中加入10％乙醇的燃料目前已经占到美国销售燃料的9％。但是,由于乙醇的燃料来源和生产成本的限制,这一比例要进一步提高是有困难的。实际上目前美国乙醇燃料的生产是靠政府补贴来维持的。采用新型生产工艺可能会大大降低成本,如采用木本植物的酸分解和酶分解来生产乙醇,由于这一工艺可以利用低档原料,因此,可使燃料乙醇生产的经济性有所改善。从理论上说,使用乙醇作为燃料可将CO_2的排放量降低到零。这是由于乙醇中的碳组分是由生物活动产生的,而且可在植物的光合作用中被重新吸收。

　　第三种替代燃料是甲醇,目前利用天然气生产。由于甲醇是液态燃料,因此甲醇具有比天然气更适合汽车发动机要求的特点,而且使用甲醇为燃料比使用天然气的CO_2排放量还要低。与汽油相比,甲醇的H/C要高得多,而且它在内燃机中的效率更高,因此即使燃用以CH_4为燃料生产的甲醇也会使汽车尾气中的CO_2减少大约19％。但是由于在采用常规工艺生产甲醇时,生产过程中会形成CO_2的排放,因此总体上CO_2排放量的减少大约为7％。

　　针对我国国情发展环保汽车产业,可使我国的部分汽车成为使用汽油或柴油、天然气的双燃料汽车。

2.7.7.2　建立低二氧化碳排放的交通运输结构

　　在我国建立低二氧化碳排放的交通运输结构具有比使用替代燃料更为现实的作用和效果。目前在我国的大中城市,轿车已进入越来越多的家庭。我国城市的基础设施建设还比较落后,但是近年来城市人口剧增,虽然我国的人均汽车拥有量还远远低于美国等发达国家,但是基于我国的现状,不应把发展私有交通工具作为解决未来城市交通的主要手段。我国应大力发展地铁、轻轨电车等公共交通工具。同时,城市间修筑高速公路、提高普通等级公路的路面等级、修筑铁路也是建立低二氧化碳排放的交通运输结构的重要措施。这些措施不仅是解决我国低二氧化碳排放问题的有效方法,而且对我国的国民经济健康、快速、持续发展都有重要的意义。

2.7.7.3　建立低二氧化碳排放的城市和地区结构

　　对新建立的新型城市、新开发的地区,对其城市和地区结构进行合理的有助于低二氧化碳排放的设计也是减排二氧化碳的有效措施。城市或地区的供热、供电、交通、布局都应依据实际情况,选择适合建立低二氧化碳排放的城市和地区结构。但此项措施目前在我国只能作为未来长期减排二氧化碳的措施之一,在近期难以产生明显效果。

<h2 style="text-align:center">思　考　题</h2>

　　1. 什么是温室效应?
　　2. 温室气体都包括哪些?
　　3. 温室气体的危害有哪些?
　　4. 影响温室气体排放的因素有哪些?
　　5. 温室气体与气候变化的关系是什么?
　　6. 思考温室效应对我国主要粮食作物产量的可能影响。
　　7. 简述我国应对温室效应的政策并提出自己的建议。

<h2 style="text-align:center">参　考　文　献</h2>

[1]　冯裕华. 气候变暖的风险与对策. 上海环境科学,2000,19(6):272-275.

［2］　郭怀成，陆根法．环境科学基础教程．北京：中国环境科学出版社，2003.

［3］　曹毅，常学奇，高增林．未来气候变化对人类健康的潜在影响．环境与健康，2001，18（5）：312-315.

［4］　岳丽宏，陈宝智，王黎．温室气体的环境影响及控制技术的研究现状．环境保护，2001，12：13-14.

［5］　吴忠标．大气污染控制技术．北京：化学工业出版社，2002.

［6］　贝茨 A K. 气候危机．北京：中国环境科学出版社，1992.

［7］　Dvid Wo. Agriculture Ecosystem and Environment，1993，16.

［8］　W J M Martens. Health impacts of climate change and ozone depletion：an ecoepidemiologic modeling approach. Environment health perspectives，1998，1.

第3章 化石能源与环境保护

煤、石油、天然气是地壳能源中的三大常规化石燃料。自工业革命以来，化石燃料一直是伴随着人类科技进步和文明发展的最重要的燃料。目前，人类社会生活和生产所需要的动力绝大部分源于化石燃料的利用。

3.1 煤炭

煤炭是地球上已探明最丰富的化石能源，是我国基础能源和重要原料，广泛地应用于国民经济的各个领域，在我国能源结构中煤占70%以上，为经济发展和人民生活水平的改善提供了可靠的保证。

3.1.1 煤的组成与品质

煤是动植物经过复杂的生物化学作用和物理化学作用形成的泥炭或腐泥转变而来的。这种复杂的演变过程称为成煤作用。

据成煤物质及成煤条件，可以把煤分成腐殖煤、腐泥煤和残殖煤三大类。腐殖煤是高等植物残体经过成煤作用形成的；腐泥煤是死亡的低等植物和浮游生物经过成煤作用形成的；残殖煤是由高等植物残体中最稳定的部分（如孢子、角质层、树脂、树皮等）所形成的。腐殖煤是自然界分布最广、蕴藏量最大、用途最多的煤，因此它是人们研究的主要对象。根据煤化程度不同，腐殖煤可分为泥煤、褐煤、烟煤和无烟煤四大类，泥煤煤化程度低，无烟煤煤化程度最高。

3.1.2 煤的工业分析和元素组成

3.1.2.1 煤的工业分析

煤的工业分析是在规定条件下，测定煤中的水分、灰分、挥发分和固定碳四种成分。从广义上说，煤的工业分析还包括全硫和发热量。煤的工业分析实质是将煤中的物质粗略分为四部分，为确定煤的性质提供合理的依据。

（1）水分　煤中的水分分为外在水分和内在水分，合称为全水分。外在水分又称表面水分，是指在开采、运输、洗选和储存期间，附着于颗粒表面或存在于直径大于 $5\sim10\mu m$ 的毛细孔中的外来水分。这部分水分变化很大，而且易于蒸发，可以通过自然干燥方法去除。一般规定：外在水分是指原煤试样在温度为（20 ± 1）℃、相对湿度为（65 ± 1）%的空气中自然风干后失去的水分。

（2）挥发分　失去水分的干燥煤样，在隔绝空气的条件下，加热到一定温度时，析出的气态物质占煤样质量的百分数称为挥发分。挥发分主要由碳氢化合物、H_2、CO、H_2S 等可燃气体，少量 O_2、CO_2 和 N_2 组成；煤中挥发分逸出后，如与空气混合不良，在高温缺氧条件下易化合成难以燃烧的高分子复合烃，产生炭黑，形成大量黑烟。

挥发分并不是以固有的形态存在于煤中，而是煤被加热分解后析出的产物。不同煤化程度的煤，挥发分析出的温度和数量不同。煤化程度浅的煤，挥发分开始析出的温度就低。在相同的加热时间内，挥发分析出的数量随煤的煤化程度的提高而减少。挥发分析出的数量除决定于煤的性质外，还受加热条件的影响，加热温度越高，时间越长，则析出的挥发分越多。因此，挥发分的测定必须按统一规定进行，即将失去水分的煤样，在（900±10）℃温度下，隔绝空气加热 7min，试样所失去的质量占原煤试样质量的百分数，即为原煤试样挥发分含量。

（3）固定碳和灰分　原煤试样去除水分、挥发分之后剩余的部分称为焦炭，它由固定碳和灰分组成。焦炭在（850±10）℃温度下灼烧 2h，固定碳基本烧尽，剩余的部分就是灰分，其所占原煤试样的质量分数，即为煤的灰分含量；在灼烧过程中失去的质量占原煤试样的质量分数，即固定碳的含量。

灰分是煤中以氧化物形态存在的矿物质，包括原生矿物质、次生矿物质和外来矿物质。原生矿物质是原始成煤植物含有的矿物质，它参与成煤，很难除去，一般不超过 1%～2%；次生矿物质为成煤过程中由外界混入到煤层中的矿物质，通常这类矿物质在煤中的含量在 10% 以下，可用机械法部分脱除；外来矿物质为采煤过程中由外界掉入煤中的物质，它随煤层结构的复杂程度和采煤方法而异，一般为 5%～10%，最高可达 20% 以上，可以用重力洗选法除去。除去全部水分和灰分的煤被称为干燥无灰基煤。

3.1.2.2　煤的元素分析成分及其特性

煤是由有机物质和无机物质混合组成的，以有机质为主。煤中有机物质主要由碳（C）、氢（H）、氧（O）及少量的氮（N）、硫（S）等元素构成。通常所说的元素分析是指测定煤中碳、氢、氧、氮、硫、灰分（A）和水分（M）的测定。煤中碳、氢、氮和硫的含量是用直接法测出的，氧含量一般用差减法获得。

（1）煤的元素分析成分

① 碳（C）　煤中主要可燃成分，燃料中的碳多以化合物形式存在，在煤中占 50%～95%。碳完全燃烧时，生成 CO_2，纯碳可释放出 32866kJ/kg 的热量，不完全燃烧时生成 CO，此时的发热量仅为 9270kJ/kg。碳的着火与燃烧都比较困难，因此含碳量高的煤难以着火和燃尽。

② 氢（H）　煤中重要的可燃成分，完全燃烧时，氢可释放出 120370kJ/kg 的热量，是纯碳发热量的 4 倍。煤中氢含量一般是随煤的变质程度加深而减少。因此变质程度最深的无烟煤，其发热量还不如某些优质的烟煤。此外，煤中氢含量多少还与原始成煤植物有很大的关系，一般由低等植物（如藻类等）形成的煤，其氢含量较高，有时可以超过 10%；而由高等植物形成的煤，其氢含量较低，一般小于 6%。氢十分容易着火，燃烧迅速。

③ 硫（S）　煤中的有害成分，硫完全燃烧时，可释放出 9040kJ/kg 的热量。煤中硫通常以无机硫和有机硫的状态存在。无机硫多以矿物杂质的形式存在于煤中，按所属的化合物类型分为硫化物硫和硫酸盐硫；有机硫则是直接结合于有机母体中的硫，煤中有机硫主要由硫醇、硫化物及二硫化物三部分组成；煤中偶尔还有单质硫的存在。煤中硫的含量与成煤时沉积环境有关，在各种煤中硫的含量一般不超过 1%～2%，少数煤的硫含量可达 3%～10% 或更高。

据统计，我国煤中有 60%～70% 的硫为无机硫，30%～40% 为有机硫，单质硫的比例一般很低，无机硫绝大部分是以黄铁矿（FeS_2）的形式存在。硫燃烧后的产物是 SO_2 和 SO_3，在与水蒸气相遇后会生成亚硫酸和硫酸，引起大气污染以及锅炉尾部受热面的低温腐蚀。此外，煤中的黄铁矿质地坚硬，在煤粉磨制过程中将加速磨煤部件的磨损，在炉膛高温下又容易造成炉内结渣。

④ 氮（N）　煤中氮含量较少，仅为 0.5%～2%。煤中氮主要来自成煤植物。在燃料高温

燃烧过程中会生成 NO_x，引起大气污染。在炼焦过程中，氮能转化成氨及其他含氮化合物。

⑤ 氧（O）　氧是煤中不可燃成分，燃烧中由于赋存状态的变化，起助燃作用。煤中氧主要以羧基、羟基、甲氧基、羰基和醚基存在，其含氧量随煤化程度增高而明显减少。

（2）煤的元素分析成分的基准

为了应用的方便，煤的元素分析成分分为多种基准表示，即元素成分的不同内容。

① 收到基　以收到状态的煤为基准，计算煤中全部成分的组合称为收到基，即

$$C_{ar}+H_{ar}+O_{ar}+N_{ar}+S_{ar}+A_{ar}+M_{ar}=100\% \tag{3.1}$$

式中各项为元素分析成分。

② 空气干燥基　自然干燥失去外在水分的成分组合称为空气干燥基，即

$$C_d+H_d+O_d+N_d+S_d+A_d=100\% \tag{3.2}$$

③ 干燥基　以无水状态的煤为基准的成分组合称为无水基，即

$$C_{daf}+H_{daf}+O_{daf}+N_{daf}+S_{daf}=100\% \tag{3.3}$$

④ 干燥无灰基　以无水无灰状态的煤为基准的成分组合称为干燥无灰基，即

$$W_{zs}=4190\frac{W_{ar}}{Q_{net,ar}}\% \tag{3.4}$$

将煤中的收到基水分、硫分、灰分折算到其发热量，称为相应的折算成分，即

$$W_{zs}=4190\frac{W_{ar}}{Q_{net,ar}}\% \tag{3.5}$$

$$S_{zs}=4190\frac{S_{ar}}{Q_{net,ar}}\% \tag{3.6}$$

$$A_{zs}=4190\frac{A_{ar}}{Q_{net,ar}}\% \tag{3.7}$$

上述几个公式中，C 代表碳；H 代表氢；O 代表氧；N 代表氮；S 代表硫；A 代表灰分；M 代表水分；ar 代表收到基；d 代表空气干燥基；daf 代表干燥基；zz 代表干燥无灰基；W_{zs} 为收到基水分发热量折算成分；S_{zs} 为硫分发热量折算成分；A_{zs} 为灰分发热量折算成分。

对于 $W_{zs}>8\%$、$S_{zs}>0.2\%$ 及 $A_{zs}>4\%$ 的煤分别称为高水分、高硫分及高灰分煤。

（3）煤的发热量　煤的发热量是指单位质量的煤完全燃烧时所放出的全部热量，以 kJ/kg 或 MJ/kg 表示。根据燃烧产物中水的状态不同，煤的发热量可分为高位发热量和低位发热量。煤的高位发热量是指 1kg 煤完全燃烧时所产生的热量，其中包含煤燃烧时所生成水蒸气的汽化潜热；在高位发热量中扣除全部水蒸气汽化潜热后的发热量，称为低位发热量。在实际利用中，为避免燃烧热设备尾部受热面的低温腐蚀，燃烧生成烟气的排烟温度一般高于 110～160℃，此时烟气中的水蒸气仍然以蒸汽状态存在，不可能凝结而放出汽化潜热，因此在燃烧热设备的热工计算时都采用燃料的低位发热量。煤的发热量的大小因煤种不同而不同，取决于煤中可燃成分和数量，含水分、灰分高的煤发热量较低。煤的发热量通常采用实验测定，测定装置被称为氧弹热量计，也可以通过元素分析或工业分析的结果估算。

煤的发热量与煤种有关，为了工业应用的方便，将低位发热量为 29310kJ/kg 的煤称为标准煤。

3.1.3　煤的分类

依据煤的工业用途、工艺性质和质量要求进行的分类，称为工业分类法，工业分类是为了合理地使用煤炭资源及统一使用规格。根据煤的元素组成进行的分类，则称为科学分类

法。最有实用意义的是将煤的成因与工业利用结合起来，以煤的变质程度和工艺性质为依据的技术分类法。

但由于各国煤炭资源特点不同，以及工业技术发展水平的差异，各主要产煤国或以煤为主要能源的国家都根据本国情况，采用不同的分类方法。1956 年，联合国欧洲经济委员会（ECE）煤炭委员会在国际煤分类会议上提出了国际硬煤分类表，其分类方法是以挥发分为划分类别的标准，将硬煤（烟煤和无烟煤）分成十个级别；以黏结性指标（自由膨胀序数或罗加指数）将硬煤分成四个类别；又以结焦性指标（奥亚膨胀度或葛金焦型）将硬煤分成六个亚类型，每个煤种均以三位阿拉伯数字表示，将硬煤分为 62 个煤类。

1989 年 10 月国家标准局发布了中国煤炭分类（GB 5751—86），将中国煤分为 14 类，如表 3.1 所示。焦炭的黏结性与强度称为煤的胶结性，也是煤的重要特性指标之一。根据煤的胶结性可以把煤分为粉状、黏结、弱黏结、不熔融黏结、不膨胀熔融黏结、微膨胀熔融黏结、膨胀熔融黏结和强膨胀熔融黏结八大类。

表 3.1 我国煤的分类

煤种	符号	V_{daf}/%	G	$Q_{net,ar}$/(MJ/kg)	着火温度/℃
无烟煤	WY	≤10.0		>20.9	>700
贫煤	PM	>10.0~20.0	≤5	>18.4	600~700
贫瘦煤	PS	>10.0~20.0	>5~20		
瘦煤	SM	>10.0~20.0	>20~65		
焦煤	JM	>20.0~28.0	>50~65		
肥煤	FM	≥10.0~37.0	>85		
1/3 焦煤	1/3 JM	>28.0~37.0	>65		
气肥煤	QF	>37	>85	>15.5	400~500
气煤	QM	>28.0~37.0	>50~60		
1/2 中黏煤	1/2 ZN	>20.0~37.0	>30~50		
弱黏煤	RN	>20.0~37.0	>5~30		
不黏煤	BN	>20.0~37.0	≤5		
长焰煤	CY	>37.0	≤35		
褐煤	HM	>37.0	≤30	>11.7	250~450

表 3.1 中，干燥无灰基挥发分 V_{daf} 和黏结性指标 G 为分类指标。事实上，对于 $G>85$ 的煤，还需要其他的辅助指标进行分类，对长焰煤与褐煤的划分也需要借助辅助指标。

化工领域，气煤、肥煤、焦煤、瘦煤主要用于炼焦，无烟煤也用于化工。对于动力用煤，一般根据 V_{daf} 的大小简单划分为无烟煤、贫煤、烟煤和褐煤。

3.1.4 煤炭资源

3.1.4.1 世界煤炭资源

根据 2007 年英国石油公司（BP）对世界能源的统计报告资料，目前世界煤炭的探明可采储量为 $8.475×10^{11}$ t。其中，美国为 $2.427×10^{11}$ t，俄罗斯为 $1.57×10^{11}$ t，中国为 $1.145×10^{11}$ t。表 3.2 所示为世界煤炭储量前十位国家的煤炭储量、所占比例和储采比，其中储采比为当前可采储量除以当前的年采煤量。因此，美国、俄罗斯、中国煤炭可采储量分别占世界总量的 28.6%、18.5% 和 13.5%，我国的煤炭可采储量位居第三。显然，以当前中国煤炭的储量和年产量，储采比是非常低的，尤其对我国这样一个以煤为主的能源结构，因此能源形势十分严峻。当然，随着技术的进步，可采储量会发生变化；能源构成变化，储采比也会发生变化。

表 3.2 世界煤炭可采储量

国　　家	煤炭储量/($\times 10^8$ t)	比例/%	储采比/a
美国	2427	28.6	234
俄罗斯	1570	18.5	500
中国	1145	13.5	45
澳大利亚	766	9.0	194
印度	565	6.7	118
南非	480	5.7	178
乌克兰	339	4.0	444
哈萨克斯坦	313	3.7	332
波兰	75	0.9	51
巴西	71	0.8	>500
上述合计	7751	91.4	
总计	8475	100	133

3.1.4.2　中国煤炭资源

我国煤炭资源绝对值数量十分可观。据 1997 年完成的全国第三次煤炭资源预测与评估，中国埋深小于 2000 m 的煤炭资源总量为 5.5663×10^{12} t。其中，预测资源量为 4.5521×10^{12} t，发现煤炭储量为 1.0142×10^{12} t。在已发现煤炭储量中，已查证的煤炭储量为 7.241×10^{11} t，煤资源量为 2.901×10^{11} t。在已查证的煤炭储量中，生产和在建煤矿已利用的储量为 1.868×10^{11} t，尚未利用的精查储量为 8.41×10^{10} t，详查储量为 1.829×10^{11} t，普查储量为 2.702×10^{11} t。中国煤炭资源分布相对集中，北方地区已发现资源占全国的 90.29%，形成山西、陕西、宁夏、河南、内蒙古中南部和新疆的富煤地区；南方地区发现资源的 90% 集中在四川、贵州和云南三省。表 3.3 所示为中国煤炭资源总量（2000m 以浅）的分区统计结果。

表 3.3　中国煤炭资源总量（2000m 以浅）分区统计

区　　域	东北	华北	西北	华南	滇藏	合计
资源总量/10^8t	3933	28118	19786	3783	76	55696
比例/%	7.06	50.49	35.52	6.79	0.14	100

其中，不同煤种的储量比例见表 3.4。

表 3.4　中国不同煤种的储量比例　　　　　　　　　　　　%

炼焦用煤					非炼焦用煤							合计
气煤	肥煤	焦煤	瘦煤	其他	贫煤	无烟煤	弱黏煤	不黏煤	长焰煤	褐煤	其他	
16.7	3.68	4.99	4.21	0.39	5.37	13.05	2.48	15.23	5.91	14.6	13.35	99.96

中国煤炭储量的平均硫分为 1.1%，硫分小于 1% 的低硫、特低硫煤占 63.5%，主要在华北、东北、西北和华东的部分区域；含硫量大于 2% 的占 16.4%，主要在南方、山东、山西、陕西和内蒙古西部的部分区域。

中国煤炭的灰分普遍偏高，一般在 15%～25%，灰分低于 10% 的特低灰煤占全国储量的 15%～20%，主要在大同、鄂尔多斯等区域。

3.1.5　煤炭利用带来的环境问题

3.1.5.1　煤矿开采对水资源的影响

煤矿开采对水资源的影响主要表现在两个方面，一方面是对地表及地下水系的破坏，另一方面是对地表及地下水系的污染。煤矿开采必然涉及对地下水的疏干和排泄。由于地下水的不断疏干和排泄，必然导致地下水位大面积大幅度下降，矿区主要供水水源枯竭，地表植被干枯，自然景观破坏，农业产量下降，严重时可引起地表土壤沙化。煤矿大量排放矿井废水会不同程度地污染地表及地下水系；矸石和露天堆煤场遇到雨天，污水流入地表水系或渗入地下潜水层，选煤厂的废水不经处理大量排放，对地表、地下水源造成污染等，使矿区周围的河流、沼泽地或积水池等变为黑色死水。我国淡水资源人均占有量仅为世界人均水平的1/4。特别是煤炭资源储量丰富的华北、西北地区，水资源尤为缺乏，主要产煤大省山西因采煤造成 18 个县 28 万人饮水困难，30 亿平方米的水田变成旱地。地表水系的污染往往是显而易见的，相对容易治理。而地下水的污染具有隐蔽性且难以恢复，影响较为深远。由于地下水的流动较为缓慢，仅靠含水层本身的自然净化，则需长达几十年甚至上百年的时间，且污染区域难以确定，容易造成意外污染事故。

另外，煤中通常含有黄铁矿（FeS_2）稀酸，使矿井排水呈酸性。洗煤厂也排出含硫、酚等有害污染物的黑水，煤矿废水量常常是采煤量的数倍。大量酸性废水排入河流，致使河水污染。

3.1.5.2　煤矿开采对土地资源的影响

引起矿区土地沉陷的煤层是层状沉积矿床，厚度相对较小，单位面积生产能力低，在矿山开采过程中，井下大面积采空，形成大量采空区，顶板冒落、岩层移动后，造成地面沉降，在地表形成低洼地。有的由于地表潜水位较浅，在低洼处形成沼泽地或积水池，有的表现为既深又宽的裂缝，形成严重的山体滑坡隐患。沼泽地或积水池、山体滑坡的形成，使矿区耕地减少或受到破坏，生态环境也受到严重影响。

据估算，全国平均每采出 1 万吨煤沉陷面积在 0.2 万平方米以上，全国已有开采沉陷地45 亿平方米。具体地说，煤矿开采对土地资源的影响主要表现在以下几个方面。

　① 地表的破坏。

　② 岩层和地表移动。

　③ 废物堆积。

3.1.5.3　煤炭发开采对大气环境的影响

煤炭开采导致废气排放，危害大气环境。因煤炭开采产生的废气主要指矿井气体和地面煤矸石山自燃释放的废气。矿井气体的主要成分甲烷是一种重要的温室气体，其温室效应是二氧化碳的 20 倍。据统计，我国煤矿开采排放的气体量每年高达 70 亿～90 亿立方米，对环境的污染十分严重，危及大气层、森林、农作物和人类自身。同时，瓦斯井下爆炸事故频繁发生，造成严重的生命和财产损失。矿区地面矸石山自燃放出大量 SO_2、CO_2、CO 等有毒有害气体，严重影响着大气环境并直接损害着周围居民的身体健康。煤矸石产出量很大，其排放量约占煤矿原煤产量的 15%～20%。据不完全统计，我国国有煤矿约有矸石山 1500余座，历年积累量 30 亿吨。

3.1.5.4　煤炭运输对环境的影响

煤炭运输过程会造成严重的环境问题，同时也会导致巨大的经济损失。在我国，由于煤炭生产基地远离消费用户，导致了"北煤南运、西煤东运"的长距离煤炭运输格局。运输中产生的煤尘飞扬，既损失大量煤炭，又污染沿线周围的生态环境。据统计，2000 年，我国铁路运煤量为 6.49 亿吨，平均运输距离为 580 千米；经公路运输或中转到铁路的煤炭达 6亿吨，平均运输距离为 80 千米。若以 1% 的扬尘损失计算，由于铁路、公路运输煤炭向大气中输送的煤尘至少 0.11 亿吨，直接造成的经济损失高达 12 亿元人民币以上，同时，造成公路、铁路沿线两侧严重的环境污染。

3.2 石油

3.2.1 石油的形成与分类

石油在化石能源中含量仅次于煤。它是一种黄色、褐色或黑色的、流动或半流动的、黏稠的可燃性液体。古代大量的生物死亡后，沉积于水底与其他淤泥物随着地壳的变迁，埋藏的深度不断增加，先后被好氧细菌和厌氧细菌改造，细菌活动停止后，有机物便开始了以低温为主导的地球化学转化阶段，并经历生物和化学转化过程。一般认为，有效地生油阶段从 50~60℃开始，到 150~160℃时结束。

石油的主要成分是碳、氢组成的烃类，如烷烃、环烷烃、芳香烃等，占 95%~98%。此外，还有微量钠（Na）、铅（Pb）、铁（Fe）、镍（Ni）、钒（V）等金属元素，以及少量的氧（O）、氮（N）、硫（S）以化合物、胶质、沥青质等非烃类物质形态存在，其元素组成见表 3.5，其成分随产地的不同而变化很大。

表 3.5 石油中的元素组成 %

元素	C	H	O	N	S	微量元素/(mg/L)
含量	85~90	10~14	0~1.5	0.1~2	0.2~0.7	100

由于石油的组成极其复杂，通常在市场上有以下三种分类方法。

① 按石油的密度分类，将石油分为轻质石油、中质石油、重质石油和特重质石油。

② 按石油中的硫含量分类，硫含量小于 0.5% 为低硫石油，硫含量为 0.5%~2.0% 者为含硫石油，硫含量大于 2.0% 者称高硫石油。世界石油总产量中，含硫石油和高硫石油约占 75%。石油中的硫化物对石油产品的性质影响较大，加工含硫石油时应对设备采取防辐射措施。

③ 按石油中的蜡含量分类，蜡含量为 0.5%~2.5% 者称低蜡石油，蜡含量在 2.5%~10% 的为含蜡石油，含量大于 10% 者为高蜡石油。

3.2.2 石油的加工

3.2.2.1 石油的加工工艺

开采出来的石油（原油）虽然可以直接作燃料用，而且价格便宜。但是，对于车辆、飞机的发动来讲，必须把原油炼制成燃料油才能使用。根据最终产品的不同，炼油厂的加工流程大致分为以下三种类型。

(1) 燃料型：以汽油、煤油、柴油等燃料油为主要产品。

(2) 燃料-润滑油型：以燃料油、各种润滑油为主要产品。

(3) 石油化工类：石脑油、轻油、渣油为主要产品，作为生产石油化工产品的原料。

石油炼制的方法可以归结为两大类。

一类是分离法，如溶剂法、固体吸附法、结晶法和分馏法等，其中最常用的是分馏法。分馏法的工艺是先将原油脱盐，以避免分馏设备腐蚀。然后把原油加热到 385℃左右，送至高于 30m 的长压分馏塔底。塔内设有许多层油盘，石油蒸气上升时，逐层通过这些油盘，并逐步冷却。不同沸点的成分便冷凝在不同高度的油盘上，并可按所需的成分用管子引出。于是，塔底是不能蒸发的油渣、重油，中层为柴油等馏分，上层为汽油、石脑油等。常压分馏塔底的常压重油通常再送到减压塔，利用蒸汽喷射泵降低油气分压，使重油快速蒸发，与沥青分离。

　　石油炼制的另一类方法是转化法。转化法是利用化学的方法对分馏的油品进行深加工。例如，可以把重油、沥青等分解成轻油，也可以把轻馏分气聚合成油类。常用的转化方法有热裂化、催化裂化、加氢裂化和焦化等。图 3.1 是燃料性炼油厂的流程，它包括常压蒸馏、减压蒸馏、催化裂化、加氢裂化、角化等多道炼油工序。

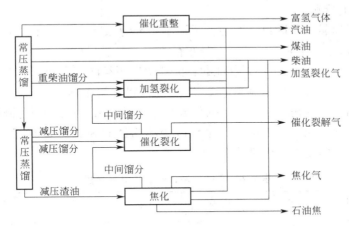

图 3.1　燃料型炼油厂流程

3. 2. 2. 2　石油的产品

　　根据应用目的不同，石油可以加工成的产品种类可分为以下几类。

　　（1）溶剂油　溶剂油包括石油醚、橡胶溶剂油、香花溶剂油等，主要用于橡胶、涂料、油脂、香料、药物等领域作溶剂、稀释剂、提取剂和洗涤剂。

　　（2）燃料油　燃料油包括石油气、汽油、煤油、柴油、重质燃料油。石油气用于制造合成氨、甲醇、乙烯和丙烯等，汽油用于汽车和螺旋桨式飞机，煤油用于点灯、喷气式发动机和农药制造，柴油用于柴油发动机；汽油专用指标（抗爆性）是辛烷值，柴油的专用指标（着火性能）是十六烷值。

　　（3）润滑油　润滑油的用途如下。

　　① 汽、柴油机油，分别用于汽油发动机和柴油发动机的润滑和冷却。

　　② 机械油，用于纺织机、机床等。

　　③ 压缩机油，用于汽轮机、冷冻机和汽缸。

　　④ 齿轮油，用于齿轮传动机，汽车、拖拉机变速箱。

　　⑤ 液压油，用于液压机械的传动装置。

　　⑥ 电器用油，用于变压器、电缆绝缘。

　　（4）润滑脂　它用于低速、重负荷或高温下工作的机械。

　　（5）石蜡和地蜡　它用于火柴、蜡烛、蜡纸、电绝缘材料、橡胶。

　　（6）沥青　它用于建筑工程防水、铺路、涂料、塑料、橡胶等工业。

　　（7）石油焦　它用于制造电极、冶金过程的还原剂和燃料。

3. 2. 3　石油资源

3. 2. 3. 1　世界石油资源

　　目前世界上已找到近 30000 个油田，这些油田分布于地壳上六大稳定板块及其周围的大陆架地区。在 156 个较大的盆地内，几乎均有油田发现，但分布极不平衡：从东西半球来看，约 3/4 的石油资源集中于东半球，西半球占 1/4；从南北半球看，石油资源主要集中于北半球；从纬度分布看，主要集中在北纬 $20°\sim40°$ 和 $50°\sim70°$ 两个纬度带内。波斯湾及墨西哥湾两大油区和北非油田均处于北纬 $20°\sim40°$ 内，该带集中了 51.3% 的世界石油储量；$50°\sim70°$ 纬度带内有著名的北海油田、俄罗斯伏尔加及西伯利亚油田和阿拉斯加湾油区。

3.2.3.2 中国石油资源

（1）中国石油储量　我国目前石油资源探明储量为 2.057×10^{10} t，可采储量为 1.275×10^{10} t。其中 77.1% 分布在陆上，22.9% 分布在海洋。截至 2006 年，我国石油剩余和新探明经济可采储量为 2.22×10^{10} t，六大盆地的石油新增探明经济可采储量大于 1×10^{7} t。石油基础储量为 2.76×10^{9} t，占世界总储量的 1.0%，位居世界第 12 位。

表 3.6 为我国产油省份基础储量数据与分布。可以看出，我国的石油储量分布也极不平衡，其中东北三省（黑龙江、吉林、辽宁）占全部储量的 34.7%，西部（陕西、甘肃、青海、宁夏和新疆）的储量占总储量的 27.2%。

表 3.6　我国产油省份基础储量数据　　　　　　　　　　　　　$\times10^{4}$ t

黑龙江	吉林	辽宁	陕西	甘肃	青海	宁夏	新疆
62197	16530	17010	19885	8727	4377	140	41883
天津	河北	内蒙古	四川	云南	广西	广东	海南
3075	16339	5526	345	12	175	140	41

（2）中国石油资源的特点　我国石油资源总量丰富，但是人均资源量为世界平均水平的 18.3%，属于贫油大国。资源品质相对较差，油田的规模比较小，没有世界级的大油田。在我国已发现的 500 多个油田中，除大庆、胜利等主要油田外，其他油田普遍存在原油品位低、埋藏深、类型复杂、工艺要求高等问题。剩余的可采储量中，低渗或特低渗油、稠油和埋藏深度大于 3500m 的超过 50%，所以资源的开采难度大。尽管我国石油资源总量比较丰富，由于我国仍处于发展中国家，而且人口基数大，同时石油的勘探风险投入不足，使得我国后备可采储量相对不足。1990 年我国的石油储采比为 $14\sim15$ 年，到 2006 年下降为 11 年。我国海洋石油资源丰富，占全国总量的 22.9%，但是探明量非常低，不仅远低于国际平均的探明水平，而且远低于国内的平均探明率，同时勘探开发局限于近海水域。

3.2.4　石油消费

今天，石油已经像血液一样维系着日常经济生活的正常运转，直接影响着一个国家的经济发展甚至政治稳定和国家安全。石油已成为现代工业社会最有战略意义的能源与基础原料，不但交通高度依赖石油，石油消费更是衡量一个国家经济发达程度的标尺。

目前，我国已是石油净进口国（见表 3.7）。1993 年以前，我国石油工业不仅能满足国内需求，而且是石油净出口国，这一格局维持了 20 多年。随着国民经济的迅速发展，石油的需求也不断增加。我国近年原油生产量、消费量和缺口不断增大。

表 3.7　中国近年原油生产量和消费量　　　　　　　　　　　　　$\times10^{8}$ t

年份	生产量	消费量	缺口
2000	1.6	2.2	0.60
2001	1.6	2.2	0.53
2002	1.7	2.3	0.62
2003	1.7	2.5	0.83

续表

年份	生产量	消费量	缺口
2004	1.7	2.9	1.2
2005	1.8	3.0	1.2
2006	1.8	3.2	1.4
2007	1.9	3.7	1.8
2008	1.9	3.7	1.8
2009	1.9	3.8	1.9
2010	2.0	4.3	2.3

在石油生产中，国内十大油田的贡献大约在 85%，这十大油田是大庆、胜利、中国海洋石油、辽河、新疆、长庆、延长、塔里木、吉林和大港油田。十大油田的近年产量以及占全国产量的比例见表3.8。

表 3.8　我国十大油田产量　　　　$\times 10^8$ t

油　田	年　份							
	2000	2001	2002	2003	2004	2006	2008	2009
大庆	53.0	51.5	50.1	48.4	46.4	43.4	40.2	40.0
胜利	26.8	26.7	26.7	26.7	26.7	30.0	27.7	27.9
中海油	17.6	18.2	21.0	21.9	24.4	31.5	—	—
辽河	14.0	13.9	13.5	13.5	12.8	12.0	11.2	10.2
新疆	9.2	9.7	10.1	10.6	11.1	12.2	12.2	10.9
长庆	4.6	5.2	6.1	7.0	8.1	17.0	13.8	15.7
延长	2.5	3.2	3.8	5.5	7.2	—	10.9	11.2
塔里木	4.4	4.7	5.0	5.3	5.4	15.3	6.5	5.5
吉林	3.8	4.0	4.4	4.8	5.1	6.2	6.6	6.1
大港	4.0	4.0	3.9	4.2	4.9	5.0	—	—
总计	139.9	141.1	141.1	147.9	152.1	—	—	—
占全国产量比例/%	87.4	88.2	83.0	87.0	84.5			

表3.8中的数据表明，我国第一大油田——大庆油田在进入21世纪后，原油产量逐年减少，而中国海洋石油、长庆油田及塔里木油田增产明显。

在石油产品的消费中，汽油、柴油的增加幅度大于其他油品，表3.9所示为我国近年油品消费量。

表 3.9　我国近年油品消费量　　　　$\times 10^6$ t

年份	汽油	柴油	燃料油	煤油	液化石油气
2000	35.1	67.7	38.7	8.7	13.7
2001	36.0	71.1	38.5	8.9	14.1
2002	37.5	76.7	38.7	9.2	16.3
2003	40.7	84.1	42.2	9.2	16.3
2004	47.0	99.0	47.8	10.6	20.2
2005	48.5	109.7	42.4	10.8	20.2
2006	52.4	118.4	43.7	11.3	22.1
2007	55.5	124.7	43.4	12.3	22.8
2008	63.4	138.9	36.6	—	20.5
2009	68.1	139.23	34.4	15.05	22.5

中国作为一个发展中的人口大国，随着经济的发展，石油的消费必将持续增加。而从我国的资源条件看，东部油田减产，西部油田发展比预期慢，海洋油田产量还比较低，所以，

原油产量大幅度提高的可能性比较小。据国际能源机构分析，2020 年，我国石油的进口依存度将达到 80%。因此，我国石油供需矛盾已经非常尖锐。

3.2.5 石油利用带来的环境问题

石油污染是指石油开采、运输、装卸、加工和使用过程中，由于泄漏和排放石油引起的污染。石油对环境的污染可分为两个方面：一是油气污染大气环境，表现为油气挥发物与其他有害气体被太阳紫外线照射后，发生物理化学反应，生成光化学烟雾，产生致癌物和温室效应，破坏臭氧层等；二是地下油罐和输油管线腐蚀渗漏，污染土壤和地下水源，不仅造成土壤盐碱化、毒化，导致土壤破坏和废毁，而且其有毒物能通过农作物尤其是地下水进入食物链系统，最终直接危害人类。

其中最为典型的有海洋石油污染。石油漂浮在海面上，迅速扩散形成油膜，可通过扩散蒸发、溶解、乳化、光降解以及生物降解和吸收等进行迁移、转化。油类可黏附在鱼鳃上，使鱼窒息，抑制水鸟产卵和孵化，破坏其羽毛的不透水性，降低水产品质量。油膜阻碍水体的复氧作用，影响海洋浮游生物生长，破坏海洋生态平衡，此外还破坏海滨风景，影响海滨美学价值。概括地讲，海洋石油污染可引发多方面生态和社会危害。

（1）在生态危害方面

① 影响海气交换。油膜覆盖于海面，阻断 O_2、CO_2 等气体的交换。O_2 的交换被阻碍，导致海洋中的 O_2 被消耗后无法由大气中补充，CO_2 交换被阻首先破坏了海洋中 CO_2 平衡，妨碍海洋从大气中吸收 CO_2 形成 HCO_3^-、CO_3^{2-} 盐缓冲海洋 pH 值的功能，从而，破坏了海洋中溶解气体的循环平衡。

② 影响光合作用。油阻碍阳光射入海洋，使水温下降，破坏了海洋中 O_2、CO_2 的平衡，这也就破坏了光合作用的客观条件。同时，分散和乳化油侵入海洋植物体内，破坏叶绿素，阻碍细胞正常分裂，堵塞植物呼吸孔道，进而破坏光合作用的主体。

③ 消耗海水中溶解氧。石油的降解大量消耗水体中的氧，然而海水复氧的主要途径——大气溶氧又被油膜阻碍，直接导致海水的缺氧。

④ 毒化作用。石油中所含的稠环芳香烃对生物体有剧毒，且毒性明显与芳环的数目和烷基化程度有关。首先大分子化合物的绝对毒性很高，而在水中，低分子类由于具有很强的水溶性和后续的很大生物可利用率，也表现出剧烈毒性影响。烃类经过生物富集和食物链传递能进一步加剧危害。有证据表明，烃类有致突变和致癌作用，而慢性石油污染的生态学危害更难以评估。

⑤ 全球温室效应。海上石油污染必将加剧温室效应，也可能促使厄尔尼诺现象的频繁发生，从而间接加重"全球问题"。

⑥ 破坏滨海湿地。石油开发等人为活动导致我国滨海湿地丧失严重。据初步估算，我国累计丧失滨海湿地面积约 219 万公顷，占滨海湿地总面积的 50%。

（2）在社会危害方面

① 石油污染对渔业的危害。由于石油污染抑制光合作用，降低溶解氧含量，破坏生物生理机能，海洋渔业资源正逐步衰退。

② 石油污染刺激赤潮的发生。据研究，在石油污染严重的海区，赤潮的发生概率增加，虽然赤潮发生机理尚无定论，但应考虑石油烃类在其中的作用。

③ 石油污染对工农业生产的影响。海洋中的石油易附着在渔船网具上，加大清洗难度，

降低网具效率，增加捕捞成本，造成巨大经济损失，而对海滩晒盐厂，受污海水无疑难以使用，对于海水淡化厂和其他需要以海水为原料的企业，受污海水必然大幅增加生产成本。

④ 石油污染对旅游业的影响。海洋石油极易贴岸，沾污海滩等极具吸引力的海滨娱乐场所，影响滨海城市形象。

3.3　天然气

3.3.1　天然气的特性

天然气主要由甲烷、乙烷、丙烷和丁烷等烃类组成，其中甲烷占 80%～90%，其他主要的有害杂质是 CO_2、H_2O、H_2S 和其他含硫化合物。气体种类不同，成分略有差别。对于气田气，以甲烷为主，相对分子量为 16.55，低位发热量为 $36.4MJ/m^3$。对于油田气，含有一定比例的乙烷、丙烷等，相对分子量为 23.33，低位发热量为 $48.38MJ/m^3$。可燃冰比较特殊，由水分子和燃气分子构成，外层是水分子构架，核心是燃气分子。燃气分子绝大多数是甲烷，所以天然气水合物也称为甲烷水合物。$1m^3$ 可燃冰（固体）可释放出 $168m^3$ 的甲烷和 $0.8m^3$ 的水蒸气。因此，可燃冰是一种高能量密度的能源。

3.3.2　天然气的用途

天然气可以直接作为燃料，燃烧时有很高的发热值，对环境的污染也较小，同时还是重要的化工原料。天然气市场非常广阔，它主要用于以下几个方面。

3.3.2.1　发电燃料

天然气作燃料，采用燃气轮机的联合循环发电具有造价低、建设周期短、启停迅速、热效率高、利于环保等特点。因此，天然气发电的成本低于燃煤发电和核电站，特别是在利用小时数较低的情况下，天然气发电具有电网调峰的特殊优势。天然气发电在国外已大量采用，我国天然气发电也将加快发展，预计到 2020 年将占到总发电量的 5.6%～7.1%。

3.3.2.2　民用燃料

天然气是优质的民用及商业燃料，据预测，中国城镇人口到 2020 年将达 7.3 亿。其中大、中型城市人口 3.5 亿，气化率将为 85%～95%，其他城镇人口 3:8 亿，气化率将达 45%。

3.3.2.3　化肥及化工原料

氮肥的主要原料包括合成气和天然气，其中天然气作为氮肥原料的比例约为 50%。同时天然气还可作为生产甲醇、炼油厂的制氢以及其他化工用气。

3.3.2.4　工业燃料

天然气用作工业燃料主要用于石油天然气的开采、非金属矿物制品、石油加工、黑色金属冶炼和压延加工以及燃气生产和供应等方面。

3.3.2.5　交通运输

经过液化的天然气，可用于车辆，作为传统燃料油的替代品或混合燃料，从一定程度上可减轻对石油的依赖。

3.3.3　天然气资源

3.3.3.1　世界天然气资源

对于常规天然气资源，世界总资源量为 $(4～6)×10^{14} m^3$。2007 年全世界天然气的探明

储量为 $1.774 \times 10^{14} m^3$，储采比为 60 年，主要分布在俄罗斯联邦、西亚、中东和美国。中国常规天然气探明储量为 $1.9 \times 10^{12} m^3$，储采比仅为 27 年，世界排名第 17 位。表 3.10 所示为 2007 年世界主要国家以及中国的天然气储量、占世界比例、人均探明储量和储采比。

表 3.10　2007 年世界部分国家天然气探明储量

排名	国家	探明储量 /($\times 10^{12} m^3$)	占世界比例 /%	人均探明储量 /($\times 10^{12} m^3$)	储采比/a
1	俄罗斯	44.7	25.2	31.4	73.5
2	伊朗	27.8	15.7	40.9	—
3	卡塔尔	25.6	14.4	2966.2	
4	沙特阿拉伯	7.2	4.0	27.1	96.0
5	阿拉伯联合酋长国	6.1	3.4	237.6	—
6	美国	6.0	3.4	2.00	10.9
17	中国	1.9	1.1	0.1	27.2
	总计	177.4	100	3.3	22.1

数据表明，卡塔尔天然气的人均储量最高，中国人均储量仅为世界人均储量的 1/30，为美国的 1/14、俄罗斯的 1/217。

对于煤层气而言，当前，全球埋深浅于 2000m 的煤层气资源量约为 $2.4 \times 10^{14} m^3$，与常规天然气资源量相当。世界上有 74 个国家蕴藏煤层气资源，中国煤层气资源量为 $3.68 \times 10^{13} m^3$，居世界第三位。

3.3.3.2　中国天然气资源

与石油相同，对于常规天然气，与产油大国相比，我国也缺少世界级的大气田。按照国际通用的大型气田标准（可采储量 $1 \times 10^{10} m^3$），我国可称为大型气田的只有长庆（靖边）、苏里格和克拉 2 号，绝大部分气田规模偏小。同时，大部分储量分布在地理环境恶劣的沙漠、黄土塬、山地等地表条件。多数勘探对象低孔、低渗、埋藏深、储层复杂、高温高压且远离消费市场。根据 2000 年资料，全国天然气地质资源量为 $4.72 \times 10^{13} m^3$，其中可采资源量为 $9.3 \times 10^{12} m^3$。我国天然气地质资源量和可采资源量的分布如表 3.11 所示，中部、新疆和海洋大陆架是我国天然气的主要分布区域。

表 3.11　我国天然气资源量和可采资源量的分布

地区	资源量/($\times 10^{10} m^3$)	比例/%	可采资源量/($\times 10^{10} m^3$)	比例/%
东北	1.3	2.8	0.2	2.6
华北	2.7	5.7	0.5	5.2
江淮	0.4	0.8	0.05	0.5
中部	11.5	24.4	2.7	28.8
新疆	11.9	25.3	2.6	28.4
甘青	2.3	4.9	0.3	3.6
南方	3.3	6.9	0.3	3.3
大陆架	13.8	29.2	2.6	27.6
合计	47.2	100	9.3	100

在这些区域中，气田气剩余可采储量四川占 24.5%，鄂尔多斯占 17.8%，塔里木占 15.7%，莺琼海域占 18.0；油田气剩余可采储量松辽占全国 21.8%，渤海湾占 40.3%，准格尔占 14.0%，吐哈占 9.6%。

我国 95%的煤层气资源分布在晋陕、内蒙古、新疆、冀豫皖和云贵川渝四个含气区，晋陕蒙含气区的资源量最大，为 $1.73 \times 10^{13} \mathrm{m}^3$，占全国煤层气资源量的 54.8%。山西是煤层气资源大省，煤层气资源量约为 $1.0 \times 10^{13} \mathrm{m}^3$，占全国总量的 1/3，主要分布在河东、沁水、霍西、宁武和西山五大煤田。据国土资源部数据，山西省煤层气探明储量达 $4.022 \times 10^{13} \mathrm{m}^3$，可采储量为 $2.184 \times 10^{13} \mathrm{m}^3$。其中，以沁水和河东煤田最为富集，占全省煤层气总量的 80%。沁水盆地煤层气资源量约为 $5.4 \times 10^{12} \mathrm{m}^3$，该气田资源分布集中、埋深浅、可采性好，甲烷含量大于 95%，是全国第一个勘探程度高、煤层气储量稳定、开发潜力最好的煤层气气田。大力发展煤层气工业可以减轻我国石油和天然气的供应压力；同时能有效地改善煤矿安全生产条件。据统计，在我国煤矿事故中，安全事故最多，煤层气的开采将从根本上解除矿井瓦斯灾害的隐患；从环境保护的角度，甲烷是一种温室气体，温室效应为 CO_2 的 20 倍，因此，开发煤层气能有效地保护大气环境。

3.3.4　天然气消费

3.3.4.1　世界天然气消费

天然气是一种热值高、洁净环保的优质能源。2007 年，全世界天然气消费量已高达 $2.9 \times 10^{12} \mathrm{m}^3$，相当于 3768.2Mtce（煤当量），占世界一次能源消费总量的 23.8%。其中，俄罗斯天然气消费占本国一次能源的 57.1%，美国占 25.2%，日本占 15.7%，印度占 8.9%，中国仅占 3.3%。据预测，到 2030 年，世界天然气消费所占比例将占首位，"天然气时代"即将到来。

3.3.4.2　中国天然气消费

（1）中国的天然气产量　2007 年，我国天然气消费总量为 $6.73 \times 10^{10} \mathrm{m}^3$，仅占当年国内一次能源消费的 3.3%，远低于世界平均水平（23.8%）。多年来由于受"重油轻气"观念的影响，我国的天然气产量一直比较低。进入 21 世纪，我国气田气的储量增长很快，但天然气产量增加却明显滞后，最主要的原因是天然气管线严重不足，难以把中、西部气田的气送到东部经济发达的用气区，因而气田不能进行产能建设。

（2）中国天然气消费构成　进入 21 世纪，我国天然气的消费量逐年增长，但在一次能源构成中所占比例一直比较小。天然气主要用于化学原料及化学制品制造业、石油和天然气开采业、非金属矿物制品业等方面。2006 年，用于化学原料及化学制品制造业的天然气约占 34.5%，而电力、热力的生产和供应业使用的天然气仅占 5.3%。工业消费占天然气消费的 73.7%，民用占 18.3%。表 3.12 所示为 2006 年我国天然气消费行业。

表 3.12　2006 年我国天然气消费行业

序号	行　　业	消费量/（$\times 10^8 \mathrm{m}^3$）	比例/%
1	化学原料及化学制品制造业	154	34.5
2	石油和天然气开采业	83	14.7
3	非金属矿物制品业	26	4.6
4	石油加工、炼焦及核燃料加工业	20	4.0
5	电力、热力生产和供应业	19	5.3
6	黑色金属冶炼及压延加工业	11	2.2
7	燃气生成和供应业	8	1.8

在公众对于环境、气候日益关注的今天，天然气作为优质的一次能源，其使用比例必将大幅度增加。尤其对于我国，长期以来以煤为主的能源结构对环境造成严重的影响。

3.3.5 天然气利用带来的环境问题

3.3.5.1 影响气候变化

甲烷是大气中重要的气体组分，目前大气中的甲烷容量约为 6.9 万亿立方米，仅为大气中二氧化碳总量的 0.5%。但是，甲烷的温室效应比 CO_2 要大 21 倍，甲烷对温室效应的贡献占到 15%，因此甲烷的温室效应是全球气候变暖的重要原因之一。同时甲烷燃烧产生大量 CO_2，也是造成温室效应的主要气体。

在开采天然气水合物过程中，如果向大气中排放大量甲烷气体，必然会进一步加剧全球的温室效应，极地温度、海水温度和地层温度也将随之升高，这会引起极地永久冻土带之下或海底的天然气水合物自动分解，大气的温室效应会进一步加剧。如加拿大福特斯洛普天然气水合物层正在融化就是一个例证。

3.3.5.2 海底滑坡

海底滑坡通常认为是由地震、火山喷发、风暴波和沉积物快速堆积等事件或因坡体过度倾斜而引起的。然而，近年来研究者不断发现，因海底天然气水合物分解而导致斜坡稳定性降低是海底滑坡产生的另一个重要原因。天然气水合物以固态胶结物形式赋存于岩石孔隙中，天然气水合物的分解会使海底岩石强度降低；另一方面因天然气水合物分解而释放岩石孔隙空间，会使岩石中孔隙流体（主要是孔隙水）增加和岩石的内摩擦力降低，在地震波、风暴波或人为扰动下孔隙流体压力急剧增加，岩石强度降低，以至于在海底天然气水合物稳定带内的岩层中形成统一的破裂面而引起海底滑坡或泥石流。

3.3.5.3 海洋生态环境的破坏

如果在开采过程中向海洋排放大量甲烷气体将会破坏海洋中的生态平衡。海水中甲烷气体常常发生下列化学反应：

$$CH_4 + 2O_2 \longrightarrow CO_2 + 2H_2O \tag{3.8}$$

$$CaCO_3 + CO_2 + H_2O \longrightarrow Ca(HCO_3)_2 \tag{3.9}$$

这些化学反应会使海水中 O_2 含量降低，一些喜氧生物群落会萎缩，甚至出现物种灭绝；另一方面会使海水中的 CO_2 含量增加，造成生物礁退化，海洋生态平衡遭到破坏。

但相比较石油和煤炭而言，天然气是较为安全的燃气之一，它不含一氧化碳，也比空气轻，一旦泄漏，会立即向上扩散，不易积聚形成爆炸性气体，安全性较高。采用天然气作为能源可减少煤和石油的用量，因而大大改善环境污染问题；天然气作为一种清洁能源，能减少二氧化硫和粉尘排放量近 100%，减少二氧化碳排放量 60% 和氮氧化合物排放量 50%，并有助于减少酸雨形成，舒缓地球温室效应，从根本上改善环境质量。

3.4 硫氧化物生成机理及控制排放的技术

3.4.1 硫氧化物

3.4.1.1 二氧化硫的性质及其在大气中的转化

SO_2 是无色具有刺激性的气体，比空气重，是空气的 2.26 倍。在水中具有一定溶解度，能与水和水蒸气结合形成亚硫酸，腐蚀性强。一定条件下可进一步氧化形成三氧化硫。

SO_2 在大气中只能存留几天，除被降水冲洗和地面物质吸收部分外，都被氧化为硫酸雾和硫酸盐气溶胶。SO_2 与在大气中氧化机制复杂，大体归纳为两个途径：SO_2 的催化氧化和

SO_2 的光化学氧化。

3.4.1.2　硫氧化物的危害

硫氧化物的危害包括了 SO_2 的危害作用，更严重的是 SO_2 与其他污染物的协同效应和二次污染物的危害。

SO_2 对人体健康的影响是通过呼吸吸入并被水分吸收阻留变为亚硫酸、硫酸和硫酸盐从而导致呼吸道疾病，甚至引起肺水肿或肺心性疾病。其危害见表 3.13。

表 3.13　SO_2 与对人体健康的影响

浓度(体积分数)/$\times 10^{-6}$	对人体的影响
0.01～0.1	视程降低
0.1～1.0	对人体健康有某种潜在影响,老年人呼吸系统疾病增多
1.0～3.0	开始有感觉,胸闷,呼吸不畅,有刺激感
3.0～5.0	开始闻到异味
5.0～10.0	在 15 分钟内受刺激,流泪;1 小时内感到难受,不能坚持工作
10.0～30.0	眼睛、呼吸道发生炎症,胸部压迫感,不能坚持工作
30.0～100.0	呼吸困难,肺水肿,有生命危险
>300.0	可迅速窒息死亡

SO_2 与飘尘的协同毒性作用是飘尘将 SO_2 带到肺的深部，使其毒性增加 3 倍。飘尘中的 Fe_2O_3 等催化氧化形成的硫酸雾被飘尘带入呼吸道深部，其毒性比 SO_2 大 10 倍。SO_2 可以增强致癌物苯并[a]芘的致癌作用。

SO_2 对植物的影响也很大，一般植物对 SO_2 的耐受力较弱。SO_2 的侵害作用可使作物减产，如在水稻扬花期危害最严重，减产可达 86%；也会造成森林大片死亡，如落叶松、马尾松森林易于受害。另一类树如槐树、梧桐、棕榈等则对 SO_2 耐受力较强，可用于绿化 SO_2 污染源附近的环境，并能吸收部分 SO_2。还可利用植物耐受 SO_2 的能力作环境监测的辅助手段，如隐花植物地衣、苔藓、花苜蓿，在 SO_2（此处浓度均为体积分数）浓度年均（0.015～0.105）$\times 10^{-6}$ 范围内即会死亡。

SO_2 对各种材料的腐蚀也十分严重，金属材料在 SO_2 污染区比清洁空气区腐蚀速度高 1.5～5 倍。低碳钢在 $0.12 \times 10^{-6} SO_2$ 的环境中暴露，每年失重约 16%。如重庆市公共汽车厢体原来用铁外壳，1～2 年即需更换。SO_2 高污染地区输电线的寿命比其他地区缩短 1/3。酸性大气使建筑材料及文物古迹，特别是大理石材料腐蚀，如希腊雅典古建筑及雕像遭到严重剥蚀。SO_2 还使皮革、纸张及纤维变脆，强度降低，色泽改变。

SO_2 形成的气溶胶可引起能见度降低。酸雨会对土壤、水域等造成酸化，严重影响植物和水生生物的生长，给人类造成巨大的经济损失。如 1978 年美国东北部酸雨造成的经济损失达 50 亿美元之多。其他损失，特别是人体健康受危害，人承受疾病的折磨和痛苦，是很难用经济价值来估计的。

3.4.2　燃料燃烧过程硫氧化物的形成

3.4.2.1　化石燃料中硫的形态和含量

（1）煤炭中硫　硫是煤中常见的有害成分，有四种形态，即黄铁矿硫、硫酸盐硫、有机硫和元素硫。煤中硫的分类见表 3.14，其中有机硫的组成十分复杂，表中所列只是部分类型。

煤的含硫量称为全硫。其中硫铁矿硫、有机硫、元素硫是可燃硫。硫酸盐硫是不可燃硫，可燃硫是灰分组成的一部分。

煤炭使用可按含硫量分为：低硫煤含硫低于 1.5%；中硫煤含硫 1.5%~2.5%；高硫煤含硫 2.5%~4.0%；富硫煤含硫大于 4%。我国煤的含硫量多数为 0.5%~3%，探明储量中，硫分小于 1% 的低硫煤占 23%。华北、华东浅层煤硫分低，深层煤硫分高。南方各煤田，包括西南和江南的煤田，除滇东各矿烟煤外，一般硫分较高。

表 3.14　煤中含硫的分类

项目	煤中含硫组成或含硫官能团	燃烧性质	备　注
无机硫	硫铁矿　FeS_2	可燃烧	可洗选脱硫
	元素硫　S	可燃烧	
	硫酸盐：石膏　$CaSO_4 \cdot 2H_2O$	可燃烧	
	绿矾　$FeSO_4 \cdot 7H_2O$		
有机硫	硫醇类　R—SH	均可燃烧	硫与碳氢结合成化合物，且在煤中分布均匀，洗选不能脱除
	硫醚类　R—S—R′		
	二硫化物　R—S—S—R′		
	噻吩类杂环化合物		

（2）石油中硫　石油的化学成分主要有碳（83%~87%）、氢（11%~14%）、氧（0.08%~1.82%）、氮（0.02%~1.7%）、硫（0.06%~0.8%）及微量金属元素（镍、钒、铁、锑等）。由碳和氢化合形成的烃类构成石油的主要组成部分，占 95%~99%。含硫、氧、氮的化合物属于有害物质，在石油加工中应尽量除去。

石油中含的硫绝大部分以有机硫形式存在，主要的含硫化合物如表 3.15 所示。此外，石油中大部分氮、氧、硫都以胶状沥青状物质形态存在，它们是一些分子质量大，分子中杂原子不止一种的复杂化合物。石油中的沥青质集中在渣油中，渣油可直接作燃料油或脱沥青后作燃料油。

表 3.15　原油中主要含硫物质分类

原油中的含硫化合物及官能团	备　注
硫化氢	溶于原油中的气体，蒸馏时气相排出
硫醇类 R—SH	多存在低沸点馏分中，具有难闻的臭味
硫醚类 R—S—R′	含量较多，分布随沸点上升而增加，高沸点馏分中可占总硫量的 70%
硫酚类 C_6H_5SH	在油中易变质生胶
二硫化物	较集中于高沸点馏分，热稳定性较差，高于 200℃ 开始分解为硫醇、硫醚及 H_2S
噻吩类 C_4H_4S	热稳定性较好，石油馏分中含量较高，重质油中苯基噻吩含量高

石油中硫的含量因产地不同变化很大，一般为 0.1%~7%。我国已开采的油田大都含硫量不高，大庆原油含硫低于 0.5%，胜利原油含硫为 0.5%~1%，均属中低硫原油。中东地区的原油一般含硫较高。原油中约有 80% 多的硫含于重质馏分中，用直馏法获得的渣油（燃料油）其含硫量一般为原油的 1.5~1.6 倍或更高。

（3）天然气及油田伴生天然气　天然气是一种多组分混合气体，主要成分是烷烃，其中甲烷占绝大多数，另有少量的乙烷、丙烷和丁烷，此外还含有硫化氢、二氧化碳、氮、水气和微量的惰性气体。在标况下，甲烷至丁烷以气体状态存在，戊烷以上为液体。天然气的燃烧产物对人类呼吸系统健康有影响的物质极少，产生的二氧化碳为煤的 40% 左右，产生的二氧化硫也很少。天然气燃烧后无废渣、废水生成，相较于煤炭、石油，具有使用安全、热值高、洁净等优势。天然气中的含硫成分主要是硫化氢。我国四川天然气中 H_2S 占 0%~2.5%，大部分在 0.1% 左右。

3.4.2.2　燃烧过程硫氧化物的形成

在正常燃烧条件下，当空气过剩系数高于 1.1 时，可燃硫化物虽然会形成一些中间产物，但最后多生成 SO_2。由于 O_2 的过量，约有 $0.5\%\sim5.0\%$ 的 SO_2 进一步氧化为 SO_3。

（1）二氧化硫的形成　燃料中的可燃硫完全燃烧时，其原则反应式如下：

$$S+O_2 \longrightarrow SO_2 \tag{3.10}$$

燃烧产生 SO_2 的量可按下式计算：

$$G_{SO_2}=2Bw[S]\eta \tag{3.11}$$

式中，G_{SO_2} 为 SO_2 产生量，t；B 为消耗燃料量，t；$w[S]$ 为燃料中全硫含量的质量分数，如含硫为 3%，则以 $w[S]=3\%$ 代入；η 为全硫中可燃硫所占百分比。

煤炭的 η 值根据实际情况确定，一般在 $60\%\sim90\%$ 范围内；石油、天然气的 η 值可视为 100%。

（2）三氧化硫的形成　燃烧过程中，部分 SO_2 在过剩氧存在的条件下会被进一步氧化成为 SO_3，其转化过程一般为：氧分子在高温下首先离解为氧原子 O，氧原子再与 SO_2 起反应生成 SO_3。

$$O_2 \rightleftharpoons 2O \tag{3.12}$$

$$SO_2+O \underset{k_2}{\overset{k_1}{\rightleftharpoons}} SO_3 \tag{3.13}$$

式中，k_1 为正向反应速度常数；k_2 为逆向反应速度常数。

按照式(3.13)，SO_3 的生成速度可表达为

$$\frac{d\rho[SO_3]}{dt}=k_1\rho[SO_2]\rho[O]-k_2\rho[SO_3] \tag{3.14}$$

式中，ρ 为浓度。

当 SO_3 达到最大浓度时，$\dfrac{d\rho[SO_3]}{dt}=0$，则

$$\rho[SO_3]_{max}=\frac{k_1}{k_2}\rho[SO_2]\rho[O] \tag{3.15}$$

由式(3.14)和式(3.15)可以看出：SO_3 的生成速度随 $\rho[O]$、$\rho[SO_2]$ 值的增大而增加，而在 $\rho[SO_2]$ 一定的前提下，$\rho[O]$ 则起着决定作用。一般认为，空气过剩系数大，燃烧温度高，火焰区停留时间长，O 原子的浓度就大，因而 SO_3 的浓度会增加。因此，在保证完全燃烧的前提下，降低空气过剩系数有利于抑制 SO_2 的生成。

SO_3 的形成还与锅炉对流受热面上的积灰和金属氧化膜及悬浮颗粒的催化作用有关，V_2O_5、Fe_2O_3、SiO_2、Al_2O_3、Na_2O 对 SO_2 的氧化有催化作用，其直接后果是锅炉尾部受热面发生腐蚀。

SO_3 与烟气中的水蒸气在温度低于 200℃时，能形成硫酸蒸气，当排烟进入大气且温度降低至露点以下时，硫酸蒸气凝结在烟尘粒子上，即形成酸性尘雾。

3.4.3　燃烧脱硫与煤炭转化

3.4.3.1　煤炭的选矿脱硫

按工艺及环保要求，各种用煤都有一定的煤质标准。工业发达国家的炼焦用煤要求灰分低于 8%（我国规定不超过 11.5%），硫分低于 1%。国际市场动力煤要求灰分、硫分低于 1%。选煤是合理用煤的前提和控制污染的措施。英国、日本原煤入选比例高于 90%，美国大于 40%。我国原煤入选率低，仅为 18% 左右，应逐步提高。

煤中各种形态硫的比例，直接影响选煤和脱硫方法的选择。煤中含硫铁矿，其相对密度为 4.7～5.2，比煤和矸石重得多。硫铁矿虽无磁性，但在强磁场作用下能转变为顺磁性物质，和煤相比，微波效应不同，化学性质不同。利用这些性质，采用不同的物理和化学方法，可以从煤中不同程度地脱硫。煤中所含有机硫可分为原生硫和次生硫两类，原生硫以各种不同形式的含硫杂环分布在煤的有机质结构中；次生有机硫未与煤中其他有机质构成真正的分子，主要存在于黄铁矿包裹体周围。不同煤种有机硫的构成情况不同，且大多与煤中有机质构成复杂分子，重力分选不能脱除，可以用化学方法脱硫。煤中的硫酸盐硫比前两种含量少，除石膏外还含有铁、锰等金属盐，洗选时随灰分脱除。

煤脱硫方法可分为两类：物理法和化学法。

① 物理脱硫方法。目前基本上是使用物理方法选煤，可以脱除原煤中的外在灰分和结核状黄铁矿硫。重选是利用煤与矸石的相对密度差异（如烟煤相对密度为 1.2～1.5，矸石相对密度大于 1.8），在水或重介质（重液，加入加重剂的悬浮液）和空气（干法）介质中进行分选的方法。有重介质选、跳汰选、槽选等方法。浮选是利用煤和矸石表面物理化学性质上的差异进行浮选。其他物理方法尚有：利用杂质具有磁性的特点进行磁力选煤，电选则利用煤与杂质间电导率或介电常数不同选煤，还有微波法等。

② 化学脱硫方法。为了脱除有机硫和很细的浸染状硫铁矿，需要采用氧化脱硫、化学浸出法、细菌脱硫法等新技术新工艺，目前由于技术经济的原因，尚未大量使用。

目前我国主要用跳汰、重介质及浮选方式选煤，共占入选煤炭的 97%，洗选脱除了入洗原煤总硫的 50% 以上。在提高煤炭入选率的基础上，搞好煤炭的分产分运对口使用，同时对高硫煤及含硫量大于 5% 的矸石应采取回收硫铁矿的措施，以部分解决硫资源的不足，利于提高经济效益和控制污染。

3.4.3.2   煤炭的气化和液化

煤炭气化和液化的主要目的是提高煤炭的有效利用率，获得使用方便、清洁的二次能源。煤炭气化、液化的工艺过程中脱除了绝大部分的硫、灰分、氮等污染物质，同时使煤炭转化为较低分子量的易燃气体、液体燃料，与直接燃煤相比可减少烟尘 95%，减少 SO_2 90% 以上。气化、液化有利于煤炭的综合利用，还可获得宝贵的化工原料和化工合成原料气。煤气化除作为民用及工业燃气外，还大规模用作化工合成原料气，冶金工业用作铁矿石直接还原生产海绵铁所需的还原气（富 CO 和 H_2）。

煤气生产过程需要脱除气体中的硫，它主要是 H_2S，此外还有一定的有机硫。脱硫方法很多，大型气化装置都需要回收硫。如氨法吸收硫是利用低温下氨类吸收 H_2S，然后在较高温度下解吸出 H_2S。H_2S 再转化为 SO_2 以进一步利用。

煤的液化是把煤直接转化为液态的碳氢化合物，通过加氢进行复杂的化学转化，分子质量降低，同时除掉氧、氯和硫。

3.4.3.3   重油脱硫

常压蒸馏渣油量很大，约占原油的 60%。原油中约 80% 的硫在炼制过程中进入渣油，加氢精制不仅可以脱硫，同时可以脱除氮、氧等有害成分；还可以使不饱和烯烃达到饱和，以改善油品质量，减少燃烧时的污染排放。加氢的典型化学反应如下。

脱硫：
$$RSH + H_2 \longrightarrow RH + H_2S \tag{3.16}$$
$$RSR' + 2H_2 \longrightarrow RH + R'H + H_2S \tag{3.17}$$
$$R—S—S—R' + 3H_2 \longrightarrow RH + R'H + 2H_2S \tag{3.18}$$

烯烃饱和：$\qquad\qquad RCH=CH_2+H_2 \longrightarrow R'-CH_2-CH_3 \qquad\qquad$ (3.19)

脱氧：$\qquad\qquad RCOOH+3H_2 \longrightarrow RCH_3+2H_2O \qquad\qquad$ (3.20)

实际上，重油加氢反应比上述情况复杂得多，氢气的耗氢量与油品的组成、性质及工艺流程有关。例如每还原油品中 1% 的硫并饱和除去，约需氢 12.5m³ （标）/m³ （原料油），但由于其他反应和损失，实际耗氢量要大数倍。

加氢精制是在高压和较高温度下进行的催化反应，渣油中相对分子量为 1000～5000 的沥青质易结焦，因此加氢脱硫工艺可以采用不同的方案。直接法，全部渣油加氢，但较易结焦。间接法，减压蒸馏的重油脱沥青后，脱沥青油与轻馏分进行脱硫。直接法加氢一般控制燃料油含硫 1% 左右。三种典型流程示意图如图 3.2～图 3.4 所示。

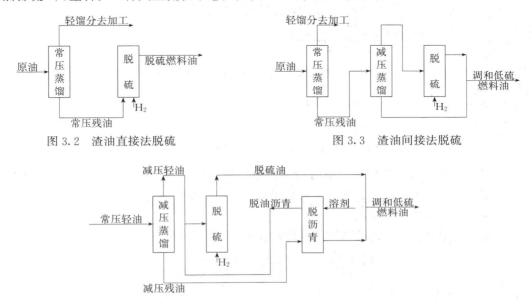

图 3.2　渣油直接法脱硫　　　　　　　　　　图 3.3　渣油间接法脱硫

图 3.4　渣油中间法脱硫

3.4.4　燃烧过程脱硫

3.4.4.1　沸腾燃烧脱硫

沸腾燃烧是利用风室中的空气将固定炉箅或链条炉排上的灼热料层（主要是灰粒）吹成沸腾状态，使其与煤粒一起上、下翻滚燃烧的方法，又称流化床燃烧。这种燃烧方式得到了迅速的发展和广泛的应用。它具有一些突出的特点，主要有下述两个方面。

① 燃料的适应性广，包括低发热量、高灰分和高水分的劣质燃料，如泥煤、褐煤及具有相当发热量的煤矸石等。对于充分利用劣质燃料，改善燃料供给平衡，有重要的意义。

② 能够控制燃烧过程产生污染物的排放，有利于环境保护。在燃烧过程中直接向沸腾床中加入石灰石或白云石，其分解产物 CaO 在炉内产生脱硫反应，这对燃烧高硫煤的污染控制有重要的意义。该炉在 800～950℃ 范围内低温燃烧，加上一、二次供风的分级燃烧方式，还可大大减少 NO_x 的生成。

沸腾燃烧锅炉装置如图 3.5 所示。通常使用的脱硫剂是石灰石和白云石，将其粉碎至粒度为 2.0～3.0mm，与煤粒一同加入到沸腾床内，煤在流化状态下燃烧，石灰石、白云石受热分解的 CaO 与烟气中的 SO_2 结合，生成硫酸钙随灰渣排除。

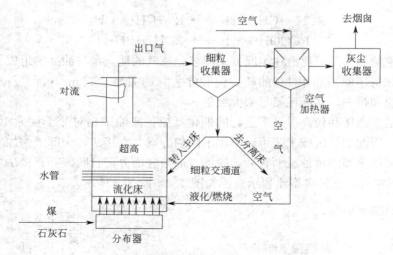

图 3.5　沸腾燃烧锅炉示意图

在氧化气氛下，主要脱硫反应为：

$$CaCO_3 \xrightarrow{\triangle} CaO + CO_2 \tag{3.21}$$

$$CaO + SO_2 + \frac{1}{2}O_2 \longrightarrow CaSO_4 \tag{3.22}$$

脱硫反应是气固相反应，反应过程中，要求脱硫剂有较大的比表面积，SO_2 要良好扩散。为保证脱硫效果好，还需要有足够的脱硫剂。因此影响脱硫效率的主要因素包括脱硫剂用量、沸腾床温度和流化速度。

脱硫剂的用量一般用钙硫物质的量比来表示：

$$\beta = \frac{x(Ca)}{x(S)} = \frac{\text{脱硫剂消耗量} \times \omega(Ca)/40.1}{\text{燃料消耗量} \times \omega(S)/32} \tag{3.23}$$

式中，$x(Ca)$ 为脱硫剂的 Ca 摩尔数；$x(S)$ 为燃料的 S 摩尔数；$w(Ca)$ 为脱硫剂中 Ca 含量的质量分数；$w(S)$ 为燃料中 S 含量的质量分数。

理论上，$\beta=1$ 可脱除燃烧产生的 SO_2，实际上由于脱硫剂表面生成了硫酸钙而阻止了 SO_2 向颗粒内部扩散，有的氧化钙并未参与反应，因此 β 必须大于 1。

从热力学角度分析，烟气中 CO_2 的浓度与 $CaCO_3$ 的分解温度有关，CO_2 浓度越高，$CaCO_3$ 的分解温度越高。一般烟气中 CO_2 的浓度在 14% 左右，$CaCO_3$ 的分解温度应高于 765℃。对于脱硫来说，温度低于 1150℃，CaO 能吸收 SO_2 形成 $CaSO_4$，否则 $CaCO_3$ 将分解。

脱硫床温与床层温度及 $\frac{x(Ca)}{x(S)}$ 的关系见图 3.6。当 $\frac{x(Ca)}{x(S)}=3$ 时，床层温度为 850℃，脱硫率可达 95% 以上。

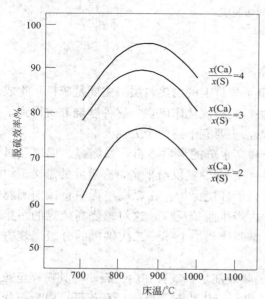

图 3.6　脱硫效率与床温和 $\frac{x(Ca)}{x(S)}$ 的关系

沸腾床的流化速度对脱硫也有很大影响。较低的流化速度下，气体停留时间长，可提高脱硫率。实验表明，在850℃下，当流化速度为 $0.9\sim1.2m/s$，$\beta=2$ 时，脱硫效率为80%左右；而当流化速度为 $2.4\sim4.2m/s$ 时，要达到同样脱硫效率，需 $\beta=4$。

脱硫剂粒度对脱硫率也有影响。粒度大，脱硫剂利用率降低；而粒度过小，则容易被流化介质将其带出。

沸腾床的操作运行应综合考虑燃料的完全燃烧，热效率要高，同时要有较高的脱硫效率和较低的 NO_x 生成率。这需要根据燃料的品质、含硫量、脱硫剂的活性等因素综合优化操作条件。从脱硫的角度看，一般床温最佳的反应温度为850℃左右，要达到90%左右的脱硫率，$\dfrac{x(Ca)}{x(S)}$ 应大于3，而相应的风速应在 $2m/s$ 左右。为了降低 $\dfrac{x(Ca)}{x(S)}$，有人在试验床中加入一定量的 NaCl 作活化剂，以提高石灰石的微孔结构并对脱硫起催化作用。

3.4.4.2　型煤加工与燃烧过程脱硫

将煤或半焦的煤粉加工成煤砖、煤球、蜂窝煤形状的型煤，根据含硫量在型煤中加入一定量的固硫剂，可以在燃烧过程中同时脱硫。型煤可用于民用燃料以及工业锅炉、造气、铸造及炼铁等方面。

型煤固硫剂可用廉价的石灰（同时又是黏结剂）。黏结剂可用电石渣（与石灰作用相同）、焦油沥青、黄泥、纸浆废液等。

燃烧型煤还可大大减少烟尘，并节能20%～30%。

3.5　氮氧化物排放及控制机理

3.5.1　氮氧化物的危害

氮氧化物是大气污染的主要有害物质之一，人们对氮氧化物的有害性认识比硫氧化物晚得多，近50年来才逐步重视起来。

氮氧化物有 N_2O、NO、NO_2、N_2O_3、N_2O_4、N_2O_5，总称为 NO_x。其中污染大气的主要氮氧化物是 NO 和 NO_2。

NO 为无色无臭气体。动物实验证明，NO 易和血液中的血色素（Hb）结合，造成血液缺氧而引起中枢神经麻痹。NO 和血色素的亲和力很强，是 CO 的数百倍。

NO_2 是黄棕色有刺激性气味的气体，它的毒性比 NO 大。在阳光照射下，并有 C_mH_n 存在时，NO 能迅速被氧化成 NO_2。NO_2 对呼吸器官黏膜有强烈的刺激作用。浓度（此处浓度均为体积分数）为 0.12×10^{-6} 时，人就会感到异味，人若在 16.9×10^{-6} 的浓度下暴露10分钟，就可产生呼吸困难和支气管痉挛现象。高浓度时可致急性肺气肿和支气管喘息，严重者可中毒死亡。现已发现在大约 500×10^{-6} 的浓度下，只要暴露几分钟，几天之内就发生伴有支气管肺炎的肺气肿而死亡的病例。鉴于其危害性大，已经引起全世界的注意。工作场合的卫生标准一般为 5×10^{-6}。NO_2 与空气中的水反应形成硝酸，对金属有腐蚀作用。NO_2 可吸收可见光，在 0.25×10^{-6} 浓度时能见度显著减小。NO_2 损害植物，在 $(2\sim3)\times10^{-6}$ 的浓度下，能引起植物的急性受害症状，如长期处于 $(0.2\sim0.5)\times10^{-6}$ 的低浓度下，植物将受损害，如出现叶色变化、叶子变小等发育受阻现象。

大气中的氮氧化物的另一严重危害在于它是光化学烟雾的引发剂之一，烟雾对人有强烈的刺激性，浓度达 50×10^{-6} 以上时，人可能受害死亡。

人类活动排入大气的 NO_x 中，90％产生于各种燃料燃烧过程，且燃烧排出的主要是 NO 和 NO_2，其中 NO 占 90％左右。全世界每年通过人类活动所产生的氮氧化物约为 0.53 亿吨，而由于雷电、火山爆发和细菌分解所产生的氮氧化物约为 5 亿吨。

3.5.2　燃烧 NO_x 的生成机理

3.5.2.1　燃烧氮氧化物的生成特点

燃烧生成的氮氧化物和硫氧化物不同，硫氧化物只来源于燃料中的硫，而且燃料中的硫几乎全部转化为 SO_2。氮氧化物的生成却受到更多因素的影响。

燃烧所生成的 NO_x，根据其氮的来源可分为以下几种。

① 助燃空气中的氮分子在高温状态下氧化生成；

② 由燃料中的氮化物在燃烧过程中部分氧化生成。

燃烧过程中，生成的 NO_x 有如下三种类型。

① 热力型 NO_x，（Thermal NO_x）：助燃空气中的氮气，在高温下氧化而生成的氮和氮的氧化物；

② 燃料型 NO_x，（Fuel NO_x）：燃料中的氮的氧化物，在燃烧过程中氧化而生成的氮的氧化物；

③ 快速温度型 NO_x（Prompt NO_x）：碳氢系燃料，在过浓燃烧条件下燃烧时产生的氮的氧化物。

以上三种氮氧化物，分别简称 T-NO_x、F-NO_x、P-NO_x。

3.5.2.2　热力型 NO_x 的生成机理

（1）生成机理　空气中的 N_2 和 O_2 在高温状态下反应生成 NO：

$$N_2 + O == 2NO \tag{3.24}$$

上式只是 NO_x 反应的综合式，实际情况下 NO_x 的排放浓度最多也不过 $1000 mL/m^3$。这个浓度比燃烧温度条件下的理论平衡浓度低得多，按理论当量比混合的甲烷-空气可燃气燃烧反应平衡计算，表明在温度 2300K 左右时，NO 的平衡浓度达 4000×10^{-6} 以上，比排烟温度下的平衡浓度高得多。根据锅炉排烟温度计算，NO_x 的平衡浓度大多在 1×10^{-6} 以下。这说明，在研究燃烧过程中 NO_x 的生成时，不能只考虑化学热力学因素，还必须考虑反应的中间过程，用化学动力学的理论来进行研究。也就是说，综合式不能说明反应机理。

前苏联科学家捷尔道维奇提出氮的氧化生成机理，认为 NO 的生成可用如下一组分支链反应来说明，反应基本上服从阿累尼乌斯定律：

$$O + N_2 \xrightleftharpoons[K_{-1}]{K_1} NO + N \tag{3.25}$$

$$N + O_2 \xrightleftharpoons[K_{-2}]{K_2} NO + O \tag{3.26}$$

按化学动力学的观点可以看出：

$$\frac{dc[NO]}{dt} = K_1 c[N_2] c[O] - K_{-1} c[NO] c[N] + K_2 c[N] c[O_2] - K_{-2} c[NO] c[O] \tag{3.27}$$

式中，$c[NO]$、$c[N_2]$、$c[O_2]$ 表示 NO、N_2、O_2 的浓度，mol/cm^3。

虽然氧原子能够由氧分子分解产生，应当指出 O_2 分解的平衡常数是非常小的，氧原子浓度非常低。N_2 的分解平衡常数更小。可以认为氧原子就是氮氧化物过程中的产物。作为中间产物，由于 N 原子浓度甚低，可以假定在短时间内氮原子的生成速度和消失速度相等，即浓度不再变化，其变化速度等于零。

按式（3.25）和式（3.26）可写出如下公式：

$$\frac{dc[N]}{dt}=K_1 c[N_2]c[O]-K_{-1}c[NO]c[N]-K_2 c[N]c[O_2]+K_{-2}c[NO]c[O]=0 \tag{3.28}$$

整理式（3.28），可得

$$c[N]=\frac{K_1 c[N_2]c[O]+K_{-2}c[NO]c[O]}{K_{-1}c[NO]+K_2 c[O_2]} \tag{3.29}$$

将式（3.29）代入式（3.27）整理得

$$\frac{dc[NO]}{dt}=2\frac{K_1 K_2 c[O]c[O_2]c[N_2]-K_{-1}K_{-2}c\,[NO]^2 c[O]}{K_2 c[O_2]+K_{-1}c[NO]} \tag{3.30}$$

由于氧浓度 $c[O_2]\gg c[NO]$，且 K_2 和 K_{-1} 基本上是同一数量级，故可认为 $K_{-1}c[NO]\ll K_2 c[O_2]$，式（3.30）便可简化为：

$$\frac{dc[NO]}{dt}=2K_1 c[N_2]c[O] \tag{3.31}$$

如果认为氧气的离解反应 $O_2 \Longrightarrow O+O$ 处于平衡状态，则可得

$$c[O]=K_0 c\,[O_2]^{1/2} \tag{3.32}$$

代入式（3.31）可得

$$\frac{dc[NO]}{dt}=2K_0 K_1 c[N_2]c\,[O_2]^{1/2} \tag{3.33}$$

根据阿雷尼乌斯表达式，反应化学常数 K 按捷尔道维奇的实验结果为：

$$K=3\times10^{14}e^{-542000/RT} \tag{3.34}$$

$$\frac{dc[NO]}{dt}=3\times10^{14}c[N_2]c\,[O_2]^{1/2}\exp(-542000/RT) \tag{3.35}$$

式（3.35）是捷尔道维奇机理的 $c[NO]$ 生成速度表达式。t 为时间，s；R 为摩尔气体常数，其值为 8.28kJ/(mol·K)；T 为绝对温度，K。

式（3.26）的活化能为 286000J/mol，在式 $O_2 \Longrightarrow O+O$ 中，形成一个氧离子所需活化能 256000J/mol，两者之和即 $c[NO]$ 的形成速度表达式中的活化能为 542000J/mol。说明每产生一个氧原子就会生成两个 NO 分子，其步骤为先生成一个 NO 分子和一个氮原子。这个氮原子立即与氧原子反应生成另一个 NO 分子。故反应速度式表明式（3.26）是 NO 生成这一连锁反应的关键反应。

研究表明，NO 的生成是在燃料燃烧后的高温区进行的。只是因为原子 O 与氮分子 N_2 反应的活化能很大（286×10^3 J/mol），而原子氧和燃料中可燃成分反应的活化能很小的缘故。可燃成分反应的活化能如表 3.16 所示。

表 3.16　可燃成分反应的活化能

反　应　式	活化能/($\times10^3$ J/mol)	温度范围/℃
$H_2+O \Longrightarrow H+OH$	7.5	700～3000
	20.93	298～4000
	31.94	300～2000
	1.26	300～1980
$CH_2O+O \Longrightarrow CHO+OH$	19.88	1000～3000
$CHO+2O \Longrightarrow CO+HO_2$	16.62	1000～3000

对空燃比大的预混燃烧火焰而言,其式(3.35)计算值与实验结果相当一致。这表明捷尔道维奇的基本模式可以说明 T-NO 的生成与控制机理。

当空燃比小(燃料过浓)时,除考虑式(3.25)和式(3.26)外,尚需考虑下式:

$$N+OH \Longrightarrow NO+H \tag{3.36}$$

此三式构成扩大的捷尔道维奇氮氧化机理。

(2)影响 T-NO 生成的因素 热力型 NO_x 的生成量与反应区的温度、O_2 的体积分数及反应物在反应区的停留时间 t 有密切关系,其中尤以温度的影响最为明显。

图 3.7 是 C_nH_{2n} 系燃料预混燃烧、空气过剩系数 λ 为 1.0 的燃烧烟气中 NO_x 生成量与温度及对应时间 t 的关系。由图可见,温度对 NO 生成速度有很大影响。因为温度上升,O 原子浓度和反应速度常数值均增大,式(3.25)的反应速度明显增加。温度在 1700K 以下,NO 的生成速度明显很慢。实验表明,温度在 1800K 以下几乎观察不到 $T\text{-}NO_x$;而在 1800K 附近,温度每升高 100K,反应速度将增大 6~7 倍,见图 3.8。

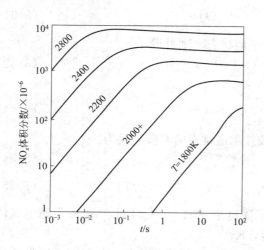

图 3.7 温度对 NO_x 生成速度的影响

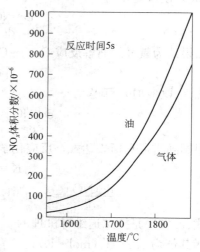

图 3.8 NO_x 生成量与温度的关系

图 3.9 表示当量比 Φ(空气过剩系数 λ 的倒数,$\Phi=1/\lambda$)对 NO 生成量的影响。说明在同一温度下燃料稀薄则 O 原子浓度增大,式(3.25)的正反应方向速度增大。甲烷空气混合的结果见图 3.10,表明在当量比为 1 时,出现最大值;随后氧的浓度继续增大,燃烧温度继续下降,故氮氧化物生成量下降。

图 3.10 是在理论燃烧温度 NO 的高浓度与当量比 Φ、停留时间 t 的关系。由图 3.10 可知,温度相同的情况下,停留时间越长,NO 的生成量越大;温度越高,达到平衡浓度所需时间越短。图 3.9 和图 3.10 表明,在当量比相同的情况下,NO 的浓度在停留时间较短的情况下,随着停留时间的增长,NO 的浓度随之增大,到一定时间后不再有影响。

综上所述,燃烧温度、空气过剩系数和停留时间是控制生成量的主要因素。

3.5.2.3 快速型 NO 的生成机理

碳氢系燃料在空气过剩系数小于 1 的情况下,在火焰面内急剧生成大量的 NO,而 CO/空气、H_2/空气乃至(CO+H_2)/空气系的预混燃料却没有这种现象。为说明该现象,创造了调整预混气流量、使火焰最高温度不变的条件,则对应 Φ 值下的 NO 值,如图 3.11 所示。

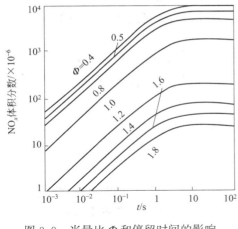

图 3.9 当量比 Φ 和停留时间的影响

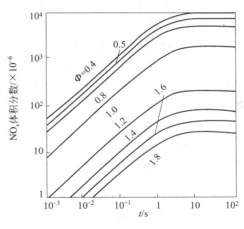

图 3.10 在绝热火焰下的生成量

当碳氢系燃料在 $\Phi<1$ 时，P-NO_x 占的比例很小；而在 $\Phi>1$ 时，特别是 $\Phi=1.4\sim1.5$ 范围内，生成的几乎全是 P-NO_x。

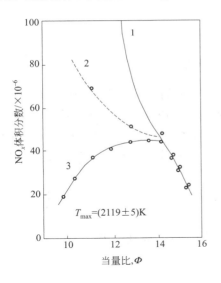

图 3.11 当量比的影响

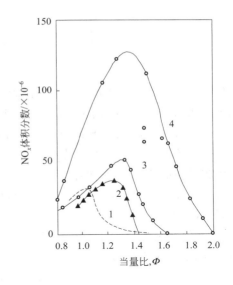

图 3.12 CO、H_2 焰等的 P-NO_x

P-NO_x 的生成机理目前尚有争议。Bowman 认为 P-NO_x 可用扩大的捷尔道维奇机理来解释，但氧离解反应不是平衡态，在 $\Phi=1$ 附近是平衡值的 10 倍左右；而在 $\Phi>1.4$ 时，比平衡值大 1000 倍左右。因此 Fenimore 等认为不能用扩大的捷尔道维奇机理说明，并提出 P-NO_x 的生成机理与 F-NO_x 类同，HCN 是 P-NO_x 生成的重要中间产物这一理论。

温度对 P-NO_x 的生成无大影响。Fenimore 的实验表明，P-NO_x 生成量与压力的 0.5 次方成正比，其机理至今尚不清楚。

图 3.12 表明，非碳氢化合物和碳氢化合物不同，尽管 CO/H_2 或重碳基化合物、胺化物等燃料有 C 也有 H，但不是碳氢化合物。当 $\Phi>1$ 时，NO_x 生成量明显减少，并随着 Φ 的增大，NO 生成量明显下降。碳氢化合物则不同，在 $\Phi>1$ 时，P-NO_x 的生成量剧增。

当 $\Phi<1$ 时，即使是碳氢化合物燃料，其氮氧化物生成速度也同 T-NO_x。

也有人认为，T-NO 和 P-NO 都是由空气中的氮在高温下氧化而成，故把这两者统称为热力型 NO，而把式（3.25）和式（3.26）反应生成的 NO 称为狭义的热力型 NO。

3.5.2.4 燃料型 NOₓ 的生成机理

（1）燃料中的氮 燃料中含氮量依燃料的种类而异，一般燃料含氮量如表 3.17 所示。城市煤气和液化石油气由于已去除氮气故不含氮。若未除氮气，那么由煤气化的燃料气中含有的氮含量等依氮化物而定。

表 3.17 燃料含氮量（质量分数）

燃料	煤	C 重油	原油	A 重油
成分/%	0.2～3.4	0.1～0.4	0.09～0.22	0.05～0.10

石油系燃料中的氮以原子状态与各种碳氢化合物结合，形成非碱性环状化合物，图 3.13 给出石油氮化物的一些存在形式，煤中氮化物的结构更复杂，尚不十分清楚。这些氮化物中氮原子结合键的结合能一般为（25.2～63）×10⁷ J/mol，都比氮气（N_2）中的氮结合键的结合能 94.5×10⁷ J/mol 小。因此，燃烧过程中易放出 N 和 NH_i（$i=1,2$）等化合物，尽管温度较低，但也容易转换成 NO。

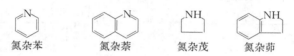

图 3.13 燃料中氮化合物

燃料中含氮 1%（质量分数），在空气过剩系数等于 1 的情况，烟气中的 NO 的含量可按如下数值估算：重油燃料为 1550×10⁻⁶，煤炭燃料为 2000×10⁻⁶，$C_n H_{2n}$ 系燃料为 1500×10⁻⁶。但实际上只有部分燃料中的 N 转换为 F-NO。两者之比为燃料中 N 向 F-NO 的转化率，即转换率是表示有多少 N 转换为 F-NO。研究 F-NO 的生成机理，目的在于通过各种影响因素来控制燃料 N 的转换率，以实现低 NOₓ 燃烧。

（2）F-NOₓ 的生成机理 F-NOₓ 生成的反应动力学至今仍不十分清楚，对其反应机理主要有以下两种。

① 氮化物分解为 N、NH_2、NH、CN、HCN 等中间生成物，然后按式（3.37）～式（3.44）的形式进而生成 NO。

$$HCN+O == NCO+H \tag{3.37}$$

$$HCN+OH == NCO+H_2 \tag{3.38}$$

$$CN+O_2 == NCO+O \tag{3.39}$$

$$NCO+O == NO+CO \tag{3.40}$$

$$CN+O == CO+N \tag{3.41}$$

$$NH+O == N+OH \tag{3.42}$$

$$NH+O == NO+H \tag{3.43}$$

$$NH_2+O == NH+OH \tag{3.44}$$

② 氮化合物被分解，N 原子被释放出。

$$O+N_2 == N+NO \tag{3.45}$$

$$N+O_2 == O+NO \tag{3.46}$$

③ 由于燃料中氮化合物的形式非常复杂，因此对其反应途径及中间生成物都还不能仔

细地说明，其反应机理有待于进一步研究。

（3）影响 F-NO$_x$ 生成量的因素　燃料中 N 不能全部转换为 NO$_x$，这是硫氧化物和氮氧化物生成机理的又一区别。

F-NO$_x$ 的生成量可用燃料中的 N 向 F-NO$_x$ 的转换率表示。影响转换率的因素有如下四项。

① 燃料中的含氮量　图 3.14 表示燃料中氮的转换率与含氮量的关系。图中曲线的关系可用式(3.47) 表示。

通常含氮量越高，转换率越低，一般燃烧粉煤的转换率为 17%～25%，燃油锅炉高些。

$$a=(1-4.58n+9.5n^2-6.67n^3)\times100\%\tag{3.47}$$

式中，a 为 F-NO$_x$ 转换率，%；n 为燃料中含氮量，%。

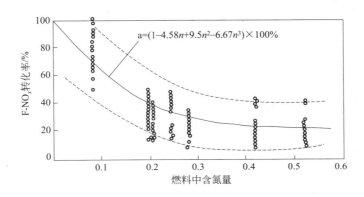

图 3.14　燃料中含氮量和 F-NO$_x$ 转化率的关系

② 空气过剩系数　在预混火焰情况下，在同样的燃烧速度下，在离烧嘴 $L=10$mm 的中心轴上，火焰温度在 1700～1800K 范围波动。燃料氮转换率与当量比的关系如图 3.15 所示。

由图 3.15 可见，随空气过剩系数的降低，转化率一直在降低。用点划线表示燃料中的氮向 NO、HCN、NH$_3$ 的各转换率之和。当空气过剩系数为 0.7 时出现极小值，只是燃料中 N 向 NO 的转换率也很小。

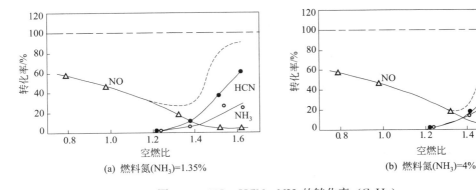

图 3.15　NO、HCN、NH$_3$ 的转化率（C$_3$H$_8$）

③ 温度的影响　转换率与温度的关系尚不十分清楚。有人认为燃料型 NO 具有中温生

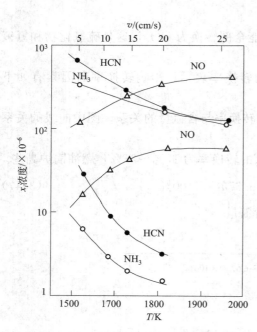

图 3.16 NO、NH₃ 和 HCN 的排出温度
及温度对排量的影响（C_3H_8，$\Phi=1.4$）

—●—燃料氮（NH_3）＝0％；—燃料氮（NH_3）＝1.35％。

成特性，是在经过 600～800℃ 的生成带时生成而保持下来的。现有燃烧设备中的燃烧温度都在 1300～1600℃，所以温度的影响不大，在扩散燃烧的情况下尤其明显。也有人认为温度对 F-NO_x 的生成略有影响。

图 3.16 是 $\Phi=1.4$ 时添加 NH_3 作为燃料氮和没有添加的比较，依靠调整燃烧速度来控制燃烧温度，排出 NO、NH_3 和 HCN。结果表明，NO 浓度不随温度而变。

④ 燃料氮的种类（化学构造）和燃料种类的影响　实验表明，燃料中氮的转换率仅与含氮量有关，而与氮化物的种类无关。不同燃料种类在同一含氮量和同一空气过剩系数的条件下，其转换率不同，如图 3.17 所示。由图可见，当空气过剩系数小于 1 时，CH_4、H_2、CO 的转换率均随 λ 的下降而下降，但 CO 燃料下降甚微。这可能是由于 CO 的氧化反应比燃料氮的分解晚，故区域的氧先与分解的氮反应的缘故。在 λ 值高的情况下，无论哪种燃料的转换率都高，燃料种类的影响不大。

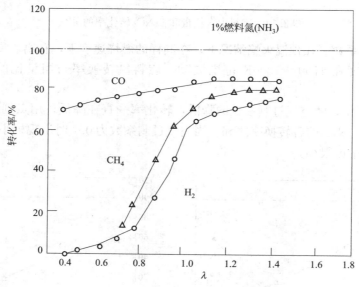

图 3.17　燃料种类对转化率的影响

3.5.3　燃烧氮氧化物的治理

3.5.3.1　NO_x 的治理途径

燃烧氮氧化物的治理有两种途径。其一是在燃烧过程中创造条件，抑制 NO_x 的生成，称燃烧治理。这是以防为主的措施，是治理的发展方向。其二是对生成的高浓度 NO_x 烟道

气采用净化的方法进行治理，即控制排放，称排烟脱氮。这也是相当重要的治理途径。

作为控制燃烧 NO_x 排放的途径主要有以下几种。

① 燃料改质和转化；

② 改善燃烧操作条件；

③ 采用新的燃烧方法；

④ 排烟脱氮；

⑤ 高烟囱排放；

⑥ 降低燃耗。

对大量的工业窑炉而言，多采用②、③两类方法，这是本章讲述的重点。但目前这两类方法只能减少排放量的 60％，满足不了对环境质量日益提高的要求。今后一方面要继续研究提高②、③两类方法控制 NO_x 生成量的效果；另一方面要努力降低排烟脱氮的成本，提高排烟脱氮的效率。

本节将叙述燃料改质和转化、改善燃烧操作条件、采用新燃烧方法三类燃烧治理的途径。

3.5.3.2　燃料的转化和改质

（1）NO_x 排放系数和燃料种类的关系　排放系数是指单位燃料消耗量（或单位产品）的有害物质排放量。例如 $10m^3$ 重油燃烧时，排放 $55kg\ NO_x/m^3$ 重油。

对低温炉、如锅炉等，NO_x 排放系数与燃料种类的关系的规律非常显著。对玻璃熔炉等高温炉窑，由于温度高，$T-NO_x$ 生成量大，故 NO_x 生成量随燃料种类变化的规律不太显著。对数座电厂锅炉和轧钢加热炉氮氧化物排放系数的测定结果示于表 3.18。

表 3.18　发电锅炉和轧钢加热炉

燃　　料	发电锅炉		燃料	轧钢加热炉	
	测定座数	排放系数		测定座数	排放系数
煤	1	3.06	B 重油	4	1.35
煤＋重油	1	2.52	A 重油	9	0.89
重油	26	1.51	轻油	2	1.02
原油	2	1.35	灯油	7	0.42
天然煤气	1	0.93	天然煤气	3	0.35
C 重油	13	1.33			

注：排放系数为 NO_2 kg/10GJ。

以前人们认为含硫低的燃料是低污染燃料，现在概念不同了，除含硫低外，还要求含氮量低。因此要通过燃料转化或改质来取得排放系数小的优质燃料。

（2）燃料的混烧和 NO_x 生成量　混烧是指两种以上燃料混合燃烧。如煤和重油混烧，煤气和重油混烧等。混烧的目的各有不同，例如，缺乏重油的情况下利用一部分煤（制成煤粉）和重油混烧，以充分利用煤资源。本节所述的混烧就是一种降低 NO_x 的措施。

举两个例子说明：以发电厂煤和重油混烧为例，火力发电厂燃料混烧比例和 NO_x 的排出量如图 3.18 所示。图中混烧比是单位时间内燃料燃烧所发出的热值之比，由图可见，当混烧率（重油/煤）越高时，NO_x 的发生量越低。该例表明，改变混烧率可以改变燃料含 N 量，降低 $F-NO_x$ 的生成量。

又以天然煤气和高炉煤气为例，天然煤气和高炉煤气混烧时，混烧率和 NO_x 的关系如图 3.19 所示。当天然气和发热值小于 $3763kJ/m^3$ 的高炉煤气混合燃烧时，NO_x 的排出量比烧纯天然气时的排出量要低，这可能是由于高炉煤气发热值低，故燃烧区的温度降低，因此

T-NO$_x$生成量大幅度减少的缘故。国外资料表明，重油和高炉煤气混烧，NO$_x$也显著降低。

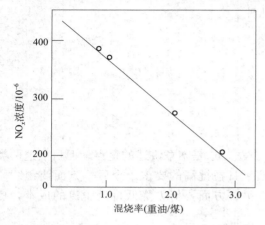

图 3.18　排气中 NO$_x$ 浓度（体积分数）和煤重油
　　　　混烧率的关系（火力发电站）

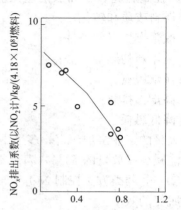

图 3.19　排出系数和混烧率的关系

$$\left(混烧率 = \frac{高炉煤气}{天然煤气 + 高炉煤气}\right)$$

3.5.3.3　改善燃烧操作、加强燃烧管理

（1）实现低空燃比燃烧　空燃比即燃烧用的空气量与燃料量之比，与空气过剩系数一样表示助燃空气供给的多少。一般燃烧设备中，过剩系数为 1.1～1.4，低空气消耗系数燃烧是在保证完全燃烧的基础上供给最低的空气量。

无论 T-NO$_x$ 或 F-NO$_x$ 的生成量都随氧浓度的不同而变化。降低过剩氧浓度，可降低烟气的 NO$_x$。

图 3.20 表明了低空气消耗系数燃烧和 NO$_x$ 含量的关系。空气消耗系数降低，则烟气中的氧含量也降低。可用烟气中的氧浓度来表示低空气消耗系数的程度。当烟气中氧含量低于 1% 时，NO$_x$ 的含量则急剧降低，效果明显。

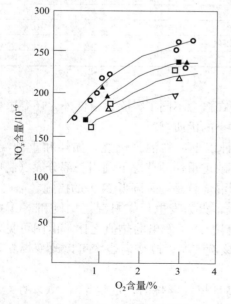

图 3.20　排烟中（O$_2$）含量和
　　　　NO$_x$（体积分数）的关系

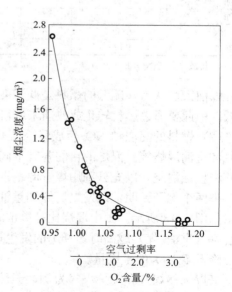

图 3.21　排烟中烟尘浓度
　　　　与氧浓度的关系

必须指出，通常排烟中的烟尘量与氧的浓度成反比，当烟气中过剩氧量减少时，烟尘发生量会升高，其关系如图 3.21 所示。当空气过剩系数小于 1.0 时，烟尘急剧上升。

低空气消耗系数不仅能降低 T-NO_x，也能降低 F-NO_x，图 3.22 是燃料（重油）中的氮转换为 NO_x 的转换率与排烟中氧浓度的关系。排烟中若 O_2 的含量较小，则燃料中的 N 转化为 NO_x 的转换率也明显降低。

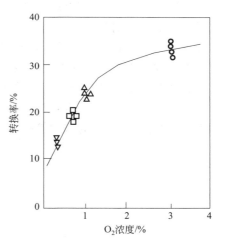

图 3.22　重油中 N 的 NO
转换率和氧浓度的关系

（2）降低热负荷　热负荷为单位时间供入炉膛的热量或燃料量。在其他条件不变的情况下，炉膛火焰温度的高低取决于供入炉膛热负荷的大小。一般情况下，热负荷越大，炉膛火焰温度就越高，火焰温度越高，NO_x 生成速度也越快。降低炉膛热负荷，火焰温度也随之下降，故 NO_x 发生量也减少。

以轧钢加热炉为例，往往由于强化炉子操作，增加炉子热负荷，炉膛温度和炉尾排烟温度都升高（可达 1000～1100℃）造成烟气热损失激增，产品燃料消耗增加，而且会显著增加 NO_x 排放量。对于热负荷过高的轧钢加热炉，适当降低热负荷，对节能和降低 NO_x 生成量两方面都能起到很好的作用。

（3）降低助燃空气的预热温度　一般来讲，为了节约能源和提高热工设备的能源利用效率，NO 都会利用热设备的烟气余热对燃料和助燃空气进行预热，增加热设备的热收入，同时会改善燃烧条件，提高燃烧效率，从而达到增产节能的目的。而从环保角度出发，降低空气预热温度可降低火焰燃烧温度，即可以减少 T-NO_x 的排放。对锅炉、加热炉而言，预热空气比不预热空气时 NO_x 生成量要高 10% 左右。所以，降低空气预热温度会导致产品产量的降低和产品能耗的升高，采用此类措施时，必须具体问题具体分析。

综上所述，改善燃烧操作，加强燃烧管理，必须注意以下几点。

① 采用低空气系数的手段时，必须兼顾烟尘发生量的问题；

② 低空气消耗系数燃烧可防止 SO_2 氧化成 SO_3，并防止重油中钒变成低熔点的 V_2O_5，将其控制在高熔点的 V_2O_3 和 V_2O_4，从而可防止腐蚀；

③ 尽管有些措施可以降低 NO_x（如空气不预热，降低热负荷等），但采取措施时，必须从热效率、产量等各方面全面地考虑。

3.5.3.4　新燃烧方法

通过燃烧操作进行氮氧化物排放的控制，也就是通常所说的用燃烧工况的改变来控制 NO_x，这些方法一般比较适用于正在生产的不打算花太多经费进行改造的设备。当然，只采取这些措施效果有限。新的燃烧方法则不同，它需要投入一定的资金，以对燃烧设备进行必要的改造。

新燃烧方法分为：低 NO_x 烧嘴；阶段燃烧；水或蒸汽的喷入；烟气再循环燃烧等。

（1）低 NO_x 烧嘴　低 NO_x 烧嘴是利用降低 NO_x 的原理，通过多样化的构造来实现的。目前有许多形式的低 NO_x 烧嘴已经进入工程应用阶段。

从原理和构造进行分类，有如下四种烧嘴：促进混合型；分割火焰型；烟气自身再循环型；阶段燃烧组合型。

① 促进混合型　该烧嘴能促使燃料和空气很好混合，实现低空气比燃烧，从而降低 NO_x，故得名混合型，如图 3.23 所示。其特点是燃料和空气以直角碰撞并急速地混合，形成了沿燃烧室壁的圆锥形（钟形）的中空火焰，由于火焰薄，火焰表面积大，故火焰散热量增加，最高火焰温度得以降低，同时烟气在高温区停留时间缩短，$T\text{-}NO_x$ 生成量减少。

为了改善空气和燃料的混合条件，空气流速要大，不供二次风，都以一次风供入。可以靠改变燃料喷流流速和空气流速的比值来改变火焰的形状。

这种燃烧方法对 $F\text{-}NO_x$ 效果不大。这可能是由于混合得到改善，空气又是一次送入，故燃烧初期火馅中 O_2 的浓度较高的缘故。

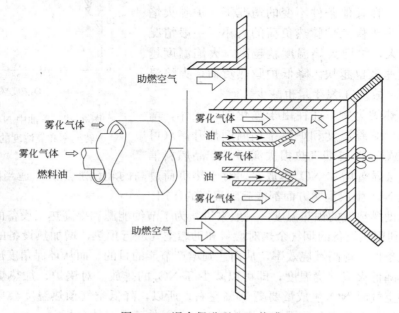

图 3.23　混合促进型 NO_x 烧嘴

这种促进混合型的低氮氧化物烧嘴有如下特征。

a. 燃烧火焰是圆筒形中空火焰，火焰较短。火焰直径和形状与烧嘴结构参数有关，与空气消耗系数和热负荷大小无关。

b. 在低过剩空气系数条件下燃烧稳定，烟尘、碳氢化合物等不可燃物的排放量少。

c. 调节比大，一般为 1∶3。

d. 由于空气流速高，故需有较高的风压。

对含氮 0.03% 的 A 重油，不预热空气，在满负荷（380L/h）的条件下，NO_x 的体积分数为 50×10^{-6}（O_2 4% 换算）。该烧嘴系制造阿波罗登月宇宙飞船发动机的工厂设计并制作的。

② 分割火焰型　如图 3.24 所示，在烧嘴前端设有小槽，把火焰分割为数个独立的小火焰，从而降低了火焰温度，缩短了停留时间，对 $T\text{-}NO_x$ 有明显效果，对 $F\text{-}NO_x$ 也有一定作用。一般烧嘴头部分为 4～6 个槽。使用结果表明，这种方法可降低 NO_x 20%～40% 的排放量。

③ 烟气自身再循环型　其原理是在烧嘴结构上创造了燃烧烟气再循环的条件，或者说靠喷射空气（或喷射燃料）形成的负压，促使烟气再循环。即把烟气吸回、进入燃烧器与空

气混合后进行燃烧。

　　在循环区内，利用循环烟气吸热和降低 O_2 浓度，有利于降低 T-NO_x。由于高温再循环烟气的作用，促进了燃烧之前的燃料气化和蒸发，这样一来，起到燃料改质的作用。对 N 含量较高的燃料，往往和两段燃烧一起使用。自身再循环型烧嘴可分两大类，如图 3.25 所示。

　　图 3.25(a) 是靠高速空气和燃料流的附壁作用，使烟气进行再循环。并且在第一燃烧区控制空气量，实际上是烟气再循环型烧嘴和两段燃烧并用。图 3.25(b) 是单独设有循环途径，使循环烟气逆流到一次燃烧区与空气、燃料的射流股进行混合。

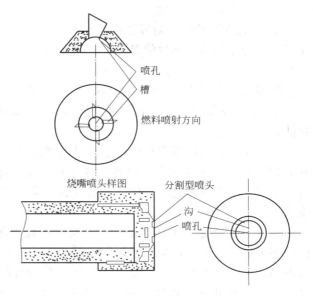

图 3.24　分割火焰型 NO_x 烧嘴

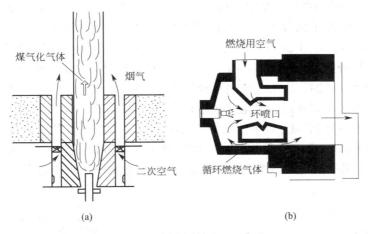

(a)　　　　　　　　　　(b)

图 3.25　分割火焰型 NO_x 烧嘴

自身再循环型烧嘴有如下特点。

　　a. 由于烟气的再循环，在一次燃烧区（相当于后面介绍的阶段燃烧法）内氧的浓度降低，因此起到阶段燃烧的效应。

　　b. 由于烟气的再循环，热容量变大，从而降低了燃烧高温区的温度，有利于控制 T-NO_x 的生成。

　　c. 由于循环气中含有 H_2O 和 CO_2，在高温区 H_2O、CO_2 和游离的炭粒生成水煤气反应，一者该反应为吸热反应，降低火焰高温区的温度；二者有利于炭粒燃尽，可见既有利于抑制 T-NO_x 的生成，又能降低烟尘排放量。

　　d. 因循环烟气温度高，燃料在与空气混合之前首先与再循环烟气混合，进行燃烧前反应，故在燃烧区起到相当于燃料改质的作用，燃烧性能得到改善，可以实现低烟尘和高负荷的燃烧。

（2）阶段燃烧组合型

① 非化学量论法　阶段燃烧也称浓淡燃烧法或非化学当量法。化学当量法指的是按化学反应式的摩尔需要量供给参加反应的反应物，如

$$CH_4 + 2O_2 \longrightarrow CO_2 + 2H_2O \qquad (3.48)$$

组织该反应需供给 1mol 的 CH_4 和 2mol 的 O_2，这是化学当量法。非化学当量法是指供给的 CH_4 和 O_2 不是按反应式的配平供给，反应的组织没有按化学当量进行，故称非化学当量法。

非化学当量法的特点是利用燃料过浓燃烧时，其燃烧温度低，特别是由于氧浓度低，可有效地降低 NO_x 的生成量。燃料过浓区的烟气中有未燃成分，这些成分可通过不同的方式补充供氧，使之逐步燃尽。依补充供氧的方式不同，可分两段燃烧法、阶段燃烧法和浓淡燃烧法。

② 两段燃烧法　两段燃烧法：使第一阶段在供给的助燃空气处于空气过剩系数小于 1 的状态下进行燃烧。在第二燃烧阶段把不足的氧送入，使燃料完全燃烧。在第一燃烧阶段的范围内，由于氧的浓度低，生成的产物中有相当数量的 CO 和 O_2，且火焰温度低，有效地抑制了 NO_x 的生成。在第二燃烧区送入二次空气后比较快速地燃烧（已经把油气化成 CO 和 H_2），故烟气在高温区停留时间缩短，从而抑制了 NO_x 的生成。

两段燃烧效果的好坏很大程度上取决于第一燃烧区的空气消耗系数。如图 3.26、图 3.27 所示。图 3.26 表示两段燃烧对降低 $T\text{-}NO_x$ 的效果（实验采用 $N = 0.03\%$ 的 A 重油，含 N 量很低），在 $A = 1.21$ 的条件下进行燃烧。当循环比 RR＝0 时，若不采用两段燃烧，NO_x 生成量（体积分数）可达 280×10^{-6}，若采用两段燃烧，NO_x 生成量明显下降，当第一段空气消耗系数为 0.6 时，NO_x 生成量可降至 150×10^{-6}。图 3.27 表示两段燃烧对 $F\text{-}NO_x$ 量的抑制效果，本试验对不同含氮量（在燃料中加入 N_2 取得不同含氮量的燃料）的燃料的燃烧进行测定，取得降低 NO_x 效果的数据。实验表明一段空气消耗系数越小，燃料 N 的转换率越低，抑制 $F\text{-}NO_x$ 生成效果越好。一段空气消耗系数以 0.5～0.8 为宜，太小了冒黑烟，若小于 0.4，黑烟激增，小于 0.3，就连气体燃料也离开了可燃范围。

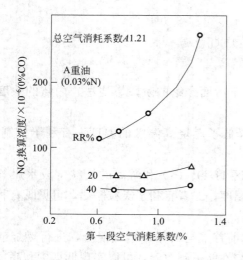

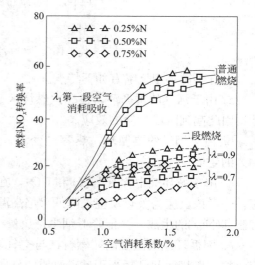

图 3.26　两段燃烧的 NO_x 控制效果　　　图 3.27　两段燃烧和普通燃烧下 F-NO 转换率的比较

　　两段燃烧法可以通过燃烧器实现，也可以通过整个炉膛组织燃烧实现，图 3.28 是基于这种设计的锅炉，由图可见两段燃烧使炉膛温度降低，并达到 NO_x 降低的好效果。

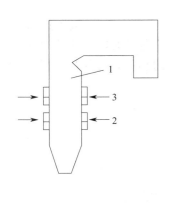 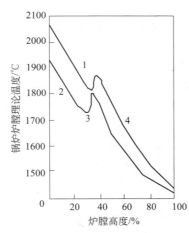 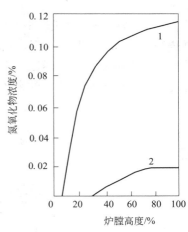

1—炉膛；2—一次空气和燃料入口；　1—普通燃烧系统；2—两段燃烧的燃料气化段；　1—普通燃烧系统；2—两段燃烧系统
3—二次风入口　　　　　　　　　　3—二次空气入口；4—燃料的燃尽段

　　　(a) 炉膛简图　　　　　　　　(b) 烟气理论温度随炉膛高度的变化　　　　(c) 氮氧化物浓度随炉膛高度的变化

图 3.28　降低氮氧化物生成量的两段燃烧

　　③ 浓淡燃烧　浓淡燃烧指有"浓"燃烧区和"淡"燃烧区，浓燃烧区的空气过剩系数远小于 1，淡燃烧区的空气浓度系数远大于 1。

　　图 3.29 是浓淡燃烧法的一种形式。图中 A 是空气过剩烧嘴，F 是燃料过剩烧嘴。也可以通过燃料过浓的预混合火焰和燃料过淡的预混合火焰组合在一起燃烧来实现浓淡燃烧。其原理和两段燃烧一样，只是把两段燃烧改成许多浓淡区域。所不同的是可以降低燃烧室的热负荷，用几个小烧嘴代替一个大烧嘴，相当于火焰表面积增大，起了薄焰的作用，薄焰和燃烧室热负荷降低均有利于减少 $T\text{-}NO_x$ 的生成量。由于浓区和淡区距离近，因此燃料和空气的混合条件比两段燃烧好，温度分布也比较均匀，同时也有利于调整热负荷。

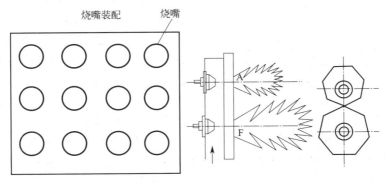

图 3.29　浓淡燃烧
A—空气过剩烧嘴；F—燃料过剩烧嘴

　　实验结果表明，这种烧嘴可以使 $T\text{-}NO_x$（体积分数）从（500～1000）$\times 10^{-6}$ 降低到 200×10^{-6}，效果较好。效果的好坏取决于烧嘴容量和个数的调整及 A 烧嘴、F 烧嘴空气消耗系数的分布情况。

这种烧嘴不仅可以降低 NO_x，而且可以降低一氧化碳和碳氢化合物，有助于提高燃烧效率。

④ 阶段燃烧　阶段燃烧法的原理同上，所不同的是助燃空气分段送入，称多段或阶段燃烧法。图 3.30 是分段配风的低 NO_x 烧嘴的示意图，这种燃烧器的燃料淡区是多段供风，故称阶段燃烧法。在燃尽区，空气以多段射流的方式送入，有足够的动量，促使尽快燃尽，并可防止火焰明显拖长，效果较好。

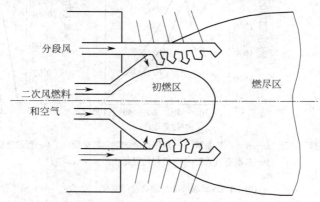

图 3.30　多段配风的粉煤低 NO_x 烧嘴

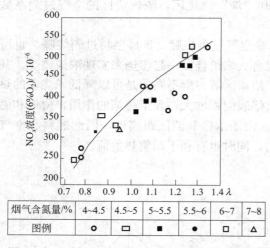

烟气含氮量/%	4~4.5	4.5~5	5~5.5	5.5~6	6~7	7~8
图例	○	□	■	●	□	△

图 3.31　初燃区空气理想比量对 NO_x 排放的影响

某电厂实践表明，NO_x 生成是取决于一段燃烧区的空气过剩系数 λ，如图 3.31 所示。改装前 NO_x 的生成量（体积分数）为 550×10^{-6}，改装后当满负荷运行时，一段燃烧区内 λ 为 0.75，NO_x 可降低到 250×10^{-6}，降低 55%。低负荷运行时，NO_x 浓度更低。

（3）水或蒸汽的喷入　水或蒸汽的喷入方法有以下三种：①在助燃用的空气中喷入水或蒸汽；②在燃烧室的某位置喷入水或蒸汽；③燃用燃料和水混合的乳化燃料。

这三种方法中以第三种方法效果最好，采用②法时，一定要注意喷入位置，达到降低火焰局部高温区的温度的效果，否则将徒劳。

① 乳化油及其燃烧特点　乳化油是指油和水组成的两相体系，可分为油包水型（W/O）和水包油型（O/W）两种，如图 3.32 所示。该体系中水以水珠的形式均匀地分散于油中者称油包水型，水珠直径一般小于 $10\mu m$，为非连续相，油为连续相。燃用的乳化油通常是油包水型。乳化油通常有以下几种制作方法：a. 流体的机械搅拌法；b. 机械搅拌＋乳化剂法；c. 超声波法；d. 机械搅拌＋超声波＋乳化剂法。

燃料油燃烧要经过烧嘴进行雾化，通常雾化后油滴的直径 $30\sim100\mu m$，油滴越细，越有利于燃烧。由于喷雾的油滴直径远大于水珠直径，因此一滴油中将包含有许多粒径为数微米的水珠 [如图 3.33(a)]。当喷雾油滴为乳化油时，由于油滴中有水珠，因此当外表面的

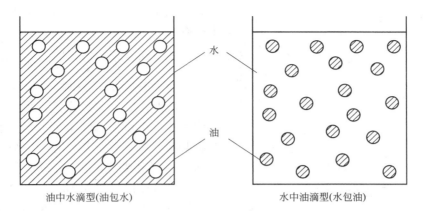

油中水滴型(油包水)　　　　　　　　　水中油滴型(水包油)

图 3.32　乳化液的类型

油一燃烧,油滴内的水珠同时被加热[如图 3.33(b)],达水的沸点后由于体积急剧膨胀(多达 6000 倍),而引起爆体现象[如图 3.33(c)]。这样一来,雾化了的油滴经爆炸得到再次雾化,生成极小的微粒油滴,这一过程称二次雾化。二次雾化使得油滴的比表面积大大增加,加速了油的气化,改善了油和空气的混合条件。因此,乳化油比没有乳化的燃油燃烧完全,燃尽时间明显缩短,同时可实现低过氧燃烧。低过氧燃烧可带来如下效果。

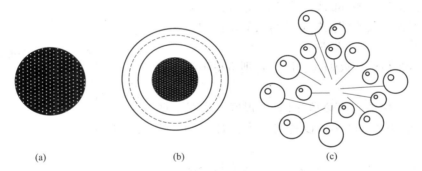

(a)　　　　　　　　　(b)　　　　　　　　　(c)

图 3.33　乳化油滴的燃烧过程

a. 烟气量损失减少,从而可节约燃料;

b. 减少空气量、排气量,故减少动力消耗;

c. 减少 SO_3 的生成量,从而可以减少设备腐蚀;

d. 有效地控制 NO_x 的生成量,同时降低烟尘的生成量。

乳化油燃烧的另一特点是由于水的蒸发,吸收一些热量,使火焰高温区的温度得到控制,限制了火焰高温区的形成,火焰温度比较均匀,有利于控制 NO_x 的生成。

有人认为除上述特点外,由于水的存在,使火焰中的炭粒生成水煤气。

$$C + H_2O \Longrightarrow CO + H_2 \qquad \Delta_r H_m^\ominus = -118.4 \times 10^8 J/mol \qquad (3.49)$$

该反应为吸热反应,能抑制 NO_x 的生成。同时 C→CO,CO 进一步燃烧,故也可控制烟尘生成。

以上为乳化燃烧的特点,利用这些特点可以达到节能和减少污染的目的。

② 乳化燃烧的效果　采用乳化油降低 NO_x 的效果很好,如图 3.34 所示大约可降低50%。如果与烟气再循环组合使用,效果可达 70%。CO 体积分数降低了 60%,烟尘体积

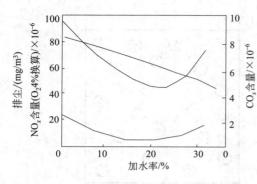

图 3.34 乳化油滴的燃烧过程

分数降低了 50%。由图 3.34 可见其效果与掺水率有关。

$$掺水率 = \frac{水质量}{水质量 + 油质量} \times 100\% \quad (3.50)$$

当掺水率超过 25% 时，烟尘浓度和 CO 浓度反而增大，燃烧质量变差。可见，虽然再继续增大掺水率可使 NO_x 含量继续降低，但由于燃烧温度下降，燃烧将恶化，以致燃烧不稳定。从 NO_x 含量和烟尘浓度、CO 含量这几方面综合来看，最佳掺水率为 15%～25%。具体设备的最佳掺水率，还应根据具体情况确定。

乳化油燃烧要发挥作用就必须控制空气过剩系数，实现低过氧燃烧，才能达到节能并降低污染的目的。乳化油被认为是节能型、低污染型的新型燃料。

（4）烟气再循环燃烧 烟气循环式燃烧法控制 NO_x 生成的原理与自身预热烧嘴的原理一样，所不同的是前者在炉体内组织循环，后者在烧嘴上组织循环。循环比一般取 10%～40%，如图 3.35 所示。

循环比：指参加循环的烟气体积与燃烧用的空气量之比。在不灭火、又不使火焰显著增长的范围内，循环比越大，降低 NO_x 效果越好。

循环气体必须投在火焰高温区，否则将得不到应有的效果。

烟气循环燃烧法对 $T\text{-}NO_x$ 的效果很好，实践证明可降低 $T\text{-}NO_x$ 30%～50%，设备取下限。对 $F\text{-}NO_x$ 的效果不大。

该法往往和其他方法组织在一起，构成组合法，烟气再循环和两段燃烧组合，效果更佳。

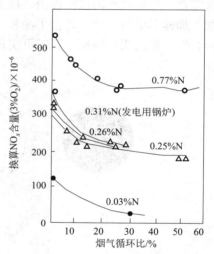

图 3.35 含 N_2 量不同的效果比较

（5）各种方法的组合 上述各种单一方法，最多只能达到 30%～50% 的降低率。随着工业的发展，降低 30% 是达不到环境要求的。因此必须采用组合方法才能实现更高的减排效果，达到环境的要求。怎么组合好呢？一般说来把两种不同原理的措施进行组合，效果较好。同一原理的措施组合到一起往往效果不明显。

① 常用的组合方法

a. 燃料改质＋烟气再循环；

b. 燃料改质（或转化）＋低 NO_x 喷嘴；

c. 乳化油（或转化）＋烟气再循环；

d. 乳化油（或转化）＋阶段燃烧型烧嘴；

e. 两段燃烧＋烟气再循环。

其中的乳化油＋烟气在循环、两段燃烧＋排烟再循环这两种组合法，已经在实践中分别取得降低 NO_x 70% 和 68% 的效果。

② 组合方法效果的估算法 若由 A、B 两种方法组合，A 的降低效果为 30%，B 的效

果为 50%，组合效果不是 30%＋50%＝80%，且往往比两者之和小。通常采用如下估算法：

$$1-(1-30/100)\times(1-50/100)=1-0.35=65\% \tag{3.51}$$

即两项措施组合后的降低效率为 65%。

（6）沸腾燃烧脱氮　沸腾燃烧脱硫同时脱氮的燃烧技术正日益得到重视。在沸腾炉内，NO_x 沿炉子高度的分布如图 3.36 所示，在布风板附近产生大量 NO_x。实践证明，即使布风装置的性能很好，布风很均匀，在总的过剩空气系数低于 1.0 时，沸腾层内仍然会有局部区域过剩空气系数高于 1.0，使 NO_x 的最大值出现在布风板附近。分解剩余下来的焦炭一部分在床内燃烧，一部分被带出床层在自由空间内燃烧，焦炭粒子在床层表面上的浓度最高，然后沿自由空间高度按指数规律减少。由于高温的炭粒子对 NO_x 具有很强的还原作用，所以，NO_x 浓度沿自由空间高度方向逐渐降低，最后趋于稳定的排放浓度水平。试验表明，排放浓度约为床层表面处 NO_x 浓度的一半，即有 50% 的 NO_x 被焦炭粒子所还原。

图 3.37 给出了 NO_x 含量与过剩空气系数的关系。当过剩空气接近 1.0 时，NO_x 的含量急剧降低。图中三条曲线也表明了 NO_x 浓度沿自由空间高度的分布情况。

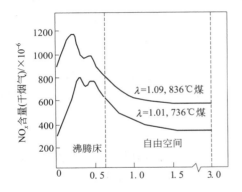

图 3.36　NO_x 沿炉子高度方向上的分布

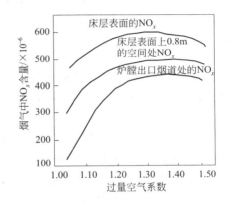

图 3.37　NO_x 生成量与空气过量系数的关系

温度的影响是显著的，当床温在 650℃左右，NO_x 排放含量很低；床温高于 750℃时，NO_x 含量急剧增大；床温超过 850℃时，NO_x 排放浓度趋于稳定。

实验表明，NO_x 排放含量还与燃料含 N 量、煤的粒度和炭化程度有关。

炉内过剩空气系数对 NO_x 生成量有显著影响，因此可用两段燃烧法控制 NO_x 的生成。第一段燃烧在沸腾层内进行，让其 $\lambda<1$（通常取 0.8～0.9），二段空气在自由空间内送入。二段空气应在离沸腾床层表面上一定距离送入，以保证足够的时间使 NO_x 还原为 N_2，二段空气送入位置是组织二段燃烧的重要结构参数。这种方法结构简单，NO 降低率约50%～65%。

由于普通沸腾炉的横向混合能力差，必然产生空气过剩系数不均的现象，从而限制了二段燃烧的效果。循环沸腾炉由于横向混合也很强，所以空气过剩系数分布非常均匀。可以进一步降低第一段的 λ（取 0.65～0.75），为充分发挥两段燃烧的效果创造了良好条件。除高挥发分煤种外，燃料 N 的转换率一般在 10% 以下，同时由于循环沸腾炉内装有高温分离器，大量细小粒子（高温焦炭粒子和石灰石粒子）被送回炉内，这些粒子具有催化作用，使 CO、H_2 还原 NO_x 的能力加大，故 NO_x 的排放浓度较低。

3.5.4 排烟脱氮

3.5.4.1 排烟脱氮的分类

现阶段的低 NO_x 燃烧技术只能降低 NO_x 50%～60%，因此往往达不到排放标准的要求，为控制烟气中的 NO_x，使其达到排放标准的要求，仍必须采用排烟脱氮的方法。

排烟脱氮主要分为湿式吸收法、吸附法、催化还原法、电子束照射法四种。其中湿式吸收法又分为：直接吸收法、氧化吸收法、氧化还原吸收法；吸附法又分为：活性炭吸附法、分子筛吸附法、硅胶吸附法；催化还原法又分为：选择性催化吸附法和非选择性催化吸附法。

3.5.4.2 湿法吸收法

湿法吸收法是采用水或某种碱液来吸收废气中的 NO_x。这种方法工艺简单、投资少，可以硝酸盐等形式回收 NO_x，但对含 NO_x 较多的废气净化效果较差，吸收率不高，且易造成水污染。

（1）直接吸收法 直接吸收法可分为水吸收法和碱液吸收法。水吸收法是水和 NO_2 反应形成硝酸和亚硝酸，不能用于主要含 NO 的燃烧烟气的净化。碱液吸收法可用纯碱（Na_2CO_3）、烧碱（NaOH）、氨水（$NH_3 \cdot H_2O$）等溶液吸收废气中的 NO_x。但这类反应只有当 NO_x 中的 NO_2 大于 NO 的含量，即氧化度大于 50 时吸收才比较完全，故不适用于燃烧烟气。

（2）氧化吸收法 该法系将废气中部分 NO 氧化为溶解度很高的 NO_2 和 N_2O_3，再用碱溶液吸收并固定为硝酸盐。氧化剂可采用硝酸、活性炭、原子氧、亚氯酸盐、高锰酸钾等。如

$$2KMnO_4 + KOH + 3NO_2 \longrightarrow 3KNO_3 + H_2O + 2MnO_2 \tag{3.52}$$

（3）氧化还原吸收法 该法比上述方法吸收效率高，是利用氧化还原剂把 NO 氧化成 NO_2 后，再还原为 N_2。常用氧化还原剂有亚硫酸盐、亚氯酸盐、高锰酸钾等。例如，用 ClO_2 将烟气中 NO 氧化为 NO_2，后用 Na_2SO_3 水溶液吸收。

$$2NO + ClO_2 + H_2O \longrightarrow NO_2 + HNO_3 + HCl \tag{3.53}$$

$$NO_2 + 2Na_2SO_3 \longrightarrow \frac{1}{2}N_2 + 2Na_2SO_4 \tag{3.54}$$

NO_x 被还原为 N_2。此法可同时脱硫，只要在反应塔内加入 NaOH，则有如下反应：

$$SO_2 + 2NaOH \longrightarrow Na_2SO_3 + H_2O \tag{3.55}$$

反应生成的 Na_2SO_3 正好供脱硝反应用。此法可用于燃烧烟气脱硝。

3.5.4.3 催化还原法

（1）选择性催化还原法 氨在催化剂铂或铑的作用下，能有选择地和烟气中的 NO_x 进行反应，而不和烟气中的氧起作用，故称选择性催化还原法。反应如下：

$$2NH_3 + 5NO_2 \longrightarrow 7NO + 3H_2O \tag{3.56}$$

$$4NH_3 + 6NO \longrightarrow 5N_2 + 6H_2O \tag{3.57}$$

由于烟气中往往含有 SO_2 和烟尘，故催化剂易"中毒"。因此必须在脱除 NO_x 前有效地脱除 SO_2 和烟尘。当采用脱硫效率高的湿法脱硫时，由于排烟温度约为 50～60℃，这对脱除 NO_x 很不利，因此该法要进一步用于燃烧烟气治理的话，必须进一步研究不易中毒的高效的催化剂。

（2）非选择性催化还原法 由于还原剂除与 NO_x 反应外，还与 O_2 起反应，因此还原剂

消耗量大。常用的还原剂为燃料气（如天然气、焦炉煤气、炼油尾气等）。还原分两步进行，以 CH_4 为例表示如下。

第一步：　　　　　　　$CH_4 + 4NO_2 \longrightarrow CO_2 + 4NO + 2H_2O$ 　　　　　　　(3.58)

第二步：　　　　　　　$CH_4 + 4NO \longrightarrow CO_2 + 2N_2 + 2H_2O$ 　　　　　　　(3.59)

同时　　　　　　　　　$CH_4 + 2O_2 \longrightarrow CO_2 + 2H_2O$ 　　　　　　　　　(3.60)

反应放出大量热量。由于催化剂消耗量大，且贵重，需增设回收废热装置，因此成本高、投资大，大有被淘汰的趋势。该法用得较多的是以氨作为催化剂。

3.5.4.4　吸附法

（1）活性炭吸附法　活性炭对低浓度 NO_x 的吸附能力很强，解吸后可回收 NO_x。国外用该法净化玻璃熔炉烟气，净化前 NO_x 和 SO_2（体积分数）均为（180～240）×10^{-6}，吸附净化后分别降至 20×10^{-6} 和 25×10^{-6} 以下。但由于在 $300℃$ 以上活性炭有自燃的可能性，这给吸附和再生造成很大困难，故限制了它的应用。

（2）分子筛吸附法　该法用于吸附硝酸尾气，在国外已是工业应用阶段，国内也做了不少研究工作，有半工业试验。常用的分子筛有氢型丝光沸石、氢型皂沸石、脱铝丝光沸石等。该法净化效率高，但装置占地面积大，能耗高，操作麻烦。

（3）硅胶吸附法　硅胶的催化作用，可使 NO 氧化为 NO_2，并将其吸附，通过脱吸可回收 NO_x。但烟气中有烟尘时，烟尘充塞硅胶，空隙和空隙会很快失去活性，故必须吸附前除尘。硅胶在超过 $200℃$ 时会干裂，这限制了硅胶的使用。

3.5.4.5　电子束照射法

用电子射线照射烟气，射线的能量被吸收，诱发起放射性反应，产生 OH 和 O 原子游离基等。这些游离基和原子通过下列反应将 SO_2、NO_x 氧化成硫酸、硝酸。

$$SO_2 \xrightarrow{\text{OH,O,HO}_2} H_2SO_3 , SO_3 \tag{3.61}$$

$$HSO_4 \xrightarrow{\text{OH, H}_2O} H_2SO_4 \tag{3.62}$$

$$NO \xrightarrow{\text{OH,O,HO}_2} HNO_2 , NO_2 \tag{3.63}$$

$$NO_2 \xrightarrow{\text{OH,O,H}_2O} HNO_3 \tag{3.64}$$

若在照射前向烟气中加入与 SO_2、NO_x 等剂量比的氨，可使上述反应的酸变成硫酸铵和硝酸铵，然后用电除尘捕集除去。

该法用于钢铁厂烧结炉排烟处理，可同时去除 SO_2、NO_x，其去除率随电子射线照射率的增加而增加。用 2.0 兆德拉的照射量，可达 90% 以上的脱氮率和 80% 以上的脱硫率。

该法用于处理煤烟实验装置也是可行的。实验装置如图 3.38 所示，实验结果表明（美国能源部提供资金，对印第安那州的燃煤发电厂排烟做了实验，烟气中含 SO_2 为 1000～

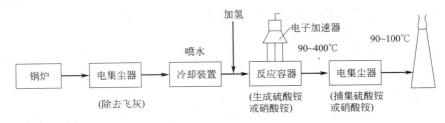

图 3.38　电子束照射法处理烟煤的实验装置

2000×10^{-6}，含 NO_x $300 \times 10^{-6} \sim 400 \times 10^{-6}$）脱硫和脱氮率均在 90% 以上，且生成物可用作肥料。当时使用的电子加速器为 800keV、100mA，最大处理能力为 2400m³/h。

3.6　颗粒物与重金属

3.6.1　颗粒物的特征及危害

3.6.1.1　大气颗粒物定义与分类

颗粒状态大气污染物主要是指悬浮于空气或气体中的固体粒子。大气污染控制中涉及的颗粒，一般是指所有大于分子的颗粒，但实际的最小限界为 $0.01\mu m$ 左右。固体颗粒的存在状态，既可以单个地分散于气体介质中，也可以因凝聚等作用使多个颗粒集合在一起而成为集合体的状态，它在气体介质中就像单一个体一样。此外，固体颗粒还能从气体介质中分离出来，呈堆积状态存在，或者本来就呈堆积状态。

按颗粒污染物的颗粒粒径可分为 8 类，具体如下。

① 粉尘（微尘，dust）　粉尘的颗粒直径为 $1 \sim 100\mu m$，呈固体状，源于机械粉碎的固体微粒、风吹扬尘和风沙。

② 烟（烟气，fume）　烟的颗粒直径为 $0.01 \sim 1\mu m$，呈固体状，源于由升华、蒸馏、熔融及化学反应等产生的蒸气凝结而成的固体颗粒。

③ 灰（ash）　灰的颗粒直径：$1 \sim 200\mu m$，呈固体状，源于燃烧过程中产生的微粒，如煤、木材燃烧时产生的硅酸盐颗粒，粉煤燃烧时产生的飞灰等。

④ 雾（fog）　雾的颗粒直径为 $2 \sim 200\mu m$，呈液体状，源于水蒸气冷凝生成的颗粒小水滴或冰晶，水平视程小于 1km。

⑤ 霭（mist）　霭的颗粒直径大于 $10\mu m$，呈液体状，其生成机制与雾相似，气象上规定称轻雾，水平视程在 $1 \sim 2km$ 之内，使大气呈灰色。

⑥ 霾（haze）　霾的颗粒直径约为 $0.1\mu m$，呈固体状，主要是尘或盐粒悬浮于大气中形成，使大气混浊，呈浅蓝色或微黄色，水平视程小于 2km。

⑦ 烟尘（熏烟，smoke）　烟尘的颗粒粒径为 $0.01 \sim 5\mu m$，呈固体与液体状，主要为含碳物质。

⑧ 烟雾（smog）　烟雾的颗粒粒径为 $0.001 \sim 2\mu m$，呈固体状，现泛指各种妨碍视程（能见度低于 2km）的大气污染现象。

按颗粒污染物进入大气的途径，可将其分为以下三类。

① 自然性颗粒污染物，即自然环境中由于自然界的力量而进入大气环境的颗粒污染物质，如风力扬尘、火山飞灰；

② 生活性颗粒污染物，即人类在日常生活活动过程中释放到大气环境中的颗粒污染物质，如打扫卫生扬弃的尘埃；

③ 生产性颗粒污染物，即人类在生产过程中释放到大气中的颗粒污染物，通常称之为粉尘。

按粉尘的成分可分三类：①无机粉尘；②有机粉尘；③混合型粉尘。

颗粒物的来源不同，其粒径的大小分布也不同，不同粒径的可吸入颗粒物，其有害物质的含量和毒性也有所不同。颗粒物对健康的影响因其浓度、成分和粒径的大小而异。

3.6.1.2　大气颗粒物基本特征

大气颗粒物在大气过程中的作用取决于其物理和化学性质。物理性质包括颗粒物的质量浓度、数量浓度、单个颗粒的大小和形貌、粒度分布、表面积及体积、显微形貌、颗粒的聚集特性等以及颗粒物的吸附性、吸湿性以及对光的吸收和散射性等；化学性质包括颗粒物元素组成、无机和有机化学组分及分布、化学成分的可溶性、颗粒物表面非均相反应及矿物组成等。

颗粒的质量和数量能使我们了解究竟人们吸入多少颗粒物质会感到不适；颗粒的大小决定其进入人体的位置，直径小于 $2.5\mu m$ 的颗粒能够进入人体肺部的气体交换系统；颗粒越细，其比表面积也越大，会吸附较多有害物质；颗粒的大小在几个数量级上变化，要有效地表征颗粒物，就必须用不同粒度分布函数去描述数量和质量浓度，即需要定义颗粒物的表面积和体积的粒度分布。事实上，颗粒物所有的物理化学性质都与粒径有关，所以大气颗粒物粒度的时空分布规律也一直是人们关注的焦点。不同的地区由于污染源的不同，其大气颗粒物粒度分布规律各异，同时其中 $PM_{2.5}$ 和 PM_{10}（PM_{10} 也称可吸入颗粒物，是指悬浮在大气中的空气动力学直径小于 $10\mu m$ 的颗粒物；$PM_{2.5}$ 也称为细粒子，是指悬浮在大气中的空气动力学直径小于 $2.5\mu m$ 的颗粒物）等所占的比例也不同。

细粒子的较小粒径造成了其表面具有吸附性很强的凝聚核，能吸附有害气体、重金属离子及致癌性很强的苯并 [a] 芘有机物等，细粒子也是细菌和病毒的载体，有机粉尘为空气中细菌和病毒提供了所必需的营养和孳生场所。颗粒物表面还具有催化作用，能促进大气化学反应的进行。大气颗粒物的吸湿性与颗粒内组分的亲水性或者憎水性有关，不同湿度条件下颗粒物粒度分布不同，颗粒物的光学性质也受影响，颗粒物吸湿性的最重要结果是云和雨的形成。大气颗粒物的直接气候影响取决于颗粒物的光学性质，颗粒和光的相互作用有散射和吸收两种方式，其效率主要由颗粒物的粒径和化学成分决定，如水或者液滴是纯的散射，而黑炭颗粒是大气中最主要的吸收物质。散射和吸收的总和称作消光或者衰减，大气能见度与颗粒物的消光性质有关。

3.6.1.3　大气颗粒物的危害性

大气颗粒物不仅是影响人体健康、大气能见度和地球辐射平衡的重要污染物，也是大气化学反应的良好载体。因此，人们越来越关注对颗粒物的研究，尤其是对 $PM_{2.5}$ 和 PM_{10} 的研究。由于粒径小，在大气中的停留时间长、输送距离远，不仅能引起灰霾天气，使能见度下降，且能轻易通过支气管和肺泡进入血液，其中的有害气体、重金属等溶解在血液中，对人体健康造成严重威胁，受到人们和国家的重视。

颗粒物的粒径越细，吸入愈深，停留时间愈长，吸收量也愈大。如 $2\mu m$ 以下的微粒沉积于支气管和肺部，$0.01\sim0.1\mu m$ 的微粒 50% 以上沉积于肺的深处。这种颗粒物会在人体中停留达数年之久，甚至会造成永久性沉积。人体长期吸入这种颗粒污染物，就会引起各种呼吸道疾病和肺病，如"矽肺"、"煤肺"等职业病。吸入深度取决于粉尘的粒度，毒性取决于污染物的化学性质。

当颗粒物中含有 Cd、Be、Tb、Pb、Ni、Mn、Cr、Hg、As、氟化物、石棉、有机氯杀虫剂等时，尽管它们的浓度很低，却可在人体内逐渐蓄积。当它们落在农作物上、水体和土壤内，然后被农作物吸收并富集于蔬菜、瓜果和粮食中，通过食物链在人体内蓄积，造成慢性中毒，引起远期效应。

近年来大气颗粒物的研究已经成为国际大气化学研究的前沿课题。大气颗粒物已成为对人体健康、环境和气候产生重要影响的一种大气污染物。

　　① 对人体健康产生负面效应。国际上，大量的流行病学调查表明成人死亡率和致病率的增加与大气颗粒物污染水平升高之间存在明显的相关关系等。在中国，早在 20 世纪 80 年代，何兴舟就曾经指出我国城市大气污染水平和肺癌死亡率之间具有相关关系。在北京市开展的流行病学调查结果也表明大气颗粒物污染水平的增加可以造成死亡率和医院访问人数的增加以及婴儿出生重量的降低。在过去的 10 年中，有关大气颗粒物的毒理学实验的结果也都与流行病学调查的结果一致。

　　② 引起大气能见度的降低。细粒子是影响能见度的重要因素。北京市大气 $PM_{2.5}$ 的质量浓度和能见度之间呈明显的负相关关系。

　　③ 长距离输送引起区域性甚至全球污染。大气颗粒物可以输送几百、几千甚至上万千米，引起区域性和全球性污染。

　　④ 大气颗粒物的表面还可以作为大气非均相化学反应的界面，并携带污染物对全球化学物质的地球化学循环产生影响。

　　⑤ 对全球气候产生重要影响。大气颗粒物可以通过散射和吸收太阳辐射直接影响气候，也可以通过以云凝结核的形式改变云的光学性质和云的分布而间接影响气候。

　　此外，大气颗粒物还会影响自然景观，导致农作物产量的降低等。正是由于上述原因，大气颗粒物的研究引起了世界各国科学家的高度重视，成为大气化学研究的最前沿课题。

3.6.2　燃烧烟尘的生成机理和生成量

　　燃料的燃烧所产生的烟尘在大气粉尘污染中占有很大的比例，研究其生成及控制原则，对防治大气颗粒物污染具有很重要的意义。

3.6.2.1　烟尘的种类

　　在燃烧装置中产生的烟尘可分类如下。

　　(1) 气相析出型烟尘　碳氢化合物气体燃料，在燃烧时如供氧不良，就会经受热、脱氢、分解、重合、不饱和结合以及生成环状芳香族，而产生炭黑粒子。这种烟尘的粒径很小，约在 $0.02 \sim 0.05 \mu m$，形状大体为球形。因为它很细，这些粒子往往连成一片形似海绵的烟尘。

　　固体燃料中的挥发分，液体燃料在受热后产生的油蒸气，在燃烧过程中如果供氧不足或工况不良，也和气体燃料相似将产生气相析出型烟尘。

　　(2) 残炭型烟尘　残炭型烟尘是煤或者重质油燃烧时生成的物质，是从加热到高温的煤产生挥发性气体后剩下的固定碳和燃料油滴在蒸发温度以下，经热分解生成的残炭没有完全燃烧而排出来的碳分。其颗粒直径随煤粉的粒径和初期喷雾粒径不同而不同，一般为 $10 \sim 300 \mu m$。残炭型炭黑是近似呈球形，孔隙率较高的多孔质粒子。例如，假定重油中的残炭为 10%，在不膨胀情况下形成保持油滴原来体积的残炭型炭黑，则其孔隙率可达 96%。所以这种炭黑的表面积是非常大的。

　　(3) 黑烟灰片　黑烟灰片，也称雪片状炭黑或酸性炭黑。可以认为，这是以烟气中的炭黑为核心，吸附硫酸，在接近烟气露点温度的时候，互相凝聚为大块，形成似雪片状的黑烟灰片。一般认为，烟气中 SO_2 的含量的多少，对形成黑烟灰片的影响比炭黑产生量大小更主要。根据实际测定，当在过剩氧量<1%的情况下进行燃烧时，烟气中 SO_3 含量较低，雪片状炭黑的产生量便大大减少。

3.6.2.2　烟尘的生成机理

（1）气态燃烧烟尘　液体燃料蒸发时产生的油蒸气和挥发分，固体燃料受热时析出的挥发分，都是以气态形式存在的可燃气体，其主要成分是碳氢化合物。它们在燃烧时所生成的烟尘是气相析出型烟尘，或称为气相析出型炭黑。

对气体燃料来说，按其与空气的混合情况，可分为两种：一种是预混燃烧，另一种是扩散燃烧。前者可以做到燃烧时不产生烟尘，而后者则一定会产生烟尘。

一般说来，气态燃烧烟尘是先脱氢，分解，然后重合和生成多环芳香族，最后聚合成固体烟尘。燃料在脱氢的同时，可能发生热分解；而脱氢和热分解生成的不稳定化合物又可结合为较稳定的化合物，这就是重合；脱氢后的碳双键结合，比单链结合或比碳和氢的结合更稳定，并且碳双键结合增多，使分子变大。

气相析出型烟尘的生成系由气相变成固相，伴随着相变过程。燃料分子在缺氧情况下，在高温区城里通过热分解变成乙炔和多环芳香族碳氢化合物，经过核生成新相，然后新相长大，最后新相粒子碰撞凝聚结合成了炭黑。

（2）液态燃烧烟尘　燃料油是多种烃的化合物。这些烃的分子量都很大。雾化后的油滴燃烧时，轻质组分先蒸发和燃烧，其残渣在低于饱和温度下裂解析炭而焦化。残余油滴被半固态的黏性外壳包围，受周围火焰面加热，使油滴继续蒸发到一定程度，其蒸气冲破外壳逸出燃烧。而油滴内则发生聚缩反应，一面激烈地发泡，一面团化，从而形成了比油雾滴还大且气孔率还高的笼状炭黑。这就是残炭型炭黑。而蒸发气化了的油气，在扩散到火焰锋面前是遇不到氧的，这就必然要产生气相析出型炭黑。

此外，如果油滴粗大，又没有良好的空气混合，油滴有可能在完全烧掉前碰到温度较低的炉壁，油就可能附着在壁上继续燃烧。但是继续有油滴飞来撞击，炉壁上就积存有许多油并焦化形成焦炭，甚至堆集坠流形成严重结焦。在一定条件下，炉壁上的结焦有可能会剥离，随烟气一起排出。

（3）固体燃料燃烧烟尘　煤受热时先是水分蒸发。当受热到一定程度时，煤可燃质晶格边缘所联结的链状烃及环烃逐渐挥发出来。起初约 80%～90% 的挥发分迅速析出，而最后的 10%～20% 要较长时间才能完全析出。所析出的挥发分在从煤的颗粒中心向外迁移过程中，由于未与氧接触，可能会裂解、凝聚或聚合而产生气相析出型炭黑。Foster 认为：无论什么时候，只要当局部碳与氧原子当量比超过 1 时，将有气相析出型炭黑微粒形成。

当温度继续升高而使煤中较难分解的烃也析出挥发分后，剩下来的就是石墨晶格结构的由固定炭和矿物杂质组成的焦炭。它比挥发分难着火。其燃尽时间大约占煤的总燃尽时间的 9/10。此外，挥发分燃烧时，供给了热量，把焦炭加热到赤热状态，但却暂时抢先把氧消耗掉了。结果，既推迟了焦炭开始燃烧的时间，又可能使赤热焦炭缺氧，在低于蒸发温度以下热分解产生残炭。且燃烧不完就排走，便形成了残炭型炭黑。

外层焦炭烧掉后，其残炭就裹在内层焦炭上，所形成的灰壳妨碍氧的扩散，妨碍焦炭燃尽。但是，一方面可能因灰分熔点低，成不了灰壳就熔融滴下，另一方面焦炭粒之间相互碰撞或撞墙上使灰壳裂开掉下。计算表明，即使内在灰分（即煤炭在形成过程中就已存在的矿物杂质）为 30% 的焦炭球烧掉 50% 时，裹灰使燃烧速度降低 8%，焦炭燃尽时间增加 14%。事实上，内在灰分含量只占 1%～2%。因此，单从"裹灰"的作用看，其影响并不大。主要是因为我国煤中灰分高（含采煤时混进的大量矿物杂质，即外在灰分），灰分吸收了大量的热量而使炉壁温度降低，造成燃烧不完全，增加了残炭型炭黑。此外，灰本身也是尘，构成了飞灰污染。

3.6.3　颗粒物中重金属

大气颗粒物中的重金属污染物具有不可降解性，通过呼吸进入人体，导致各种人体机能障碍，身体发育迟缓，甚至引发各种疾病，是影响人类健康的重要因素，如 As、Cr、Ni、Pb 和 Cd 具有一定的致癌能力，As 和 Cd 对人体有潜在致畸作用，而 Pb 和 Hg 对胎儿有毒性作用。目前频繁的交通运输、北方的风沙尘、密集的工业生产和人类活动导致城市大气遭受严重的金属元素污染，使得大气颗粒物金属元素行为研究成为中国环境科学工作者所关注的热点。

3.6.3.1　颗粒物中重金属成分和含量

由于大气颗粒物的来源和形成条件等诸多不同因素，其成分差异很大。在我国城市中，工业城市的颗粒物中的重金属元素的含量均处于比较高的水平，尤其是太原、徐州、沈阳和锦州。整体来说，我国北方燃煤城市大气颗粒物中金属元素含量远高于南方一般城市；相比于中小型轻工业城市和农村地区，重工业城市的大气颗粒物中金属污染比较严重。大气颗粒物重金属含量的差异取决于地区颗粒物来源、形成条件和气象等众多因素。在城市内部的不同功能区内，大气颗粒物中金属元素含量依次为一般工业区、交通区、居民区、郊区。

3.6.3.2　颗粒物中重金属的分布特征

（1）时间分布特征　大气颗粒物中的金属元素随时间变化显著，往往具有明显的季节变化和日变化规律。在诸多影响颗粒物中，重金属分布呈现季节变化，气象因素和源排放是两大主要因素。研究表明：哈尔滨市 PM_{10} 中 As、Cr、Mn、Ni 含量在夏季明显高于其他季节，而 Pb、Zn、Cu 含量在夏、冬季偏高，这种现象与夏季空气潮湿和冬季出现的逆温有关；上海市 $PM_{2.5}$ 中的 Cu 元素秋季大于冬季，春季大于夏季。从全国范围看，不同元素的季节分布规律不同，北方地区尤其是受沙尘影响的地区，Al、Si、Mg、Ca、Fe 等地壳元素在春季表现出较高的浓度。北京、沈阳和长春等城市由于居民供暖时间长，Zn、Hg、As 等污染元素在颗粒物中的含量高于非采暖期。总体上，中国大气颗粒物中对人体有害的 Cu、Pb、Cd、As、Zn 等污染较严重，而 Cr、Mn、Co、Ni 等污染较轻。

大气颗粒物中金属含量存在明显的日变化特征，不同元素的日变化特征不同。地壳元素的日变化特征不明显，而人为污染元素受日照、降雨、人类活动、气候条件等因素的影响，日变化显著。研究表明：成都市东郊大气颗粒物中 Pb、Cd、Hg、As 等在 5：00～9：00 和 17：00～21：00 两个时段呈现双峰，其变化与人为活动、大气对流和湍流活动以及酸雨等因素有关。元素本身的性质也影响元素的时间变化规律，如 Zn 受污染源和气象条件的影响，日变化最剧烈。重庆市大气颗粒物中大部分金属元素的浓度值都是晴天偏高，尤其是污染元素如 Zn、Pb 等在晴天与雨天的比值超过了 2 倍，而地壳元素 Na、Al、Si、Mg 的比值则相对较低。

（2）空间分布规律　大气颗粒物中不同金属受气象条件及人为源释放等因素的影响，空间分布差异很大。尽管地壳元素的浓度在城市区与非城市区的差异不大，但受工业污染源的城市地区重金属浓度远高于非城市区。大气颗粒物重金属含量在人群密集区和工业活动频繁的区域明显高于其他区域，说明城市重金属主要源于人为因素。元素的空间分布充分体现了与污染源地域分布的一致性。由于城市扩张、乡镇发展等原因，城市大气金属污染目前已呈现出郊区化趋势。

（3）粒径分布规律　大气颗粒物中的 75％～90％ 的重金属富集在 PM_{10} 上，粒径越小，金属含量越高，潜在危害更大。大气颗粒物中来源于扬尘等自然源的 Ca 和 Ti 主要分布于大于 $2\mu m$ 的粗颗粒中，Cr、Mn、Ni、Zn、Cu、Pb 主要分布于 $0.1～1.0\mu m$ 的细颗粒物上。颗粒物中金属的粒径分布取决于排放源的类型，土壤风沙尘和建筑尘等排放源的 Ca、Fe、Al、Mg 等富集在粒径为 $3.3～5.8\mu m$ 的颗粒物中，而生物质燃烧和燃煤等排放源的 K、Pb、As、Cd 富集在粒径为 $0.65～1.1\mu m$ 的颗粒物中。

（4）垂直分布规律　若金属元素来源于地面，距离地面越高，大气颗粒物中金属元素浓度越低；若金属元素来源于人为活动，随距离增高，金属元素浓度越高。As、Cd、Pb、Se、Zn 等元素来源于生活燃气、金属冶炼、化工产品的制造和提纯等活动释放的颗粒物，其含量随高度的增加而增加，因为这些元素随着烟气或烟尘排放、挥发或蒸发富集或滞留在大气边界层下层的细粒子中。Al、Ca、Co、Cu、Fe 等地壳元素来源于地壳分化，其含量随高度的增加而降低，但变化幅度不明显。

3.6.3.3　重金属在颗粒物中的赋存状态

大气颗粒物中重金属以不同化学形态存在，致使其在环境中的行为及毒性存在一定差异。目前，重金属潜在危害分析侧重于颗粒物 TSP、PM_{10}、$PM_{2.5}$ 中总量的测定，尽管在一定程度上反映其污染水平，但化学形态方面的研究有待于进一步深入开展。现阶段，广泛采用的是 1979 年 Tessier 针对沉积物中金属元素分析提出的 Tessier 分级提取法和由国家环境分析测试中心提出的序列提取重金属方法。

金属元素在环境中的活性取决于金属自身性质、粒径大小、元素来源和外界环境条件等因素。在众多的重金属元素中，Cu、Pb、Zn、As 环境活性较高，而 Cd、Cr 环境活性较低。

当大气环境条件发生改变，颗粒物上的金属元素赋存形态发生变化，不稳定形态的金属含量增加会对环境及人体产生危害。研究表明：在模拟酸雨浸泡后，大气颗粒物中 Cu、Pb 和 Zn 的总含量骤降，但可交换态的 Cu 和 Pb 含量略有增加，化学活性有所增强；经湖水浸泡后，大气颗粒物中 Cu 由残渣态向铁锰氧化态和有机物结合态转化，Zn 大部分溶解于湖水中，化学活性显著增强。一般来说，以残渣态存在的金属元素来源于自然源，而环境活性较高的金属元素来自于人为源。

思　考　题

1. 简述煤的种类、煤的元素分析和工业分析。

2. 石油的特性指标是什么？

3. 中国一次能源的特点是什么？

4. 专业词汇解释：有机硫、无机硫、煤气化、沸腾燃烧、燃料改质、固定床、流化床、烟尘、飘尘、雾霾、$PM_{2.5}$、PM_{10}、总悬浮颗粒、分级除尘效率。

5. 化石燃料利用过程中的脱硫方法及差别有哪些？

6. 燃烧过程氮氧化物的生成特点是什么？

7. 简述排烟脱氮方法及其差别。

8. 大气颗粒物的基本特征及其危害有哪些？

9. 简述烟尘的生成机理。

10. 颗粒物中重金属的分布特征及赋存形态有何相关性？

参 考 文 献

[1]　卢平. 能源与环境概论. 北京：水利水电出版社，2011.

[2]　陈砺. 能源概论. 北京：化学工业出版社，2009.

[3]　周乃君. 能源与环境. 长沙：中南大学出版社，2008.

[4]　冯俊小，李君慧. 能源与环境. 北京：冶金工业出版社，2011.

[5]　岑可法，姚强，骆仲泱，高翔. 燃烧理论与污染控制. 北京：机械工业出版社，2008.

[6]　杨飏. 二氧化硫减排技术与烟气脱硫工程. 北京：冶金工业出版社，2004.

[7]　曹斌，夏建新. 城市重金属污染特征及其迁移转化浅析. 中央民族大学学报：自然科学版，2008，17（3）：40-44.

[8]　吕玄文，陈春瑜，黄如枕，党志. 大气颗粒物中重金属的形态分析与迁移. 华南理工大学学报：自然科学版，2005，23（1）：75-78.

[9]　李万伟，李晓红，徐东群. 大气颗粒物中重金属分布特征和来源的研究进展. 环境与健康杂志，2011，28（7）：654-657.

[10]　方凤满. 中国大气颗粒物中金属元素环境地球化学行为研究. 生态环境学报，2010，19（4）：979-984.

[11]　姚琳，廖欣峰，张海洋，等. 中国大气重金属污染研究进展与趋势. 环境科学与管理，2012，37（9）：41-44.

[12]　BP 公司. BP 世界能源统计年鉴. 2012.

[13]　刘涛，顾莹莹，赵由才. 能源利用与环境保护能源结构的思考. 北京：冶金工业出版社，2011.

第 4 章　可再生能源与环境保护

可再生能源是指自然界中可以不断利用、循环再生的一种能源形式，是具有自我恢复原有特性，并可持续利用的一次能源。其主要包括太阳能、水能、生物质能、氢能、风能、地热能、海洋能等。可再生能源具有以下特点。

① 能量密度较低，并且高度分散；

② 资源丰富，可以再生；

③ 清洁干净，使用中几乎没有损害生态环境的污染物排放；

④ 有些能源资源具有间歇性和随机性，如太阳能、风能、潮汐能等；

⑤ 开发利用的技术难度大。

4.1　太阳能热利用技术

太阳能，广义上说，是太阳内部连续的氢经聚变，形成氦的核反应过程产生的能量。太阳向宇宙空间发射的辐射功率约为 $3.8×10^{23}\,kW$，其中能到达地球大气层的能量约为其总量的二十二亿分之一，能量为 $1.73×10^{14}\,kW$，能量蕴藏仍然十分巨大。在这一部分能量中有 30% 被大气层反射到宇宙空间，23% 被大气层吸收，仅有 47% 直射到地球的表面，能量为 $8.1×10^{13}\,kW$，大约等于 2.5 亿桶石油，大体相当于目前世界总能耗的 3 万倍。

太阳能作为一种能源形式，具有如下特点。

① 持久，普遍，蕴藏量巨大；

② 清洁、无污染；

③ 能量密度低，受地区、昼夜、气候等自然条件限制。

太阳能是一种辐射能，具有即时性。因此对于太阳能的利用，必须及时转换成其他形式的能量才能被利用和储存。将太阳能转换成不同形式的能量需要不同的能量转换装置。集热器可通过它的吸收面将太阳能转换成热能；太阳能电池利用光伏效应将太阳能转换成电能；植物通过光合作用可将太阳能转换成生物质能。从理论上讲，太阳能可以直接或间接地转换成任何形式的能量，但转换次数越多，太阳能转换的最终效率就越低。目前，太阳能的直接转换和利用方式有光-热转换、光-电转换和光-化学转换。其中，接收或聚集太阳能使之转换为热能，然后用于生产和生活，这是太阳能热利用的最基本方式。

太阳热水系统是目前中国太阳能热利用的主要形式，它是利用太阳能将水加热储存于水相中以便利用的装置。太阳能产生的热能可以广泛地应用于采暖、制冷、干燥、蒸馏、温室、烹饪以及工农业生产等各个领域，并可进行太阳能热发电。利用光生伏特效应原理制成的太阳能电池，可将太阳的光能直接转换成电能加以利用，称为光-电转换，即太阳能光电利用。光-化学转换尚处于研究试验阶段，这种转换技术包括半导体电极产生电而电解水制成氢、利用氢氧化钙和金属氢化物热分解储能等。下面就这几种主要的利用形式进行介绍。

4.1.1　太阳能集热器

太阳能集热器是吸收太阳辐射能量并转化成热量，然后向工质传热的基本部件。太阳能集热器有多种类型，其中采光面积与吸热面积相等的、外形呈平板的称为平板型太阳能集热器；采光面积大于吸热面积具有聚光功能的称为聚光或聚焦型太阳能集热器。按照工作工质不同，可以分为以液体（常为水）为工质的热水器和以气体（常为空气）为工质的空气集热器。太阳能集热器应用比较普遍的是平板型集热器。

4.1.1.1　平板型集热器

（1）平板型集热器的结构与原理　典型的平板型集热器的结构如图4.1所示，它主要由

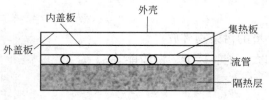

集热板、盖板、隔热层和外壳组成。

① 集热板　作用是吸收阳光，并把它转化成热能，通过流管传递给集热介质。它实质上是一种热交换器，其关键部件是平板吸热部件。平板吸热部件要求对阳光吸收率高、热辐射率低；结构设计合理；具有长期的耐候性和耐热性能。此外，还要求加工工艺简单、成本低廉等。集热板吸热层一般采用涂层材料，涂层材料分为选择性吸收和非选择性吸收涂层。选择性吸收涂层具有尽量高的光谱吸收系数，低的热辐射率；非选择性吸收涂层的热辐射率也较高。从集热器的发展趋势看来，为了提高集热器的效率，提高温度是一个重要途径，因此利用选择性吸收材料是一个发展方向。对于性能要求不高的集

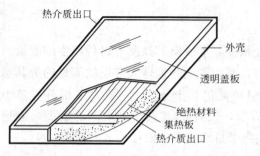

图4.1　典型平板型集热器的结构示意图

热器，一般采用非选择性涂层。非选择性吸收涂层可以在集热板表面喷涂或涂刷一层无光黑板涂料得到。这种黑漆涂层对阳光的吸收率一般在 $0.95 \sim 0.98$，热辐射率在 $0.9 \sim 0.95$。非选择性吸收涂层利用金属氧化物材料的半导体性质，如黑铬（Cr_xO_y）、黑镍（NiS-ZnS）、氧化铜黑（Cu_xO_y）和氧化铁（Fe_3O_4）等涂层，吸收能量大于其禁带宽度的太阳光。吸热涂层的表面性质和厚度也很重要，研究表明，适当降低涂层厚度能够降低涂层的热辐射率。

② 透明盖板　平板集热器的面部要覆盖透明盖板，其目的在于使阳光能进入箱体内，并且透明盖板和集热板之间构成一定高度的空气夹层，以减少集热板对环境的对流和辐射热损失，同时保护集热板和其他部件不受雨、雪、灰尘、污物的侵袭。透明盖板应阳光透射率高，吸收率低和发射率低，对热辐射具有较低的透过率；对风压、积雪、冰雹和飞石等外力和热应力具有较高的机械强度；不透雨水且对雨水和环境中的有害气体具有一定的耐腐蚀性等特征。常用的透明盖板多为玻璃或透明塑料。

③ 隔热层　隔热层的作用是降低热损失、提高集热效率，要求材料具有较好的绝热性能，较低的导热系数。隔热层材料要求能够承受高于200℃的温度，可用作隔热层的材料包括玻璃纤维、石棉以及硬质泡沫塑料等。

④ 外壳　外壳的作用是为了保护集热板和隔热层不受外界环境的影响，同时作为各个部件集成的骨架，要求具有较好的力学强度、良好的水密封性、耐候性和耐腐蚀性。外壳材料包括框架和底板。

（2）几种常用的平板太阳能集热器

① 直管式平板集热器　该类型集热器是一系列平行的直管，采用焊接、黏结或铁丝扎结的方法，紧密贴合在金属热板上，如图 4.2 所示。其贴合的好坏是影响集热器性能好坏的关键。该直管式平板集热器的直管直径为 20mm，上下集热管直径 50mm，之间采用焊接连成一体。集热板的厚度和直管的间距依据所用材质有所差异。

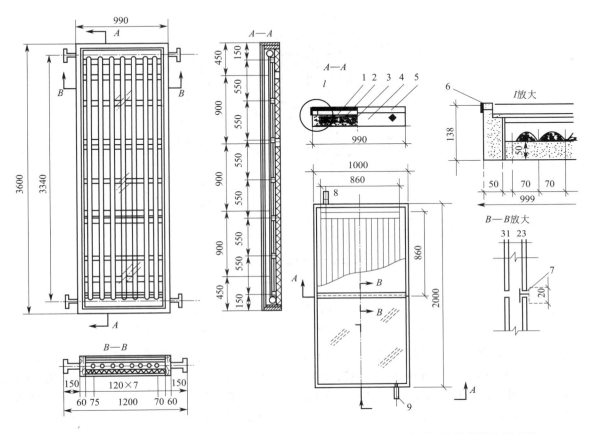

图 4.2　直管式平板集热器结构示意图

图 4.3　瓦楞式平板集热器结构示意图
1—双层玻璃；2—吸热体；3—保温层；4—外壳；
5—玻璃罩框；6—毡垫；7—H 形连接条；
8—出水口；9—进水口

② 瓦楞式平板集热器　这种类型的集热器的集热体外形呈现瓦楞型，瓦楞板和平板形呈平行的瓦楞沟道，如图 4.3 所示。

③ 扁管式平板集热器　这种形式集热器的集热体是一系列平行扁管（如图 4.4 所示）。有圆口扁管和矩形扁管两种。用以改善直管式集热效率低和瓦楞式加工难度大的不足。圆口扁管壁厚为 1.2mm，矩形扁管壁厚为 0.9mm，用镀锌铁皮高频焊接而成。集热板为 0.5mm 厚的镀锌铁皮，与扁管之间采用锡焊焊接，管间距离为 70mm。

④ 翼管式平板集热器　这种型式的集热器结构与直管式平板集热器基本相同，不同之处是集热体由翼管代替了直管，其集热效果更佳。常用的翼管是铝翼式和铜铝复合式。铝翼式管采用防锈铝合金以热挤压的方式一次成型，这大大降低了管板间的结合热阻，此外，铝的导热系数较高，减少了管液间的热阻。其具有热效率高、结构紧凑、机械强度好、承压能

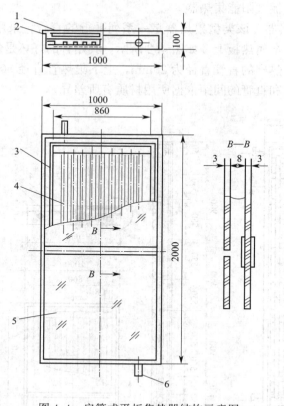

图 4.4　扁管式平板集热器结构示意图

1—玻璃钢框罩；2—保温材料；3—箱体；4—吸热体；5—窗玻璃；6—进出水接头

力强等优点，但集管和翼条焊接难度大。铜铝复合式是采用铜管和铝带以碾压复合和吹胀工艺两次成型的铝翼铜芯的翼条，铜铝复合式由于铜铝间达到了金属结合，同样具有铝翼式的优点。此外，由于使用铜铝复合材料，流道内部没有了电化学腐蚀，比铝翼式提高了吸热体的使用寿命，且水质较为清洁。但集管和翼条需采用锡焊，焊接虽容易，但机械强度差。

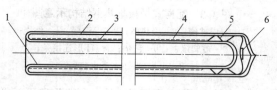

图 4.5　全玻璃真空集热管

1—内管玻璃；2—选择性吸收涂层；
3—真空套；4—盖玻璃管；5—夹管件；
6—吸气材料

⑤ 真空管集热器　第一种是由许多根全玻璃真空集热管组成，传热介质通过与集热板接触的金属导管将热能传出；第二种是将涂有带选择性吸收的热流管放在真空玻璃管中，在玻璃管内壁集热管的下方涂有反射层，将太阳光反射到集热管上。这两种设计金属与玻璃的密封比较困难。第三种是全玻璃真空集热器，如图 4.5 和图 4.6 所示，全玻璃真空集热器由内外两个同心圆玻璃管组成。两玻璃管间抽真空，内玻璃管外壁沉积选择性吸收涂层，外管为透明玻璃，内外管间底部用架子支撑住内管自由端。导热介质在内管经导管流入、流出。

4.1.1.2　聚光型集热器

（1）聚光型集热器的结构与原理　聚光型集热器大体上由三部分组成：聚光器、吸收器、跟踪系统。工作时自然阳光经过聚光器聚集到吸收器上，为吸收器所吸收并传递给在吸

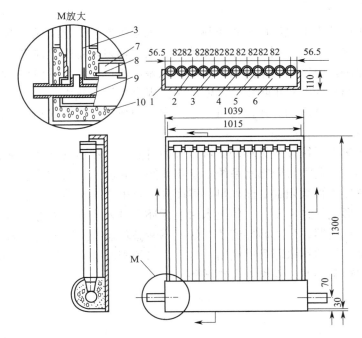

图 4.6　真空玻璃管式集热器结构示意图

1—箱体；2—真空比例集热管；3—给水管；4—平板反射镜；5—泡沫塑料；

6—支撑板；7—橡皮连接管；8—外集管；9—内集管；10—保温材料

收器内流动的集热介质，从而将太阳能变成有用的高温热能。跟踪系统则保证聚光器时刻对准太阳的位置。

（2）聚光系统的分类　根据所使用的光学系统分类，可分为反射光学聚光系统-抛物面聚光器，球形聚光器，以及折光学聚光系统-菲涅尔透镜；根据焦斑形状分类，可以分为一维（线聚焦）系统和二维聚焦（点聚焦）系统。

（3）各种聚光方式图例（见图 4.7）

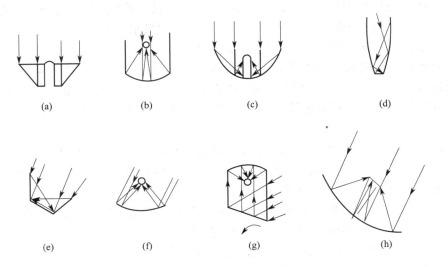

图 4.7　聚光型集热器的示意图

4.1.2 太阳能热水器

最普通的太阳能热水器系统由平板集热器、蓄水箱和连接管道组成。不同的连接方式构成了不同类型的热水器装置。利用太阳集热器吸收太阳辐射，将吸热体中的冷水加热，并利用冷热水的密度差和贮热水箱与集热器之间的水压差，通过不断自然循环或强制循环，将热水储存在具有保温结构的贮热水箱中，以便向用户提供生活用热水。

太阳能热水装置就其流动方式而言可以分三类：循环式、直流式和整体式。

4.1.2.1 循环式

循环式太阳能热水系统按照循环动力可以分为自然循环和强制循环 2 种。

（1）自然循环式 此类太阳热水系统示意图如图 4.8 所示。其贮热水箱必须置于集热器的上方，水在集热器中被太阳辐射能加热，温度升高，由于集热器中与贮热水箱中的水温不同，产生密度差，形成热虹吸压头，使热水由上循环管进入水箱的上部，同时水箱底部的冷水由下循环管流入集热器，形成循环流动。如此不断循环运行，系统的水温逐渐提高，经过若干小时后，水箱上部的热水即可供使用。这样以水的密度差或称热虹吸压头为作用力，不借助外力，使水进行循环的过程称为自然循环。

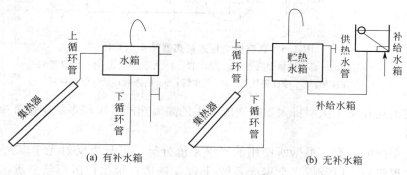

(a) 有补水箱　　　　　　　　　(b) 无补水箱

图 4.8　自然循环式热水器

自然循环的运行，其密度差愈大，循环的速度愈快，反之循环的速度愈慢。在不断吸收太阳辐射情况下，这种循环方式能使水箱内的水持续升温，无太阳辐射则循环停止。为了保证贮热水箱与集热器之间有一定的密度差和水压差，贮热水箱底部比集热器上端高 100～300mm，这样，亦可防止系统在夜间产生倒流现象。

自然循环式太阳热水系统的优点是结构简单，运行可靠且不需要外来能源。其缺点是循环流动缓慢，传热工质与吸热体的传热系数较小，系统集热效果欠佳。家用太阳热水器可用自然循环方式，对于集体用的太阳热水系统为了提高集热效率，往往不采用自然循环方式。

自然循环定温放水式系统如图 4.9 所示，这类热水装置，由小容积热水箱与集热器组成自然循环回路，其产生的热水有另一贮热水箱贮存。循环加热方式同自然循环式，当小水箱上的水温升高到预定上限时，置于水箱的电接点温度计发出信号，打开水管上的电磁阀，将热水排至蓄热水水箱中。同时由补给水箱向循环水箱补充冷水，当水温低于下限时，电磁阀关闭。这样系统周而复始地向贮热水箱输送稳定温度的热水。这种系统，小水箱只起循环的功能，贮热水箱可以置于较低的位置，减轻建筑的承重，但不足之处是其工作很大程度上取决于电磁阀的寿命。

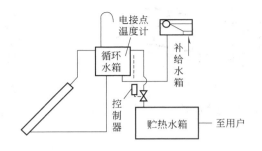
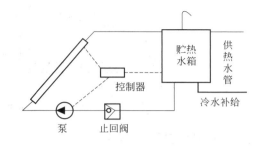

　　图 4.9　自然循环定温放水式热水系统　　　　　图 4.10　强制循环式热水系统

　　（2）强制循环式　强制循环是借助外力迫使集热器与贮热水箱的水进行循环，使贮热水箱的水温逐渐增高。强制循环一般采用温差控制式循环（如图 4.10 所示）。它是利用贮热水箱底部的温度传感头与集热器上联管出口温度传感器之间的温差来控制水泵的启动或停止。温差可控制在 4～6℃，智能温差表的温差可根据系统运行情况任意设定。温差强制循环式太阳热水系统的优点是：贮热水箱的位置可低于集热器，降低水箱支架成本；循环流动速度快，减少系统管道热损失；传热工质与吸热体的传热系数较大，集热效果良好。其缺点是系统运行要消耗一定的动力，增加运行成本，且一旦水泵损坏，由于水箱低于集热器上端，不会产生循环流动，因而不产生热水。故采用温差强制循环式太阳热水系统必须注意水泵的质量及其维修。

4.1.2.2　直流式

　　直流式（又称定温放水式）太阳热水系统是通过温度控制器和电动阀（或电磁阀）将集热器中达到设定温度的水用水源压力或水源加压泵输送到贮热水箱内的系统（如图 4.11 所示）。该系统优点是，可避免自然循环的缺点，在晴朗天气，产热水量大于自然循环，并在冷水源压力较大情况下，不用水泵就可将热水输入低于集热器的贮热水箱内。其缺点是，在阴天阳光不充足时，集热板难以达到使用热水的设定温度，因而产热水甚少或不产热水。而自然循环或温差强制循环系统，集热器吸收漫射辐射，可得低于热水温度的水温。利用辅助加热装置，总比从冷水加热节省部分常规能源。此外，对于直流式系统，如前一天的热水未用完，由于贮热水箱散热，水温下降，将影响当天用热水的温度。

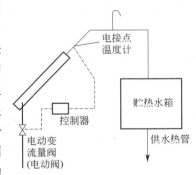

　　图 4.11　定温放水式
　　　　（直流式）热水系统

4.1.2.3　非流动式

　　将集热器和贮热水箱合二为一称为非流动式太阳热水器，它实际上是一个表面涂黑的贮水容器，其上部加上玻璃或塑料盖层，以使形成温室效应。其特点是水在容器内不流动，靠容器涂黑的表面吸收太阳辐射加热整个容器内的水，故又称闷晒式太阳热水器。其优点是，结构简单，容易制作，成本低，因此适合于农村家庭使用，用来提供生活用热水。其缺点是热水温度较低，保温性能差，要适当减小容器贮水量。常见的非流动式太阳热水器的结构形式如图 4.12 所示。

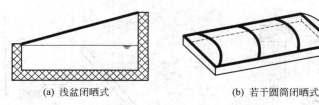

(a) 浅盆闭晒式　　　　　　　　　　　　(b) 若干圆筒闭晒式

图 4.12　常见非流动式太阳能热水器

4.1.3　太阳能房屋供热系统

利用太阳能集热器在冬季采暖是太阳能热利用的一种重要形式。太阳能暖房系统利用太阳能作房间冬天暖房之用，在许多寒冷地区已使用多年。大多数太阳能暖房使用热水系统，也有使用热空气系统的。太阳能暖房系统是由太阳能收集器、热储存装置、辅助能源系统，及室内暖房风扇系统所组成。将太阳辐射通过热传导，经收集器内的工作流体将热能储存，再供热至房间。辅助热源的主要安置方式有：①安置在储热装置内；②直接装设在房间内；③装设于储热装置及房间之间。当然也有可不用储热装置而直接将热能用到暖房的直接式暖房设计，或者将太阳能直接用于热电或光电方式发电，再加热房间，或透过冷暖房的热装置方式供作暖房使用。最常用的暖房系统为太阳能热水装置，其将热水通至储热装置之中（固体、液体或相变化的储热系统），然后利用风扇将室内或室外空气驱动至此储热装置中吸热，再把此热空气传送至室内；或利用另一种液体流至储热装置中吸热，当热流体流至室内，再利用风扇吹送被加热空气至室内，而达到暖房效果。太阳能集热器一般采用温度较低的平板型集热器。

太阳能暖房系统又可分为被动式太阳能供暖系统和主动式太阳能供暖系统。前者根据当地气候条件，通过建筑设计和采用材料，如墙壁、屋顶的热工性能，不添置附加设备，使房屋尽可能多地吸收和储存热量，达到采暖的目的；后者则需要采用太阳能集热器，配置贮热箱、管道、风机及泵等设备收集、储存和输配太阳能，且系统中各个部分可控制，从而达到控制室内温度的目的。被动式太阳能供暖较简单，造价低廉。采用不同的传热介质如水、防冻液或空气时，系统配置有所不同。采用防冻液需要在集热器和蓄热水箱间采用液-液热交换器；采用热风采暖，则需要水-空气热交换器。如果单纯靠太阳能集热器不能满足供热需求时，则需要增加辅助热源。实际上，供暖系统只需要在冬季使用，如果设计成全年都有效，则是浪费。因此，采用太阳能集热解决部分供暖，借助于辅助热源，以满足寒冷季节的供暖需求是比较经济的选择。几种典型的太阳房系统如图 4.13～图 4.15 所示。

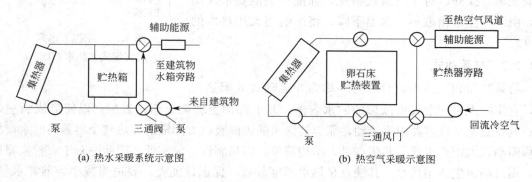

(a) 热水采暖系统示意图　　　　　　　　　　　(b) 热空气采暖示意图

图 4.13　主动式太阳房供暖系统

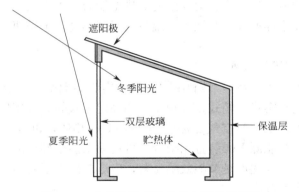

图 4.14　直接受益式被动式太阳房示意图

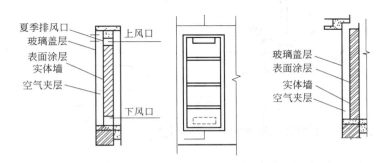

图 4.15　集热蓄热墙式太阳房示意图

4.1.4　太阳炉灶

太阳炉实际上是太阳聚光器的一种特殊应用。它是利用太阳聚光器对太阳聚光产生高温，并用来加热熔化材料，进行材料科学研究的一种方式。一般采用抛物线型太阳聚光器，对于不同几何形状（平面、圆柱、球形）的被加热式样（相当于太阳热吸收器），可达到的温度和温度分布有所不同。

太阳炉分为直接入射型和定日镜型。直接入射型是将聚光器直接朝向太阳，定日镜型则是借助可转动的反射镜或者定日镜将太阳光反射到固定的聚光器上。太阳炉可以达到的温度受聚光比的控制。抛物线型太阳聚光器的聚光比受其开口宽度（D）和焦距（f），即口径比 $n(n=D/f)$ 决定。开口大小 D 决定了反射的总太阳辐射能的多少，D 和口径比 n 决定了太阳成像的尺寸和强度。当 D 固定时，n 越大，抛物面镜越深。对于平面式样，采用 $n=2\sim 3$；对于圆柱形或球形试样，取 $n>4$ 较好。太阳炉输出功率可以达到几十至上千千瓦，获得的高温可达 $3000\sim 4000℃$。用太阳炉加热熔化材料具有清洁无污染的优点。当然，比起一般的高温炉，造价要高。此外，太阳灶在光照充足的农村和偏远地区，也广泛地用于炊事用能。

4.1.5　太阳能干燥

太阳能干燥装置按太阳能输入方式可分为：太阳温室型、太阳空气集热器型及太阳空气集热器-温室型三种类型。

4.1.5.1　太阳温室型干燥装置

该类型干燥器（如图 4.16 所示）结构简单，容易制作，投资少。在温室中，太阳辐射能被转变成热能，把物料加热。为了提高温室的排湿能力，可安设一台排湿风机。定时、定温启动风机，以便提高干燥速度。其缺点是温室内温度不高，干燥速度较缓慢。故其仅适用于小型干燥器。

4.1.5.2　太阳集热器型干燥装置

这类干燥器（如图 4.17 所示）是利用太阳空气集热器把空气加热到设定温度后通入干燥室进行干燥，干燥室有窑式、箱式、流动床式和固定床式等。应用较多的为隧道窑式。通过太阳空气集热器阵列，把大量空气加热成 50～75℃ 的热风，再进入干燥室。此类型太阳干燥器可以较好地与常规能源干燥装置相结合，可用太阳能全部或部分地代替常规能源，故它适用于大型干燥装置。其优点是节能效果显著，广泛应用于不同品种的农副产品干燥。其缺点是与温室型比较成本较高。

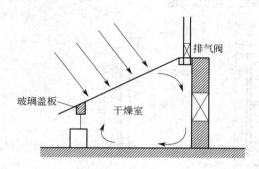

图 4.16　太阳温室型干燥装置示意图

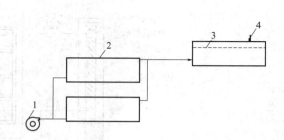

图 4.17　太阳能集热器型干燥装置
1—送风机；2—空气集热器阵列；
3—隧道窑式干燥室；4—排风口

4.1.5.3　太阳集热器-温室型干燥装置

该类型干燥器（如图 4.18 所示）先把空气经太阳空气集热器加热，然后再进入温室，使温室干燥、温度得到提高，以便加速物料的干燥。为了减少透明盖板热损，可采用中空聚碳酸酯板。太阳集热器型与太阳集热器-温室型比较：前者隧道窑式干燥比温室保温性能好，但前者成本较高，后者适用于需要阳光曝晒的物料，如干燥白菜、豆角等，经阳光曝晒的白菜干、豆角干，比未经阳光曝晒的质量好，产品档次高。

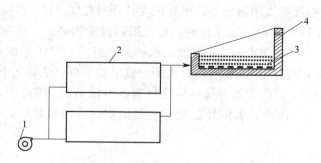

图 4.18　太阳能集热器-温室型干燥装置
1—送风机；2—空气集热器阵列；3—温室物料；4—排风口

4.1.6　太阳能制冷

太阳能制冷空调是指利用太阳辐射能转换成热能、热动力或电能来驱动制冷空调装置以产生低温的技术。它可分为两类：一是由太阳光伏发电系统产生的电能驱动压缩机制冷空调，如小型太阳能冰箱，或太阳电池供电的空调机。它适用于缺电地区的家用制冷空调，也为绿色生态住宅作示范。另一类是太阳集热器提供热能驱动的制冷空调系统。它们有吸收式、蒸汽喷射式、吸附式等制冷空调系统。

4.1.6.1　吸收式制冷空调系统

吸收式制冷空调系统是利用溶液浓度的变化来获取冷量的。吸收式制冷空调使用的工质是两种沸点不同的物质组成的二元混合物，其中沸点低的物质为制冷剂，沸点高的物质为吸收剂，故又称制冷剂-吸收剂工质对。它常用的工质对有溴化锂（吸收剂）＋水（制冷剂），或水（吸收剂）＋氨（制冷剂）。前者（$LiBr + H_2O$）制冷温度不低于 6℃，其优点是溴化锂无害，其化学性能稳定，即使有某种程度的变化，也能稳定运行。其缺点是，溶液的温度过低或浓度过高时，均容易发生结晶现象，要采取相应的技术措施防止晶析。溶液对一般金属具有强烈的腐蚀作用，要在溶液中加入缓蚀剂防腐。后者（$H_2O + NH_3$）制冷温度可低于0℃。其优点是可获得低温和不结晶；由于系统不需要真空操作，所以能将集热器直接当作发生器使用。其缺点是氨一旦泄漏就会产生危害，要有防泄漏的保护措施。

4.1.6.2　蒸汽喷射式制冷空调系统

该系统是利用聚焦式太阳集热器收集热量，把水加热，使之产生蒸汽，当其压力足以形成蒸汽喷射时，经过喷射、冷凝、蒸发、混合等过程而达到制冷效果。如果太阳集热器能提供热流体温度较高，则可获得较大的 COP 值。由于该系统结构简单，维护费低，故具有应用潜力。

4.1.6.3　吸附式太阳能制冷空调系统

吸附式太阳能制冷空调系统根据吸附剂与吸附质之间作用关系不同，可分为物理吸附和化学吸附。吸附剂与吸附质形成的混合物在吸附器中发生解吸，放出高温高压的制冷气体进入冷凝器，冷凝出来的制冷剂液体由节流阀进入蒸发器吸收热量，产生制冷效果，蒸发出来的制冷剂气体进入吸附发生器，被吸附后形成新的混合物，完成一个循环。其优点是结构简单，一次性投资少，使用寿命长，无结晶等。其缺点是技术尚未成熟，固体吸附剂为多微孔介质，导热性能低，因而吸附和解吸时间长，COP 值较低。

4.1.7　太阳能光电转化

4.1.7.1　太阳电池

太阳电池是太阳能光电转换的最核心的器件。目前占生产、市场和应用主导地位的是晶体硅太阳电池。本部分主要介绍晶体硅太阳电池原理、工艺和发展。

太阳电池能量转换的基础是由半导体材料组成的 p-n 结的光生伏特效应。当能量为 $h\nu$ 的光子照射到禁带宽度为 E_g 的半导体材料上时，产生电子空穴对，并受由掺杂的半导体材料组成的 p-n 结电场的吸引，电子流入 n 区，空穴流入 p 区。如果将外电路短路，则在外电路中就有与入射光通量成正比的光电流通过。如图 4.19 所示。

为了得到光生电流，要求半导体材料具有合适的禁带宽度。当入射光子能量大于半导体材料的禁带宽度时，才能产生光电子，而大于禁带宽度的光子的能量部分（$h\nu - E_g$）以热的形式损失。目前用于太阳电池的半导体材料主要是晶体硅，包括单晶硅和多晶硅。非晶硅薄膜化合物半导体太阳电池材料包括Ⅲ～Ⅴ族化合物，如 GaAs；Ⅱ～Ⅵ族化合物，如 CdS/CdTe 电池系列。这些材料中，单晶硅和多晶硅太阳电池的用量最大。

太阳电池的基本结构如图 4.20 所示。它由 p 掺杂和 n 掺杂的半导体材料组成电池核心，在 n 区表面沉积有减反射层。p 掺杂是在半导体基体材料中掺杂提供空穴的元素，如 B、Al、Ga、In；而 n 掺杂则是掺杂提供价电子的元素，如 Sb、As 或 P。减反射层的作用是降低电池表面对太阳光的反射，提高电池对光的吸收。光生电流由表面电极和背电极引出。

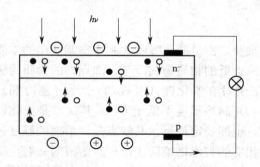

图 4.19　晶体硅太阳电池原理示意图
（●代表电子；○代表孔穴；光子能量 $h\nu$）

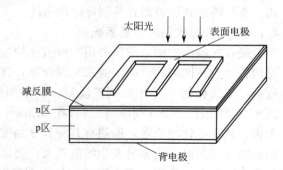

图 4.20　太阳能电池基本结构

4.1.7.2　太阳电池分类

目前得到应用的太阳电池主要有以下几种类型：单晶硅电池、多晶硅电池、非晶硅电池和铜铟硒电池等。目前在研究的还有纳米氧化钛敏化电池、多晶硅薄膜以及有机太阳电池等。但实际应用的主要还是硅材料电池，特别是晶体硅太阳电池。主要介绍这类电池。

（1）单晶硅电池　单晶硅电池的基本结构多为 n+/p 型，多以 p 型单晶硅片为基片，其电阻率范围一般为 $1\sim3\Omega\cdot cm$，厚度一般为 $200\sim300\mu m$。

单晶硅电池制作过程首先是表面绒面结构的制作，其次与多晶硅不同的是所用的减反膜主要为 SiO_x 或 TiO_2 薄膜。制备 SiO_x 和 TiO_2 薄膜通常采用热氧化或常压化学气相沉积工艺。

单晶硅电池主要用于光伏电站，特别是通信电站，也可用于航空器电源，或用于聚焦光伏发电系统。像单晶硅的结晶是非常完美一样，单晶硅电池的光学、电学和力学性能均匀一致，电池的颜色多为黑色或棕黑色，也适合切割成小片制作小型消费产品，如太阳能庭院灯等。

（2）多晶硅电池　多晶硅电池的基本结构都为 n+/p 型，都用 p 型单晶硅片，电阻率 $0.5\sim2\Omega\cdot cm$，厚度 $220\sim300\mu m$。有些厂家生产的硅片厚度正在向 $180\mu m$ 甚至更薄发展，以节约昂贵的高纯硅材料。

（3）非晶硅电池　非晶硅 a-Si 禁带宽度为 1.7eV，在太阳光谱的可见光范围内，非晶硅的吸收系数比晶体硅大将近一个数量级。非晶硅太阳电池光谱响应的峰值与太阳光谱的峰值很接近。由于非晶硅材料的本征吸收系数很大，$1\mu m$ 厚度就能充分吸收太阳光，厚度不足晶体硅的 1/100，可明显节省昂贵的半导体材料。

（4）高效晶体硅太阳电池

① HIT 太阳电池　HIT 电池是日本三洋公司开发的高效太阳电池。这种电池具有结特性优秀、温度系数低、生产成本低廉和转换效率高等优点，所以在光伏市场上受到青睐。三洋公司从 20 世纪 90 年代初就开始了利用 n 型硅片制作 HIT 电池的研究，1994 年取得了突破性的进展，成功制备出转换效率为 20% 的 $1cm^2$ HIT 电池。随后三洋公司展开产业化研究，1997 年制作的 $100cm^2$ HIT 电池效率达到 17.3%，实现产业化；2000 年三洋公司又利

用 n 型 CZ 硅材料作为衬底，在 $100.5cm^2$ 的 CZ 硅上制备出开路电压为 719mV、效率为 20.7％的 HIT 太阳电池，创造了当时的最高纪录。2003 年三洋公司又把 $100cm^2$ HIT 电池片的效率提高为 21.2％，继续保持大面积电池的世界最高纪录。

②Sunpower 背电极接触高效电池　背电极接触硅太阳电池是美国 Sunpower 公司的独特产品。该电池完全采用背电极接触方式，正负极交叉排列在背面，前表面没有任何遮挡，p-n 结位于背面，效率可达 20％以上。该电池在研发初期采用了高质量的 n 型 FZ 硅片和多步光刻技术，虽然最高效率可以达到 23％，但是成本很高，只是满足一些特殊需要，如太阳能飞机和太阳能汽车等。为了降低成本、扩大市场，在美国塞浦路斯半导体公司帮助下，Sunpower 公司做了大量的研究，如尝试采用丝网印刷和激光刻槽技术代替光刻，改进扩散炉、湿化学腐蚀和清洁设备等。2003 年 Sunpower 公司终于推出最新的低成本高效太阳电池 A-300，它的面积是 $148.8cm^2$，开路电压为 0.665V，短路电流为 5.75A，功率为 3.0W，效率为 20.0％以上。随后在菲律宾马尼拉市进行大规模投产。

4.1.7.3　光伏系统

（1）光伏系统的组成和原理　光伏系统的组成主要包括以下三部分：太阳电池组件；充、放电控制器、逆变器、测试仪表和计算机监控等电力电子设备；蓄电池或其他蓄能和辅助发电设备。光伏系统的基本形式可分为三大类：独立发电系统、并网发电系统和混合光伏系统。光伏系统的应用领域主要在太空航空器、通信系统、微波中继站、电视差转台、光伏水泵和无电缺电地区户用供电等。光伏系统的规模和形式各异，可以有小到 $0.3\sim2W$ 的太阳能庭院灯，还可以有大到兆瓦级的太阳能光伏电站。尽管光伏系统规模大小不一，但其组成结构和工作原理基本相同。光伏供电系统的工作原理就是在太阳光的照射下，将太阳电池组件产生的电能通过控制器的控制给蓄电池充电或者在满足负载需求的情况下直接给负载供电，如果日照不足或者在夜间则由蓄电池在控制器的控制下给直流负载供电，对于含有交流负载的光伏系统而言，还需要增加逆变器将直流电转换成交流电。光伏系统的应用具有多种形式，但是其基本原理大同小异。对于其他类型的光伏系统只是在控制机理和系统部件上根据实际的需要有所不同。

图 4.21 是一个典型的供应直流负载的光伏系统示意图。其中包含以下几个主要部件。

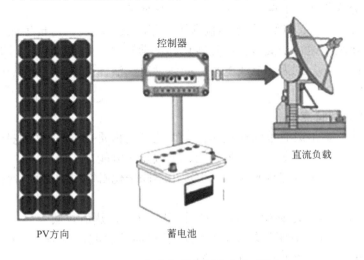

图 4.21　直流负载太阳能光伏系统

① 光伏组件方阵由太阳电池组件按照系统需求串、并联而成，在太阳光照射下将太阳能转换成电能输出，它是光伏系统的核心部件。

② 蓄电池将太阳电池产生的电能储存起来，当光照不足，或晚上，或负载需求大于太阳电池所发的电量时，将储存的电能释放，以满足负载的能量需求，它是太阳能光伏系统的储能部件。

③ 控制器对蓄电池的充、放电条件加以规定和控制，并按照负载的电源需求控制太阳电池组件和蓄电池对负载的电能输出，是整个系统的核心控制部分。

④ 逆变器在太阳能光伏供电系统中，如果含有交流负载，那么就要使用逆变器设备，将太阳电池产生的直流电或者蓄电池释放的直流电转化为负载需要的交流电。

（2）光伏系统的分类　一般将光伏系统分为独立系统、并网系统和混合系统。如果根据光伏系统的应用形式、应用规模和负载的类型，对光伏供电系统进行比较细致地划分，可将光伏系统分为如下六种类型：小型太阳能供电系统（Small DC）；简单直流系统（Simple DC）；大型太阳能供电系统（Large DC）；交流、直流供电系统（AC/DC）；并网系统（Utility Grid Connect）；混合供电系统（Hybrid）；并网混合系统。

4.2　生物质能利用技术

生物质（biomass）是自然界中有生命的、可以生长的各种有机物质，包括动植物和微生物。而生物质能是由太阳能转化而来的以化学能形式贮藏在生物质中能量。生物质的基本来源是绿色植物通过光合作用把水和二氧化碳转化成碳水化合物而形成，而生物质能则是通过各种利用转化技术，将生物质中的碳水化合物转化成能量加以利用的方式。

生物质能具有以下特点。

① 生物质利用过程中二氧化碳的零排放特性；生物质是一种清洁的低碳燃料，其含硫和含氮都较低，同时灰分含量也很小，燃烧后 SO_2、NO_2 和灰尘排放量比化石燃料小得多，是一种清洁的燃料。

② 生物质资源分布广，产量大，转化方式多种多样；生物质单位质量热值较低，而且一般生物质中水分含量大而影响了生物质的能源化效率。

③ 生物质的分布比较分散，收集运输和预处理的成本较高；可再生性好。

生物质的转化利用途径主要包括物理转化、化学转化、生物转化等，可以通过各种转化技术转化为二次能源，分别为热能或电力、固体燃料、液体燃料和气体燃料等。

4.2.1　直接燃烧

4.2.1.1　基本概念和特点

生物质的直接燃烧是最简单的热化学转化工艺。生物质在空气中燃烧是利用不同的过程设备将贮存在生物质中的化学能转化为热能、机械能或电能。

生物质燃烧不同于化石燃料的燃烧，表现出不同于化石燃料的燃烧特性。主要体现为以下几点。

① 含碳量较少，含固定碳少，生物质燃料耐烧性差，热值较低。

② 含氢量稍多，挥发分明显较多，生物质燃料易被引燃，燃烧初期析出量较大，在空气和温度不足的情况下易产生镶黑边的火焰。

③ 含氧量多，易于引燃，在燃烧时可相对地减少供给空气量。

④ 密度小，质地比较疏松，燃料易于燃烧和燃尽。

⑤ 含硫量低，含硫量大多少于 0.20%，有利于保护环境。

4.2.1.2　生物质燃烧的机理与过程

生物质燃料的燃烧过程是强烈的放热化学反应，燃烧除了要有燃料本身之外，还必须有一定的温度和适当空气供应。因此，空气量、温度和时间统称为生物质燃烧三要素。

空气量不足，进入燃烧器中的氧气不足，燃烧不完全，浪费原料。进入燃烧器的空气过量，冷空气降低燃烧器内部温度，且高速烟气还过多地带走热量，又不利于能量的捕集。

不同的生物质燃料，其燃点不同，因此，生物质燃烧必须满足其燃点温度后，燃烧才可以发生。另外，燃烧过程中必须保持燃料放出的热量不小于燃烧时散失的热量，燃烧才能持续进行，否则，燃烧就会熄火。也就是说燃烧器内的温度越高，燃烧反应越激烈。

燃料燃烧需要一定时间，一是燃烧过程中化学反应的时间，一是空气和燃料混合时间。前者时间较短，不起主导作用。而后者时间较长，若时间无保证，燃烧将不完全，引起原料浪费。

生物质燃料燃烧机理属于静态渗透式扩散燃烧。其基本通式为：

$$生物质燃料 + O_2 \longrightarrow CO_2 + H_2O + 热量$$

生物质原料直接燃烧的机理如下。

第一，生物质燃料表面可燃挥发物燃烧，进行可燃气体和氧气的放热化学反应，形成火焰。

第二，除了生物质燃料表面部分可燃挥发物燃烧外，成型燃料表层部分的碳处于过渡燃烧区，形成较长火焰。

第三，生物质燃料表面仍有较少的挥发分燃烧，更主要的是燃烧向成型燃料更深层渗透。对于焦炭的扩散燃烧，燃烧产物 CO_2、CO 及其他气体向外扩散，行进中 CO 不断与 O_2 结合成 CO_2，成型燃料表层生成薄灰壳，外层包围着火焰。

第四，生物质燃料进一步向更深层发展，在层内主要进行碳燃烧（即 $C + O_2 \longrightarrow CO$），在球表面进行一氧化碳的燃烧，（即 $CO + O_2 \longrightarrow CO_2$），形成比较厚的灰壳，由于生物质的燃烬和热膨胀，灰层中呈现微孔组织或空隙通道甚至裂缝，较少的短火焰包围着成型块。

第五，燃烬灰壳不断加厚，可燃物基本燃尽，在没有强烈干扰的情况下，形成整体的灰球，灰球表面几乎看不出火焰，灰球会变暗红色，至此完成了生物质燃料的整个燃烧过程。

基于此生物质直接燃过程可以总结为：预蒸发阶段→挥发分析出燃烧→木炭燃烧→燃尽阶段。

① 预热与干燥　柴草送入灶膛后，当本身温度升高到 100℃ 左右时，所含的水分首先被蒸发出来，湿柴变为干柴。水分蒸发时需要吸收燃烧过程中释放的热量，会降低燃烧室的温度，减缓燃烧进程。蒸发时间的长短和吸收热量的多少，由柴草的干湿程度而定。含水量高的燃料，蒸发阶段的时间长，损失的热量多。

② 挥发分析出燃烧及木炭形成　随着温度的继续增高，柴草开始转入析出挥发分阶段。生物质燃料一般含挥发分较高，所以热分解温度都比较低，如木柴的分解温度约为 180℃，这时，柴草中的挥发分以气体形式大量放出，并迅速与灶膛的氧气混合。当温度升高到 240℃ 以上时，这些可燃气体被点燃，并在燃料表面燃烧，发出明亮的火焰。此时燃烧产生的热量就会迫使燃料内部的挥发物不断析出燃烧，直至耗尽。这一过程需氧较多（燃料挥发分中的大部分也都参与），延续的时间较长。在气体挥发物燃烧时，柴草中的固定碳被包着，

不易与氧气接触。燃烧初期，木炭是不会燃烧的。

③ 木炭燃烧　当挥发物燃烧快终了时，木炭便开始燃烧。这时，由于挥发物基本燃尽，进入灶膛的氧气可以直接扩散到木炭表面并与之反应，使木炭燃烧。

④ 燃尽　木炭在燃烧过程中，不断产生灰分，这些灰分包裹着剩余的木炭，使木炭的燃烧速度减慢，灶膛的温度降低，这时，适当抖动、加强通风，使灰分脱落，余炭才能充分燃尽，柴草燃烧后最终剩下的是灰烬（渣）。

应该指出的是，以上各个阶段虽然是依次串联进行的，但也有一部分是重叠进行的，各个阶段所经历的时间与燃料种类、成分和燃烧方式等因素有关。

4.2.1.3　生物质燃烧的基本利用形式

生物质直接燃烧是最传统、最基本的利用形式，解决了长期以来农村生活用能问题。然而，在传统的炉灶（炕）中的生物质燃烧，由于其结构不合理，燃烧效果不好，能量利用率低，导致了原料的大量浪费，并产生较为严重的环境污染问题。

4.2.2　生物质热解技术

4.2.2.1　生物质热解及其特点

生物质热解指生物质在无空气等氧化气氛情形下发生的不完全热降解生成炭、可冷凝液体和气体产物的过程，可得到炭、液体和气体产物。根据反应温度和加热速率的不同，将生物质热解工艺可分成慢速、常规、快速热解。慢速热解主要用来生成木炭，低温和长期的慢速热解使得炭产量最大可达 30%，约占 50% 的总能量；中等温度及中等反应速率的常规热解可制成相同比例的气体、液体和固体产品；快速热解是在传统热解基础上发展起来的一种技术，相对于传统热解，它采用超高加热速率、超短产物停留时间及适中的热解温度，使生物质中的有机高聚物分子在隔绝空气的条件下迅速断裂为短链分子，使焦炭和产物气降到最低限度，从而最大限度获得液体产品。

4.2.2.2　生物质热解原理

在热裂解反应过程中，会发生一系列的化学变化和物理变化，前者包括一系列复杂的化学反应（一级、二级）；后者包括热量传递和物质传递。生物质热裂解可以从两个角度进行理解。

（1）从生物质组成成分角度分析　生物质主要由纤维素、半纤维素和木质素三种主要组成物以及一些可溶于极性或非极性溶剂的提取物组成。生物质的三种主要组成物常常被假设独立地进行热分解，半纤维素主要在 225～350℃分解，纤维素主要在 325～375℃分解，木质素在 250～500℃分解。半纤维素和纤维素主要产生挥发性物质，而木质素主要分解为炭。生物质热裂解工艺开发和反应器的正确设计都需要对热裂解机理进行良好的理解。因为纤维素是多数生物质最主要的组成物（如在木材中平均占 40% 以上），同时它也是相对最简单的生物质组成物，因此，纤维素被广泛用作生物质热裂解基础研究的实验原料。最为广泛接受的纤维素热分解反应途径模式是如图 4.22 所示的两条途径的竞争。近年来，一些研究者相继提出了与二次裂化反应有关的生物质热裂解途径，其分解反应途径如图 4.23 所示。

图 4.22　纤维素热解反应途径模式　　　图 4.23　Shafizadeh 提出的热裂解反应机理途径

（2）从物质、能量传递及平衡的角度　首先，热量被传递到颗粒表面，并由表面传到颗粒的内部。热裂解过程由外至内逐层进行，生物质颗粒被加热的成分迅速分解成木炭和挥发分。其中，挥发分由可冷凝气体和不可冷凝气体组成，可冷凝气体经过快速冷凝得到生物油。一次裂解反应生成了生物质炭、一次生物油和不可冷凝气体。在多孔生物质颗粒内部的挥发分还将进一步裂解，形成不可冷凝气体和热稳定的二次生物油。同时，当挥发分气体离开生物颗粒时，还将穿越周围的气相组分，在这里进一步裂化分解，称为二次裂解反应。生物质热裂解过程最终形成生物油、不可冷凝气体和生物质炭（见图 4.24）。反应器内的温度超高且气态产物的停留时间越长，二次裂解反应则越严重。为了得到高产率的生物油，需快速去除一次热裂解产生的气态产物，以抑制二次裂解反应的发生。

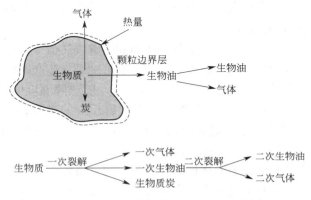

图 4.24　生物质热裂解过程机理示意图

4.2.2.3　生物质热裂解的基本工艺及技术形式

生物质热裂解液化技术的一般工艺流程包括物料的干燥、粉碎、热裂解、产物炭和灰的分离、气态生物油的冷却和生物油的收集（见图 4.25）。

（1）干燥　为了避免原料中过多的水分被带到生物油中，对原料进行干燥是必要的。一般要求物料含水量在 10% 以下。

（2）粉碎　为了提高生物油产率，必须有很高的加热速率，故要求物料有足够小的粒度。不同的反应器对生物质粒径的要求也不同，旋转锥所需生物质粒径小于 20 mm；流化床要小于 2mm；传输床或循环流化床要小于 6mm；烧蚀床由于热量传递机理不同可以用整个的树木碎片。但是，采用的物料粒

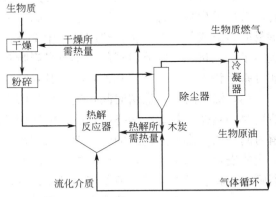

图 4.25　生物质热裂解液化工艺流程

径越小，加工费用越高，因此，物料的粒径需在满足反应器要求的同时与加工成本综合考虑。

（3）热裂解　热裂解生产生物油技术的关键在于要有很高的加热速率和热传递速率、严格控制的中温，以及热裂解挥发分的快速冷却。只有满足这样的要求，才能最大限度地提高产物中油的比例。在目前已开发的多种类型反应工艺中，还没有最好的工艺类型。

（4）炭和灰的分离　几乎所有的生物质中的灰分都留在了产物炭中，所以炭分离的同时也分离了灰分。但是，炭从生物油中的分离较困难，而且炭的分离并不是在所有生物油的应用中都是必要的。因为炭会在二次裂解中起催化作用，并且在液体生物油中产生不稳定因素，所以，对于要求较高的生物油生产工艺，快速彻底地将炭和灰从生物油中分离是必需的。

（5）气态生物油的冷却　热裂解挥发分由产生到冷凝阶段的时间及温度影响着液体产物的质量及组成。热裂解挥发分的停留时间越长，二次裂解生成不可冷凝气体的可能性越大。为了保证油产率，需快速冷却挥发产物。

（6）生物油的收集　生物质热裂解反应器的设计除需保证温度的严格控制外，还应在生物油收集过程中避免由于生物油的多种重组分的冷凝而导致的反应器堵塞。

4.2.2.4　影响生物质热解的因素

（1）温度　温度对热解产物分布、组分、产率和热解气热值等有很大的影响。随着热解温度的升高，炭的产率减少，但最终趋于一定值，不可冷凝气体产率增加但最终也趋于一定值，而生物油产率有一个最佳温度范围为 $450\sim550℃$，随热解温度的提高，CH_4、C_2H_4 和 C_2H_6 的含量先增后减，高的热解温度促进了二次裂解反应的进行，导致了 CH_4、C_2H_4 和 C_2H_6 的裂解，越来越多的小分子碳氢化合物裂解释放出 H_2。燃气热值随温度的升高达到一个最大值，燃气的密度随热解过程的深入而呈线性下降。

（2）升温速率　随着升温速率的增加，物料颗粒达到热解所需温度的响应时间变短，有利于热解；但同时颗粒内外的温差变大，由于传热滞后效应会影响内部热解的进行。随着升温速率的增大，物料失重和失重速率曲线均向高温区移动。热解速率和热解特征温度（热解起始温度、热解速率最快的温度、热解终止温度）均随升温速率的提高呈线性增长。

（3）物料特性　生物质种类、分子结构、粒径及形状等特性对生物质热解行为和产物组成等有着重要的影响。生物质的 H/C 原子比较高（$1.34\sim1.78$），热解中有利于气态烷烃或轻质芳烃的生成，而 O/C 原子比高（$0.54\sim0.95$）表明含有氧桥键（—O—）相关的各种键易断裂形成气态挥发物，热解过程中 H 和 O 元素的脱除易于 C 元素。物料的挥发分含量决定了产气量，生物质粒径的大小也是影响热解速率的关键因素。相同粒径的颗粒，当其形状分别呈粉末状、圆柱状和片状时，其颗粒中心温度达到充分热解温度所需的时间不同。

（4）滞留时间　滞留时间在生物质热解反应中分为固相滞留时间和气相滞留时间。固相滞留时间越短，热解的固态产物所占的比例就越小，总的产物量越大，热解越完全。气相滞留时间一般不影响生物质的一次裂解反应进程，只影响到液态产物中的生物油发生二次裂解反应的进程，当生物质热解产物中的一次产物进入围绕生物质颗粒的气相中，生物油的二次裂解反应就会增多，导致液态产物迅速减少，气体产物增加。

（5）压力　随着压力的提高，生物质的活化能减小，且减小的趋势减缓。加压下生物质的热解速率有明显提高，反应更激烈。

4.2.2.5　生物质热解反应器类型

按生物质的受热方式分为三类。

（1）机械接触式反应器　通过一灼热的反应器表面直接或间接与生物质接触，从而将热量传递到生物质而使其高速升温达到快速热解，其采用的热量传递方式主要为热传导，辐射是次要的，对流传热则不起主要作用，常见的有烧蚀热解反应器、丝网热解反应器、旋转锥反应器等。

（2）间接式反应器　由一高温的表面或热源提供生物质热解所需的热量，其主要通过热辐射进行热量传递，对流传热和热传导则居于次要地位，常见的热重天平也可以归属此类反应器。

（3）混合式反应器　主要是借助热气流或气固多相流对生物质进行快速加热，其传导热量方式主要为对流换热，但热辐射和热传导有时也不可忽略，常见的有流化床反应器、快速引射床反应器、循环流化床反应器等。

4.2.2.6　生物质热解产物及应用

生物热解产物主要由生物油、不可凝结气体和炭组成。

生物油是由分子量大且含氧量高的复杂有机化合物的混合物所组成，几乎包括所有种类的含氧有机物，如醚、酪、酮、酚、醇及有机酸等。生物油是一种用途极为广泛的新型可再生液体清洁能源产品，在一定程度上可替代石油直接用作燃油燃料；也可对其进一步催化、提纯、制成高质量的"汽油"和"柴油"产品，供各种运载工具使用；生物油中含有大量的化学品，从生物油中提取化学产品具有很明显的经济效益。

此外，由生物质热解得到不可凝结气体，热值较高。它可以用作生物质热解反应的部分能量来源，如热解原料烘干或用作反应器内部的惰性流化气体和载气。

木炭疏松多孔，具有良好的表面特性；灰分低，具有良好的燃料特性；低容重；含硫量低；易研磨。因此产生的木炭可加工成活性炭用于化工和冶炼，改进工艺后，也可用于燃料加热反应器。

4.2.3　生物质气化技术

4.2.3.1　生物质气化及其特点

生物质气化是以生物质为原料，以氧气（空气、富氧或纯氧）、水蒸气或氢气等作为气化剂（或称为气化介质），在高温条件下通过热化学反应将生物质中可以燃烧的部分转化为可燃气的过程。生物质气化时产生的气体，主要有效成分为 CO、H_2、CH_4、CO_2 等。

生物质气化有如下特点。

① 材料来源广泛；

② 可规模化生产；

③ 通过改变生物质原料的形态来提高能量转化效率，获得高品位能源，改变传统方式利用率低的状况，同时还可工业性生产气体或液体燃料，直接供用户使用；

④ 具有废物利用、减少污染、使用方便等优点；

⑤ 可实现生物质燃烧的碳循环，推动可持续发展。

4.2.3.2　生物质气化原理

生物质气化过程，包括生物质炭与氧的氧化反应，碳与二氧化碳、水等的还原反应和生物质的热分解反应，可以分为四个区域，如图 4.26 所示，反应通式为：

$$C_nH_mO_x \xrightarrow{\text{微氧}} CO + H_2 + CO_2$$

① 干燥层　生物质进入气化器顶部，被加热至 200～300℃，原料中水分首先蒸发，产物为干原料和水蒸气。

② 热解层　生物质向下移动进入热解层，挥发分包括氢气、水蒸气、一氧化碳、二氧化碳、甲烷、焦油和其他烃类物质等，从生物质中

图 4.26　生物质气化原理示意图

大量析出，在 $100\sim600℃$ 时基本完成，只剩下木炭。主要反应式为：

$$CH_xO_y = n_1C + n_2H_2 + n_3H_2O + n_4CO + n_5CO_2 + n_6CH_4$$

③ 氧化层　热解的剩余物木炭与被引入的空气发生反应，并释放出大量的热以支持其他区域进行反应。该层反应速率较快，温度达 $1000\sim1200℃$，挥发分参与燃烧后进一步降解。主要反应为：

$$C + O_2 \longrightarrow CO_2 + 393.51kJ$$
$$2C + O_2 \longrightarrow 2CO + 221.34kJ$$
$$2CO + O_2 \longrightarrow 2CO_2 + 565.94kJ$$
$$2H_2 + O_2 \longrightarrow 2H_2O + 483.68kJ$$
$$CH_4 + 2O_2 \longrightarrow CO_2 + 2H_2O + 890.36kJ$$

④ 还原层　还原层中没有氧气存在，氧化层中的燃烧产物及水蒸气与还原层中的木炭发生还原反应，生成 H_2 和 CO 等。这些气体和挥发分形成了可燃气体，完成了固体生物质向气体燃料转化的过程。因为还原反应为吸热反应，所以还原层的温度降低到 $700\sim900℃$，所需的能量由氧化层提供，反应速率较慢，还原层的温度超过氧化层。主要反应为：

$$C + CO_2 \longrightarrow 2CO + 172.43kJ$$
$$H_2O + C \longrightarrow CO + H_2 - 131.72kJ$$
$$2H_2O + C \longrightarrow CO_2 + 2H_2 - 90.17kJ$$
$$H_2O + CO \longrightarrow CO_2 + H_2 - 41.13kJ$$
$$3H_2 + CO \longrightarrow CH_4 + H_2O + 250.15kJ$$

在以上反应中，氧化反应和还原反应是生物质气化的主要反应，而且只有氧化反应是放热反应，释放出的热量为生物质干燥、热解和还原等吸热过程提供热量。

4.2.3.3　生物质气化基本技术工艺形式

在生物质气化过程中，原料在限量供应的空气或氧气及高温条件下，被转化成燃料气。气化过程可分为三个阶段：首先物料被干燥失去水分，然后热解形成小分子热解产物（气态）、焦油及焦炭，最后生物质热解产物在高温下进一步生成气态烃类产物、氢气等可燃物质，固体炭则通过一系列氧化还原反应生成 CO。气化介质可用空气，也可用纯氧。在流化床反应器中通常用水蒸气作载气。

生物质气化技术有多种形式，不同的分类方式对应有不同的气化种类。目前大体上可有两种分类方式：一种是按气化剂分类，另一种是按设备运行方式分类。

（1）按气化剂分类　生物质气化按是否使用气化剂可以分为使用气化剂和不使用气化剂两种。不使用气化剂气化只有干馏气化一种，而使用气化剂气化又可以分为空气气化、氧气气化、氢气气化、水蒸气气化和复合式气化等几种主要形式，如图 4.27 所示。

① 空气气化　是指以空气作为气化介质的气化过程。空气中的氧气与生物质中的可燃组分通过氧化反应，放出热量，为气化反应的其他过程即热分解与还原过程

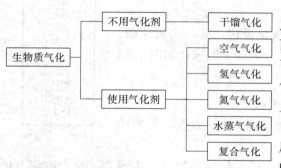

图 4.27　生物质气化按气化剂使用情况分类

提供所需的热量，整个气化过程是一个自供热系统。由于空气获取方便，且不需外热源，因此，空气气化是所有气化过程中最简单、最经济也最容易实现的形式。其缺点是由于空气中含有 79% 的氮气，它不参与反应，却稀释了生成燃气中可燃组分的含量，因而，降低了燃气热值（$6000kJ/m^3$）。但是用于近距离燃烧和发电时，空气气化仍是最佳选择。

② 氧气气化　是指以纯氧气作为气化介质的气化过程。其过程原理与空气气化相同，只是没有惰性气体 N_2 稀释反应介质。在与空气气化相同的当量比下，反应温度提高，反应速率加快，反应容积减小，热效率提高，气体热值提高一倍以上，氧气气化的燃气热值与城市煤气相当。因此，可建立以生物质为原料的中小型生活燃气供气系统，另外其气体产物又可以用作化工合成燃料的原料；其缺点是需要一套昂贵的制氧设备，且制氧过程需要耗电。

③ 水蒸气气化　是以水蒸气作为气化介质的气化过程。生物质水蒸气气化过程中仅包括水蒸气和碳的还原反应，还有 CO 和水蒸气变换反应，各种甲烷化反应及生物质在气化炉内的热分解反应等，其主要气化反应是吸热反应过程，因此需要提供外热源。其燃气热值为 $17\sim21MJ/m^3$。

④ 空气（氧气）-水蒸气气化　是以空气和水蒸气同时作为气化介质的气化过程。该气化工艺，理论上分析，是比单纯空气（氧气）气化和水蒸气气化都优越的气化方式，一方面它是自供热系统，不需要复杂的外热源。另一方面，气化所需的一部分氧气可由水蒸气提供，减少了空气的消耗量，并生成更多的 H_2 及烃类化合物，特别是有催化剂存在的条件下，CO 变成 CO_2，反应降低了气体中 CO 含量，使气体燃料更适合于用作城市煤气。

（2）按设备运行方式分类　可分为固定床气化、流化床气化和旋转床气化三种主要形式，具体分类如图 4.28 所示。其具体形式的气化器如图 4.29 所示。

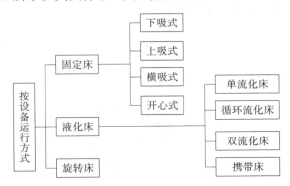

图 4.28　生物质气化按设备运行方式分类

（3）气化主要影响因素

① 原料　在气化过程中，生物质物料的水分、灰分、颗粒大小、料层结构等都对气化过程有着显著影响，原料反应性的好坏，是决定气化过程可燃气体产量与品质的重要因素。

② 温度　温度是影响气化性能的最主要参数，温度对气体成分、热值及产率、气体中焦油的含量有着重要的影响。

③ 压力　在同样的生产能力下，压力提高，气化炉容积减小，后续工段的设备也随之减小尺寸，净化效果好。流化床目前是从常压向高压方向发展，但压力的增加也增加了对设备及其维护的要求。

④ 升温速率　升温速率显著影响气化过程中的热解反应，不同的升温速率导致不同的

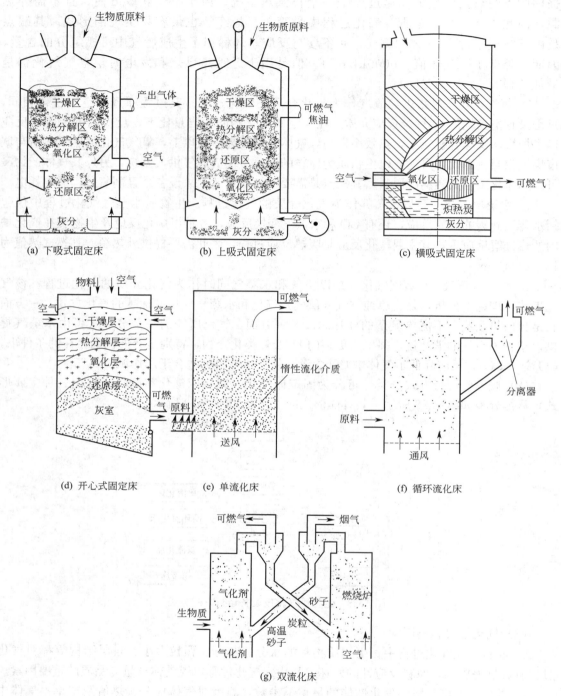

图 4.29　不同结构形式的气化器示意图

热解产物和产量。按升温速率快慢可分为慢速热解、快速热解及闪速热解等。流化床气化过程中的热解属于快速热解，升温速率为 $500\sim1000℃/s$。此时热解产物中焦油含量较多。

⑤ 催化剂　催化剂性能直接影响着燃气组成与焦油含量。催化剂既强化气化反应的进行，又促进产品气中焦油的裂解，生成更多小分子气体组分，提升产气率和热值。在气化过

程中用金属氧化物和碳酸盐催化剂，能有效提高气化产气率和可燃组分浓度。

（4）生物质气化技术的应用

① 生物质气化供热　生物质气化供热是指生物质经过气化炉气化后，生成的燃气送入下一级燃烧器中燃烧，产生的高温烟气在燃气炉内与被加热介质（水或空气等）进行间接热交换，烟气通过引风机由烟囱排向室外。而被加热介质则通过循环装置送往用热系统，释放热量后回到燃气炉内再次加热，从而可连续为终端用户提供取暖或烘干用的热能。

如图 4.30 所示，生物质气化供热系统包括气化炉、滤清器、燃烧器、换热器及其他终端装置等。系统相对简单，通常不需要高质量的气体净化和冷却系统，但热利用率较高。气化炉常以固定床上吸式为主，燃料适应性较广。生物质气化供热技术也可应用于农村小城镇集中供热和木材、谷物、烟草等农林产品的烘干等。

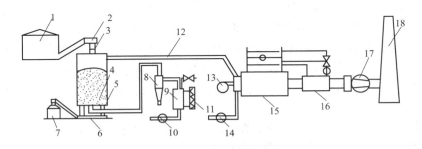

图 4-30　生物质气化供暖示意图

1—燃料仓；2—燃料输送机；3—燃料喂入器；4—气化炉；5—灰分清除器；6—灰分输送机；7—灰分贮箱；
8—沉降分离器；9—加湿器；10—气化透气风机；11—盘管式热交换器；12—烟气管道；13—可燃气燃烧器；
14—燃烧透气风扇；15—燃气锅炉；16—省煤器；17—排气风机；18—烟筒

② 生物质气化集中供气　秸秆气化集中供气系统基本模式是以自然村为单元，系统由五部分组成：进料系统、气化机组、净化系统、燃气输配系统和用户燃气系统，其工艺流程如图 4.31 所示。

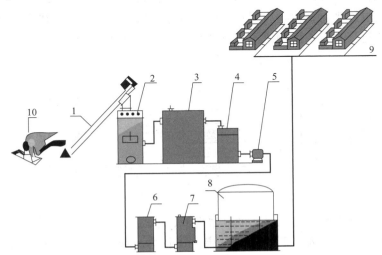

图 4.31　生物质气化集中供气系统工艺流程图

1—上料器；2—气化炉；3—净化器；4—分离器；5—罗茨风机；
6—沉淀器；7—安全器；8—贮气柜；9—用户管网；10—粉碎机

a. 进料系统　包括秸秆粉碎机和上料器。将秸秆均匀地送入秸秆专用粉碎机，粉碎机由锤片和筛网组成，不同功率电机带动锤片锤打下来，将原料粉碎成 20mm 左右长度的碎料。用输送机及时地将粉碎后的秸秆均匀地送进气化反应炉。

b. 生物质气化机组　气化机组由加料器、气化反应炉、净化器、分离器、罗茨风机等组成。

c. 净化系统　该系统主要由旋风除尘器、冷却除尘器、箱式过滤器、气水分离器等工艺设备构成。其工艺过程为：气化炉所产生的粗气经两级旋风除尘器去尘，一级管式冷却器除湿、除焦油，再经箱式过滤器进一步除焦油、除尘后，进入净化器进行气水分离，最后被罗茨风机加压送往贮气柜。秸秆气包括 CH_4、H_2、CO、CO_2、乙烷、丙烷等。

d. 燃气输配系统　气化机组产生的燃气在常温下不能液化，必须通过输配系统送至用户。燃气输配系统包括贮气罐、附属设备和地下（上）输气管网。在一天中燃气用量的波动是很大的。连续产气的气化炉不能解决短期高峰用气，因此用贮气罐在用气量小时将燃气贮存起来，以提供高峰期使用。将燃气提供给用户的管道组成，根据其在管网中的位置可分为干管、支管、用户引入管、室内管道等。以自然村为单元的生物质气体集中供气系统是一个小型的燃气供应系统，其干支管采用潜层直埋的方式铺设在地下，一般管道的材质有钢管、铸铁管和塑料管。

e. 用户燃气系统　用户燃气系统由煤气表、滤清器、阀门、专用燃气灶具等组成。

③ 生物质气化发电　生物质气化发电的基本原理是把生物质转化为可燃气，然后再利用可燃气来带动燃气发电设备进行发电。生物质气化发电过程包括以下三个方面。

一是生物质气化，把固体生物质转化为气体燃料；

二是气体净化，气化出来的燃气都带有一定的杂质，包括灰分、焦炭和焦油等，需经过净化系统把杂质除去，以保证燃气发电设备的正常运行；

三是燃气发电，利用燃气轮机或燃气内燃机进行发电，有的工艺为了提高发电效率，发电过程可以增加余热锅炉和蒸汽轮机。

根据采用气化技术和燃气发电技术的不同，生物质气化发电系统的构成和工艺过程有很大差别。从气化过程来看，生物质气化发电可以分为固定床气化发电和流化床气化发电两大类。从燃气发电过程来看，生物质气化发电又可以分为内燃机发电、燃气轮机发电和蒸汽轮机发电等多种形式，如图 4.32、图 4.33 所示。

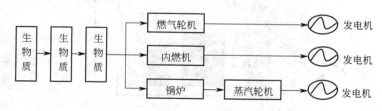

图 4.32　生物质气化发电基本类型

生物质气化发电按照发电规模又可分为小型、中型和大型三种。小型发电系统的发电功率不大于 200kW，简单灵活，特别适宜缺电地区作为分布式电站使用，或作为中小企业的自备发电机组；中型发电系统的发电功率一般在 500～3000kW，适用性强，是当前生物质气化发电的主要方式，可用作为大中型企业的自备电站或小型上网电站；大型发电系统的发电功率一般在 5000kW 以上，虽然与常规能源相比仍显得非常小，但在能源与环保双重压力

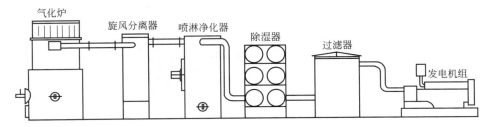

图 4.33　生物质气化发电系统示意图

的作用下，将是今后替代化石燃料发电的主要方式之一。

4.2.4　厌氧消化技术

在生物能源转化技术领域中，厌氧消化技术主要指的是生物质原料经过厌氧消化，获得可燃气——沼气的过程。

4.2.4.1　沼气的成分和性质

沼气是由有机物质（粪便、杂草、作物、秸秆、污泥、废水、垃圾等）在适宜的温度、湿度、酸碱度和厌氧的情况下，经过微生物发酵分解作用产生的一种可燃性气体。沼气主要成分是 CH_4 和 CO_2，还有少量的 H_2、N_2、CO、H_2S 和 NH_3 等。通常情况下，沼气中含有的 CH_4 在 50%～70% 之间，其次是 CO_2，含量为 30%～40%，其他气体含量较少。沼气最主要的性质是其可燃性，沼气中最主要成分是甲烷，而甲烷是一种无色、无味、无毒的气体，比空气轻一半，是一种优质燃料。氢气、硫化氢和一氧化碳也能燃烧。一般沼气因含有少量的硫化氢，在燃烧前带有臭鸡蛋味或烂蒜气味。沼气燃烧时放出大量热量，每立方米沼气的热值为 21520kJ，约相当于 $1.45m^3$ 煤气或 $0.68m^3$ 天然气的热值。因此，沼气是一种燃烧值很高、很有应用和发展前景的可再生能源。

4.2.4.2　厌氧消化发酵生产沼气的原理

沼气发酵的过程，实质上是微生物的物质代谢和能量转换过程，在分解代谢过程中，沼气微生物获得能量和物质，以满足自身生长繁殖，同时大部分物质转化为甲烷（CH_4）和二氧化碳（CO_2）。这样各种各样的有机物质不断地被分解代谢，就构成了自然界物质和能量循环的重要环节。科学测定分析表明：有机物约有 90% 被转化为沼气，10% 被沼气微生物用于自身的消耗。

（1）二阶段厌氧发酵理论　20 世纪初，V. L. Omdansky（1906）提出了甲烷形成的一个阶段理论，即由纤维素等复杂有机物经甲烷细菌分解而直接产生 CH_4 和 CO_2；从 20 世纪 30 年代起，巴克尔（H. A. Barker）等按其中的生物化学过程而把甲烷形成分成产酸和产甲烷两个阶段，如图 4.34 所示；至 1979 年，布赖恩特（M. P. Bryant）根据大量科学事实，提出把甲烷的形成过程分成三个阶段，如图 4.35 所示。

第一阶段，复杂的有机物，如糖类、肽类和蛋白质等，在产酸菌（厌氧菌和兼性厌氧菌）的作用下被分解为低分子的中间产物：主要是一些低分子有机酸，如乙酸、丙酸、丁酸等，醇类，并有 H_2、CO_2、NH_3 和 H_2S 等产生。因为该阶段中，有大量的脂肪酸产生，使发酵液的 pH 降低，所以，此阶段被称为产酸阶段或称为酸性发酵阶段。

第二阶段，产甲烷菌（专性厌氧菌）将第一阶段产生的中间产物继续分解成 CH_4 和 CO_2 等。由于有机酸在第二阶段不断被转化为 CH_4 和 CO_2，同时系统中有 NH_3 存在，使发酵液的 pH 不断升高。所以此阶段被称为产甲烷阶段或称为碱性发酵阶段。

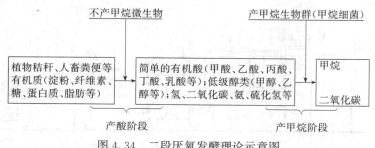

图 4.34　二段厌氧发酵理论示意图

（2）三阶段厌氧发酵理论（图 4.35）　第一阶段，水解和发酵。在这一阶段中复杂有机物在微生物（发酵菌）作用下进行水解和发酵。多糖先水解为单糖，再通过醇解途径进一步发酵成乙醇和脂肪酸等。蛋白质则先水解为氨基酸，再经脱氨基作用产生脂肪酸和氨，脂类转化为脂肪酸和甘油，再转化为脂肪酸和醇类。

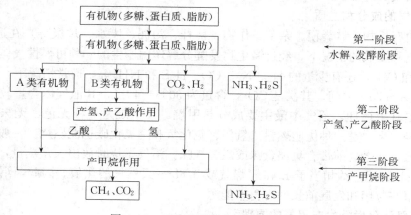

图 4.35　三阶段厌氧发酵理论示意图

第二阶段，产氢、产乙酸（即酸化阶段）。在产氢、产乙酸菌的作用下，把除甲酸、乙酸、甲胺、甲醇以外的第一阶段产生的中间产物，如脂肪酸（丙酸、丁酸）和醇类（乙醇）等水溶性小分子转化为乙酸、H_2 和 CO_2。

第三阶段，产甲烷阶段。甲烷菌把甲酸、乙酸、甲醇和（$H_2 + CO_2$）等基质通过不同的路径转化为甲烷，其中最主要的基质为乙酸和（$H_2 + CO_2$）。厌氧消化过程约有 70% 甲烷来自乙酸的分解，少量来源于 H_2 和 CO_2 的合成。

从发酵原料的物性变化来看，水解的结果使悬浮的固态有机物溶解，称之为"液化"。发酵菌和产氢产乙酸菌依次将水解产物转化为有机酸，使溶液显酸性，称之为"酸化"。甲烷菌将乙酸等转化为甲烷和二氧化碳等气体，称之为"产甲烷"。在实际的沼气发酵过程中，上述三个阶段是相互衔接和相互制约的，它们之间保持着动态平衡，从而使基质不断消耗，沼气不断形成。目前绝大多数沼气发酵都是使液化、产酸和产甲烷在一个发酵池中完成，因而，在同一时间里实际上由各种不同的微生物进行着各种不同的发酵过程。三阶段理论是目前厌氧消化理论研究相对透彻，相对得到公认的一种理论。

4.2.4.3　影响厌氧消化的主要因素

① 严格的厌氧环境：沼气微生物的核心菌群——产甲烷菌是一种厌氧性细菌，对氧特别敏感，它们在生长、发育、繁殖、代谢等生命活动中都不需要空气，空气中的氧气会使其

生命活动受到抑制，甚至死亡。产甲烷菌只能在严格厌氧的环境中才能生长。所以，修建沼气池，要严格密闭，不漏水，不漏气，这不仅是收集沼气和贮存沼气发酵原料的需要，也是保证沼气微生物在厌氧的生态条件下生活得好，使沼气池能正常产气的需要。

② 适宜的碳氮比：氮素是构成沼气微生物体细胞质的重要原料，碳素不仅构成微生物细胞质，而且提供生命活动的能量。从营养学和代谢作用角度看，沼气发酵细菌消耗碳的速度比消耗氮的速度要快 25～30 倍。因此，在其他条件都具备的情况下，碳氮比配成 25～30∶1 可以使沼气发酵在合适的速度下进行。如果比例失调，就会使产气和微生物的生命活动受到影响。因此，制取沼气不仅要有充足的原料，还应注意各种发酵原料碳氮比合理搭配。常用沼气原料碳氮比如表 4.1 所示。

表 4.1　沼气常用原料的碳氮比

原料名称	碳素占原料比例/%	氮素占原料比例/%	碳氮比($C∶N$)
鲜牛粪	7.30	0.29	25∶1
鲜马粪	10.0	0.42	24∶1
鲜猪粪	7.80	0.60	13∶1
鲜羊粪	16.0	0.55	29∶1
鲜人粪	2.50	0.85	2.9∶1
鸡粪	25.5	1.63	15.6∶1
干麦草	46.0	0.53	87∶1
干稻草	42.0	0.63	67∶1
玉米秆	40.0	0.75	53∶1
树叶	41.0	1.00	41∶1
青草	14.0	0.54	26∶1

③ 发酵温度：通常把不同的发酵温度区分为三个范围，即把 46～60℃称为高温发酵，28～38℃称为中温发酵，10～26℃称为常温发酵。农村沼气池靠自然温度发酵，属于常温发酵。常温发酵虽然温度范围较广，但在 10～26℃范围内，温度越高，产气越好。畜禽养殖场大中型沼气工程通常采用中温、常温发酵。

④ 酸碱度：沼气微生物的生长、繁殖，要求发酵原料的酸碱度保持中性，或者微偏碱性，过酸、过碱都会影响产气。测定表明，酸碱度在 pH＝6～8 之间，均可产气，以 pH＝6.5～7.5 产气量最高，pH 低于 6 或高于 9 时均不产气。

⑤ 发酵浓度：适宜的干物质含量为 4%～10%，即发酵原料含水量为 90%～96%。发酵含量随着温度的变化而变化，夏季一般为 6%左右，冬季一般为 8%～10%。

⑥ 接种物：在沼气池启动时，将收集来的沼渣、沼液，粪坑里的黑色沉渣，塘泥、污水沟的污泥，或食品厂、酒厂、屠宰场的污水和污泥等作为接种物，与发酵原料混合均匀，一同加入沼气池，接种物以发酵原料的 10%～30%为宜。

⑦ 搅拌：静态发酵沼气池原料加水混合与接种物一起投进沼气池后，按其密度和自然沉降规律，从上到下将明显地逐步分成浮渣层、清液层、活性层和沉渣层。这样的分层分布，对微生物以及产气是很不利的。沼气池的搅拌通常分为机械搅拌、气体搅拌和液体搅拌三种方式。机械搅拌是通过机械装置运转达到搅拌目的；气体搅拌是将沼气从池底部冲进去，产生较强的气体回流，达到搅拌的目的；液体搅拌是从沼气池的出料间将发酵液抽出，然后从进料管冲入沼气池内，产生较强的液体回流，达到搅拌的目的。

4.2.4.4　沼气发酵的工艺类型

（1）以发酵温度划分

① 高温发酵　高温发酵工艺指发酵料液温度维持在 50～60℃ 范围内，实际控制温度多在（53±2）℃。该工艺的特点是微生物生长活跃，有机物分解速度快，产气率高，滞留时间短。采用高温发酵可以有效地杀灭粪便中各种致病菌和寄生虫卵，具有较好的卫生效果，从除害灭病和发酵剩余物肥料利用的角度看，选用高温发酵是较为实用的。

维持发酵温度的办法有很多种，最常见的是烧锅炉加温。锅炉加温沼气池有两种方式：一种方式是蒸汽加温，将蒸汽通入安装于池内的盘旋管中加温发酵料液，由于管内温度很高，管外很容易结壳，影响热的扩散，也可以将蒸汽直接通入沼气池中，但会对局部微生物菌群造成伤害。另一种方式是用 70℃ 的热水在盘管内循环，效果比较好。但是不论采用哪种加温方式，都应该注意要尽量减少运行中的热量散失，特别是在冬季要提高新鲜原料进料的温度，因此原料的预热和沼气池的保温都是非常重要的。

沼气发酵的产气量随温度的升高而升高，但要维持消化器的高温运行，能量消耗较大。在我国绝大部分地区，要保持沼气发酵工艺常年稳定运行，必须采用加热和保温措施，这些必要的措施会影响到工程投资和运行的能耗增加。用粪便发酵产生的沼气烧锅炉来加温沼气发酵料液，维持高温发酵，也能取得较好的效果。如欲将水温提高 10℃ 则每升水要消耗 6000～8000mg COD 所产的沼气，即每吨水升高 10℃ 需消耗掉 3～4m³ 的沼气。利用各种余热和废热进行加温是一种变废为宝的好办法。例如，利用工厂里的余热加温及利用发酵原料本身所带的热量来维持发酵温度，是一种极为便宜的办法，如处理经高温工艺流程排放的酒精废水、柠檬酸废水和轻工食品废水等。这种方法经济方便，不需要加温装置，不消耗其他能源。

高温发酵对原料的消化速度很快，一般都采取连续进料和连续出料。高温沼气发酵必须进行搅拌，对于蒸汽管道加温的沼气池，搅拌可使管道附近的高温区迅速消失，以便池内发酵温度均匀一致。

② 中温发酵　因高温发酵消耗的热能太多，发酵残余物的肥效较低，氨态氮损失较大，这使中温发酵工艺得到了比较普遍的应用。中温发酵工艺指发酵料液温度维持在 30～40℃ 范围内，实际控制温度多在（35±2）℃ 范围内。与高温发酵相比，这种工艺消化速度稍慢一些，产气率要低一些，但维持中温发酵的能耗较少，沼气发酵能总仍维持在一个较高的水平，产气速度比较快，料液基本不结壳，可保证常年稳定运行。这种工艺因料液温度稳定，产气量也比较均衡。

有研究者提出了 35℃ 以下发酵温度时相对产气量的变化情况显示，如发酵温度从 35℃ 变为 25℃ 仍能获得 89% 的产气率，即使降至 15℃ 仍有 63% 的沼气产生。因此，在进行中温发酵时，不仅要考虑产能的多少，同时要考虑为保持中温所消耗的加热能量有多少，选择最佳的投入产出比，即最大的净产能发酵温度。近年来出现了低于 35℃ 的中温发酵工艺，净产能也取得了很好的效果。

③ 常温发酵　常温发酵也称为自然温度发酵，是指在自然温度下进行的沼气发酵，发酵温度受气温影响而变化。我国农村户用沼气池基本采用这种工艺。这种埋地的常温发酵的沼气池结构简单、成本低廉、施工容易，便于推广。其特点是发酵料液的温度随气温、地温的变化而变化，其好处是不需要对发酵料液温度进行控制，节省保温和加热投资，沼气池本身不消耗热量；缺点是在同样投料条件下，一年四季产气温相差较大。南方农村沼气池建在地下，一般料液温度最高时为 25℃，最低温度仅为 10℃，冬季产气效率虽然较低，但在原

料充足的情况下还可以维持用气量。但北方地区建的地下沼气池，冬季料液温度仅达到 5℃，无论是产酸菌和产甲烷菌都受到了严重抑制，产气率不足 0.01m³/(m³·d)，当发酵温度在 15℃以上时，产甲烷菌的代谢活动才活跃起来，产气量明显升高，产气率可达 0.1～0.2m³/(m³·d)。因此，北方的沼气池为了确保安全越冬，维持正常产气，一般需建在太阳能暖圈或日光温室下；低于 10℃时，产气效果很差。

（2）以进料方式划分　沼气发酵微生物的新陈代谢是一个连续过程，根据该过程中的进料方式的不同，可分为连续发酵、半连续发酵和批量发酵 3 种工艺。

① 连续发酵　是指沼气池加满料正常产气后，每天分几次或连续不断地加入预先设计的原料，同时也排走相同体积的发酵料液，使发酵过程连续进行下去。处理大、中型集约化畜禽养殖场粪污和工业有机废水的大、中型沼气工程一般都采用连续发酵工艺，其工艺流程如图 4.36 所示。

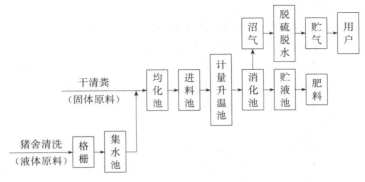

图 4.36　连续厌氧消化工艺的基本流程

② 半连续发酵　在沼气池启动时一次性加入较多原料（一般占整个发酵周期投料总量的 1/4～1/2），正常产气后，定期、不定量地添加新料。在发酵过程中，往往根据其他因素（如农田用肥需要）不定量地出料。到一定阶段后，将大部分料液取走另作他用。这种发酵方法，沼气池内料液的多少有变化。半连续发酵工艺流程如图 4.37 所示。

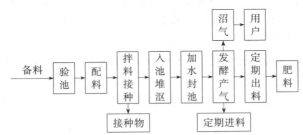

图 4.37　常温单级连续厌氧消化工艺基本流程

③ 批量发酵　批量（batch）发酵是一种简单的沼气发酵类型，即将发酵原料和接种物一次性装满沼气池，中途不再添加新料，产气结束后一次性出料。发酵工艺流程如图 4.38 所示。产气特点是初期少，以后逐渐增加，然后产气保持基

原料预处理　→　投料　→　发酵产气　→　出料

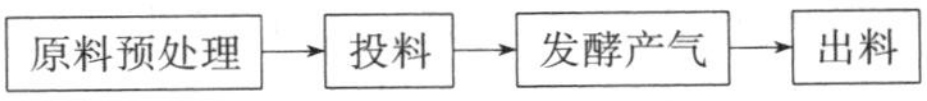

图 4.38　批量发酵工艺基本流程

本稳定，再后产气又逐步减少，直到出料。一个发酵周期结束后，再成批次换上新料，开始第二个发酵周期，如此循环往复。科学研究测定发酵原料产气量时常采用这一方法。固体含

量高的原料，如作物秸秆、有机垃圾等，由于日常进出料不方便，进行沼气发酵也采用这一方法。这类发酵方式的有机负荷量、池容产气率都只能计算平均值。这种工艺的优点是投料启动成功后，不再需要进行管理，简单省事；其缺点是产气分布不均衡，高峰期产气量高，其后产气量低。

采用这种工艺的主要问题，一是启动比较困难；二是进出料不方便。造成启动困难的主要原因是进料浓度较高，启动时容易出现产酸过多，发生有机酸积累，发酵不能正常进行。为避免这种问题的出现，应准备质量较好、数量较多的接种物，调节好碳氮比，并对原料进行预处理。

（3）按发酵阶段划分

① 单相发酵　单相发酵将沼气发酵原料投入到一个装置中，使沼气发酵的产酸和产甲烷阶段合二为一，在同一装置中自行调节完成。我国农村全混合沼气发酵装置和现在建设的大、中型沼气工程大多数采用这一工艺。

② 两相发酵　也称两步发酵，或两步厌氧消化，是1971年才开始研究的沼气发酵新工艺。该工艺是根据沼气发酵的三阶段理论，把原料的水解和产酸阶段同产甲烷阶段分别安排在两个不同的消化器中进行，水解酸化罐和产气罐的容积主要根据它们各自的水力停留时间来确定和匹配，水解、产酸池通常采用不密封的全混合式或塞流式发酵装置，产甲烷池则采用高效厌氧消化装置，如污泥床、厌氧滤器等。

（4）按发酵含量划分

① 液体发酵　就是发酵料液的干物质含量控制在10%以下的发酵方式，在发酵启动时，加入大量的水或新鲜粪肥调节料液浓度。由于发酵料液浓度较低，出料时大量残留的沼渣、沼液如用作肥料，运输、贮存或施用都不方便，如经处理后实现达标排放，水处理运行所需的高昂费用是难以承受的。目前，液体发酵所面临的问题是发酵后大量沼渣和沼液的利用和消纳问题，如果不解决好发酵料液的后续处理问题，很可能会带来对环境的二次污染，因此，提高发酵料液的浓度、减少粪污水的排放量已成为沼气发酵工艺中亟待研究的问题。

② 干发酵　又称固体发酵，其原料的干物质含量在20%左右，水分含量占80%。生产中如果干物质含量超过30%，则产气量会明显下降。干发酵用水量少，其方法与我国农村沤制堆肥基本相同。此方法可一举两得，既沤了肥，又生产了沼气。

由于干发酵时水分太少，同时底物浓度又很高，在发酵开始阶段有机酸大量积累，又得不到稀释，因而常导致pH值的严重下降，使发酵原料酸化，导致沼气发酵失败。为了防止酸化现象的产生，常用以下方法。

a. 加大接种物用量，使酸化与甲烷化速度能尽快达到平衡，一般接种物用量为原料量的1/3～1/2；

b. 将原料进行堆沤，使易于分解产酸的有机物在好氧条件下分解掉一大部分，同时降低了C/N值；

c. 原料中加入1%～2%的石灰水，以中和所产生的有机酸，堆沤会造成原料的浪费，所以在生产上应首先采用加大接种量的办法。

（5）以料液流动方式划分

① 无搅拌的发酵　当沼气池未设置搅拌装置时，无论发酵原料为非匀质的（草粪混合物）或匀质的（粪），只要其固形物含量较高，在发酵过程中料液会自动出现分层现象。这种发酵工艺，因沼气微生物不能与浮渣层原料充分接触，上层原料难以发酵，下层沉淀又占

有越来越多的有效容积，因此原料产气率和池容产气率均较低，并且必须采用大换料的方法排除浮渣和沉淀。

② 全混合式发酵　由于采用了混合措施或装置，池内料液处于完全均匀或基本均匀状态，因此，微生物能和原料充分接触，整个投料容积都是有效的。它具有消化速度快、容积负荷低和容积产气率高的优点。处理禽畜粪便和城市污泥的大型沼气池属于这种类型。

③ 塞流式发酵　亦称拉流式发酵，是一种长方形的非完全混合式消化器，高浓度悬浮固体原料从一端进入，从另一端流出。

（6）从建设规模上划分

① 农村户用沼气池　该技术是利用沼气发酵装置，将农户养殖产生的畜禽粪便和人粪便以及部分有机垃圾进行厌氧发酵，一般发酵装置体积在 $6 \sim 10 m^3$ 之间，包括沼气发酵装置、沼渣沼液利用装置和沼气输配系统等。

目前我国建设的农村户用沼气池，一般都采用底层出料水压式沼气池型。在水压式沼气池的基础上进行改进和发展，还研究出了强回流沼气池、分离贮气浮罩沼气池（非水压式）、旋流布料自动循环沼气池等。

随着我国沼气科学技术的发展和农村家用沼气的推广，根据当地使用要求和气温、地质等条件，家用沼气池有固定拱盖的水压式池、大揭盖水压式池、吊管式水压式池、曲流布料水压式池、顶返水水压式池、分离浮罩式池、半塑式池、全塑式池和罐式池。形式虽然多种多样，但是归总起来大体由水压式沼气池、浮罩式沼气池、半塑式沼气池和罐式沼气池四种基本类型变化形成，图 4.39 为典型水压式户用沼气池示意图。

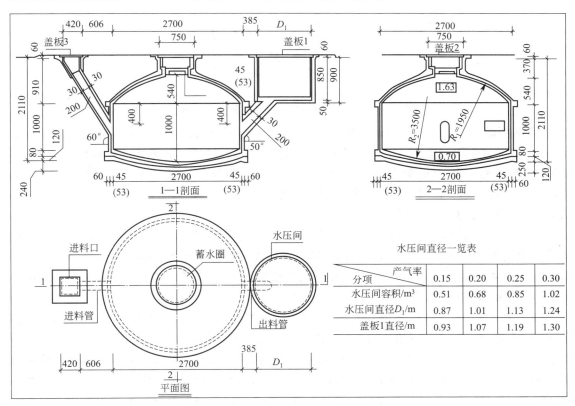

图 4.39　$8m^3$ 圆筒形水压式沼气池型（单位：mm）

② 沼气工程　沼气工程建设是解决规模化、集约化畜禽养殖业环境污染的一种技术手段，目前大中型沼气工程常采用的模式有能源环保模式和能源生态模式，随着沼气工程技术研究的深入和工艺流程较广泛的推广应用，近年来已逐步总结出一套比较完善的工艺流程，内容包括：粪污的前处理系统、厌氧消化系统、好氧水处理系统、沼气净化系统、沼气输配系统、沼气利用系统、有机肥料生产系统和沼肥综合利用系统。

沼气工程按照厌氧消化单体装置容积、总体装置容积、日产沼气量和配套系统的配置 4个指标进行工程规模分类。大中型沼气工程的分类如表 4.2 所示。

表 4.2　沼气工程分类

工程规模	单体容积/m³	总体容积/m³	沼气产量/(m³/d)	配套系统的配置
大型	≥300	≥1000	≥300	完整的原料预处理系统；沼渣、沼液综合利用系统；沼气贮存、输配和利用系统
中型	30>V≥50	1000>V′≥100	≥50	原料预处理系统；沼渣、沼液综合利用系统；沼气贮存、输配和利用系统
小型	50>V≥20	100>V′≥50	≥20	原料计量、进出料系统；沼渣、沼液综合利用系统；沼气贮存、输配和利用系统

一个完整的大中型沼气发酵工程，无论其规模大小，都包括如下工艺流程：原料（废水）的收集、预处理、消化器（沼气池）、出料的后处理和沼气的净化与贮存等，如图 4.40所示。

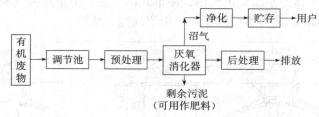

图 4.40　大中型沼气发酵工程的基本工艺流程

目前主要工艺类型有第一代厌氧反应器：AC（全混合接触式厌氧）；第二代厌氧反应器：AF（厌氧生物滤床）、UASB（上流式污泥固定床）、USR（升流式固体反应器）、UBF（升流式厌氧复合床）、厌氧混合反应器、厌氧折流反应器等；第三代厌氧反应器：EGSB（颗粒污泥膨胀床）、IC（内循环厌氧反应器）等。

4.2.4.5　典型厌氧消化工艺

（1）畜禽粪便为主要原料的沼气工程　以禽畜粪便的污染治理为主要目的，以畜禽粪便的厌氧消化为主要技术环节，以粪便的资源化为效益保障，集环保、能源、资源再利用为一体，将农、林、牧、副、渔各业有机地组合在生态农业之中，是畜禽粪便燃料化利用的主要途径，主要包括农村户用沼气和畜禽养殖场大中型沼气工程两种利用模式。它不但提供清洁能源（沼气），解决中国广大农村燃料短缺和大量焚烧秸秆的矛盾，还能消除臭气、杀死致病菌和致病虫卵，解决了大型畜牧养殖场的畜禽粪便污染问题。这里重点介绍大中型沼气技术。

畜禽养殖场大中型沼气工程技术是以规模化畜禽养殖场禽畜粪便和粪水的污染治理为主要目的，以禽畜粪便的厌氧消化为主要技术环节，集污水处理、沼气生产、资源化利用为一体的系统工程技术。由于畜禽养殖场沼气工程技术集环保、能源、资源再利用为一体，又被称为畜禽养殖能源环境工程技术。

　　一个完整的大中型沼气发酵工程，无论其规模大小，都包括原料的预处理、厌氧消化、沼气净化及输配、发酵残留物后处理以及工艺流程的控制、监测五个组成部分，如图 4.41 所示。

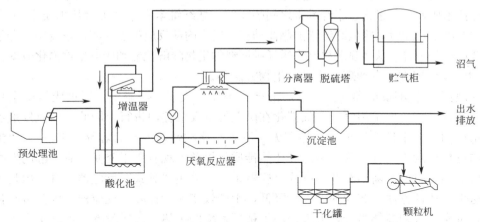

图 4.41　大中型沼气发酵工程的基本工艺流程

　　(2) 以农作物秸秆为主要原料的沼气工程　秸秆生物气化技术又称秸秆沼气技术，是指以秸秆为主要原料，经厌氧微生物消化作用生产沼气的技术。该技术充分利用稻草、玉米秸秆等原料，有效地解决了沼气推广过程中人畜粪便原料不足的问题，并能使没有养殖的农户也能用上沼气这种清洁能源。秸秆入池产气后剩余的沼渣是很好的肥料，可作为有机肥料还田（即过池还田），进一步提高了秸秆资源的利用效率。

　　秸秆生物气化生产沼气的工艺流程如图 4.42 所示，它的基本生产过程为：秸秆先经机械粉碎处理，然后进行预处理；预处理后的秸秆投入厌氧发酵罐，接种后封罐进行厌氧发酵（50～60 天）；产生的沼气经净化后贮存，再由管网输送到用户。与畜禽粪便生产沼气的工艺相比，主要不同在于增加了预处理以及厌氧发酵反应器型式和运行参数不同。而其他环节（如净化、压缩、贮存和管网等）基本相同。优点是不外排沼液，可实现完全的循环利用，环境完全友好。

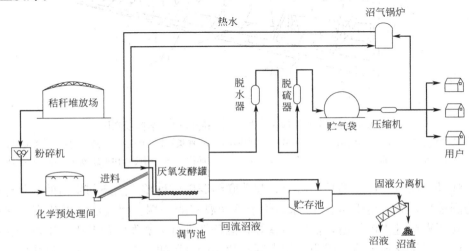

图 4.42　秸秆发酵生产沼气工艺流程

由于与粪便性质不同，秸秆厌氧生物气化有以下关键技术。

① 秸秆预处理技术　秸秆中的木质纤维素含量较高，不容易被厌氧菌消化，导致产气率低。这是不能用纯秸秆生产沼气的主要原因。通过预处理可以改变木质纤维原料中细胞壁的结构，破坏掉木质素与纤维素、半纤维素之间的联结，把纤维素和半纤维素从木质素的"包裹"中"释放"出来；同时，降低纤维素的晶体结构，增大内部反应的表面积，把复杂大分子成分预先降解成小分子等，从而显著提高木质纤维原料的生物降解性能和厌氧生物消化效率。

常用的预处理方法有物理、化学与生物方法等。

② 新型厌氧发酵反应器　预处理后的秸秆被投入厌氧发酵罐中，通过厌氧微生物的消化作用，秸秆被转化成了沼气。厌氧消化在厌氧发酵反应器内进行，因此，厌氧发酵反应器是非常重要的。由于秸秆密度小、体积大、不具有流动性，入料后容易"膨胀"、"飘浮"，厌氧菌与物料接触不充分，营养传送和传热传质效果差，现有用于粪便厌氧发酵的发酵反应器都不再适用。目前，新型高效的卧式反应器系统，采用"卧式"反应器，进、出料采用螺旋和输送带，非常方便，劳动强度大大降低，生产效率大大提高。反应器的内部带有强化搅拌装置，可实现多种搅拌组合，大大提高了秸秆发酵的传热、传质效率，提高了产气量，使得厌氧发酵效率显著提高。

（3）以农村户用沼气为纽带的生态能源模式　根据地域、气候、环境条件和各地农业发展的特点，有北方"四位一体"能源生态模式与技术，南方"猪-沼-果"能源生态模式与技术，西北"五配套"能源生态模式与技术等。

"四位一体"是庭院经济与生态农业相结合的一种新的生产生活模式（如图 4.43 所示）。依据生态学、经济学、系统工程学原理，以土地资源为基础，以太阳能为动力，以沼气为纽带，在农户庭院或田园，全封闭状态下，将沼气池、畜禽舍、厕所、日光温室 4 部分有机组合，形成种植养殖并举，物质良性循环，能量多级利用的农业生产与能源综合利用体系。

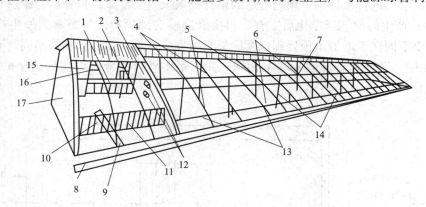

图 4.43　北方"四位一体"生态能源模式结构示意图

1—后护栏；2—门；3—内山墙；4—小吊柱；5—拱杆；6—横梁；7—中柱；8—防寒沟；9—溢流口；

10—集水槽；11—前护栏；12—通气孔；13—边柱；14—前柱；15—厕所；16—通风孔；17—外山墙

沼气池是"四位一体"的核心部分，起着联结养殖与种植、生产与生活的纽带作用。池体本身为圆柱形，处于地下 1.5～2 米，位于日光温室的一端。沼气池上部建有畜禽舍和厕所，人畜粪便直接进入沼气池，借助温室等其他条件进行厌氧发酵而产生以甲烷为主要成分的混合气体，用于农户生活（照明、炊事等）和生产（照明、增温、增施二氧化碳气肥等）；同时，沼气发酵的残余物可为日光温室或大田作物提供优质有机肥，以改良土壤，提高农产品产量和品质，发展反季农业生产。

4.2.4.6　厌氧消化产物应用

人类对沼气的研究已经有一百多年的历史。我国 20 世纪 20～30 年代左右出现了沼气生产装置。近年来，沼气发酵技术已经广泛应用于处理农业、工业及人类生活中的各种有机废弃物并制取沼气，为人类生产和生活提供了丰富的可再生能源。沼气作为新型优质可再生能源，已经被泛应用于生活生产和工业生产领域及航天航空领域，而且还可应用于农业生产，如沼气二氧化碳施肥、沼气供热孵鸡和沼气加温养蚕等方面。

沼气作为燃料应用范围较广，可以代替煤炭、柴薪用来煮饭、烧水，代替煤油用来点灯照明，还可以代替汽油开动内燃机或用沼气进行发电等，因此，沼气是一种值得开发的新能源。现在 90% 以上的能源是靠矿物燃料提供的，这些燃料在自然界储量有限，而且都不能再生。而人类对能源的需求却不断增加，如不及早采取措施，能源枯竭迟早将会成为现实。所以推广沼气发酵，是开发生物能源、解决能源危机问题的一个重要途径。随着科学技术的发展，沼气的新用途不断地开发出来，从沼气分离出甲烷，再经纯化后，用途更广泛。美国、日本等国已经计划把液化的甲烷作为一种新型燃料用在航空、交通、航天、火箭发射等方面。

厌氧消化产生的沼液和沼渣，总称为沼肥，是生物质经过沼气池厌氧发酵的产物。沼液中含有丰富的氮、磷、钾、钠、钙营养元素。沼渣是由部分未分解的原料和新生的微生物菌体组成，分为三部分：一是有机质、腐殖酸，对改良土壤起着主要作用；二是氮、磷、钾等元素，满足作物生长需要；三是未腐熟原料，施入农田继续发酵，释放肥分。

4.2.5　乙醇转化技术

4.2.5.1　燃料乙醇的定义和性质

乙醇（ethanol）又称酒精，是由 C、H、O 三种元素组成的有机化合物。中华人民共和国国家标准《变性燃料乙醇》（GB 18350—2001）和《车用乙醇汽油》（GB 18351—2001）规定，燃料乙醇（fuel ethanol）是未加变性剂的、可作为燃料用的无水乙醇。变性燃料乙醇（denatured fuel ethanol）则是加入变性剂后不适于饮用的燃料乙醇。变性剂（denaturant）是添加到燃料乙醇中使其不能饮用，而适于作为车用点燃式内燃机燃料的无铅汽油[应符合《车用无铅汽油》（GB 17930—1999）的要求]。变性剂在燃料乙醇中的体积分数为 1.96%～4.79%。车用乙醇汽油是变性燃料乙醇和汽油以一定比例混配形成的一种汽车燃料。标准规定 10% 乙醇汽油含水量不能超过 0.15%；在 20℃ 时密度为 0.7893～0.7918g/cm³；加入燃料乙醇的变性剂，不得加入含氧化合物。我国变性燃料乙醇的基本要求如表 4.3 所示。

表 4.3　我国变性燃料乙醇国家标准摘选

项　目	指　标	项　目	指　标
外观	清澈透明，无肉眼可见悬浮物和沉淀物	水分（体积分数）/%	≤0.8
		无机氯（以 Cl^- 计）/(mg/L)	≤32
乙醇（体积分数）/%	≥92.1	酸度（以乙酸计）/(mg/L)	≤55
甲醇（体积分数）/%	≤0.5	铜/(mg/L)	≤0.8
实际胶质/(mg/100mL)	≤5.0	pH 值	6.5～9.0

乙醇分子由烃基（—C_2H_5）和官能团羟基（—OH）两部分构成，分子式为 C_2H_5OH，相对分子质量为 46.07，常温常压下，是无色透明的液体，具有特殊的芳香味和刺激性，吸

湿性很强，易挥发、易燃烧，可与水以任何比例混合并产生热量。表 4.4 是乙醇的主要物理性质。

表 4.4　乙醇主要的物理性质

项　目	数　值	项　目	数　值
冰点/K(℃)	159(−114.1)	混合气数值/(kJ/m³)	3.66
常压下沸点/K(℃)		爆炸极限(空气中)/%	
临界温度/K(℃)	541.2(243.1)	下限	4.3
临界压力/kPa	6383.48	上限	19.0
临界体积/(L/mol)	0.167	自燃点/K(℃)	1066(793)
临界压缩因子	0.248	闪点/K(℃)	
密度 d_4^{20}/(g/mL)	0.7893	开杯法	294.2(21.1)
折射率 n_L^{20}	1.36143	闭皿法	287.1(14.0)
表面张力(25℃)/(mN/m)	231	热导率(20℃)/[W/(m・K)]	0.170
黏度(20℃)/(mPa/s)	17	磁化率(20℃)	7.34×10^{-7}
水中溶解度(20℃)	可互溶	饱和蒸汽压力(38℃)/kPa	17.33
熔化热/(J/g)	104.6	十六烷值	8
汽化热(在沸点下)/(J/g)	839.31	辛烷值(RON)	111
燃烧热(25℃)/(J/g)	29676.69	理论空燃比(质量)	8.98
比热容(20℃)/[J/(g・K)]	2.72		

4.2.5.2　乙醇发酵机理

（1）生物质原料乙醇一般生产过程　微生物利用的是生物质原料中的糖类，生物质原料中的糖类以淀粉、单糖或双糖以及纤维素、半纤维素等多糖形式存在，通常的乙醇发酵菌种只能利用单糖或双糖，不能直接利用淀粉、纤维素、半纤维素等多糖发酵产生乙醇。这就需要将这些多糖转化为可被酵母直接利用的简单糖类，将这一转化过程统称为预处理。预处理后，酵母菌利用简单糖类进行乙醇发酵，产生乙醇。经蒸馏等工艺从乙醇含量较低的发酵醪液中回收乙醇，再脱水精制成无水乙醇。如图 4.44 所示，也可以将全过程分为三个阶段：Ⅰ. 预处理阶段；Ⅱ. 乙醇发酵阶段；Ⅲ. 乙醇回收阶段。

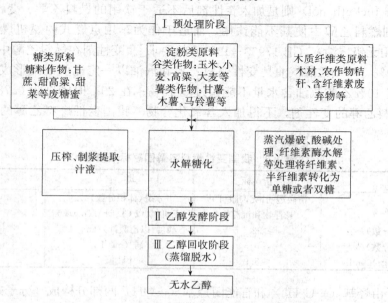

图 4.44　生物质原料乙醇生产的过程

（2）乙醇发酵的代谢途径和机理　酵母菌乙醇发酵是酵母菌在厌氧条件下利用其自身酶系进行厌氧呼吸，生物质原料中的单糖或双糖转化为乙醇，同时产生其自身生命活动所需的三磷酸腺苷（ATP）的过程。其反应的总方程式为：

$$C_6H_{12}O_6 + 2ADP + 2H_3PO_4 \longrightarrow 2C_2H_5OH + 2CO_2 + 2ATP$$

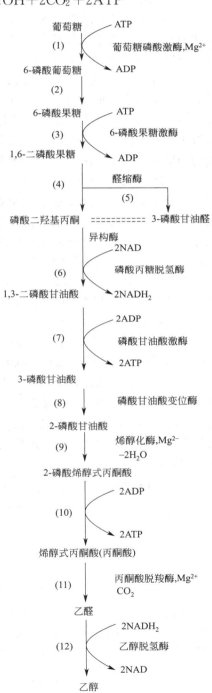

从酵母菌乙醇发酵的代谢途径上分析，可将这一过程分为 4 个阶段。即，第一阶段，葡萄糖经过磷酸化，生成活泼的 1,6-二磷酸果糖；第二阶段，1,6-二磷酸果糖分解成为两分子的磷酸丙糖（3-磷酸甘油醛）；第三阶段，3-磷酸甘油醛经氧化、磷酸化后，分子内重排、释放出能量，生成丙酮酸；第四阶段，丙酮酸继续降解，生成乙醇。图 4.45 是酵母菌乙醇发酵的代谢途径。

如图 4.45 所示，从反应底物葡萄糖开始至生成中间产物烯醇式丙酮酸（丙酮酸）止，即第（1）~（10）步反应，1 分子葡萄糖产生 2 分子丙酮酸、2 分子还原辅酶Ⅰ（NADH_2）和 2 分子 ATP。这一段是葡萄糖分解途径中有氧、无氧都必须经历的共同反应历程，称之为糖酵解途径（embden meyerhofparnas pathway，简称 EMP 途径）或己糖二磷酸途径（hexose biphosphate glycolysis）。在有氧条件下，EMP 途径可与三羧酸（TCA）循环途径相连接，把丙酮酸彻底氧化成二氧化碳和水，在无氧条件下，EMP 途径生成的丙酮酸，在不同的生物细胞中有不同的代谢方向，酵母菌将丙酮酸转化成为乙醛，再转化成乙醇。

（3）乙醇发酵具体过程　目前工业上利用糖类原料生产乙醇的菌种多为酿酒酵母（5accharomyces cerevisiae），酿酒酵母进入糖液的发酵体系后，体系中的糖分（主要是单糖和麦芽糖）通过酵母的营养运输机制进入细胞内，在糖-乙醇转化酶系统的作用下，最终生成乙醇、CO_2 和热量。乙醇发酵过程从表现上一般可分为发酵前期、主发酵期和发酵后期三个阶段。

① 发酵前期　在发酵前期，糖液与酿酒酵母混合，酵母细胞经过较短的适应期后，由于糖液中溶有一定数量的溶解氧，发酵液中的各种养分比较充足，所以这一阶段酵母繁殖较快，糖分的消耗主要用于菌体生长。由于酵母细胞的浓度较低，发酵作用的强度不大，同时由于发酵液中溶解氧的存在，因而，CO_2 和乙醇的生成量都较少，糖分的消耗也比较少，在此阶段发酵液的表面显得比较平静。一般而言，发酵前期的长短取决于酵母菌种的接种量的多少，接种量大、

图 4.45　酵母菌乙醇发酵的代谢途径（EMP 途径）

发酵前期的时间就较短，接种量小，发酵前期的时间就较长。一般实际生产酵母的接种量为 5%～10%较宜，间歇发酵的发酵前期的时间约为 6～8h，在此期间，要加强管理，因醪中酵母细胞并不多，生长不十分旺盛，易使感染杂菌，影响后发酵，甚至造成发酵失败。

② 主发酵期　酵母细胞已经完成大量增殖的过程，发酵液中的酵母数量一般可以达到 10^8 个/mL 以上，发酵液中的溶解氧已基本被酵母生长消耗完，处于厌氧环境，从而使酵母的代谢活动主要处于厌氧乙醇发酵，而酵母生长基本停止。这一阶段，原料中 80%以上有效成分转化为乙醇和 CO_2，同时放出大量热量，致使发酵液的温度快速上升，由于大量 CO_2 的产生，从表现上看，发酵液上下翻动，发酵程度较为激烈。此时，应及时采用冷却措施，因为温度较低，有利于保持酵母细胞内转化酶活力，发酵反应进行得彻底，出酒率较高。对于一般菌种而言，主发酵阶段的温度不宜超过 34℃。一般情况下，主发酵时间的长短取决于发酵液糖浓度的高低，糖分高，则主发酵期的持续时间就较长，反之则短，对于一般的间歇发酵，主发酵期持续时间为 12h 左右。

③ 发酵后期　发酵液中的糖分大部分已被酵母利用，可发酵糖浓度降低，酵母利用葡萄糖发酵生成乙醇的速度也逐渐降低，CO_2 的产生量也相应降低，产热较少。从发酵液的表观上看，在发酵液表面虽仍有气泡产生，但是发酵强度明显减弱，酵母活力下降，死酵母数逐渐增加，酵母和发酵后固形物逐渐絮凝沉淀。后发酵阶段的温度应根据气候与季节不同进行适当控制，一般菌种以保持在 30～32℃为宜。

上述的三个发酵时段只是根据发酵特征大体上划分的，在实际的发酵中很难将它们截然分开。但是在实际生产中，尽量缩短发酵前期的时间，这对于提高生产效率将有很大的意义。

（4）乙醇发酵工艺类型

① 糖质原料发酵工艺　糖类生物质原料乙醇发酵工艺过程比较简单、周期较短。图 4.46 为糖类生物质原料乙醇发酵的工艺过程。由于糖类生物质原料中干物质含量较高、产酸细菌多，灰分和胶体物质较多，发酵前要进行必要的预处理。乙醇发酵通常采用连续发酵方式，发酵成熟醪液可以直接进行蒸馏、脱水得到无水乙醇。在一些工艺中（回收酵母多级连续发酵法），发酵成熟醪液经过固液分离，所得酵母菌泥经过活化后作为菌种回用于乙醇发酵工段，可以减少菌种培养的费用，缩短发酵时间。蒸馏后剩余的废液应进行余热回收与无害化处理。

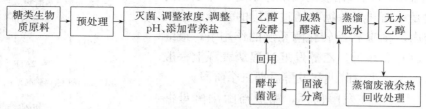

图 4.46　糖类生物质原料乙醇发酵工艺过程

② 淀粉质原料　淀粉类生物质原料生产乙醇工艺流程如图 4.47 所示。其与糖类工艺的主要区别是增加了淀粉糖化的环节。其主要工艺过程为：原料处理、糖化、酵母培养、乙醇发酵、蒸馏精制、副产品利用和废水废渣处理等。

图 4.47　淀粉类生物质原料生产乙醇工艺流程

③ 木质纤维素原料发酵工艺　图 4.48 是纤维素类生物质水解发酵工艺的一般流程，其中水解是关键的一步。与淀粉类原料水解的目的一样，纤维素类生物质水解也是为了将纤维素、半纤维素等多糖类物质转化为单糖等简单的、能被发酵菌种直接利用的糖类。不过，纤维素类生物质水解的难度更大。纤维素类生物质的水解工艺主要有浓酸水解、稀酸水解和酶水解三种类型。因原料性质及生产规模不同可能选择不同的工艺类型。

图 4.48　纤维素类生物质生产乙醇的一般流程

4.2.6　生物柴油技术

4.2.6.1　生物柴油的定义与性质

生物柴油一般可称为燃料甲酯、生物甲酯或酯化油脂，即脂肪酸甲酯的混合物。主要是通过以不饱和脂肪酸与低碳醇经转酯化反应获得的，它与柴油分子碳数相近。其原料来源广泛，各种食用油及餐饮废油、屠宰场剩余的动物脂肪，甚至一些粕籽和树种，都含有丰富的脂肪酸甘油酯类，适宜作为生物柴油的来源。生物柴油是一种清洁的可再生能源，由于生物柴油燃烧所排放的二氧化碳远低于其原料植物生长过程中所吸收的二氧化碳，因此生物柴油的使用可以缓解地球的温室效应。生物柴油是柴油的优良替代品，它适用于任何内燃机车，可以与普通柴油以任意比例混合，制成生物柴油混合燃料，如 B5（5％的生物柴油与 95％的普通柴油混合）、B20（20％的生物柴油与 80％的普通柴油混合）等。

生物柴油具有如下特性。

① 可再生、生物可分解、毒性低，悬浮微粒降低 30％，CO 降低 50％，黑烟降低 80％，醛类化合物降低 30％，SO_x 降低 100％，C_xH_y 降低 95％。

② 较好的润滑性能，可降低喷油泵、发动机缸和连杆的磨损率，延长寿命。

③ 有较好的发动机低温启动性能，无添加剂时冷凝点达 -20℃；有较好润滑性。

④ 可生物降解，对土壤和水的污染较少。

⑤ 闪点高，贮存、使用、运输都非常安全。

⑥ 来源广泛，具有可再生性。

⑦ 与石化柴油以任意比例互溶，混合燃料状态稳定；生物柴油在冷滤点、闪点、燃烧功效、含硫量、含氧量、燃烧耗氧量及对水源等环境的友好程度上优于普通柴油。

4.2.6.2　制备生物柴油的原料

生物柴油生产油脂原料主要是植物油脂、动物油脂以及废弃油脂等。一般来说，油脂的成本占生物柴油生产成本的 70％～80％。美国正在开发利用"工程微藻"作为未来生物柴油的原料。英国正在研究应用基因技术改良油菜品种，提高单位种植面积产量。德国有大量专门生产油菜籽的社区。意大利目前用油菜和向日葵用作生物柴油生产的原料，同时也开始实施能源作物种植试验的研究计划。巴西利用种植蓖麻和大豆来解决生物柴油生产的原料。

此外，研究人员还对棉花、向日葵、玉米、花生和棕榈等多种植物作生物柴油生产的原料进行了研究。印度主要是种植麻风树来解决生物柴油的原料。

目前我国生物柴油的原料来源主要包括酸化油和一些废弃食用油脂。长远发展生物柴油产业，必须考虑到油脂原料的可持续供应，木本油料和油料农作物如黄连木、乌桕、油桐、麻风树等具有很大的发展优势。微生物油脂也是未来生物柴油的重要油源。国外学者曾报道了产油微生物转化五碳糖为油脂的研究。产油微生物的这一特性尤其适用于木质纤维素全糖利用，因此，微生物油脂是具有广阔前景的新型油脂资源，在未来的生物柴油产业中将发挥重要的作用。

4.2.6.3　生物柴油生产工艺及相应原理

从油脂中获得生物柴油，因工艺不同其制备原理也有很大的差别，目前生物柴油的制备工艺主要包括化学法、生物酶催化法和超临界法等，下面就以下几种工艺形式介绍其基本原理。

（1）化学法转酯化制备生物柴油　酯交换是指利用动植物油脂与甲醇或乙醇在催化剂存在下，发生酯化反应制成脂酸甲（乙）酯。以甲醇为例，其主要反应式为：

$$\begin{array}{l}
CH_2COOR_1 \\
| \\
CHCOOR_2 + 3CH_3OH \\
| \\
CH_2COOR_3
\end{array} \rightleftharpoons
\begin{array}{l}
R_1COOCH_3 \\
R_2COOCH_3 \\
R_3COOCH_3
\end{array} +
\begin{array}{l}
CH_2OH \\
| \\
CHOH \\
| \\
CH_2OH
\end{array}$$

化学法酯交换制备生物柴油包括均相化学催化法和非均相化学催化法。

均相催化法包括碱催化法和酸催化法。采用催化剂一般为 NaOH、KOH、H_2SO_4 和 HCl 等。碱催化法在国外已被广泛应用，碱法虽然可在低温下获得较高产率，但它对原料中游离脂肪酸和水的含量却有较高要求。因在反应过程中，游离脂肪酸会与碱发生皂化反应产生乳化现象；而所含水分则能引起酯化水解，进而发生皂化反应，同时它也能减弱催化剂活性。所以游离脂肪酸、水和碱催化刑发生反应产生乳化，结果会使甘油相和甲酯相变得难以分离，从而使反应后处理过程变得繁琐。为此，工业上一般要对原料进行脱水、脱酸处理，或预酯化处理，然后分别以酸和碱催化剂分两步完成反应，显然，工艺复杂性增加成本和能量消耗。以酸催化制备生物柴油，游离脂肪酸会在该条件下发生酯化反应。因此，该法特别适用于油料中酸量较大情况，尤其是餐饮业废油等。但工业上酸催化法受到关注程度却远小于碱催化法，主要是因为酸催化法需要更长反应周期。

传统碱催化法存在废液多、副反应多和乳化现象严重等问题，为此，许多学者致力于非均相催化剂研究。该类催化剂包括金属催化剂如 ZnO、$ZnCO_3$、$MgCO_3$、K_2CO_3、Na_2CO_3、$CaCO_3$、CH_3COOCa、CH_3COOBa、$Na/NaOH/\gamma\text{-}Al_2O_3$、沸石催化剂、硫酸锡、氧化锆及钨酸锆等固体超强酸作催化剂等。采用固体催化剂不仅可加快反应速率，且还具有寿命长、比表面积大、不受皂化反应影响和易于从产物中分离等优点。

（2）生物酶催化法生产生物柴油　针对化学法合成生物柴油的缺点，人们开始研究用生物酶法合成生物柴油，即用动物油脂和低碳醇通过脂肪酶进行转酯化反应，制备相应的脂肪酸甲酯及乙酯。与传统的化学法相比较，脂肪酶催化酯化与甲醇作用更温和、更有效，不仅可以少用甲醇（只用理论量甲醇，是化学催化的 $1/6 \sim 1/4$），而且可以简化工序（省去蒸发回收过量甲醇和水洗、干燥），反应条件温和。明显降低能源消耗、减少废水，而且易于回收甘油，提高生物柴油的收率。

用于催化合成生物柴油的脂肪酶主要是酵母脂肪酶、根霉脂肪酶、毛霉脂肪酶、猪胰脂肪酶等。但由于脂肪酶的价格昂贵，成本较高，限制了酶作为催化剂在工业规模生产生物柴油中的应用。为此，研究者也试图寻找降低脂肪酶成本的方法，如采用脂肪酶固定化技术，以提高脂肪酶的稳定性并使其能重复利用，或利用将整个能产生脂肪酶的全细胞作为生物催化剂。

（3）超临界法制备生物柴油　超临界反应是在超临界流体参与下的化学反应，在反应中，超临界流体既可以作为反应介质，也可以直接参加反应。它不同于常规气相或液相反应，是一种完全新型的化学反应过程。超临界流体在密度、对物质溶解度及其他方面所具有的独特性质使得超临界流体在化学反应中表现出很多气相或液相反应所不具有的优异性能。用植物油与超临界甲醇反应制备生物柴油的原理与化学法相同，都是基于酯交换反应，但超临界状态下，甲醇和油脂成为均相，均相反应的速率常数较大，所以反应时间短。另外，由于反应中不使用催化剂，故反应后续分离工艺较简单，不排放废碱液，目前受到广泛关注。

在超临界条件下，游离脂肪酸（FFA）的酯化反应防止了皂的产生，且水的影响并不明显。这是因为油脂在 200℃ 以上会迅速发生水解，生成游离脂肪酸、单甘油酯、二甘油酯等。而游离脂肪酸在水和甲醇共同形成微酸性体系中具有较高活性，故能和甲醇发生酯化反应，且不影响酯交换反应继续进行。但过量水不仅会稀释甲醇浓度，而且降低反应速率，并能使水解生成一部分饱和脂肪酸不能被酯化而造成最后生物柴油产品酸值偏高。研究发现，植物油中的 FFA，包括软脂酸、硬脂酸、油酸、亚油酸和亚麻酸等，在超临界条件下都能与甲醇反应生成相应的甲酯。对于饱和脂肪酸，400～450℃ 是较为理想的温度；而对于不饱和酸，由于其相应的甲酯在高温下发生热解反应，因此在 350℃ 下反应效果较好。甲醇在超临界状态下具有疏水性，甘油三酯能很好地溶解在超临界甲醇中，因此超临界体系用于生物柴油的制备具有反应迅速、不需要催化剂、转化率高、不产生皂化反应等优点，因此，简化了产品纯化过程。但超临界法制备生物柴油的方法通常需要高温高压，对设备要求很高，因此，设备投入较大。

4.2.6.4　生物柴油的应用

目前生物柴油在柴油机上燃用的技术已经非常成熟，国际上有十几个国家和地区生产销售生物柴油。目前，发达国家用于规模生产生物柴油的原料有大豆（美国）、油菜籽（欧盟国家）、棕榈油（东南亚国家）。现已对 40 种不同植物油在内燃机上进行了短期评价试验，包括豆油、花生油、棉籽油、葵花籽油、油菜籽油、棕榈油和蓖麻籽油。日本、爱尔兰等国用植物油下脚料及食用回收油做原料生产生物柴油，成本较化石柴油低。在我国，生物柴油的获得，以木本类的油料作物、菜籽以及食用废油为主要原料。

4.2.7　生物制氢技术

4.2.7.1　氢的燃料性质及特点

（1）氢的物理性质　氢的相对原子质量为 1.008，氢元素位于化学周期表的第一位，通常状况下氢气是无色无味的气体，极难溶于水，不易液化，氢气是所有气体中最轻的，标准状态下的密度为 $0.0899kg/m^3$，只有空气密度的 1/14。在所有的气体中，氢的比热容最大、导热率最高、黏度最低，是良好的冷却工质和载热体。氢的热值很高，为 121061kJ/kg，约为汽油热值的 3 倍，高于所有的化石燃料和生物质燃料，且燃烧效率很高。

（2）氢的能源特点　氢能是一次能源的转换储存形式，是氢所含有的能量，因此，它是一种二次能源。氢气的主要有以下特点。

① 氢是最洁净的燃料。氢作为燃料使用，其最突出的优点是与氧反应后生成的是水，

可实现真正的零排放，不会像化石燃料那样产生诸如一氧化碳、二氧化碳、碳氢化合物、硫化物和粉尘颗粒等对环境有害的污染物质，因此它是最洁净的燃料。氢在空气中燃烧时可能产生少量的氮化氢，经过适当处理也不会污染环境，而通过燃料电池转换为电能则完全转化为洁净的水，而且生成的水还可继续制氢，反复循环使用，氢能的利用将使人类彻底消除对温室气体排放造成全球变暖的担忧。

② 氢是可贮存的二次能源。可贮存携带的二次能源中氢能清洁无污染、能量密度高、可再生、应用形式多，是一种理想的能源载体，被能源界公认为最理想的化石燃料的替代能源。

③ 氢能的效率高。氢燃料电池就是其中一种，理论上燃料电池可以使用多种气体燃料，但目前真正技术上取得突破的只有氢气，这使得氢能成为目前转换效率最高的能源。目前，氢燃料电池的转换效率约为 60%～70%，还有继续提高的潜力。

4.2.7.2 生物制氢的基本原理

（1）生物质气化制氢

① 基本原理　生物质气化产氢过程在生物质气化炉中发生，以流化床式生物质反应器最为常用。过程主要是生物质炭与氧的氧化反应，碳与二氧化碳、水等的还原反应和生物质的热分解反应，通常炉中的燃料可分为干燥、热解、氧化、还原四层，各层燃料在同时进行着各自不同的化学反应过程。

② 主要工艺　生物质气化催化制氢得到的可燃气主要成分是 H_2、CO 和少量的 CO_2，然后借助水-气转化反应生成更多的氢气，最后分离提纯。此过程会产生较多的焦油，一般在气化后采用催化裂解的方法来降低焦油含量并提高燃气中氢的含量。生物质气化催化制氢工艺流程如图 4.49 所示。

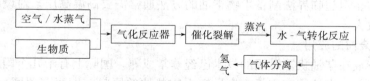

图 4.49　生物质催化气化制氢工艺流程

生物质气化制氢装置以流化床式生物质反应器最为常用，包括循环流化床和鼓泡流化床。生物质催化气化制氢在流化床反应器的气化段经催化气化反应生成含氢的燃气，燃气中的 CO、焦油及少量固态炭在流化床的另外一区段与水蒸气分别进行催化反应，来提高转化率和氢气产率，之后产物气进入固定床焦油裂解器，在高活性催化剂上完成焦油裂解反应，再经变压吸附得到高纯度氢气。生物质气化催化制氢工艺的典型流程如图 4.50 所示。

（2）生物质热裂解制氢　生物质热裂解过程是指在隔绝空气或供给少量空气的条件下使生物质受热而发生分解的过程。根据工艺的控制不同可得到不同的目标产物，一般生物质热解产物有气体、生物油和木炭。在生物质热裂解过程中有一系列复杂的化学反应。同时伴随着热量的传递。生物质热裂解制氢就是对生物质进行加热使其分解为可燃气体和烃类，为增加气体中的氢含量，对热解产物再进行催化裂解，使烃类物质进一步裂解，转换得到一氧化碳和氢气，再经过变换反应将一氧化碳也转变为氢气，最后进行气体分离。反应器结构示意图如图 4.51 所示。

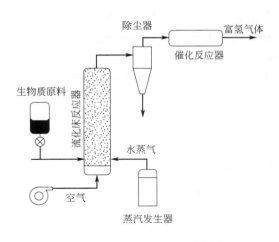

图 4.50　生物质气化催化制氢工艺典型流程

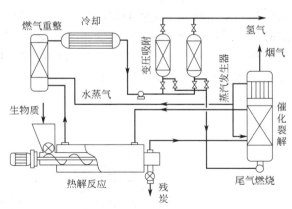

图 4.51　生物质热裂解制氢反应器结构示意图

生物质隔绝空气的热裂解过程通过不同的反应条件可得到高品质的气体产物，可通过控制裂解温度和物料的停留时间等热裂解条件制取氢气。工艺流程并不加入空气，氮气不存在可以使气体的能流密度大大提高，并降低了气体分离的难度，生物质是在常压下进行的热解和二次裂解，工艺条件温和。

（3）微生物法制氢　生物制氢是利用微生物自身的新陈代谢途径生产氢气的方法。由于生物制氢是微生物自身新陈代谢的结果，生成氢气的反应在常温、常压和接近中性的温和条件下进行，此外，生物制氢由于所用原料可以是生物质、城市垃圾或者有机废水，这些原料来源丰富、价格低廉，且其生产过程清洁、节能，不消耗矿物资源，在生产氢气的同时净化了环境，具有废弃物资源化利用和减少环境污染的双重功效，成为国内外制氢技术的一个主要发展方向。世界上许多国家都投入了大量的人力物力对生物制氢技术进行开发研究，以期早日实现该技术的商业化转变。可以预料生物制氢技术将成为人类进行氢大规模生产的重要途径。

能够产氢的微生物主要有两个类群：发酵细菌和光合细菌。在这些微生物体内存在着特殊的氢代谢系统，固氮酶和氢酶在产氢过程中发挥重要作用。生物制氢主要包括厌氧微生物发酵制氢、光合微生物制氢和厌氧-光合微生物联合制氢。三种不同生物制氢途径的特点见表 4.5。

表 4.5　不同生物制氢特点

类　　型	优　　点	缺　　点
蓝细菌和绿藻	只需要水为原料；太阳能转化效率比树和作物高 10 倍左右；有两个光合系统	光转化效率低，最大理论转化效率 10%；复杂的光合系统产氢需要克服的自由能较高（$+242kJ/mol\ H_2$）；不能利用有机物，所以不能减少有机废弃物的污染；需要光照；需要克服氧气的抑制效应
光合细菌	能利用多种小分子有机物；利用太阳光的波谱范围较宽；只有一个光合系统，光转化效率高，理论转化效率 100%；不产氧，不需要克服氧气的抑制效应；相对简单的光合系统使得产氢需要克服的自由能较小	需要光照
发酵细菌	发酵细菌的种类非常多；产氢不受光照限制；利用有机物种类广泛；不产氧，不需要克服氧气的抑制效应	对底物的分解不彻底，治污能力低，需要进一步处理；原料转化率低

① 厌氧发酵法制氢　厌氧发酵有机物制氢是通过厌氧微生物将有机物降解制取氢气。微生物在氮化酶或氢化酶的作用下能将多种底物分解而得到氢气。这些底物包括：甲酸、丙酮酸、各种短链脂肪酸等有机物、淀粉纤维素等糖类。这些物质广泛存在于工农业生产的高浓度有机废水和人畜粪便中，利用这些废弃物制取氢气，在得到能源的同时保护环境。图4.52是黑暗厌氧发酵产氢示意图。

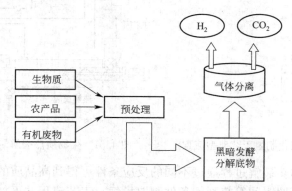

图 4.52　黑暗厌氧发酵产氢示意图

② 光解水产氢

蓝细菌和绿藻的产氢属于这种类型，它们在厌氧条件下，通过光合作用分解水产生氢气和氧气，所以通常也称为光分解水产氢途径。其作用机理和绿色植物光合作用机理相似，光合作用路线见图4.53。这一光合系统中，具有两个独立但协调起作用的光合作用中心：接收太阳能分解水产生 H^+、电子和 O_2 的光合系统Ⅱ（PSⅡ）以及产生还原剂用来固定 CO_2 的光合系统Ⅰ（PSⅠ）。PSⅡ产生的电子，由铁氧化还原蛋白携带经由PSⅡ和PSⅠ到达产氢酶，H^+ 在产氢酶的催化作用下在一定的条件下形成 H_2。产氢酶是所有生物产氢的关键因素，绿色植物由于没有产氢酶，所以不能产生氢气，这是藻类和绿色植物光合作用过程的重要区别所在，因此除氢气的形成外，绿色植物的光合作用规律和研究结论可以用于藻类新陈代谢过程分析。

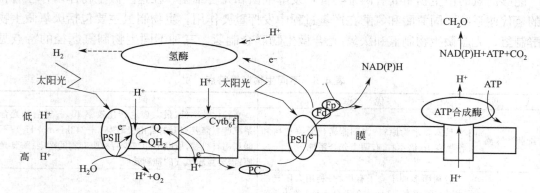

图 4.53　藻类光合产氢过程电子传递示意图

PSⅡ—光合系统Ⅱ反应中心；PSⅠ—光合系统Ⅰ的反应中心；Q—PSⅡ阶段的主要电子接收体；

PC—质体蓝素；$Cytb_6f$—细胞色素 b_6 与细胞色素 f 的复合体；

Fd—铁氧还原蛋白；Fp—氧化还原酶；NAD(P)H—氧化还原酶

③ 直接光解水产氢途径　直接光分解产氢途径中，光合器官捕获光子，产生的激活能

分解水产生低氧化还原电位还原剂，该还原剂进一步还原氢酶形成氢气（见图 4.54）。即 $2H_2O \longrightarrow 2H_2 + O_2$。这是蓝细菌和绿藻所固有的一种很有意义的反应，使得能够用地球上充足的水资源在不产生任何污染的条件下获得 H_2 和 O_2。

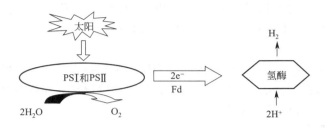

图 4.54　直接光解水产氢示意图

PS II—光合系统 II 反应中心；PS I—光合系统 I 的反应中心；Fd—铁氧还原蛋白

④ 光合细菌产氢　光合细菌简称 PSB（photosynthetic bateria），是一群能在厌氧光照或好氧黑暗条件下利用有机物作供氢体兼碳源，进行光合作用的细菌，而且具有随环境条件变化而改变代谢类型的特性。它们是地球上最早（约 20 亿年以前）出现的、具有原始光能合成体系的原核生物，广泛分布于水田、湖沼、江河、海洋、活性污泥和土壤中。1937 年 Nakamura 观察到 PSB 在黑暗中释放氢气的现象。1949 年，Gest 和 Kamen 报道了深红螺菌（*Odospirilum rubrum*）光照条件下的产氢现象，同时还发现了深红螺菌的光合固氮作用。这以后的许多研究表明，光照条件下的产氢和固氮在 PSB 中是普遍存在的。

与蓝细菌和绿藻相比，光合细菌的厌氧光合固氢过程不产氧，只产氢，且产氢纯度和产氢效率较高。光合细菌产氢示意图见图 4.55。光合细菌产氢与蓝细菌、绿藻一样都是太阳能驱动下光合作用的结果，但是光合细菌只有一个光合作用中心（相当于蓝细菌、绿藻的光合系统 I），由于缺少藻类中起光解水作用的光合系统 II，所以只进行以有机物作为电子供体的不产氧光合作用。

4.2.8　生物质压缩成型技术

4.2.8.1　生物质压缩成型技术

生物质成型燃料技术就是将各类松散的生物质原料通过干燥、粉碎、压缩等工序加工成为密度较大的有一定固定形状的成型燃料，成型后的生物质燃料具有形状完整，便于运输、贮存和燃烧利用的特点。

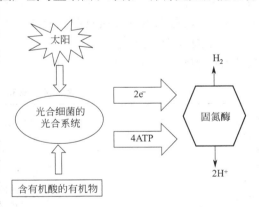

图 4.55　光合细菌产氢原理示意图

木柴等林业废弃物的堆积密度在 $250 \sim 300 kg/m^3$ 之间，而农业废弃物（除了棉柴）的堆积密度远小于林业废弃物，例如玉米秸秆的堆积密度相当于木材的 1/4，小麦秸秆的堆积密度不足木材的 1/10。秸秆原料的密度过低会带来贮存输送的困难，限制了其大规模利用的经济性与可行性。成型后的生物质燃料具有商品化能源属性，具备规模化、工业化利用推广的市场前景。

针对不同材料的压缩成型，将成型物内部的黏合力类型和黏合方式分成 5 类：①固体颗粒桥接或架桥；②非自由移动黏合剂作用的黏合力；③自由移动液体的表面张力和毛细压力；④粒子间的分子吸引力（范德华力）或静电引力；⑤固体粒子间的充填或嵌合。

一般情况，成型燃料的黏结强度随着成型压力增加而增大。在不添加黏结剂的成型过程中，秸秆颗粒在外部压缩力的作用下相互滑动，颗粒间的孔隙减小，颗粒在压力作用下发生塑性变形，并达到期结成型的目的。对大颗粒而言，颗粒之间交错黏结为主；对于很小的颗粒而言（粉粒状），颗粒之间以吸引力（分子间的范德华力或静电力）黏结为主。温度可以使秸秆内在的黏结剂——木质素熔化，从而发挥出黏结作用。所以秸秆能在不用黏结剂的条件下热压成型。

除此之外，增加黏结剂也可以明显提高成型块的黏结强度，提高颗粒之间的聚合力，从而可以对压力进行一定的补偿。总之，压力、温度、切碎物料的粒度和黏结剂都是影响秸秆等成型燃料物理、力学性能的主要因素。

4.2.8.2　生物质成型基本过程

生物质原料经过粉碎处理后，主要形态特征为颗粒的粒径不同，生物质颗粒在压缩过程表现出流动特性、充填特性和压缩特性。通常生物质压缩成型分为两个阶段，第一阶段，在压缩初期，较低的压力传递至生物质颗粒中，使原先松散堆积的固体颗粒排列结构开始改变，生物质内部空隙率减少；第二阶段，当压力逐渐增大时，生物质大颗粒在压力作用下破裂，变成更加细小的粒子，并发生变形或塑性流动，粒子开始充填空隙，粒子间更加紧密地接触而互相嵌合，一部分残余应力储存于成型块内部，使粒子间结合更牢固。

压力、含水量及粒径是影响粒子在压缩过程中发生变化的主要因素。在生物机体内存在的适量的结合水和自由水是一种润滑剂，使粒子间的内摩擦变小，流动性增强，从而促进粒子在压力作用下滑动而嵌合。构成成型块的粒子越细小，粒子间充填程度就越高，接触越紧密；当粒子的粒度小到一定程度（几百微米至几微米）后，成型块内部的结合力方式和主次甚至也会发生变化，粒子间的分子引力、静电引力和液相附着力（毛细管力）开始上升为主导地位。

4.2.8.3　成型燃料的性质及产品标准

化学特性包括热值、含水率、灰分、灰分熔点以及 Cl、N、S、K 和重金属含量。生物质成型燃料特性及其影响见表 4.6。

表 4.6　生物质成型燃料特征及影响

参　　　数	影　响　因　素
含水率	可存贮性、热值、损失、自燃
热值	可利用性、工程的设计
Cl	HCl、二噁英和呋喃[①]的排放，对过热器的腐蚀作用
N	NO_x、HCN 和 N_2O 的排放
S	SO_x 的排放
K	对过热器的腐蚀作用，降低灰分熔点
Mg、Ca 和 P	提高灰分熔点，影响灰分的使用
重金属	污染环境，影响灰分的使用和处理
灰分含量	含尘量，灰分的处理费用
灰分熔点	使用的安全性
堆积密度	运输和存贮的成本，配送方案的设计
实际密度	燃烧特性（包括传热率和气化特性）
燃烧颗粒尺寸	可流动性、搭桥的趋势

① 二噁英和呋喃：多氯代二苯并二噁英（PCDDs）和多氯代二苯并呋喃（PCDFs）是两个系列的三环化合物，此类化合物中有一些种类具有极毒的特性，其化学性质稳定，而且在本质上又是亲脂的，因此容易在食物链中发生生物累积，从而对人类和环境构成威胁，PCDDs 和 PCDFs 在技术上是没有用途的，自然界中也不存在，但是在生产某些杀菌剂和除草剂时，以及在焚烧城市固体废物和工业废物时，均有少量二噁英和呋喃作为杂质产生。

针对生物质成型燃料，部分欧洲国家和美国制定了有关的质量标准，规定了成型燃料的热值、堆积密度、灰分含量、S、Cl、N 等元素的含量等技术参数。欧洲标准化委员会也制定生物质燃料质量标准。欧洲木质颗粒燃料综合标准见表 4.7。

表 4.7　欧洲木质颗粒燃料标准

标准名称及单位	综 合 指 标	标准名称及单位	综 合 指 标
直径(d)/mm	6～8	灰分/%	<0.5
长度/mm	<5×d	燃烧热值/(MJ/kg)	>18
密度/(kg/dm³)	>1.12	硫化物/%	<0.04
含水量/%	<10	氮化物/%	<0.3
粉末/%	<2.3	氯化物/%	<0.02
黏结剂/%	<2		

4.2.8.4　生物质压缩成型工艺流程

现有的生物质压缩成型技术按生产工艺分为黏结成型、压缩成型和热压成型等工艺。成型物的形状主要分为三大类：圆柱块状成型、棒状成型和颗粒状成型技术。

生物质压缩成型工艺包括生物质收集、粉碎、脱水、加黏结剂、预压、加热、压缩、保型、切割、包装等环节。其流程如图 4.56 所示。

图 4.56　生物质压缩成型工艺流程

成型过程是利用成型机完成的，目前国内外使用的成型机有 3 大类，即螺旋挤压式、活塞冲压式和压辊式（如图 4.57～图 4.59 所示）。

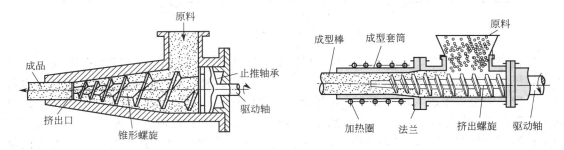

图 4.57　螺旋挤压成型部件结构示意图

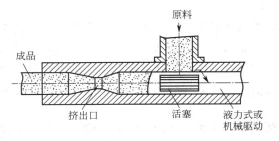

图 4.58　活塞式挤压成型部件结构示意图

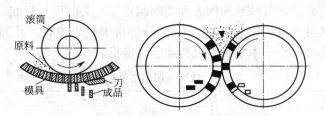

图 4.59　压辊式挤压成型部件结构示意图

4.2.8.5　典型生物质成型燃料工艺

　　生物质成型燃料生产线主要包含生物质干燥机、粉碎机、颗粒成型机、沸腾气化燃烧炉。如图 4.60 所示。

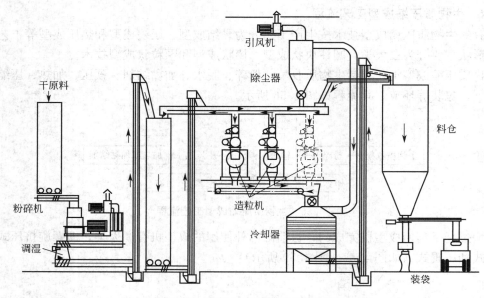

图 4.60　生物质成型燃料工艺流程

　　生物质原料首先被送入烘干机，烘干机的热源由沸腾燃烧炉提供，热量经过沉降室后进入干燥机，干燥后的物料含水率控制在 15% 左右，不均匀度小于 3%，其含水率可灵活调节；干燥后的生物质进入粉碎机进行切割粉碎，使其粒径在 3~6mm。粉碎后的生物质经自动传输系统进入料仓斗，然后进入颗粒冷成型机，冷态压缩后形成密度为 0.9~1.38g/cm³ 的生物质颗粒燃料，成型后的颗粒通过冷风机使其温度从 70℃ 降低到常温，即可进入包装环节。

4.2.8.6　生物质成型应用

　　经过固化成型的生物质燃料可继续加工生产机制木炭，生产出来的木质炭可代替天然木炭作为燃料炭；炭中不含致癌物质，特别适合食品熏烤；对其进行二次活化加工，还可以生产出合格的工业活性炭，用于冶金还原物和渗碳剂；还可以作为吸附剂，用于环保工业；用炭粉施田，可以有效提高地温、地力和防病虫害；利用炭粉生产各种型炭，成本较低，而且具有很强的市场竞争力。

　　成型燃料，尤其是颗粒成型燃料在民用炉灶上的应用，相比于普通炉灶，无论使用颗粒或成型燃料还是木片作为燃烧原料，其热效率都显著提高。

大部分生产出来的生物质固化燃料都可以直接或与煤混燃，并不需要改造锅炉。有少部分烧煤锅炉由于鼓风、温度、燃烧形式等原因须经改造方可进行生物燃料使用。

4.3　风能

风能是流动的空气所具有的能量。从广义太阳能的角度看，风能是由太阳能转化而来的。因太阳照射而受热的情况不同，地球表面各处产生温差，从而产生气压差而形成空气的流动。风能在 20 世纪 70 年代中叶以后日益受到重视，其开发利用也呈现出不断升温的势头，有望成为 21 世纪大规模开发的一种可再生清洁能源。

风能属于可再生能源，不会随着其本身的转化和人类的利用而日趋减少。与天然气、石油相比，风能不受价格的影响，也不存在枯竭的威胁；与煤相比，风能没有污染，是清洁能源；最重要的是风能发电可以减少二氧化碳等有害排放物。据统计，每装 1 台单机容量为 1MW 的风能发电机，每年可以少排 2000t 二氧化碳、10t 二氧化硫、6t 二氧化氮。

按照不同的需要，风能可以被转换成其他不同形式的能量，如机械能、电能、热能等，以实现泵水灌溉、发电、供热、风帆助航等功能。图 4.61 中给出风能转换及利用情况。

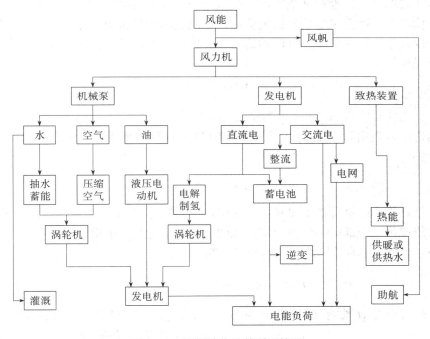

图 4.61　风能转化及其利用情况

4.3.1　风能资源基本概念与表征

（1）风向方位　为了表示一个地区在某一时间内的风频、风速等情况，一般采用风玫瑰图来反映一个地区的气流情况。风玫瑰图是以"玫瑰花"形式表示各方向上气流状况重复率的统计图形，所用的资料可以是一月内的或一年内的，但通常采用一个地区多年的平均统计资料，其类型一般有风向玫瑰图和风速玫瑰图。风向玫瑰图又称风频图，是将风向分为 8 个或 16 个方位，在各方向线上按各方向风的出现频率，截取相应的长度，将相邻方向线上的截点用线联结的闭合折线图形，如图 4.62(a)，表示该地区最大风频的风向为北风，约为

20%（每一间隔代表风向频率 5%）；中心圆圈内的数字代表静风的频率。如果用这种方法表示各方向的平均风速，就成为风速玫瑰图。风玫瑰图还有其他形式，如图 4.62(b) 和 (c)，其中图 4.62(c) 为风频风速玫瑰图，每一方向上，既反映风频大小（线段的长度），又反映这一方向上的平均风速（线段末段的风羽多少）。

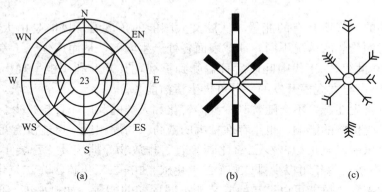

图 4.62　风玫瑰图

通过风玫瑰图，可以准确地描绘出一个地区的风频和风量分布，从而确定风电场风力发电机组的总体排布，做出风电场的微观选址，在风电场建设初期设计中起到很大的作用。

（2）风的能量　风能就是空气流动的动能，风和其他运动的物体一样，它所有的动能可以用以下公式计算：

$$W = \frac{1}{2}mv^2$$

式中，m 为流动空气的质量；v 为空气的流动速度。

而风能也可以表示为 1s 通过 1m³ 面积的空气所具有的动能，也称为风密度，可以用以下公式表示：

$$E_0 = \frac{1}{2}\rho v^3$$

风密度是评价风能资源的重要参数。式中，ρ 为空气密度；v 为空气的流动速度。

有效风能评价某个地区一年内风能资源的大小，不能简单地用当地年平均风速，还要考虑风速的分布情况。年有效风能用下面公式计算：

$$E = 0.6125 \times 10^3 \times \left(\sum_{3}^{20} v^3 t\right)$$

式中，E 为年有效风能（kW·h/m²）；0.6125 为 1/2 空气密度，kg/m³；v 为 3.0～20m/s 的某一风速；t 为对应风速 v 一年出现的小时数。

将有效风能除以年有效风速持续的小时数，即可以得到有效风速的能量密度（kW/m² 或者 W/m²）。

（3）风速频率分布　按相差 1m/s 的间隔观测 1 年（1 月或 1 天）内吹风总时数的百分比，称为风速频率分布。风速频率分布一般以图形表示，如图 4.63 所示。图中表示出两种不同的风

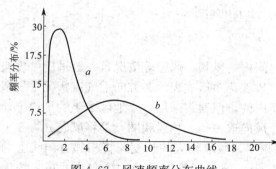

图 4.63　风速频率分布曲线

速频率曲线，曲线 a 变化陡峭，最大频率出现于低风速范围内，曲线 b 变化平缓，最大频率向风速较高的范围偏移，表明较高风速出现的频率增大。从风能利用的观点看，曲线 b 所代表的风况比曲线 a 所表明的要好。利用风速频率分布可以计算某一地区单位面积 $1m^2$ 上全年的风能。

4.3.2　风力机的主要类型

从能量转换的角度而言，风力机是风能利用环节中能量的收集者，在风能转化过程中起着非常重要的作用。它的功能是将风能转化机械能。一般情况风力机按照其风轴与地面的相对位置可以分水平轴型和竖直轴型。风力机的主要类型如图 4.64 所示。其主要的结构示意见图 4.65。

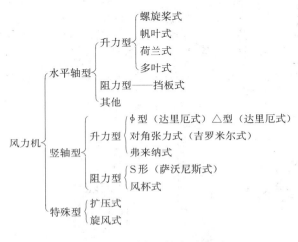

图 4.64　风力机的主要类型

4.3.3　风力机的应用

（1）风力发电　风力发电系统通常由风轮、对风装置、调速（限速）机构、传动装置、发电装置、储能装置、逆变装置、控制装置、塔架及附属部件组成。风力发电的运行方式可分为独立运行、并网运行、集群式风力发电站、风力-柴油发电系统等。

① 独立运行　风力发电机输出的电能经蓄电池储能，再供应用户使用，如图 4.66 所示。3～5kW 以下的风力发电机多采用这种运行方式，可供边远农村、牧区、海岛、气象台站、导航灯塔、电视差转台、边防哨所等电网达不到的地区利用。

根据用户需求，可以进行直流供电和交流供电。

直流供电是小型风力发电机组独立供电的主要方式，它将风力发电机组发出的交流电整流成直流，并采用储能装置储存剩余的电能，使输出的电能具有稳频、稳压的特性。

② 交流供电　交流直接供电多用于对电能质量无特殊要求的情况，如加热水、淡化海水等。在风力资源比较丰富而且比较稳定的地区，采取某些措施改善电能质量，也可带动照明、动力负荷。这些措施包括：利用风力机的调速机构、电压自动调整器、频率变换器、变速恒频发电机等，使供电的电压和频率保持在一定范围内。

③ 通过"交流-直流-交流"逆变器供电　先将风力发电机发出的交流电整流成直流，再用逆变器把直流电变换成电压和频率都很稳定的交流电输出，保证了用户对交流电的质量要求。

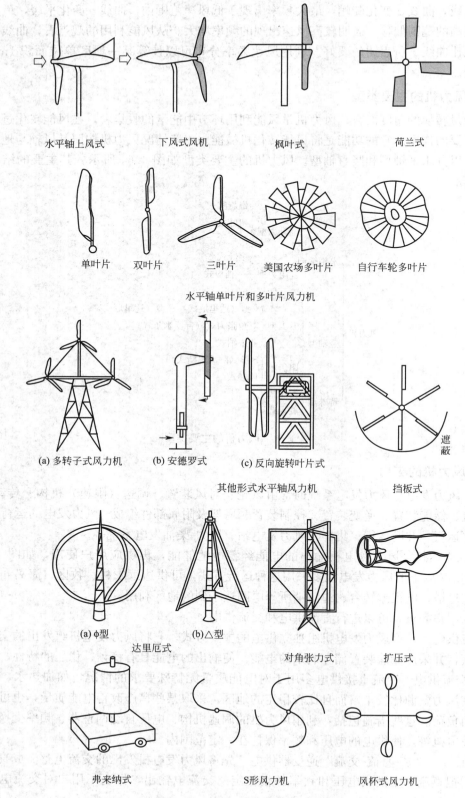

水平轴上风式　　　　下风式风机　　　　枫叶式　　　　荷兰式

单叶片　　双叶片　　三叶片　　美国农场多叶片　　自行车轮多叶片

水平轴单叶片和多叶片风力机

(a) 多转子式风力机　　(b) 安德罗式　　(c) 反向旋转叶片式　　　　遮蔽

其他形式水平轴风力机　　　　挡板式

(a) φ型　　　　(b) △型

达里厄式　　　　对角张力式　　　　扩压式

弗来纳式　　　　S形风力机　　　　风杯式风力机

图 4.65　各种类型风力机结构示意图

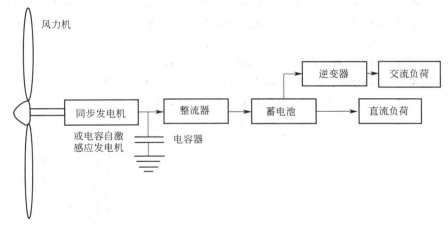

图 4.66 独立运行风力发电系统

（2）风力提水 风力提水作为风能利用的主要方式之一，在解决农牧业灌排、边远地区的人畜饮水以及沿海养鱼、制盐等方面都不失为一种简单、可靠、有效的实用技术。开发和应用风力提水技术对于节省常规能源、解决广大农牧区的动力短缺、改善我国的生态环境都有重要的现实意义。

根据提水方式的不同，现代风力提水机可分为风力直接提水和风力发电提水 2 大类，风力提水机又可分为高扬程小流量型、中扬程大流量型和低扬程大流量型。

① 高扬程小流量型风力提水机组是由低速多叶片立轴风力机与活塞水泵相匹配组成的。这类机组的风轮直径一般都在 6m 以下，扬程为 20～100m，流量为 0.5～5m³/h，主要用于提取深井地下水。这类提水机是通过曲柄连杆机构把风轮轴的旋转运动变为活塞泵的往复直线运动进行提水作业的。风轮的对风一般都是通过尾翼来自动调整的，并采用风轮偏置-尾翼挂接轴倾斜方法进行自动调速。

② 中扬程大流量型风力提水机组是由高速桨叶匹配容积式水泵组成的提水机组，主要用来提取地下水。这类提水机组的风轮直径一般为 5～8m，扬程为 10～20m，流量为 15～25m³/h。这类风力提水机一般为现代流线型桨叶，效率较高，性能先进，适用性强，但其造价高于传统式风力机。

③ 低扬程大流量型风力提水机组是由低速或中速风力机与链式水车或螺旋泵相匹配组成的提水机组，它可以提取河水、湖水或海水等地表水，用于农田排灌和盐场制盐、水产养殖提水。这类机组的扬程一般为 0.5～3m，流量为 50～100m³/h，机组的风轮直径为 5～7m，风轮轴动力是通过锥齿轮传递给水车或螺旋泵的，一般都采用自动迎风机构调节风轮对风方向，用侧翼-配重调速机构进行自动调速。

（3）风力致热 目前风能转化成热能的主要方式有以下 4 种。

① 固体摩擦致热是用风力机动力输出轴驱动一组摩擦元件，旋转时在固体表面摩擦生热来加热液体，见图 4.67。

② 搅拌液体致热是用风力机动力输出轴带动搅拌器的转子，转子与定子上均有叶片。转子叶片搅拌液体产生涡流运动并冲击定子叶片时，液体的动能转化成热能，见图 4.68。

③ 液体挤压致热是一种利用液压泵和阻尼孔相配合产生热量的方式。风力机动力输出轴带动液压泵，将工作液体加压，把机械能转化成液体的压力能，而后使受压液体从狭小的

阻尼孔中高速喷出，在瞬间液体的压力能转化成液体的动能。由于阻尼液体的动能通过液体分子直接的冲击和摩擦转化成热能，此时液体流速下降，温度升高，经过热交换管，把冷水加热成热水。见图 4.69。

④ 涡电流致热是用风力机动力输出轴带动转子，在转子外缘装上磁化线圈，来自电池的电流磁化线圈产生磁力线，转子旋转时，定子切割磁力线，产生涡电流发热。定子外围是环形冷却套，有热容量大、冷却性能好的液体流过，将热量带走，从而实现能量转换。

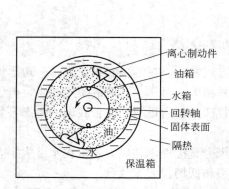

图 4.67　固体摩擦致热装置简图

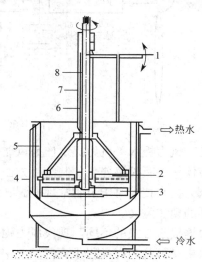

图 4.68　搅拌液体致热简图

1—手柄；2—定子叶片；3—转子叶片；4—支撑架；
5—固定器；6—空心轴；7—管子；8—回转轴

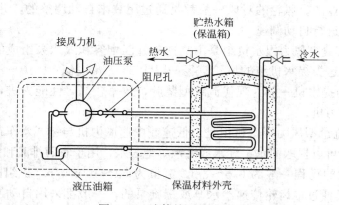

图 4.69　液体挤压致热简图

此外，风力机作为动力机械除了在发电、提水以及致热等方面有很好的应用以外，其还可以带动铡草机、粉碎机、清选机、干燥机等进行作业和应用。

4.4　水能

水能通常是指河川径流相对于某一基准面具有一定的势能。一般水能指利用水能发电。把天然的水流具有的水能聚集起来，去推动水轮机，带动发电机，便可以产生电能。水流本身并不发生化学变化，所以说水能是一种清洁能源。水能资源最显著的特点是可再生、无污染。开发水能对江河的综合治理和综合利用具有积极作用，对促进国民经济发展，改善能源消费结构，缓解由于消耗煤炭、石油资源所带来的环境污染有重要意义，因此世界各国都把开发水能放在能源发展战略的优先地位。

与火力发电和核能发电等常规能源发电的不同之处是，水能可以直接转换成电能，不需要经过热能转换的中间环节。因此，对水电建设而言，其一次能源建设和二次能源建设是同时完成的。利用水能资源发电与火力发电和核能发电相比，具有以下特点。

① 利用可再生的能源；

② 水能资源可综合利用；

③ 水力发电成本低，效率高；

④ 水力发电不污染环境；

⑤ 水能可以储蓄和调节。

4.4.1　水力发电基础知识

水利发电站是把水能转化成电能的工厂，为了能把水能转化成电能，需要修建一些水工建筑物，在厂房中安装水轮机、发电机和附属机电设备。水工建筑物和机电设备的总和，组成水力发电站，实现水力发电。水力发电必需的两个要素为水头和流量。

（1）水头　水头是指水流集中起来的落差，即水电站上、下游水位之间的高度差，现用 $H_总$ 表示，单位是 m（见图 4.70）。而作用在水电站水轮机的工作水头（或称静水头）H 还要从总水头 $H_总$ 中扣除水流进入水闸、拦污栅、管道、弯头和闸阀等所造成的水头损失 h_1，以及从水轮机出来，与下游接驳的水降 h_2，即

$$H = H_总 - h_1 - h_2$$

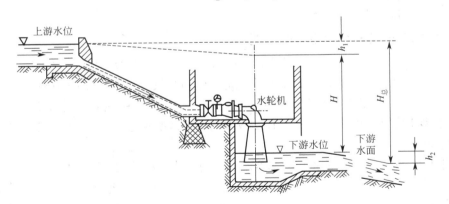

图 4.70　水电站水头示意图

（2）流量　指单位时间通过某个断面的水量，单位是 m^3/s。

（3）水电站的功率　水电站的功率理论值为每分钟通过水轮机水的质量与水轮的工作水头乘积。

4.4.2　水力发电的基本原理

由于地球的引力作用，水总是从高处往低处流，挟带着泥沙冲刷着河床和岸坡，这说明水在流动的过程具有一定的能量。水位越高，水量越多，产生的能也就越大。如同其他能量一样，可以采用人工措施将其转变为电能。水力发电就是水流通过推动水轮机把水的位能和

动能转化成机械能，进而转化成电能的发电方式。如图 4.71 所示。

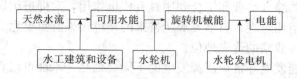

图 4.71　水力发电的基本原理

为了实现水力发电，需要构筑一系列的建筑物的水力发电系统，水力发电系统的基本构成如下。

① 水库：用以贮存水和调节水的流量，提高水位，集中河道落差，取得最大发电效率。水库工程除拦河大坝外，还有溢洪道、泄水孔等安全设施。

② 引水系统：用以平顺地传输发电所需要的流量至电厂，冲动水轮机发电。

③ 水轮机室：使水流平顺地进入水轮机。

④ 水轮机：将水能转换成机械能的水力原动机，主要用于带动发电机发电，是水电站厂房中重要的动力设备。通常将它与发电机一起统称为水轮发电机组。

⑤ 尾水渠：将从水轮机组水管流出的水流顺畅地排至下游。尾水渠中水流的水势比较平缓，因为，大部分水能已经转换化成机械能。

⑥ 传动设备：水电站的水轮机转速较低，而发电机的转速较高，因此，需要皮带或凸轮传动增速。

⑦ 发电机：将机械能转化成电力能的设备。

⑧ 控制和保护设备、输配电设备：包括开关、监测仪表、控制设备、保护设备以及变压器等，用以发电和向外供电。

⑨ 水电站厂房及水工建筑物。

4.4.3　水电站的分类与小水电站的类型

（1）水电站的分类　电站容量范围 1001～12000kW 为小型、101～1000kW 为小小型、100kW 以下的为微型水电站。国家发改委规定：电站装机容量大于 $75×10^4$kW 为特大型水电站，$(25～75)×10^4$kW 为大型水电站；$(2.5～25)×10^4$kW 为中型水电站；小于 $2.5×10^4$kW 为小型水电站 $(0.05～2.5)×10^4$ 为小（1）型水电站，小于 $0.05×10^4$kW 为小（2）型水电站。

（2）小水电的类型　小型水电站按落差集中的方式，区分成以下类型。

① 坝式水电站。在河道上修建拦河坝（或闸），抬高水位，形成落差，用输水管或隧洞把水库里的水引至厂房，通过水轮发电机组发电，这种水电站称为坝式水电站。根据水电站厂房的位置，又将其分为河床式（见图 4.72）与坝后式（见图 4.73）两种。

河床式水电站的厂房直接建在河床或渠道上，与坝（或闸）布段在一条线上或呈一个角度，厂房作为坝体（或闸体）的一部分，与坝体一样承受水压力。这种形式多用于平原地区低水头的水电站。在有落差的引水渠道或灌溉渠道上，也常采用这种形式。

坝后式水电站的厂房位于坝的下游，厂房建筑与坝分开，不承受水压力。这种形式适合水头较高的电站。

② 引水式水电站。引水式水电站（见图 4.74）由引水建筑物集中水头。一般在河道上建引水堤坝或闸，将河流引入渠道。引水渠道包括明渠、隧洞和管道。当电站水头较低时

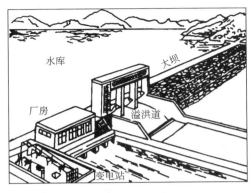

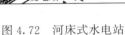

图 4.72　河床式水电站

图 4.73　坝后式水电站

（6～10m），可以用渠道把水直接引至厂房；当水头较高时，在渠道末端修建压力前池，使水流经过压力水管进水轮机。

③ 混合式水电站。混合式水电站（见图 4.75）是坝式水电站与引水式水电站的组合。它的部分落差由拦河坝集中，另一部分落差由引水渠道集中。当上游河段地形平缓、下游河段坡降较陡时，宜在上游筑坝，形成水库。调节水量：在下游修建引水渠道及设压力水管，以集中较大落差。多数混合式水电站，都与防洪、灌溉设施相结合。

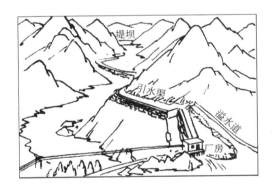

图 4.74　引水式水电站

图 4.75　混合式水电站

4.4.4　小水电的建站途径

（1）利用天然瀑布　一般在瀑布上游筑坝引水，在较短的距离内即可获得较高的水头。这种水电站一般工程量较小，投资少，有条件的地方应尽量利用。

（2）利用灌溉渠道上下游水位的落差修建水电站　可利用渠道上原有建筑物，只需修造一个厂房，工程比较简单。

（3）利用河流急滩或天然跌水修建电站　在山溪河流上，常有急滩或天然跌水，可就地修建水电站。如进水条件较好处，可以不建坝，或只建低堰，但需考虑防洪安全措施。

（4）利用河流的弯道修建电站　在山溪河流弯道陡坡处，可以裁弯取直，以较短的引水渠道获得较大的水头，采用较短的隧洞引水修建电站。

（5）跨河引水修建电站　两条河道的局部河段接近，且水位差较大时，可以考虑从高水位河道向低水位道引水发电。

（6）利用高山湖泊发电　将高山湖泊的水引入附近水面较低的河流，修建水电站等。
以上列举的几种小水电的建站途径，可因地制宜地选取。

4.5　地热能

地热能是由地壳抽取的天然热能，这种能量来内地球内部的熔岩，并以热力形式存在，是引致火山爆发及地震的能量。地球内部的温度高达7000℃，而在离地面128～160km的深度处，温度会降至550～1200℃。透过地下水的流动和熔岩涌至离地面1～5km的地壳，热力得以被传送至较接近地面的地方。高温的熔岩将附近的地下水加热，这些加热了的水最终会渗出地面。运用地热能最简单和最合乎成本效益的方法，就是直接取用这些热源，并抽取其能量。地热能是可再生资源。

地热能系是存于地球内部的热量，起源于地球的熔融岩浆加热作用和放射性物质的衰变：①在地球内部，放射性物质自发进行热核反应，产生非常高的温度，放射性物质包括铀、钴等放射性同位素；②熔岩体加热形成地热能，主要形式为地热蒸汽和地下热水。

按地热属性，地热能可分为4种类型。

① 水热型，即地球浅处（地下400～4500m），所见到的热水或水热蒸气。

② 地压地热能，即在某些大型沉积（或含油气）盆地深处（3～6km）存在着的高温高压流体，其中含有大量甲烷气体。

③ 干热岩地热能，是特殊地质条件造成高温但少水甚至无水的干热岩体，需要人工注水的办法才能将其热能取出。

④ 岩浆热能，即储存在高温（700～1200℃）熔岩浆体中的巨大能量。但如何开发利用，目前仍处于探索阶段。

在上述4类地热能中，只有第①类水热型地热资源已经达到商业开发利用阶段。

根据开发利用目的，又可将水热型地热能分为高温（150℃）及小低温（中温90～150℃；低温90℃）水热资源。前者主要用于地热发电，而后者主要用于地热直接利用（供暖、制冷、工农业用热和旅游疗养等）。

4.5.1　地热采暖、供热和供热水

这是仅次于地热发电的应用方式，这种方式节能、无污染，是比较理想的采暖能源。主要利用形式是采用地下热水为房屋供暖和洗浴。地热水供暖方式的选择主要取决于地热水所含元素成分和温度，间接供暖的初次投资较大（需要中间换热器），并由于中间热交换增加了热损失，这对中低温地热来说会大大降低供暖的经济性，所以一般间接供暖用于地热水质差而水温高的情况，限制了其应用场合。

4.5.2　地源热泵

地源热泵是一种利用地下浅层地热资源把热从低温端提到高温端的设备，是一种既可供热又可制冷的高效节能空调系统。地源热泵通过输入少量的高品位能源（如电能），实现低温位热能向高温位转移。地能在冬季作为热泵供暖的热源和夏季空调的冷源，通常，地源热泵消耗1kW的能量可为用户带来4kW以上的热量或冷量。热泵分为空气源热泵（利用空气作冷热源的热泵）和水源热泵（利用水作冷热源的热泵）。地源热泵即是利用水源热泵的一种形式。它是利用水与地能进行冷热交换来作为水源热泵的冷热源。冬季时，地源热泵把地

能中的热量取出来，供给室内采暖，此时地能为热源；夏季时，地源热泵把室内热量取出来，释放到地下水、土壤或地表水中，此时地能为冷源。地源热泵具有下面一些特点。

（1）节能效率高　地能或地表浅层地热资源的温度一年四季相对稳定，冬季比环境空气温度高，夏季比环境空气温度低，是很好的热泵热源和空调冷源。这种温度特性使得地源热泵比传统空调系统运行效率高出 40%，因此达到了节能和节省运行费用的目的。

（2）可再生循环　地源热泵是利用地球表面浅层地热资源（通常小于 400m 深）作为冷热源而进行能量转换的供暖空调系统。地表浅层地热资源可以称之为地能，是指地表土壤、地下水或河流、湖泊中吸收太阳能、地热能而蕴藏的低温位热能。它不受地域、资源等限制，真正是量大面广，无处不在，这种储存于地表浅层近乎无限的可再生能源，使得地热也成为一种清洁的可再生能源。

（3）应用范围广泛　地源热泵系统可以用于采暖、空调；还可以供生活热水，一机多用，一套系统可以替换原来的锅炉加空调两套装置。该系统可以应用于宾馆、商场、办公楼、学校。

4.5.3　地热发电

地热发电是利用地下热水和蒸汽为动力源的发电技术，即通过地下 2000m 左右的岩浆，产生 $200 \sim 350℃$ 的蒸汽带动锅炉发电。其基本原理与火力发电类似，依据能量转换原理，蒸汽轮机将热能转为机械能，再带动发电机发电。地热发电不需要庞大的锅炉，更不需要燃料，仅利用地热能，但需要利用载热体把热能从地下带到地面上来。地热发电非常洁净，基本上不产生 CO_2，包括发电设备及建设送电设施在内，CO_2 排放量仅相当于火力发电的几十分之一，原子能发电的一半左右，且地热发电不受风力等季节和气象条件限制，但地下勘测等前期开发投入较大。

根据不同类型的地热资源的特点，确立了 3 类多种地热发电站的热力系统。

（1）地热蒸汽发电热力系统　地热井中的蒸汽经过分离器除去地热蒸汽中的杂质（$10\mu m$ 及以上）后直接引入普通汽轮机做功发电。系统原理如图 4.76 所示。适用于高温（160℃以上）地热田的发电，系统简单，热效率为 10%～15%，厂用电率 12% 左右。

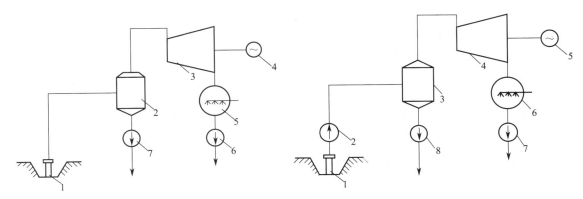

图 4.76　地热蒸汽发电原理示意图
1—地热蒸汽井；2—分离器；3—汽轮机；4—发电机；
5—混合蒸汽器；6—排水泵；7—排污泵

图 4.77　单级扩容法地热水发电系统示意图
1—地热井；2—热水泵；3—一级扩容器；4—汽轮机；
5—发电机；6—混合式蒸汽器；7—排水泵；8—排污泵

（2）扩容法地热水发电热力系统　根据水的沸点和压力之间的关系，把地热水送到一个密闭的容器中降压扩容，使温度不太高的地热水因气压降低而沸腾，变成蒸汽。由于地热水降压蒸发的速度很快，是一种闪急蒸发过程，同时地热水蒸发产生蒸汽时它的体积要迅速扩大，所以这个容器叫做"扩容器"或"闪蒸器"。用这种方法产生蒸汽来发电就叫扩容法地热水发电。这是利用地热田热水发电的主要方式之一，该方式分单级扩容法系统和双级（或多级）扩容法系统。系统原理：扩容法是将地热井口来的中温地热汽水混合物，先送到扩容器中进行降压扩容（又称闪蒸）使其产生部分蒸汽，再引到常规汽轮机做功发电。扩容后的地热水回灌地下或作其他方面用途，适用于中温（90～160℃）地热田发电。

① 单级扩容法系统　单级扩容法系统简单，投资低，但热效率较低（一般比双级扩容法系统低20%左右），厂用电率较高。单级扩容法地热水发电热力系统原理如图4.77所示。

② 双级扩容法系统　双级扩容法系统热效率较高（一般比单级扩容法系统高20%），厂用电率较低。但系统复杂，投资较高。双级扩容法地热水发电热力系统如图4.78所示。

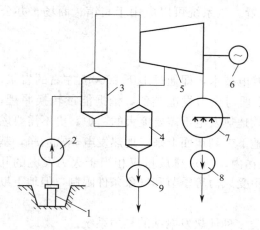
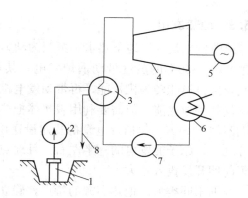

图4.78　双级扩容法地热水热力系统
1—地热井；2—热水泵；3——级扩容器；
4—二级扩容器；5—汽轮机；6—发电机；
7—混合式凝汽器；8—排水泵；9—排污泵

图4.79　单级中间介质法地热水发电系统示意图
1—地热井；2—热水泵；3—蒸发器；4—汽轮机；
5—发电机；6—表面式蒸汽器；
7—循环泵；8—排水泵

（3）中间介质法地热水发电热力系统　中间介质法地热水发电又叫热交换法地热发电，这种发电方式不是直接利用地下热水所产生的蒸汽进入汽轮机做功，而是通过热交换器利用地下热水来加热某种低沸点介质，使之变为气体去推动汽轮机发电，这是利用地热水发电的另一种主要方式。该方式分单级中间介质法系统和双级（或多级）中间介质法系统。系统原理：在蒸发器中的地热水先将低沸点介质（如氟利昂、异戊烷、异丁烷、正丁烷、氯丁烷）加热使之蒸发为气体，然后引到普通汽轮机做功发电。排气经冷凝后重新送到蒸发器中，反复循环使用。也称为双流体地热发电系统。适用于低温（50～100℃）地热田发电。

① 单级中间介质法系统　单级中间介质法系统简单，投资少，但热效率低（比双级低20%左右），对蒸发器及整个管路系统严密性要求较高（不能发生较大的泄漏），还要经常补充少量中间介质。一旦发生泄漏对人体及环境将会产生危害和污染。单级中间介质法地热水发电原则性热力系统如图4.79所示。

② 双级（或多级）中间介质法系统　双级（或多级）中间介质法热力系统热效率高（比单级高20%左右），但系统复杂，投资高，对蒸发器及整个管路系统严密性要求较高，

也存在防泄漏和经常需补充中间介质的问题。双级中间介质法地热水发电热力系统如图 4.80 所示。

4.5.4　地热能在各行业中的应用

① 地热能可用于纺织、印染、制革、造纸等行业，使用地热能可节省转化水的处理。

② 地热能可用于食品加工业，如酿酒、制糖工业。

③ 地热能可用于农业等行业，主要包括地热温室、培育良种、种植蔬菜和花卉和孵化等。

④ 地热浴疗、洗浴和游泳。地热水本身含有多种矿物质，可用于人体的保健和某些疾病的治疗。温泉的洗浴和游泳是人类早期开发和应用的地热资源。

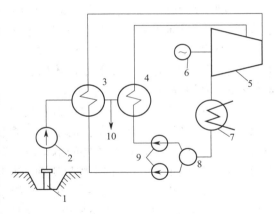

图 4.80　双级中间介质法地热水发电热力系统
1—地热井；2—热水泵；3—一级蒸发器；4—二级蒸发器；5—汽轮机；6—发电机；7—表面式蒸汽器；8—贮液罐；9—循环泵；10—地热水排水管

4.6　海洋能

海洋能作为一种特殊的能源，它的能量主要来自潮汐、涌流和波涛的冲击力、温度差及海水中溶解的化学成分。基于海洋能来源的特点，目前海洋能主要用于发电，包括潮汐能发电、波浪能发电、温差能发电以及盐差能发电等。

4.6.1　潮汐能及其开发利用

4.6.1.1　潮汐能形成原理

由于受到太阳和月亮的引力作用，而使海水流动并每天上涨 2 次。这种上涨当接近陆地时，可能会因共振而加强。共振的程度视海岸情况而定。月球的引力大约是太阳引力的 2 倍，因为距离较近。伴随着地球的自转，海面的水位大约每天 2 次周期性地上下变动，这就叫做"潮汐"现象。海水水位具有按照类似于正弦的规律随时间反复变化的性质，水位达到最高状态，称为"满潮"；水位落到最低状态，称为"平潮"；满潮与平潮两者水位之差称为"潮差"。海洋潮汐的涨落变化形成了一种可供人们利用的海洋能量。

4.6.1.2　潮汐发电特点

作为海洋能发电的一种方式，潮汐发电发展最早、规模最大、技术也最成熟。潮汐发电特点如下。

① 潮汐能是一种蕴藏量极大、取之不尽、用之不竭、不需开采和运输、不影响生态平衡、洁净无污染的可再生能源。潮汐电站的建设还具有附加条件少、施工周期短的优点。

② 潮汐是一种相对稳定的可靠能源，不受气候、水文等自然因素的影响，不存在丰、枯水年和丰、枯水期。但是由于存在半月变化，潮差可相差 2 倍，因此，潮汐电站的保证出力及装机的年利用时长较低。

③ 潮汐每天有两个高潮和两个低潮，变化周期较稳定，潮位预报精度较高，可按潮汐预报制定运行计划，安排日出力曲线，与大电网并网运行，克服其出力间歇性问题。

④ 潮汐发电是一次能源开发和二次能源转换相结合，不受一次能源价格的影响，发电成本低。随着技术的进步，其运行费用还将进一步降低。

⑤ 潮汐电站的建设，其综合利用效益极高，不存在淹没农田、迁移人口等复杂问题，而且可以促淤围海造田，发展水产养殖、海洋化工，拓展旅游，实现综合利用。

4.6.1.3　潮汐发电技术原理和类型

潮汐发电的工作原理与常规水力发电的原理相同，它是利用潮水的涨、落产生的水位差所具有的势能来发电，也就是把海水涨、落潮的能量变为机械能，再把机械能转变为电能的过程。具体地说，就是在有条件的海湾或河口建筑堤坝、闸门和厂房，将海湾（或河口）与外海隔开，围成水库，并在坝中或坝旁安装水轮发电机组，对水闸适当地进行启闭调节，使水库内水位的变化滞后于海面的变化，水库水位与外海潮位就会形成一定的潮差（即工作水头），从而可驱动水轮发电机组发电。从能量的角度来看，就是利用海水的势能和动能，通过水轮发电机组转化为电能的过程。潮汐能的能量与潮量及潮差成正比。潮汐能的能量密度较低，相当于微水头发电的水平。

由于潮水的流向与河水的流向不同，它是不断变换方向的，因此潮汐电站按照运行方式及设备要求的不同，而出现了不同的型式，大体上可以分为以下 3 类。

① 单库单向式电站。只修建一座堤坝和一个水库，涨潮时开启闸门，使海水充满水库，平潮时关闭闸门，待落潮后水库水位与外海潮位形成一定的潮差时发电；或者利用涨潮时水流由外海流向水库时发电，落潮后再开闸泄水。这种发电方式的优点是设备结构简单，缺点是不能连续发电，仅在落潮或涨潮时发电。

② 单库双向式电站。也仅修建一个水库，但是由于采用了一定的水工布置形式，利用两套单向阀门控制两条引水管，在涨潮或落潮时，海水分别从不同的引水管道进入水轮机；或者采用双向水轮发电机组，因此电站既可在涨潮时发电，也能在落潮时发电，只是在水库内外水位基本相同的平潮时才不能发电。

③ 多库联程式电站。在有条件的海湾或河口，修建两个或多个水力相连的水库，其中一个作为高水库，仅在高潮位时与外海相通；其余为低水库，仅在低潮位时与外海相通。水库之间始终保持一定的水头，水轮发电机组位于两个水库之间的隔坝内，可保证其能连续不断地发电。这种发电方式，其优点是能够连续不断地发电，缺点是投资大，工作水头低。

4.6.2　波浪能及其开发利用

4.6.2.1　波浪能形成原理

波浪，泛指海浪，是海面水质点在风或重力的作用下高低起伏、有规律运动的表现。在海洋中存在着各种不同形式的波动，从风产生的表面波，到由月亮和太阳的万有引力产生的潮波，此外，还有表面看不见的且下降急剧的密度梯度层造成的内波，以及我们在实验室十分难得一见的海啸、风暴潮等长波。波力输送由近及远，永不停息，机械传播，其能量与波高的平方成正比。

4.6.2.2　波浪能的利用方式

（1）航标波力发电装置　航标波力发电装置在全球发展迅速，产品有波力发电浮标灯和波力发电岸标灯塔两种。波力发电浮标灯是利用灯标的浮桶作为首轮转换的吸能装置，固定体就是中心管内的水柱，当灯标浮桶随波漂动、上下升降时，中心管内的空气受压，时松时紧。气流推动汽轮机旋转，再带动发电机发电，并通过蓄电池聚能与浮桶上部航标灯相连，光电开关全自动控制。波力发电岸标灯塔结构比波力发电浮标灯简单，发电功率更大。

（2）波力发电船　波力发电船是一种利用海上波浪发电的大型装备船，并通过海底电缆将发出的电力送上堤岸。船体底部设有 22 个空气室，作为吸能固定体的"空腔"，每个气室占水面积 25m²。室内的水柱受船外波浪作用而升降，压缩或抽吸室内空气，带动汽轮机发电。

（3）岸式波力发电站　岸式波力发电站可避免海底电缆和减轻锚泊设施的弊端，种类很多。在天然岸基选用钢筋混凝土构筑气室，采用空腔气动方式带动汽轮机及发电机（装于气室顶部），波涛起伏促使空气室贮气变流不断发电。另外利用岛上水库溢流堰开设收敛道，使波浪聚集道口，升高水位差而发电。也可采用振荡水柱岸式气动器，带动气动机来发电。

4.6.3　海洋温差能及其开发利用

海洋温差能是海水吸收和储存的太阳辐射能，亦称为海洋热能。太阳辐射热随纬度的不同而变化，纬度越低，水温越高；纬度越高，水温越低。海水温度随深度不同也发生变化，表层因吸收大量的太阳辐射热，温度较高，随着海水深度加大，水温逐渐降低。南纬 20°至北纬 20°之间，海水表层（130m 左右深）的温度通常是 25～29℃。红海的表层水温高达 35℃。而深达 500m 层的水温则保持在 5～7℃之间。

海水温差发电系指利用海水表层与深层之间的温差能发电，海水表层和底层之间形成的 20℃温度差可使低沸点的工质通过蒸发及冷凝的热力过程（如用氨作工质），推动汽轮机发电。按循环方式，温差发电可分为开式循环系统、闭式循环系统、混合循环系统和外压循环系统。按发电站的位置，温差发电可分为海岸式海水温差发电站、海洋式海水温差发电站、冰洋发电站。

4.7　可再生能源利用与环境保护

4.7.1　可再生能源开发利用与可持续发展

长时间以来主要以矿物能源特别是煤炭能源开发利用，对环境造成极大的危害。污染环境严重，空气污染范围从室内扩大到城市和区域，酸雨污染加重，使我国 1/3 以上的土地的农作物和森林受到酸雨损害影响；生态破坏严重；水土流失量大面广，沙漠化、沙化和草原退化加剧，生物多样性减少。环境污染造成的呼吸道疾病，严重威胁着人们的身体健康。发展新能源，促进可再生能源的开发利用将有效地缓解生态环境破坏和身体健康，实现能源消费与环境保护的双赢，实现能源与环境保护的可持续发展。

4.7.2　可再生能源的适宜性

可再生能源在一般情况下，能量密度低、开发技术难度较大，能量分布不均匀。相比于传统的化石能源，目前单靠某一种或某一类可再生能源技术方式实现完全替代，在现有的技术条件下，不太现实。因此，我们研发可再生能源，利用新技术、新工艺的同时，需要针对区域内整体的能源分布特征和结构，因地制宜地开发可再生能源，与当地的能源结构体系形成良好的互补，减少化石能源使用，延缓化石能源的消耗。

4.7.3　理性发展可再生能源技术

可再生能源技术在解决人类能源危机的同时，不可避免地会带来一定的环境生态负面影响。如何在发展可再生能源技术的同时，更为理性地考虑可再生能源发展过程中带来的环境影响，相应地提出可再生能源开发过程负面效应应对的技术手段和方式，这是可再生能源和谐持续发展必须要坚持的理念和思路。

为了可再生能源有效的开发利用和相关产业持续、稳定的发展，除了在技术层面上加大技术研发的投入、新技术的转化与应用以及可再生能源带来环境问题的保护以外，还需要建立具有实质内容和效力的促进可再生能源开发利用与环境保护的配套有关法律制度和规章。

思 考 题

1. 可再生能源的内涵是什么？开发可再生能源与环境的关系如何？
2. 太阳能利用如何理解？
3. 太阳能集热器的原理、类别及差别是什么？
4. 主动式太阳和被动式太阳房的原理及其差别是什么？
5. 生物质能的主要转化方式和基本原理是什么？
6. 风能利用基本方式及基本原理是什么？
7. 水能主要的利用方式与原理是什么？
8. 地热能主要的利用方式是什么？
9. 海洋能利用的基本形式是什么？

参 考 文 献

[1]　刘荣厚. 新能源工程，北京：中国农业出版社，2006.
[2]　李传统. 新能源与可再生能源技术. 第 2 版. 南京：东南大学出版社，2012.
[3]　穆献中，刘炳义. 新能源和可再生能源发展与产业化研究. 北京：石油工业出版社，2009.
[4]　北京市建设委员会. 新能源与可再生能源利用技术. 北京：冶金工业出版社，2006.
[5]　Vaughn Nelson. 风能-可再生能源与环境. 李建林等译. 北京：人民邮电出版社，2010.
[6]　孙艳，苏伟，周理. 氢燃料. 北京：化学工业出版社，2005.
[7]　刘荣厚. 生物质能工程. 北京：化学工业出版社，2009.
[8]　李海滨，袁振宏，马晓茜. 现代生物质能利用技术. 北京：化学工业出版社，2011.
[9]　王革华，艾德生. 新能源概论. 第 2 版. 北京：化学工业出版社，2011.
[10]　吴治坚，叶枝全，沈辉. 新能源和可再生能源的利用. 北京：机械工业出版社，2006.
[11]　翟秀静，刘奎仁，韩庆. 新能源技术. 第 2 版. 北京：化学工业出版社，2010.
[12]　冯飞，张蕾. 新能源技术与应用概论. 北京：化学工业出版社，2011.
[13]　高秀清，胡霞，屈殿银. 新能源应用技术. 北京：化学工业出版社，2011.
[14]　李全林. 新能源与可再生能源. 南京：东南大学出版社，2008.
[15]　苏亚欣，毛如玉，赵敬德. 新能源与可再生能源概论. 北京：化学工业出版社，2006.
[16]　Hammons T J. Renewable Energy. India：In-Teh，2009. 12.
[17]　张建安，刘德华. 生物质能源利用技术. 北京：化学工业出版社，2009.
[18]　袁振宏，吴创之，马隆龙. 生物质能利用原理与技术. 北京：化学工业出版社，2005.

第5章 核 能

5.1 核能及核电发展史

5.1.1 核能

物质是由分子构成的，分子是由原子构成的，原子是由原子核和电子构成的，原子核是由质子和中子构成的，这是人类研究物质的微观结构过程中得出的结论。现代科学技术的发展，使得人们可以更深入地对质子和中子进行观察，研究结果表明质子和中子是由更小的夸克组成的。物质是可以变化的。有些变化发生后，物质的分子形式没有发生改变，这类变化我们称之为物理变化，如水在一定的温度条件下由液体变化为固体或气体。还有些变化在变化过程中分子结构发生了变化，而构成分子的原子没有变化，这类变化我们称之为化学变化，如氢气在空气中燃烧，会与空气中的氧结合成水，组成水的氢、氧原子并未发生变化。

几千年来，人们都在探索物质到底是由什么构成的，近代科学的研究回答了这个问题，即物质都是由元素构成的。构成元素的最小单位是原子，原子的体积非常小，其直径大约为 1×10^{-8} cm。在原子中原子核所占据的空间更小，只有 1×10^{-13} cm^3 的极小空间。如果把原子比作一个房间，原子核只不过是房间中的一粒尘土。相反，原子核的密度却是非常之大，约为 2×10^{13} kg/m^3，它是密度单位 kg/cm^3 的 2000 亿倍。人们迄今发现的元素中，大多数元素是稳定的。

原子核中质子数量相同的原子具有相近的化学性质，质子数相同而中子数不同的元素我们称之为同位素。同位素虽然也具有相近的化学性质，但有些性质却截然不同，某些同位素带有强烈的放射性。

1896 年，法国科学家贝可勒尔发现铀元素可自动放射出穿透力极强的放射线。在此之后，居里夫人、卢瑟福等科学家又发现，处于高强度磁场中的镭、镁、钍、钚等元素，可以放射出波长不同的 α、β、γ 三种射线。这些可以放射出射线的元素被称为放射性同位素。放射性元素在释放射线后，会变成另一种元素。在某些放射性同位素中，原子核是不稳定的，当外来的中子进入原子核时，其携带的能量可以激发原子核发生结构变化，原子核的变化释放了大量的能量，这种能量被称之为原子能。因为这种能量产生于原子核的变化过程，原子能又被称之为核能。与机械能、电能、化学能不同，核能释放后，物质的质量发生了变化，质量转变为能量。核裂变能要比同等质量的物质参加化学反应时所释放的能量大几百万倍以上。

5.1.2 核能发展史

人类对物质微观结构的认识，最早可以追溯到 2000 多年前。当时，古希腊思想家德谟克利特曾说过："宇宙万物……都是由称作原子的微粒组成的"。19 世纪初，英国化学家约翰·道尔顿提出了近代原子概念：同一元素的原子相同，不同元素的原子不同。一种元素与其他元素的不同之处在于它们的原子质量不同。道尔顿第一次提出了原子量的概念。

18 世纪初到 20 世纪初，人类对原子结构的研究产生了重大飞跃。1891 年，爱尔兰物理学家斯托尼首次提出了电子的概念。1914 年，英国物理学家卢瑟福发现了质子，1920 年卢瑟福提出了有名的"中子假说"，1932 年英国物理学家詹姆斯·查德威克发现了中子，至此原子结构的大致轮廓基本清楚了。

从 1891 年电子概念的提出到 1932 年中子的发现，科学界经历了 40 多年的时间去认识原子结构。与此同时，科学家对原子内部的变化有了逐步认识。德国物理学家威廉·康拉德·伦琴经过大量实验，证实了 X 射线的存在，并于 1895 年撰文详细论述了 X 射线产生的方法及射线的穿透性。在 X 射线研究基础上，法国物理学家亨利·贝克勒尔发现了铀可以产生类似 X 射线的新的射线，结论是铀具有放射性。铀具有放射性的现象引起了法国物理学家皮埃尔·居里夫妇（见图 5.1）的关注，通过大量实验，他们证实了除铀之外，钍、钋、镭等元素同样具有放射性，并将这类元素归类为放射性元素。

图 5.1　居里夫人　　　　　　　　　图 5.2　阿尔帕特·爱因斯坦

在大量的放射性元素实验过程中，科学家们发现了一个重要事实，放射性元素在释放了射线后，会变成另一种元素，同时，其原子质量有明显的减轻。对这一现象，一代科学巨匠爱因斯坦（见图 5.2）作了理论解释。1905 年爱因斯坦提出物质可以变为能量，能量也可以转变为物质，并将这一转换关系用一个公式作了清晰说明：$E=mc^2$（E 为能量，m 为质量，c 为光速）。爱因斯坦方程式正确解释了核能的来源，是核能研究的理论基础。一种能量的变化 ΔE 可伴随着相应的质量的变化 Δm，反之亦然。质量和能量之间的关系可以表示为：$\Delta E=\Delta mc^2$。公式表明，由于光速极大，很少的物质可以产生巨大的能量。爱因斯坦的质能转换公式为核能的开发利用奠定了坚实的理论基础。

质能转换公式引导科学家们去寻找核能。1919 年卢瑟福用 α 粒子轰击氮原子核，从氮原子核中打出质子，将氮原子核转换成氧原子核，实现了人类第一次人工核反应。1934 年，卢瑟福在静电加速器中用氘轰击固态氘靶生成氦，第一次实现了人工核聚变反应。

核裂变现象和理论是由德国放射化学家奥托·哈恩于 1939 年提出的，他通过实验证实了铀原子核在中子的轰击下发生了裂变反应，并用质能公式推算出了铀核裂变产生的巨大能量。

核能的释放通常有两种方式，即核裂变能和核聚变能。铀、钚等重核原子通过链式反应，分裂成两个或多个较轻原子核，释放的巨大能量称为核裂变能。而像氘、氚这样两个较轻原子核聚合成一个较重的氦原子核，释放的巨大能量称为核聚变能。

天然元素核子结合能变迁如图 5.3 所示。最稳定的原子核位于铁元素附近，其核子结合能为大约 8.7MeV/核子。曲线在最高处变化相对平缓，氦核处于一个特殊的轻核点，因为同其他核相比它非常的稳定（7.1MeV/核子）。从图中可见，重核的核子结合能低于原子量中等的原子核（铀元素为 7.7MeV/核子）。因此，当我们将重核裂变为两个原子量中等的原子核时便可以获得能量。如铀原子核裂变时释放的能量略少于 1MeV/核子，而能量略少于 1MeV/核子，而氕、氘两个较轻原子核聚合成一个较重的氦原子核，释放的能量更多，为数个 MeV/核子。这就是获得核能的两种方式：核裂变能和核聚变能。

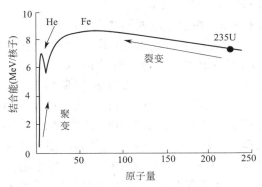

图 5.3 随着原子量变化趋于稳定的
核子结合能示意图

从原子概念的提出到核能的发现，人类用 2000 多年漫长的历史去发现核能，核能的发现为人类开辟了广阔的应用领域。

5.1.3 核电

5.1.3.1 核电发展历程

核电的发展大体分为 4 个阶段。

① 第一代核电技术 即早期原型反应堆，主要目的是为通过实验示范形式来验证核电在工程实施上的可行性。前苏联在 1954 年建成 5 兆瓦实验性石墨沸水堆型核电站；英国 1956 年建成 45 兆瓦原型天然铀石墨气冷堆型核电站；美国 1957 年建成 60 兆瓦原型压水堆型核电站；法国 1962 年建成 60 兆瓦天然铀石墨气冷堆型核电站；加拿大 1962 年建成 25 兆瓦天然铀重水堆型核电站。这些核电站均属于第一代核电站。

② 第二代核电技术 第二代核电技术是在第一代核电技术的基础上建成的。它实现了商业化、标准化等，包括压水堆、沸水堆和重水堆等。单机组的功率水平在第一代核电技术基础上大幅提高，达到千兆瓦级。在第二代核电技术高速发展期，前苏联、美、日和西欧各国均制定了庞大的核电规划。美国成批建造了 500 兆～1100 兆瓦的压水堆、沸水堆，并出口其他国家；前苏联建造了 1000 兆瓦石墨堆和 440 兆瓦、1000 兆瓦 VVER 型压水堆；日本和法国引进、消化了美国的压水堆、沸水堆技术，其核电发电量均增加了 20 多倍。美国三里岛核电站事故和前苏联切尔诺贝利核电站事故催生了第二代改进型核电站，其主要特点是增设了氢气控制系统、安全壳泄压装置等，安全性能得到显著提升。此前建设的所有核电站均为一代改进堆或二代堆，如日本福岛第一核电站的部分机组反应堆。我国目前运行的核电站大多为第二代改进型。

③ 第三代核电技术 指满足美国"先进轻水堆型用户要求"（URD）和"欧洲用户对轻水堆型核电站的要求"（EUR）的压水堆型技术核电机组，是具有更高安全性、更高功率的新一代先进核电站。第三代先进压水堆型核电站主要有 ABWR、System80＋、AP600、AP1000、EPR、ACR 等技术类型，其中具有代表性的是美国的 AP1000 和法国的 EPR。中国已引进 AP1000 等技术。

④ 第四代核电技术 第四代核电是由美国能源部发起，并联合法国、英国、日本等 9

个国家共同研究的下一代核电技术。目前仍处于开发阶段，预计可在 2030 年左右投入应用。第四代核能系统将满足安全、经济、可持续发展、极少的废物生成、燃料增殖的风险低、防止核扩散等基本要求。

5.1.3.2　中国核电发展情况

中国从 20 世纪 80 年代开始建造核电厂，核电发展经历了两个阶段。第一阶段，从 1985 年建造秦山核电厂开始到 1994 年大亚湾核电站 2 台机组发电，花了 10 年时间建成了 2 个核电厂、3 台机组，总装机容量为 $210 \times 10^4 kW$。第二阶段，从 1996 年建造秦山二期开始，陆续建设了秦山三期、岭澳一期及田湾等核电厂。第二阶段共建设 4 个核电厂、8 台核电机组，总装机容量为 $700 \times 10^4 kW$。到 2004 年，已有 6 台机组、$500 \times 10^4 kW$ 装机容量投入运行。江苏田湾核电站的 2 台机组正在建造中，全部投产后中国核电机组的装机容量将达到 $913 \times 10^4 kW$。2004 年中国核电的发电量 505 亿万千瓦时，上网电量 470 多亿千瓦时。在广东、浙江两省，核电上网电量已占当地总发电量的 13% 以上，核电成为当地电力结构的重要支柱。

2005 年开始，中国核电建设进入第三个阶段。国家批准在广东岭澳、浙江秦山扩建 4 台核电机组；同时，在浙江三门、广东阳江启动核电自主化依托项目的建设。核电自主化依托项目启动阶段建设 4 台机组，以招标方式引进国外先进的核电机组。此外，国家还在组织进行大型压水堆核电厂自主设计的技术研究，准备自主开发中国品牌的先进压水堆技术。中国核电建设的任务很重，核电发展面临历史性的大好机遇。

截至 2006 年，国内已建成投产的核电总装机容量为 $870 \times 10^4 kW$，这其中广东就有 $400 \times 10^4 kW$。中国广东核电集团有限公司（以下简称中广核）已拥有大亚湾核电站和岭澳核电站（一期）两座大型核电站。

2006 年，中国在役核电厂继续保持安全稳定运行，发电量达 $548 \times 10^8 kW \cdot h$，全年平均负荷因子达到 88%。

2007 年，我国核能发电业绩继续保持了较快增长势头，发电量 $629 \times 10^8 kW \cdot h$，上网电量为 $593 \times 10^8 kW \cdot h$，同比分别增长 14.59% 和 14.39%。2007 年核电总电量折算成煤耗，相当于少燃烧了 $1860 \times 10^8 t$ 煤，减少了温室气体的排放。

截至 2009 年底，我国已经建成并投产运行的核电机组共 11 台，总装机容量为 $907.8 \times 10^4 kW$。已核准核电建设项目 10 个，核电机组达 28 台，总装机容量为 $3140 \times 10^4 kW$。

核电站基本设置在中国经济最发达的、无煤或缺煤的南方或东南方。并且核电计划也选择了不同的技术，其中有的由本国公司开发，有的从法国、加拿大和俄罗斯进口。

截至目前，我国核电站的运行、安全业绩良好，运行水平不断提高，运行特征主要参数好于世界均值，部分达到国际先进水平。

5.2　核能发电原理

5.2.1　基本概念

核能发电是基于原子核裂变理论。1938 年，德国内哈恩和斯特曼首先发现了铀的核裂变现象，揭开了原子能技术发展的序幕。美国于 1942 年首先在费米教授的领导下，建成第一座核反应堆，又于 1945 年制成第一颗原子弹。之后，前苏联在 1954 年建成世界上第一座功率为 5MW 的核电站。

核能是原子核反应释放出来的能量，原子核反应有裂变反应和聚变反应两种。核裂变反应堆分为"热中子反应堆"和"快中子反应堆"（又称"快中子增殖堆"）。未来的能源将主要依靠核聚变来获得。将氢的同位素氘和氚加热到极高的温度，使它们发生燃烧聚合成较重的元素，可释放出巨大的能量。太阳及其他恒星的巨大能量也来源于热核反应。核聚变燃料的氘可直接从海水中提取，1kg 水中大约含有 0.03g 氘。核聚变燃料可供人类使用几百亿年。

5.2.2　核能发电原理

核能发电的能量来自核反应堆中可裂变材料（核燃料）进行裂变反应所释放的裂变能。裂变反应指铀 235、钚 239、铀 233 等重元素在中子作用下分裂为两个碎片，同时放出中子和大量能量的过程。反应中，可裂变物的原子核吸收一个中子后发生裂变并放出两三个中子。若这些中子除去消耗，至少有一个中子能引起另一个原子核裂变，使裂变自持地进行，则这种反应为链式裂变反应。实现链式反应是核能发电的前提。

要用反应堆产生核能，需要解决以下 4 个问题。

① 为核裂变链式反应提供必要的条件，使之得以进行。

② 链式反应必须能由人通过一定装置进行控制。失去控制的裂变能不仅不能用于发电，还会酿成灾害。

③ 裂变反应产生的能量要能从反应堆中安全取出。

④ 裂变反应中产生的中子和放射性物质对人体危害很大，必须设法避免它们对核电站工作人员和附近居民的伤害。

核电类似于火力发电，只是以核反应堆及蒸汽发生器代替火力发电的锅炉，以核裂变能或核聚变能代替矿物燃料燃烧的化学能。受控核聚变还没有达到实际应用的阶段，所以目前的核能发电均利用核裂变能。

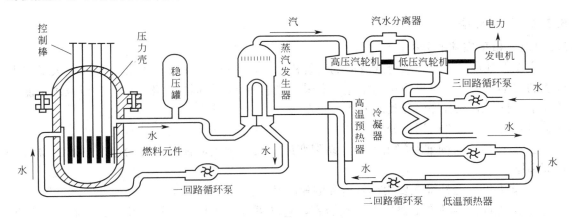

图 5.4　压水堆核电站流程图

图 5.4 为压水堆核电站发电示意图。核电站的内部通常由一回路系统和二回路系统组成。反应堆是核电站的核心，反应堆工作时放出的热能由一回路系统的载热介质传送到堆外，用以产生蒸汽。载热介质通常采用空气、氦气、水、有机化合物或金属钠，其中水还可作为反应堆的慢化剂。整个一回路系统被称为"核供汽系统"，它相当于火电厂的锅炉系统。为了确保安全，整个一回路系统装在一个被称为安全壳的密闭厂房内，这样，无论在正常运行或发生事故时都不会影响安全。

载热介质在反应堆内获得热量后，通过设在堆外的热交换器把热量传给第二载热系统（也称二次回路）中的传热介质。第二载热系统的传热介质一般是水，接受传热后变成蒸汽或热水，就可以用于发电或供热。由蒸汽驱动汽轮发电机组进行发电的二回路系统与火电厂的汽轮发电机系统基本相同。

一般在高压条件下，第二载热系统的水受热后产生高温高压蒸汽，高温高压蒸汽可先送入汽轮机组发电，发电后的较低参数蒸汽再用于供热，组成热电联供系统。这种联供系统可大幅度地提高核燃料的利用效率，满足各种供热参数的需求，但这种系统结构比较复杂，技术、工艺和材料的要求较高，投资也大。因此，一般核反应堆均不采用热电联供的运行方式。低温核供热系统是把第二载热系统的水在接近常压的条件下加热成为低参数蒸汽和热水直接用于供热的系统。这种系统的核燃料利用效率较低，但对技术、工艺和材料的要求相对较低，投资较低，适于分散建设，可用于有一定规模和比较稳定的热负荷地区，如北方城市冬季采暖供热和南方城市空调制冷等。在北方城市利用核供热、采暖，在经济性能上可与锅炉集中供热相竞争。

在裂变反应堆中，除沸水堆外，其他类型的动力堆都是一回路的冷却剂通过堆芯加热，在蒸汽发生器中将热量传给二回路或三回路的水，然后形成蒸汽，推动汽轮发电机。沸水堆则是一回路的冷却剂通过堆芯加热变成压力为7MPa左右的饱和蒸汽，经汽水分离并干燥后直接推动汽轮发电机。核供热系统在运行过程中基本不排放烟尘、二氧化硫、氮氧化物等有害气体，也不排放温室气体，因而具有较好的环境效益。反应堆正常运行时放射性废气和废液的排放量也很少。反应堆在事故情况下的放射性泄漏问题在设计和建设过程中均有充分的保障措施，使其不致对公众和环境造成危害。因此，核供热系统将成为安全清洁的供热系统。

5.3 核反应堆与核电站

5.3.1 核反应堆
5.3.1.1 核反应堆的分类

实现大规模可控核裂变链式反应的装置称为核反应堆，简称为反应堆，它是向人类提供核能的关键设备。根据反应堆的用途、所采用的燃料、冷却剂与慢化剂的类型以及中子能量的大小，核反应堆有许多分类的方法。

（1）按核反应堆的用途分类

① 生产堆。这种堆专门用来生产易裂变或易聚变物质，其主要目的是生产核武器的装料钚和氚。

② 动力堆。这种堆主要用作发电和舰船的动力。

③ 试验堆。这种堆主要用于试验研究，它既可进行核物理、辐射化学、生物、医学等研究，也可用于反应堆材料、释热元件、结构材料以及堆本身的静、动态特性的应用研究。

④ 供热堆。这种堆主要用作大型供热站的热源。

（2）按核反应堆采用的冷却剂分类

① 水冷堆。它采用水作为反应堆的冷却剂。

② 气冷堆。它采用氦气作为反应堆的冷却剂。

③ 有机介质堆。它采用有机介质作反应堆的冷却剂。

④ 液态金属冷却堆。它采用液态金属钠作反应堆的冷却剂。

（3）按反应堆采用的核燃料分类

① 天然铀堆。以天然铀作核燃料。

② 浓缩铀堆。以浓缩铀作核燃料。

③ 钚堆。以钚作核燃料。

（4）按反应堆采用的慢化剂分类

① 石墨堆。以石墨作慢化剂。

② 轻水堆。以普通水作慢化剂。

③ 重水堆。以重水作慢化刘。

（5）按核燃料的分布分类

① 均匀堆。核燃料均匀分布。

② 非均习堆。核燃料以燃料元件的形式不均匀分布。

（6）按中子的能量分类

① 热中子堆。堆内核裂变由热中子引起。

② 快中子堆。堆内核裂变由快中子引起。

5.3.1.2　核反应堆的组成

反应堆的类型可以千变万化，但组成核反应堆的基本部分却基本相同。反应堆都是由核燃料元件、慢化层、反射层、控制棒、冷却剂和屏蔽层六个基本部分组成的。快中子堆主要是利用快中子来引起核裂变，不需要慢化剂。

（1）核燃料元件　铀-233、铀-235、钚-239 都是易裂变放射性同位素，因此它们都可以作为反应堆的核燃料。核燃料元件由燃料芯块和包壳组成。燃料芯块根据不同需要可做成棒状、片状、筒状等多种形状。包壳是燃料芯块的密封外壳，一般由金属、合金、石墨等制成。反应堆的燃料元件也被称为堆芯。

（2）慢化剂　慢化剂的作用是将核裂变产生的能量极高的快中子减速至慢中子，以诱导下一轮的核裂变反应。慢化剂具有既可使快中子减速又不过量吸收中子的特性，同时还具备良好的热稳定性及传热性，良好的辐射稳定性。水、重水、石墨、铍等均可用作慢化剂。

（3）反射层　核裂变产生的中子是维持核裂变持续进行的关键组件。为防止核裂变产生的中子向堆芯外逃逸，造成中子大量损失，要在堆芯外面布置一个反射层，将向外逃逸的中子反射回去。水、石墨、重水都是反射层常用材料。

（4）冷却剂　冷却剂肩负着双重使命。核裂变释放的能量及反应堆停堆时其裂变产物的放射性都会使燃料元件温度升高以致使堆芯熔化。为使堆芯正常工作，需要由冷却剂使堆芯冷却到工作温度；冷却剂也是能量载体，核裂变反应产生的热量由冷却剂载送出来进行利用。常用的冷却剂有氦气、二氧化碳等气体和重水、水、有机液等液体，冷却剂在冷却回路中是循环使用的。

（5）控制棒　控制棒的作用是控制反应堆的运行及安全停堆的重要部件，反应堆的开、停及功率调节均由控制棒完成。控制棒采用被称为"中子毒物"的强中子吸收材料制成。反应堆中控制棒的位置不同，吸收中子的能力也不同。当控制棒与燃料元件置于一处时，中子被控制棒完全吸收，核燃料不进行链式裂变反应，当中子棒提起时链式裂变反应发生。控制棒一般由含硼材料制成。

（6）屏蔽层　为保证核反应堆的安全运行，反应堆的外层要设置屏蔽层。屏蔽层的主要作用是对反应堆运行时产生的中子和 γ 射线及裂变产物产生的 γ 射线进行屏蔽，使其不进入周围生物圈，保护工作人员安全及邻近结构材料不受辐射污染。屏蔽层一般为很厚的钢筋混凝土或铅、石墨等对放射性屏蔽好的材料。

5.3.1.3 动力堆

动力堆的应用是从军用舰开始的。20 世纪 40 年代末，国外在核能技术快速发展的基础上，将核能作为动力使用到军事舰船上，以解决舰船续航能力、提高航速、减少石油类燃料携带量为目标，从而提升军事舰船的战斗能力。动力堆最重要的应用是用于核电站和核供热。

（1）舰船用动力堆 舰船用动力堆目前除广泛用于军事舰船外，已向商用船只快速推广。1957 年，前苏联建造了世界上第一艘原子破冰船，开启了核能用于民用船只动力的先河。1959 年美国第一艘核动力商船"萨凡娜"号下水，此后德国、日本等国家先后建成了商用核动力船只厂。

鉴于舰船动力堆使用对象的特点，要求舰船用动力堆应具备体积小，结构紧凑，启动、停堆灵活，具有更高的防辐射保护，使用寿命长，减少停堆更换燃料的特点。舰船核动力装置主要由反应堆、稳压器、蒸汽发生装置、汽轮机、冷凝器等组成（见图 5.5）。

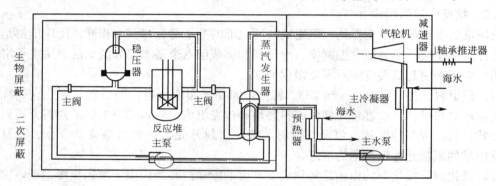

图 5.5 舰船核动力装置示意图

目前，压水堆由于结构简单，紧凑，体积小，操控灵活的特点成为舰船用反应堆的首选类型。船用压水堆的核燃料一般使用富集度 20％～90％的铀-235 片状燃料元件或富集度 3％～7％的铀棒状燃料元件。

（2）核电站反应堆 目前核电站广泛应用的堆型主要有轻水堆、重水堆、石墨气冷堆和快中子增殖堆。

① 轻水堆 轻水堆是动力堆中最主要的堆型。在全世界的核电站中轻水堆约占 85.9％。普通水（轻水）在反应堆中既作冷却剂又作慢化剂。轻水堆又有两种堆型：沸水堆和压水堆。前者的最大特点是作为冷却剂的水会在堆中沸腾而产生蒸汽，故叫沸水堆。后者反应堆中的压力较高，冷却剂水的出口温度低于相应压力下的饱和温度，不会沸腾，因此这种堆又叫压水堆。现在压水堆以浓缩铀作燃料，是核电站应用最多的堆型，在核电站的各类堆型中约占 61.3％。图 5.6 是压水堆本体结构的示意图。由燃料组件组成的堆芯放在一个能承受高压的压力壳内。

冷却剂从压力壳右侧的进口流入压力壳，通过堆芯筒体与压力壳之间形成的环形通道向下，再通过流量分配器从堆芯下部进入堆芯，吸收堆芯的热量后再从压力壳左侧的出口流出。由吸收中子材料组成的控制棒组件在控制棒驱动装置的操纵下，可以在堆芯上下移动，以控制堆芯的链式反应强度。

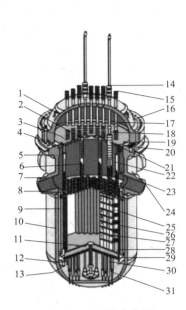

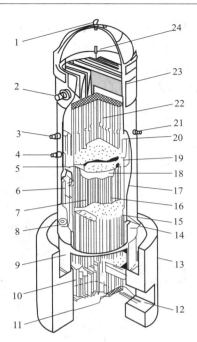

图 5.6　压水堆本体图

1—吊耳；2—厚梁；3—上部支撑板；
4—内部构件支撑凸缘；5—堆芯吊篮；6—支撑柱；
7—进口接管；8—堆芯上栅格板；9—热屏蔽；10—反应
堆压力容器；11—检修孔；12—径向支撑；13—下部支撑
锻件；14—控制棒驱动机构；15—热电偶测量口；16—封
头组件；17—热套；18—控制棒套管；19—压紧簧板；
20—对中销；21—控制棒导管；22—控制棒驱动杆；
23—控制棒组件（提起状态）；24—出口接管；25—围板；
26—辐板；27—燃料组件；28—堆芯下栅格板；
29—流动混合板；30—堆芯支撑柱；
31—仪表导向套管及中子探测器

图 5.7　沸水堆结构示意图

1—排气和顶部喷淋管；2—蒸汽出口管；
3—堆芯喷淋进口管；4—低压冷却水进口管；
5—堆芯喷水分配管；6—喷射泵组件；
7—燃料组件；8—喷射泵/再循环水进口管；
9—反应堆容器；10—控制棒驱动架；
11—堆芯通量测量管；12—控制棒液压驱动管；
13—屏蔽墙；14—再循环水出口管；15—堆
芯栅板；16—调节叶片；17—堆芯围板；18—上
导板；19—堆芯喷淋管；20—给水分配管；
21—给水入口管；22—汽水分离器；
23—蒸汽干燥器；24—蒸汽干燥器吊耳

② 重水堆　重水堆以重水（D_2O）作为冷却剂和慢化剂。重水由两个氘原子和 1 个氧原子化合而成。由于重水堆中子的慢化性能好，吸收中子的概率小，因此重水堆可以采用天然铀作燃料。这对天然铀资源丰富，又缺乏浓缩铀能力的国家是一种非常有吸引力的堆型。但重水堆中子的慢化作用比普通水（轻水）小，所以重水堆的堆芯体积和压力容器的容积要比轻水堆大得多。重水堆可以用任何一种燃料，包括天然铀、各种富集度的铀、钚-239 或铀-233，以及这些核燃料的组合。重水堆从结构分为压力容器式和压力管式两类。压力容器式只能用重水作冷却剂，压力管式可以用重水，也可以用轻水、气体或有机化合物作冷却剂。压力管式重水堆可以不停堆连续更换核燃料，核燃料装载量少。在核电站中重水堆约占4.5%。重水堆的结构示意图如图 5.7 所示，重水堆中最有代表性的是加拿大研发的卧式压力管式天然铀重水慢化和冷却的坎杜（Canada Deuterium Uranium，CANDU）堆，其流程示意图如图 5.8 所示。

③ 石墨气冷堆　气冷堆是以气体作冷却剂，石墨作慢化剂。气冷堆经历了三代。第一代气冷堆是以天然铀作燃料，石墨作慢化剂，二氧化碳作冷却剂。这种堆最初是为生产核武器装料钚，后来才发展为产钚和发电两用。这种堆型早已停建。第二代称为改进型气冷堆，

它是采用低浓缩铀作燃料，慢化剂仍为石墨，冷却剂亦为二氧化碳，但冷却剂的出口温度已由第一代的 400℃ 提高到 650℃。第三代为高温气冷堆。与前两代的区别是采用高浓缩铀作燃料，并用氦作为冷却剂。由于氦冷却效果好，燃料为弥散型无包壳，堆芯石墨又能承受高温，所以堆芯气体出口温度可高达 800℃，故称之为高温气冷堆。核电站的各种堆型中气冷堆占 2%～3%。除发电外高温气冷堆的高温氦气还可直接用于需要高温的场合，如炼钢、煤的气化和化工过程等。图 5.9 是用于发电的高温气冷堆的示意图。

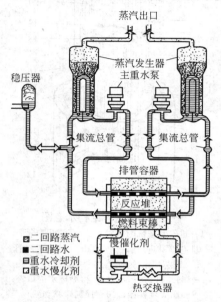

图 5.8　CANDU 型重水堆流程示意图

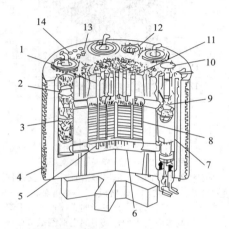

图 5.9　高温气冷堆结构示意图

1—控制棒及驱动机构；2—辅助循环风机；3—辅助热交换器；4—预应力钢筋混凝土压力容器；5—堆芯支承结构；6—热屏蔽；7—蒸汽发生器；8—堆芯组件；9—循环风机；10—容器卸压系统；11—装卸料通道；12—辅助循环风机；13—控制棒储存井；14—氦气净化井

④　**快中子增殖堆**　前述的几种堆型中，核燃料的裂变主要是依靠能量比较小的热中子，都是所谓热中子堆。在这些堆中为了慢化中子，堆内必须装有大量的慢化剂。快中子反应堆不用慢化剂，裂变主要依靠能量较大的快中子。如果快中子堆中采用 ^{239}Pu（钚）作燃料，则消耗一个 ^{239}Pu 核所产生的平均中子数达 2.6 个，除维持链式反应用去一个中子外，因为不存在慢化剂的吸收，故还可能有一个以上的中子用于再生材料的转换。例如，可以把堆内天然铀中的 ^{238}U 转换成 ^{239}Pu，其结果是新生成的 ^{239}Pu 核与消耗的 ^{239}Pu 核之比（所谓增殖比）可达 1.2 左右，从而实现了裂变燃料的增殖。所以这种堆也称为快中子增殖堆。它所能利用的铀资源中的潜在能量要比热中子堆大几十倍，这正是快堆突出的优点。

由于快堆堆芯中没有慢化剂，故堆芯结构紧凑、体积小，功率密度比一般轻水堆高 4～8 倍。由于快堆体积小，功率密度大，故传热问题显得特别突出。通常为强化传热，都采用液态金属钠作为冷却剂。快中子堆虽然前途广阔，但技术难度非常大，目前在核电站的各种堆型中仅占 0.7%。

5.3.1.4　供热堆

核能是以释放热能的形式表现出来的，因此，从理论上说，各类核反应堆均可提供热能。但由于供热目标的特殊性，如供热管网不能过长，供热目标一般在人口密集的城市区等特点，对供热堆的安全性和经济性提出了更高的要求，核供热堆是根据使用对象的不同来单独进行设计、建造的。核供热堆根据所需热能的温度可分为高温供热堆和低温供热堆。高温供热堆可用于生产工艺用热，低温供热堆一般用于城市集中供热（或热、冷联产）。

低温核供热堆供热系统一般由以下三个部分组成。

① 第一回路　由核反应堆和与核反应堆组成一体的主热交换器组成，自然循环进行热交换，主热交换器回路中的水带有放射性。

② 中间回路　中间回路包括热网热交换器和泵站。中间回路与第一回路互相隔离，不带有放射性。

③ 第三回路　这一回路与普通热网无异，直接进入热用户。

根据结构特点，低温核供热堆可分为池式低温供热堆和壳式低温供热堆。

池式低温核供热堆的堆芯和主热交换器置于一个常压水池中，冷却水系统在水池内循环，将热量传递至二回路，再由二回路传递到热网。这种类型反应堆的特点是堆芯为常压，结构简单，造价低。一回路水在水池内进行自然循环，堆芯不会产生失水危险。一回路水温一般不超过 90℃，适用于小型热网。壳式低温核供热堆将堆芯、主热交换器和一回路管路布置在一个压力容器内，容器上部充气作为稳压器。容器内压力为 1.5～2.5MPa，堆芯出口温度可达 200℃左右。壳式低温核供热堆适用于大、中型热网供热。

此外池式低温供热堆也和压水堆一样，配有控制棒驱动系统、注硼停堆系统、各种控制和监视系统等，以保证供热堆的安全运行。池式供热堆除安全性特别好外，造价也比动力堆低得多，投资仅为动力堆的 1/10，其经济性已可和燃煤及燃油供热站相比较，而对环境的影响却小得多。

到目前为止国外已建成了 50 余座核供热堆，其中近 20 座用于城市集中供热。我国清华大学核能院在 20 世纪 80 年代设计了国内第一座核供热试验堆并在 1989 年投运。该堆供热能力 5MW，为典型的壳式低温核供热堆。在 5MW 供热堆运行试验基础上，核能院又设计了 200MW 低温核供热堆（见图 5.10），我国低温核供热技术已日趋成熟。表 5.1 为国外池式供热堆的主要参数。

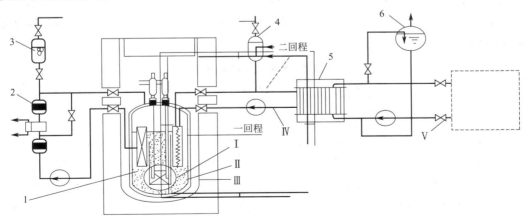

图 5.10　低温核供热系统示意图

Ⅰ—释热区；Ⅱ—压力容器；Ⅲ—屏蔽层；Ⅳ—二回路；Ⅴ—三回层（热网）；

1—堆芯；2——次冷却水净化系统；3—硝酸水注入系统；4—二回路容积补偿器；5—热网热交换器；6—事故冷却系统

表 5.1　国外池式供热堆的主要参数

反应堆名称	SDR(加拿大)	RUTA-10(俄罗斯)	RUTA-50(俄罗斯)	反应堆名称	SDR(加拿大)	RUTA-10(俄罗斯)	RUTA-50(俄罗斯)
反应堆堆型	池式	池式	池式	燃料组件数	4	19	61
冷却循环方式	自然循环	自然循环	自然循环	组件内元件数	49	—	—
反应堆功率/MW	2	10	50	元件直径/mm	13.1	—	—
堆芯出口水温/℃	92.7	95	95	平均燃耗/(MW·d/kg)	15	23	23
堆芯入口水温/℃	62	60	60	二回路出口水温/℃	77	85	85
堆芯压力/MPa	0.16	0.22	0.22	二回路入口水温/℃	52	55	55
堆芯流量/(t/h)	—	250	1250	二回路压力/MPa	—	0.14	0.14
池水温度/℃	62	60	60	二回路流量/(t/h)	—	280	1400
水池直径/m	4.3	4.3	6.0	热网出口水温/℃	70	80	80
池水深度/m	9.04	13	13	热网入口水温/℃	45	50	50
堆芯高度/m	0.49	—	1.0	热网流量/(t/h)	—	290	1450
堆芯直径/m	0.384×0.284	—	1.19	单位功率水量/(m³/MW)	51	16.6	7.48

5.3.2　核电站

5.3.2.1　核电站的组成

核能最重要的应用是核能发电。核能能量密度高，其热值比煤的热值约高出250万倍。作为发电燃料，其运输量非常小，发电成本低。例如一座1000MW的火电站，每年约需三四百万吨原煤，相当于每天需8列火车用来运煤。同样容量的核电站若采用天然铀作燃料只需130t，采用3%的浓缩铀^{235}U作燃料则仅需28t。利用核能发电还可避免化石燃料燃烧所产生的日益严重的温室效应。作为电力工业主要燃料的煤、石油和天然气又都是重要的化工原料。基于以上原因，世界各国对核电的发展都给予了足够的重视。

核电站和火电站的主要区别是热源不同，而将热能转换为机械能，再转换成电能的装置则基本相同。火电站靠烧煤、石油和天然气来取得热量，而核电站则依靠反应堆中的冷却剂将核燃料裂变链式反应所产生的热量带出来。

核电站的系统和设备通常由两大部分组成：核的系统和设备，又称核岛；常规的系统和设备，又称常规岛。一座反应堆及相应的设施和它带动的汽轮机、发电机叫做一个机组。从理论上讲，各种类型的核反应堆均可以进行发电，但从工程技术和经济运行的角度看，某些类型的核反应堆更适合于核能发电。表5.2给出了截至2002年底世界核电站中各种堆型发电机组的概况。

表 5.2　世界核电机组概况

堆型	运行机组	运行净功率/MWe	全部机组	全部净功率/MWe
压水堆	262	236236	293	264169
沸水堆	93	81071	98	87467
各种气冷堆	30	10614	30	10614
各种重水堆	44	22614	54	27818
石墨慢化轻水堆	13	12545	14	13470
液态金属快中子增殖堆	2	793	5	2573
总计	444	363873	494	406111

目前核电站中普遍使用的反应堆堆型是轻水堆、重水堆和石墨气冷堆，其中采用比例最高、最具有竞争力的是轻水堆，包括压水堆（pressurized water reactor）和沸水堆（boiling water reactor）。轻水堆的堆芯紧凑，作为慢化剂和冷却剂的水具有优越的慢化性能、物理

性能和热工性能，与堆芯和结构材料不发生化学作用，价格低廉，这种反应堆具有良好的安全性和经济性。

5.3.2.2　轻水堆核电站

（1）压水堆核电站　图 5.11 是压水堆核电站的示意图。压水堆核电站的最大特点是整个系统分成两大部分，即一回路系统和二回路系统。

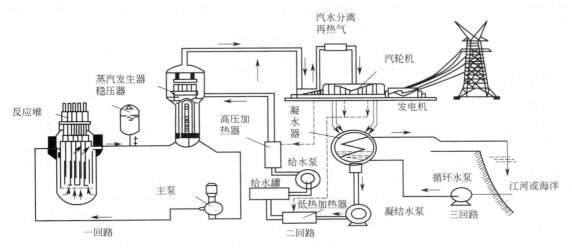

图 5.11　压水堆核电站系统示意图

一回路系统中压力为 15MPa 的高压水被冷却剂泵送进反应堆，吸收燃料元件的释热后，进入蒸汽发生器下部的 U 形管内，将热量传给二回路的水；然后再返回冷却剂泵入口，形成一个闭合回路。二回路的水在 U 形管外部流过，吸收一回路水的热量后沸腾，产生的蒸汽进入汽轮机的高压缸做功。高压缸的排汽经再热器再热提高温度后，再进入汽轮机的低压缸做功。膨胀做功后的蒸汽在凝汽器中被凝结成水。然后再送回蒸汽发生器形成另一个闭合回路。一回路系统和二回路系统是彼此隔绝的，万一燃料元件的包壳破损，只会使一回路水的放射性增加，而不致影响二回路水的品质。这样就大大增加了厂核电站的安全性。

压水反应堆堆芯放在压力壳中，由一系列正方形的燃料组件组成，燃料组件为 $14 \times 14 \sim 18 \times 18$ 根燃料棒束，燃料组件大致排列成一个圆柱体堆芯。燃料一般采用富集度为 2%～4.4% 的烧结二氧化铀（UO_2）芯块。燃料棒全长为 2.5～3.8m。压力容器（压力壳）为锰-钼-镍的低合金钢的圆筒形壳体，内壁堆焊奥氏体不锈钢，分为壳筒体和顶盖两部分。其内径为 2.8～4.5m，高为 10m 左右，壁厚为 15～20cm。蒸汽发生器内部装有几千根薄壁传热管，分为 U 形管束和直管束两种，材料为奥氏体不锈钢或因科镍合金。主泵采用分立式单级轴封式离心水泵，泵壳和叶轮为不锈钢铸件。稳压器为较小的立筒形压力容器，通常采用低合金钢锻造，内壁堆焊不锈钢。稳压器的作用是使一回路水的压力维持恒定。它是一个底部带钢电加热器、顶部有喷水装置的压力容器，其上部充满蒸汽，下部充满水。如果一回路系统的压力低于额定压力，则接通电加热器，增加稳压器内的蒸汽，使系统的压力提高。反之，如果系统的压力高于额定压力，则喷水装置喷冷却水，使蒸汽冷凝，从而降低系统压力。通常一个压水堆有 2～4 个并联的一回路系统（又称环路），但只有一个稳压器。每一个环路都有一台蒸发器和 1～2 台冷却剂泵。压水堆核电站由于以轻水作慢化剂和冷却剂，反应堆体积小，建设周期短，造价较低；加之一回路系统和二回路系统分开，运行维护方便，需处理的放射性废气、废液、废物少，因此在核电站中占主导地位。中国压水堆核电站的主要参数如表 5.3 所示。压水堆核电站一回路的压力约为 15.5MPa，压力壳冷却剂出口温度约为 325℃，进口温度约为 290℃。二回路蒸汽压力为 6～7MPa，蒸汽温度为 275～290℃，压水堆的发电效率为 33%～34%。

表 5.3　中国压水堆核电站的主要参数

堆　名	泰　山	泰山二期一号	大亚湾一号	岭澳 1 号	田湾一号
设计年份	1985	1996	1986	1997	1996
核岛设计者	上海核工程设计院	中国核动力设计院	法马通公司	法马通公司	俄罗斯核设计院
热功率/MWt	966	1930	2905	2905	3000
毛电功率/MWe	300	642	985	990	1060
净电功率/MWe	280	610	930	935	1000
热效率/%	31	33.3	33.9	34.1	35.33
燃料装载量/tU	40.75	55.8	72.4	72.46	74.2
平均比功率/(kW/kg)	23.7	34.6	40.1	40.0	40.5
平均功率密度/(kW/L)	68.6	92.8	109	107.2	109
平均线功率/(W/cm)	135	161	186	186	166.7
最大线功率/(W/cm)	407	362	418.5	418.5	430.8
燃料组件数	15×15	17×17	17×17	17×17	六边形
平均燃料铀-235 富集度/%	3.0	3.25	3.2	3.2	3.9
平均燃料耗燃/[MW/(d·tU)]	24000	35000	33000	33000	43000
压力容器内径/m	3.73	3.85	3.99	3.99	4.13
安全壳设计压力/MPa	—	0.52	0.52	0.52	0.5
一回路压力/MPa	15.5	15.5	15.5	15.5	15.7
堆芯进口温度/℃	288.8	292.4	292.4	292.4	291
堆芯出口温度/℃	315.5	327.2	329.8	329.8	321
环路数目	2	2	3	3	4
主泵数目	2	2	3	3	4
蒸汽发生器数目	2 个立式	2 个立式	3 个立式	3 个立式	4 个立式
蒸汽发生器管材	因科镍-800	因科镍-690	因科镍-690	因科镍-690	不锈钢
运行周期/月	12	12	12	12	12

（2）沸水堆核电站　图 5.12 是沸水堆核电站的示意图。在沸水堆核电站中，堆芯产生的饱和蒸汽经分离器和干燥器除去水分后直接送入汽轮机做功。与压水堆核电站相比，这种

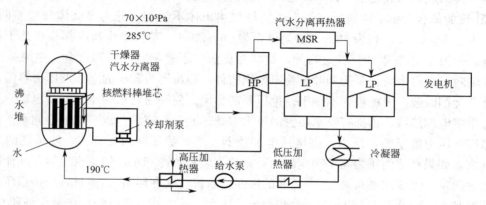

图 5.12　沸水堆核电站的示意图

系统省去了既大又贵的蒸汽发生器，但有将放射性物质带入汽轮机的危险，另外对沸水堆而言堆芯下部含汽量低，堆芯上部含汽量高，因此下部核裂变的反应性高于上部。为使堆芯功率沿轴向分布均匀，与压水堆不同，沸水堆的控制棒是从堆芯下部插入的。

在沸水堆核电站中反应堆的功率主要由堆芯的含汽量来控制，因此在沸水堆中配备有一组喷射泵。通过改变堆芯水的再循环率来控制反应堆的功率。当需要增加功率时，可增加通过堆芯的水的再循环率，将汽泡从堆芯中扫除，从而提高反应堆的功率。另外万一发生事故，如冷却循环泵突然断电时，堆芯的水还可以通过喷射泵的扩压段对堆芯进行自然循环冷却，保证堆芯的安全。

由于沸水堆中作为冷却剂的水在堆芯中会沸腾，因此设计沸水堆时一定要保证堆芯的最大热流密度低于所谓沸腾的"临界热流密度"，以防止燃料元件因传热恶化而烧毁。表 5.4 给出了德国主要沸水堆核电站的参数。

表 5.4 沸水堆核电站的主要参数

主要参数名称	参 数 值	主要参数名称	参 数 值
静热功率/MW	3840	控制棒数目/根	193
净电功率/MW	1310	一回路系统数目	4
净效率/%	34.1	压力容器内水的压力/MPa	7.06
燃料装载量/t	147	压力容积的直径/m	6.62
燃料元件尺寸(外径×长度)/mm×mm	12.5×3760	压力容器的总高/m	22.68
燃料元件的排列	8×8	压力容器的总重/t	785
燃料组件数	784		

5.3.2.3 重水堆核电站

重水堆核电站（见图 5.13）反应堆以重水作为慢化剂，由于重水的热中子吸收截面比轻水热中子吸收截面小很多，因此，重水堆核电站最大的优越之处是可以使用天然铀作为核燃料。

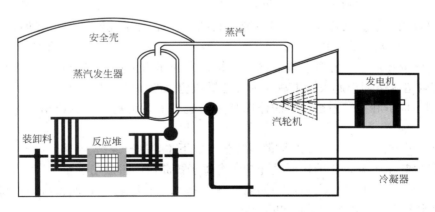

图 5.13 重水堆核电站

重水堆核电站反应堆按其结构可分为压力壳式和压力管式两种类型。压力壳式慢化剂及冷却剂均需使用重水，压力管式可以使用重水、轻水、气体、有机化合物作为冷却剂。重水堆的核电站由于可以使用天然铀作燃料，且燃料燃烧比较透，故与轻水堆相比，天然铀消耗量小，可节约天然铀。除此之外，重水堆对燃料适应性较强，容易改换另一种核燃料，重水堆的缺点是体积大、造价高，由于重水造价高，运行经济性也低于轻水堆。

5.3.2.4 石墨气冷堆核电站

石墨气冷堆是以石墨作慢化剂，以二氧化碳或氦气作冷却剂的反应堆。这种堆型至今已经历了三个发展阶段，产生了三种堆型：天然铀石墨气冷堆、改进型气冷堆和高温气冷堆。

第一代石墨气冷堆以天然铀作核燃料，二氧化碳作冷却剂。冷却剂气体流过堆芯，吸收热量后在蒸汽发生器中将热能传递给二回路的水，产生蒸汽后驱动汽轮发电机发电。这种堆型优点是可以使用天然铀，缺点是功率密度小，体积大，造价高，天然铀消耗量大，目前已基本停止建造。

第二代石墨气冷堆是在第一代基础上设计出来的。主要改进是使用了 2%～3% 含量的低浓度铀，出口蒸汽温度可达 670℃。

第三代石墨气冷堆也称为高温气冷堆。以氦气作冷却剂，石墨作慢化剂。由于堆芯使用了陶瓷燃料及采用惰性气体氦作冷却剂，故冷却剂气体温度可高达 750℃。高温氦气通过蒸汽发生器使第二回路的水变为蒸汽，驱动汽轮发电机组发电。高温气冷堆的主要优点是因其采用惰性气体作冷却剂，故在高温下也不能活化，不会腐蚀设备和管道。其次石墨热容量高，堆芯发生事故不会引起迅速升温，加之以混凝土作压力壳，故安全性较好。高温气冷堆的热效率较高，可以达 40% 以上。

5.3.2.5 核电站系统

核电站是一个复杂的系统工程，它集中了当代的许多高新技术。为了使核电站能稳定、经济地运行，以及一旦发生事故时能保证反应堆安全和防止放射性物质外泄，核电站设置有各种辅助系统、控制系统和安全设施。以压水堆核电站为例，有以下主要系统。

(1) 核岛的核蒸汽供应系统　核蒸汽供应系统包括以下子系统。

① 一回路主系统。它包括压水堆、冷却剂泵、蒸汽发生器、稳压器和主管道等。

② 化学和容积控制系统。它的作用是实现对一回路冷却剂的容积控制和调节冷却剂中的硼浓度，以控制压水堆的反应性变化。

③ 余热排出系统。又称停堆冷却系统，它的作用是在反应堆停堆、装加料或维修时，用以导出燃料元件发出的余热。

④ 安全注射系统。又称紧急堆芯冷却系统，它的作用是在反应堆发生严重事故，如一回路主系统管道破裂而引起失水事故时为堆芯提供应急的和持续的冷却。

⑤ 控制、保护和检测系统。它的作用是为上述 4 个系统提供检测数据，并对系统进行控制和保护。

(2) 核岛的辅助系统　核岛的辅助系统包括以下主要的子系统。

① 设备冷却水系统。它的作用是冷却所有位于核岛内的带放射性水。

② 硼回收系统。它的作用是对一回路系统的排水进行贮存、处理和监测，将其分离成符合一回路水质要求的水及浓缩的硼酸溶液。

③ 反应堆的安全壳及喷淋系统。核蒸汽供应系统都置于安全壳内，一旦发生事故，安全壳既可以防止放射性物质外泄，又能防止外来的袭击，如飞机坠毁等；安全壳喷淋系统则保证事故发生引起安全壳内的压力和温度升高时能对安全壳进行喷淋冷却。

④ 核燃料的装换料及贮存系统。它的作用是实现对燃料元件的装卸料和贮存。

⑤ 安全壳及核辅助厂房通风和过滤系统。它的作用是实现安全壳和辅助厂房的通风，同时防止放射性外泄。

⑥ 柴油发电机组。它的作用是为核岛提供应急电源。

（3）常规岛的系统　常规岛系统与火电站的系统相似，它通常包括以下子系统。

① 二回路系统。又称汽轮发电机系统，它由蒸汽系统、汽轮发电机组、凝汽器、蒸汽排放系统、给水加热系统及辅助给水系统等组成。

② 循环冷却水系统。

③ 电气系统。

5.3.2.6　核电站的运行

核电站运行的基本原则和火电站一样，都是根据电站的电负荷需要量来调节供给的热量。由于核电站是由反应堆供热，因此核电站的运行和火电站相比有以下一些新的特点。

① 在火电厂中可以连续不断地向锅炉供应燃料，而核电站必须对反应堆堆芯一次装料，并定期停堆换料。因此在堆芯换新料后的初期，过剩反应性很大，为了补偿过剩的反应性，除采用控制棒外，还需在冷却剂中加入硼酸，通过硼浓度的变化来调节反应堆的反应性。这就给一回路主系统及其辅助系统的运行和控制带来一定的复杂性。

② 反应堆的堆内构件和压力容器等因受中子的辐照而活化，所以反应堆不管是在运行中或停闭后都有很强的放射性，这就给电站的运行和维修带来一定的困难。

③ 反应堆停闭后，在运行过程中积累起来的裂变碎片和 β、γ 衰变将继续使堆芯产生余热（又称衰变热），因此堆停闭后不能立即停止冷却，还必须把这部分余热排出去；此外核电站还必须考虑在任何事故工况下都能对反应堆进行紧急冷却。

④ 核电站在运行过程中会产气态、液态和固态的放射性废物，对这些废物必须按照核安全的规定进行妥善处理，以确保工作人员和居民的健康，而火电站中这一问题是不存在的。

⑤ 与火电站相比核电站的建设费用高，但燃料所占的费用却较低。表 5-5 为核电和煤电发电费用的比较每单项费用占总费用的比例。因此为了提高经济性，核电站应在额定功率下作为带基本负荷电站连续运行，并尽可能缩短电站的停闭时间。

表 5.5　核电和煤电发电费用的比较每单项费用占总费用的比例

项　目	投资费/%	燃料费/%	运行、维修费/%
核电	70	20	10
煤电	30	60	10

5.4　核电利用的安全性

核能给人类带来了能源开发的新曙光，自 1954 年前苏联建立起世界上第一个核电厂起，前苏联、美国、英国、日本、法国、德国等许多国家相继建造了核电厂，目前全世界核电站总数有 439 个，发电量占世界总发电量的 1/6 左右。美国是世界上拥有核电机组最多的国家，有 104 个；法国有 59 个，日本有 54 个，英国有 35 个，俄罗斯有 29 个，其中法国的核发电量占该国发电量总数的 78%。然而人类利用核能发电曾经付出了沉重的代价，世界上已发生过 60 多次核泄漏事故，其中比较严重的有 4 次。

1971 年 11 月 19 日，美国明尼苏达州北方州电力公司的一座核反应堆的废水贮存设施突然发生超库存事件，导致 5 万加仑（1USgal＝3.78dm³）放射性废水流入密西西比河，其中一些水甚至流入圣保罗的城市饮水系统。

1973 年 3 月 28 日，美国三里岛的核反应堆由于机械故障和人为失误致使冷却水和放射性颗粒外逸，但没有人员伤亡报告。

1986 年 1 月 6 日，美国俄克拉荷马州一座核电厂因错误加热发生爆炸，结果造成 1 名工人死亡，100 人受到核辐射。

1986 年 4 月 29 日，前苏联切尔诺贝利核电站发生大爆炸，其放射性云团直抵西欧，导致 8000 人死于辐射带来的各种疾病。灾后当局用于事故处理的各项费用加上发电减少的损失，共达 80 亿卢布（约合 120 亿美元）。

1999 年 9 月 30 日在日本茨城县发生了核泄漏事故。事故原因是操作工人用水桶将 16kg 含铀溶液直接倒进沉淀罐引起的。过量的 ^{235}U 在中子撞击下开始连续裂变，从而造成核泄漏。1999 年 10 月 5 日，日本核事故还未结束，芬兰首都赫尔辛基东部 60km 外的一个核电站发生轻微氢气泄漏事故。同一天，汉城附近一座核电站也发生泄漏事故。工作人员在修理核电站设施时，约 45L 具有放射性的重水泄漏出来。有 22 名工人受到了核辐射污染。

上述情况表明，在人类的生产和生活中，零危险是不存在的，安全应该永远第一，安全是永恒的主题。安全管理必须常抓不懈，绝不可能一劳永逸。使用核裂变能，人们最担心的是核放射性污染和核废料的处理问题。虽然存在放射性污染的潜藏危险和核废料处理的问题，以及美国三里岛、前苏联切尔诺贝利两座核电站因操作原因产生的核事故的负面影响，实际上，核电站的建设和使用有一系列的安全防范措施，可使核裂变能的释放缓慢地、有控制地进行。只要有良好设计、制造和严格的科学管理，核电完全是一种安全可靠的能源。特别是世界各国正在积极努力推进改进型和创新型两类新一代核电站的开发，使核电产生影响环境的重大事故几乎降至百万分之一以下。相比而言，核电是最安全的能源。为此，它在许多国家，特别是在那些人口多、能源紧缺的国家和地区受到欢迎，其发展态势是有增无减。

5.4.1　核电与核弹

在核电迅猛发展的今天，公众最关心的仍是核电的安全问题。首先公众提出的第一个问题是：核电站的反应堆发生事故时会不会像核武器一样爆炸？回答是否定的。核弹是由高含量（＞90％）的裂变物质（几乎是纯 ^{235}U 或纯 ^{239}Pu）和复杂精密的引爆系统组成的，当引爆装置点火引爆后，弹内的裂变物质被爆炸力迅猛地压紧到一起，大大超过了临界体积，巨大的核能在瞬间释放出来，于是产生破坏力极强的、毁灭性的核爆炸。

核电反应堆的结构和特性与核弹完全不同，既没有高浓度的裂变物质，又没有复杂精密的引爆系统，不具备核爆炸所必需的条件，当然不会产生像核弹那样的核爆炸。核电反应堆通常采用天然铀或低含量（约 3％）裂变物质作燃料，再加上一套安全可靠的控制系统，从而能使核能缓慢地有控制地释放出来。

5.4.2　核电站放射性影响

核电站的放射性也是公众最担心的问题。其实人们在生活中，每时每刻不知不觉地在接受来源于天然放射性的本底和各种人工放射性辐照。据法国资料，人体每年受到的放射性辐照的剂量约为 1.36mSv，其中包括以下几种辐射。

① 宇宙射线，约 0.4～1mSv，它取决于海拔高度。

② 地球辐射，约 0.3～1.3mSv，它取决于土壤的性质。

③ 人体，约 0.25mSv。

④ 放射性医疗，约 0.5mSv。

⑤ 电视，约 0.1mSv。

⑥ 夜光表盘，约 0.02mSv。

⑦ 烧油电站，约 0.02mSv。

⑧ 烧煤电站，约 1mSv。

⑨ 核电站，约 0.01mSv。

此外，饮食、吸烟、乘飞机都会使人们受到辐射的影响，从以上资料看，核电站对居民辐照是微不足道的，比起燃煤电站要小得多，因为煤中含镭，其辐照甚强。

5.4.3　核电安全性原则

安全通常定义为不存在危险或危险概率非常小，对核电站其安全性反映在以下几个方面。

① 无论内部或外部原因，损坏发电系统完善性的危险可以忽略不计。

② 无论电站正常或不正常运行，对运行人员伤害的危险可以略而不计。

③ 电站运行对周围居民造成的危险或公害可以忽略不计。

对核电站的核心部分——反应堆，其安全的三原则是以下三方面。

① 在运行工况和事故工况条件下能保证反应堆安全停堆，并维持在安全停堆状态。

② 停堆后能有效地排出堆芯余热。

③ 在预计运行事故和事故工况下能有效地控制放射性物质外逸，并限制其产生的后果。

国际原子能机构（WEA）于 1978 年制定了有关核电站厂址选样、设计、运行和质量保证四个安全规程，并于 1988 年对上述四个规程进行了修改。我国原国家核安全局也于 1986 年发布了相应的四个核安全法规，并于 1991 年对四个法规进行了修订。正是这些法规的实施使核电站的安全有了可靠的保障。

5.4.4　反应堆的安全设计

反应堆的安全设计是核电站安全的主要保证，为此核电站对放射性裂变物质设置了如下 7 道屏障。

① 陶瓷燃料芯块。芯块中只有小部分气态和挥发件裂变产物释出。

② 燃料元件包壳。它包容燃料中的裂变物质，只有不到 0.5% 的包壳在寿命期内可能发生针眼大的小孔，从而有漏出裂变产物的可能。

③ 压力容器和管道。厚达 200～250mm 的钢制压力容器和 75～100mm 厚的钢管包容反应堆的冷却剂，阻止泄漏进冷却剂中的裂变产物的放射性。

④ 混凝土屏蔽。厚达 2～3m 的混凝土屏蔽以保护运行人员和设备不受堆芯放射性辐照的影响。

⑤ 圆顶的安全壳构筑物。它遮盖电站反应堆的整个部分，如反应堆泄漏，可防止放射性逸出。

⑥ 隔离区。它把电站和公众隔离。

⑦ 低人口区。把厂址和居民中心隔开一段距离。

　　除了设置 7 道屏障外，为了保证堆芯的安全，在设计反应堆时必须使堆芯维持一负温度系数，以便在功率发生任何意外增长而使堆芯温度升高时，负温度系数会使反应堆失去临界条件而停止运行；另外为防止灾难性核功率的剧增而使燃料棒变形，设计时必须考虑采用不变形的框架结构和可以自动复位的控制棒。

　　为了增加核电站设计的安全性，国家核安全局还对安全设计作了如下的特别补充规定。

　　① 对安全有重要意义的参数，必须配置足够的自动记录装置。

　　② 设立一个与核电站控制室分离的应急控制中心。

　　③ 应有严重事故情况下保持安全壳完整性的措施。

　　④ 在严重事故期间配备有充分辐射防护监督的设备。

　　近几年计算方法和计算机的发展大大促进了反应堆安全设计和安全分析的进步。例如，在结构系统的设计中广泛采用可靠性分析与设计来代替传统的常规设计力法；采用各种大型计算软件对堆内假想事故进行安全分析等。

5.4.5　反应堆的工程安全防护

　　反应堆的工程安全防护对核电站的安全起附加的保证作用，它应包括以下内容。

　　① 全部反应堆部件在安装和维护期间均需进行质量监督。

　　② 全部监督、控制设备均有裕度。

　　③ 反应堆的全部重要部件（泵、风机、仪表）均有备用电源。

　　④ 对包壳、反应堆压力容器、安全壳因事故引起的裂变物质泄漏均需设置连续屏障。

　　⑤ 制定详细的运行人员培训大纲和电站正常操作和事故操作规程。

　　⑥ 对所有事故，特别是可想象到的最严重事故要有补救措施。

　　最近几年工程安全防护方面的进展反映在以下几个方面。

　　① 质保体系更加严格。

　　② 监控设备、仪表更加先进，安全裕度增加。

　　③ 共因失效的原因及其对策的研究更加深入。

　　④ 防止放射性外泄到周围环境中去的措施日益完善。

　　⑤ 管理人员的素质更加良好，培训方式更加严格和具有针对性。

　　⑥ 针对暴力和破坏，核电站的保卫也更加严格。

　　由于核技术的进步，使核电站防御事故的能力大大增强，从而也使公众对发展核电更有信心，可以预计，21 世纪将是核电蓬勃发展的世纪。

5.5　核废料处理

　　世界核电已有 13000 多堆·年的运行史。按 IAEA 2007 年 4 月统计，全世界 33 个国家和地区中有 436 座商业核电机组在运行，还有 29 座在建设中。20 世纪 80 年代，中国核工业进入了以发展核电为标志的新阶段。目前我国大陆核电装机容量达到 8.5×10^3 MW（见表 5.6）。为满足国民经济发展和人民生活提高对电力的需求，我国政府确定要积极发展核电，到 2020 年规划中的核电装机容量将达到 40×10^3 MW。在建和计划即将建设的核电站有秦山第二核电站二期、广东岭东核电站、浙江三门核电站、广东阳江核电站、山东海阳（一期）核电站和辽宁红沿河（一期）核电站等。

表 5.6　我国已建成的核电机组

电 厂 名 称	机组配置	堆 型	容量/MW	首次并网日期
秦山第一核电站	单机组	压水堆	1×300	1991 年 12 月 15 日
秦山第二核电站	双机组	压水堆	2×600	分别于 2002 年 2 月 6 日和 2004 年 3 月 11 日
秦山第三核电站	双机组	重水堆	2×700	分别于 2002 年 11 月 19 日和 2003 年 6 月 12 日
广东大亚湾核电站	双机组	压水堆	2×900	分别于 1993 年 8 月 31 日和 1994 年 2 月 7 日
广东岭澳核电站	双机组	压水堆	2×900	分别于 2002 年 2 月 26 日和 2002 年 9 月 14 日
江苏田湾核电站	双机组	压水堆	2×1000	分别于 2006 年 5 月 12 日和 2007 年 5 月 14 日

核电站运行和维修过程中基本上只产生低中放废物，废物比活度低，而且其中不少是活化放射性核素，它们的半衰期短、生物毒性小。由于核电站对所产生的放射性废液和废气采取了严格的净化处理和控制排放措施，正常运行时核电站的气载流出物和液体流出物对环境影响是很小的，增加的剂量负担不到天然本底的 1%。随着管理的加强和有关技术的持续发展和改进，核电站的安全性不断提高，对环境的影响越来越低。

5.5.1　核电站废物的来源

核电站依靠反应堆中核燃料的可控裂变链式反应所释放的能量生产蒸汽，蒸汽推动汽轮发电机发电。核电站放射性废物中的核素有以下两大来源。

① 裂变过程。燃料元件中的 U-235 和 Pu-239 裂变反应产生裂变产物，裂变产物一般被包容在燃料元件包壳中，只有极少量在燃料元件包壳破损（通常小于 0.1%）时泄漏到一回路冷却剂中。还有少量裂变产物来自燃料组件包壳外表面沾染的痕量铀裂变，其裂变产物会直接进入到一回路冷却剂中。大部分裂变产物是半衰期较短的放射性核素，经过不长时间它们就衰变为稳定元素，但也有一些较长或很长寿命的放射性核素如 ^{85}Kr、^{90}Sr、^{137}Cs、^{99}Tc、^{129}I 等。

② 活化过程。包括反应堆结构材料的活化、冷却剂的活化、冷却剂中杂质的活化和化学添加剂的活化等。反应堆结构材料活化产生 ^{58}Co、^{60}Co、^{55}Fe、^{59}Fe、^{51}Cr、^{54}Mn、^{57}Mn、^{59}Ni、^{63}Ni、^{65}Ni、^{65}Zn、^{94}Nb、^{124}Sb 等核素，这些核素随同反应堆结构材料的冲蚀-腐蚀产物一起进入到一回路冷却剂中。同时，反应堆结构材料冲蚀-腐蚀产物进入到一回路冷却剂中后还会进一步被中子活化。冷却剂活化产生 ^{13}N、^{16}N、^{17}N、^{18}N、^{19}O、^{3}H 等核素。冷却剂中杂质活化产生 ^{24}Na、^{27}Mg、^{45}Ca、^{49}Ca、^{31}Si、^{37}S、^{38}Cl 等核素。活化产物和所用结构材料、反应堆功率、反应堆堆龄和冷却剂纯度等许多因素有关。随着反应堆结构材料的优化和冷却剂纯度的提高，活化产物量大大减少。

此外，燃料元件中铀和钚的中子俘获反应会产生超铀元素，超铀元素基本上都包容在燃料元件包壳中。

这里特别要说明 ^{3}H、^{14}C 和 ^{110m}Ag 这三个核素的产生。

核电站 ^{3}H 的产生来自以下四种反应。

① 冷却剂中氘的活化：$^{2}H + n \longrightarrow {}^{3}H$；

② 冷却剂中锂（以 LiOH 加入，调节 pH 用）的活化：$^{6}Li + n \longrightarrow {}^{3}H + {}^{4}He$；

③ 控制棒和冷却剂中硼的中子俘获：$^{10}B + n \longrightarrow {}^{3}H + {}^{4}He$；

④ 铀核三裂变反应。

核电站 ^{14}C 的产生主要来源于燃料和重水中的 ^{17}O 以及环隙气体中的 ^{13}C、^{14}N 等成分的活化，发生的核反应如下。

① ^{17}O 核反应：^{17}O（n，α）^{14}C。

② ^{14}N 核反应：^{14}N（n，p）^{14}C。

③ ^{13}C 核反应：^{13}C（n，γ）^{14}C。

对于 CANDU 重水堆核电站，^{3}H 和 ^{14}C 的量明显高于压水堆核电站。在压水堆中，^{3}H 近 80％进入液态；在重水堆中，^{3}H 近 50％以气态逸出，50％进入液相。^{3}H 以 HT 和 HTO 形式进入废气和废液中，^{14}C 主要以 CO_2 形式进入废气和废液中。

^{110m}Ag 主要针对的是大亚湾核电站。因为 ^{110m}Ag 曾经是大亚湾核电站液态流出物中关键核素。经查找原因，发现其主要来源为：Ag-In-Cd 控制棒、压力容器"O"形密封圈和热交换器密封圈中的 Ag 被冲蚀-腐蚀后，在一回路被中子活化，形成 ^{110m}Ag。

5.5.2　核电站废物的管理系统

核电站放射性废物可分为放射性废气、放射性废液和放射性固体废物三大类。

核电站废物处理系统能够接受和处理电站正常运行和预期运行事故工况下的最大废物量和最大比活度的废物，处理能力和贮存容量都有较大余量。

核电站废物管理系统通常包括以下几个子系统。

① 放射性废物收集系统。

② 硼回收系统。这是压水堆核电站的特有系统，主要作用是对一回路排出的冷却剂和核岛含硼废液进行贮存、净化处理、硼水分离和监测。有些核电站将硼回收系统划入核辅助系统，不作为放射性废物系统。

③ 废液处理和排放系统。主要作用是接收、暂存、处理、监测和排放不可复用的放射性废液，如工艺废液、控制区地面疏水、化学废液和洗涤废水等。

④ 废气处理和排放系统。主要作用是接收、处理、监测和排放放射性工艺废气。

⑤ 固体废物处理和贮存系统。主要作用是收集、处理和暂时贮存核电站所产生的固体废物。

5.5.3　核电站废物的处理方法

5.5.3.1　废气处理工艺和设备

核电站废气包括两大方面，即工艺废气和核岛厂房排风，放射性废气处理系统主要是指工艺废气处理系统。压水堆电站的工艺废气通常分为含氢废气和含氧废气。废气中主要放射性组分是：惰性气体、碘和气溶胶、碳-14 和氚。CANDU 堆电站的废气中还含有较多的碳-14 和氚。厂房排风的主要组分是碘和气溶胶。短寿命惰性气体的去除主要靠滞留衰变作用，颗粒物和气溶胶的去除主要靠过滤，放射性碘的去除主要靠碘吸附器。氚的去除尚没有理想的办法。

（1）含氢废气　含氢废气又称高放无氧工艺废气，主要来自反应堆一回路稳压器卸压箱、化学和容积控制系统的容控箱、冷却剂系统的疏水箱以及硼回收系统的暂存箱和脱气塔等。含氢废气中主要化学成分是氢气和氮气，对这类废气通常采用压缩贮存衰变方法进行处理，其处理工艺流程如图 5.14 所示。

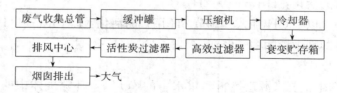

图 5.14　压缩贮存衰变法处理含氢废气工艺流程图

废气衰变箱要保证废气有足够长的贮存时间，由于换料大修期间废气量大，设计时要考虑有足够备用容积。废气衰变贮存时间通常要在 60d 以上。CANDU 堆核电站和部分压水堆电站采用活性炭延迟床处理含氢废气。我国田湾核电站采用的含氢废气处理工艺流程，如图 5.15 所示。

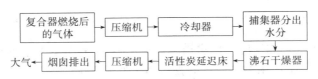

图 5.15　用活性炭延迟床处理含氢废气工艺流程图

田湾核电站的活性炭延迟床的设计由 4 个 5m³ 的活性炭床串联组成，30℃时对氪的净化系数为 14，对氙的净化系数为 280。大部分短寿命核素在活性炭延迟床连续吸附和解吸过程中衰减到可排放水平。

含氢废气处理后的排放，执行双重控制，第一控制是取样分析，测量排放废气的放射性水平是否满足排放要求；第二控制是在排放过程中由电厂流出物监测系统连续进行监测，当其放射性水平超过排放阈值时报警，对压缩贮存衰变工艺流程，能关闭排放阀停止排放。为了保证在系统内不发生燃爆事故，含氢废气通常用氮气稀释，使氢气浓度保持在 4% 以下，并尽量减少潜在的火源。系统和设备在检修前，应用氮气吹洗，除去残留的放射性气体和氢气。

（2）含氧废气　含氧废气又称低放有氧工艺废气，来自非冷却剂相关放射性系统、贮槽的呼排气、吹扫气、鼓泡排气等。含氧废气只含有少量的放射性碘、气溶胶、裂变产物气体和氢气。含氧废气含有少量放射性微粒，含有氧，一般通过高效过滤器和碘吸附器进行处理，其处理工艺流程如图 5.16 所示。

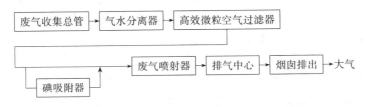

图 5.16　含氧废气处理工艺流程图

秦山第三核电站的活性炭吸附器采用 5% 三乙基联胺浸渍活性炭，在 70% 相对湿度下，元素碘的除去率达到 99.99%，甲基碘的除去率达到 99.9%。含氧废气为连续排放，在排放管道上装有流出物在线监测装置，连续监测排放废气的放射性水平，当废气放射性水平大于阈值时，会自动报警。

（3）厂房排风　厂房排风来自反应堆厂房、燃料厂房、核辅助厂房的空气调节和采暖通风，主要含有放射性气溶胶和碘。普遍采用高效过滤器除气溶胶，用活性炭除碘。经过高效微粒空气过滤器和碘过滤器净化后，由烟囱排出，厂房排风连续运行。厂房排风根据空气污染程度设定换气次数。气流的流向从低污染区向高污染区流动，保证排风进入烟囱前充分净化和进入环境的放射性物质最少，并创造一个温度、湿度适宜，舒适、安全的工作环境。不同来源的厂房排风，放射性组分和水平不同，采用不同工艺流程处理，这里仅举例作简单介绍，例如：

① 含放射性气溶胶废气，如燃料厂房排风，采用图 5.17 所示工艺流程。

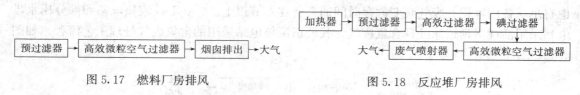

图 5.17　燃料厂房排风　　　　　　　　　　　图 5.18　反应堆厂房排风

② 含放射性碘废气，如反应堆厂房排风，采用图 5.18 所示工艺流程。

核电厂通风系统通常所用的过滤器的去污因子如表 5.7 所示。

表 5.7　核电厂通风系统过滤器去污因子

过 滤 器	作 用	去污效率/%	去污因子,DF
进风预过滤器	除飘尘	85	7
排风预过滤器	除粗粒	85	7
高效过滤器	除粗粒	95	20
高效微粒空气过滤器	除气溶胶	99.95	2000
碘过滤器(浸渍 KI)	除碘	99.98	5000

高效微粒空气过滤器和碘吸附器的检验非常重要，这类检验包括以下几种。

① 运行前安装调试验收检验；

② 运行后定期监督检验；

③ 运行中的更换检验。

过滤器的去污因子应定期检测。如碘吸附器可用甲基碘法，高效微粒空气过滤器可用荧光素钠气溶胶法。过滤器压降的监测是必不可少的，压降增加表示过滤器堵塞，压降减小表示过滤效率降低。维修或更换过滤器和吸附床必须重视辐射防护和防止污染扩散。烟囱排放实行连续监测，烟囱中安装监测仪表，在主控室自动记录气载流出物的放射性水平和流量，对气载流出物的排放进行有效控制和统计。烟囱的高度和设置根据气象资料、大气扩散试验和分析计算而定，通常用 SF_6 测算排放的扩散因子。

5.5.3.2　废液处理工艺和设备

核电站废液有各种分类方法，我国大亚湾核电站、岭澳核电站和秦山第二核电站分为：工艺疏水、化学废液、地面疏水和洗涤废水。有的压水堆核电站则分为 T1 废水（冷却剂相关系统设备、阀门和管道的疏水和引漏水，为含硼废水），T2 废水（辅助系统的树脂再生废液及废树脂的输送和冲洗水、去污废液、放化实验室废水，化学物质含量较高），T3 废水（控制区地面疏水和清洗水）。核电站在换料大修期间废液的产生量集中，瞬间流量大，设计时必须考虑备有足够的贮存容量。各类废液的来源不同，其数量、放射性活度浓度和含盐量有较大差异，主要处理方法和处理成本也不相同。因此，不同类型废液必须分类收集和贮存，分类进行处理，防止发生交叉污染。目前常用的废液处理技术有贮存衰变、过滤、离子交换和蒸发等。此外，电渗析、反渗透、超滤等技术在国外有增加应用的趋势。

（1）蒸发法　蒸发法具有去污因子高和浓缩倍数大等优点，核电厂废水处理中应用较多。核电厂废液处理系统应用较多的蒸发法是强制循环蒸发，但是也有一些核电厂采用自然循环蒸发。在蒸发处理前，对废液需要进行化学分析和放射性测量。为了尽可能提高浓缩倍数，料液送入至蒸发器之前，需要过滤除去悬浮物和颗粒物，需要调节 pH。对含有洗涤剂的废液进行蒸发时，为防止雾沫夹带而降低蒸发器的去污因子，需要加入消泡剂（抗泡剂）。

核电厂蒸发主要用于工艺疏水和化学疏水的处理。含硼疏水的蒸发浓缩液含硼量很高，遇冷结晶可能会堵塞管道，要注意管道的保温。

（2）离子交换法　压水堆核电站采用离子交换法处理废水的地方很多（见表 5.8），一般用球状树脂，做成阳床、阴床和混床使用（又称除盐床）。也有用粉末状树脂，涂在过滤介质上做成预涂层过滤器，这在沸水堆电站用得较多。

表 5.8　压水堆电站常用的离子交换床

系　　统	离子交换床	用　　途
一循环冷却剂化学和容积控制	混床、阳床、阴床	放射性去污、去离子、除硼
硼回收	混床、阴床	放射性去污、硼回收
冷凝器和蒸汽发生器排污水	混床	去离子、放射性去污
元件贮存水池	混床	放射性去污、去离子
废水处理	阳床、阴床、混床	放射性去污
补给水	单床、混床	去离子和除胶体

核电站除盐床的树脂一般不再生，通常是根据除盐床的进出口压差和外表剂量率确定是否需要更换树脂。例如，我国秦山第二核电站规定除盐床进出口压差达到 0.15MPa 或外表面剂量率达到 15mSv/h 时需要更换树脂。废树脂采用水力输送，贮存在专门的贮槽中。废树脂贮槽要用压缩空气定期松动树脂层，以防止树脂层板结。在废树脂贮槽中，树脂上面有水覆盖，贮槽要有料位显示和高液位报警。为延长树脂床使用寿命可采用一些有效措施，例如，加前置过滤器；采用超声波清洗树脂床或用压缩空气疏松树脂床，降低树脂床压力降。串联使用树脂床时，若第 1 台树脂床失效，后面树脂床并未失效，可只更换第 1 台树脂床，而将第 2 台、第 3 台升级为第 1 台、第 2 台使用等。

压水堆核电站各类废水处理工艺分述于下。

① 工艺疏水。对压水堆电站，主要为冷却剂相关系统设备、阀门和管道的疏水与引漏水。这类废水的特点是放射性水平高，但化学物质含量低（主要是硼酸）。一般，采用除盐床（离子交换器）处理。当化学物质含量较高时，则需要蒸发处理或蒸发与离子交换串联使用。通常使用的工艺流程如图 5.19 所示。

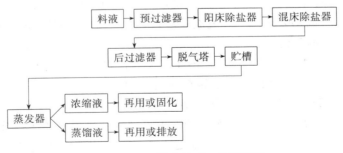

图 5.19　工艺排水处理工艺流程图

流程中的预过滤器主要用于除去废液中的悬浮固体杂质。除盐床一般由阳床和混床串联组成。后过滤器用于截留从除盐床中可能逸出的树脂颗粒。脱气塔用于除去含硼废液中的氢气、氮气和裂变产物气体。

② 化学废液。化学废液主要为放化实验室的废液、放射性去污系统所产生的去污废液等。这类废液的特点是化学物质含量高（含盐量大），一般采取蒸发处理。

核电站采用的废液蒸发工艺流程如图 5.20 所示。

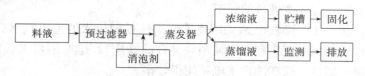

图 5.20 化学排水处理工艺流程图

③ 地面疏水。地面疏水主要为核岛控制区内的地面冲洗废水。这类废水特点是可能含有一定量的化学物质和固体颗粒，放射性水平比较低。地面疏水应单独收集，通过取样分析和测量，当放射性浓度低于排放限值时（例如对滨海电站可为 3.7×10^6 Bq/L），经过过滤，就可排放；当放射性水平较高时，则需要进行蒸发处理。

④ 淋浴水和洗衣水。核电站控制区卫生出入口的洗手水、淋浴水和特种洗衣房的洗衣废水的放射性水平通常很低，但这些废水含有一定量的洗涤剂，一般不作特别处理。通常采用过滤或活性炭吸附处理后排放，但对这些废水，设计上一般都考虑了在放射性水平超过排放限值时，送往废液处理系统进行处理的可能性。对这类废水进行蒸发处理时通常要添加消泡剂，以减少废水蒸发过程中的泡沫夹带。开发新技术，如采用双氧水或臭氧加紫外光氧化分解洗涤剂；臭氧处理洗衣和淋浴水。在 pH≤11.6，温度 50℃，臭氧浓度 30～40mg/L 时，加入速度 10L/h，废水中表面活性剂除去效果非常好，二次废物量大大减少。

⑤ 含油废水。汽轮机厂房、变电站、配电所、锅炉房、油脂贮存库、消防站等场所，会产生一些含油污水。含油污水常排入油污水池澄清，并由隔板将表面的油撇去。除油后，可排入生活污水集水池或直接排放。排入海中的油含量应该小于 10mg/L。收集的废油虽不含放射性物质，但不能排入水体，要作单独处理。

⑥ 生活污水。核电站的生活污水一般经生化处理站处理，达到国家规定的标准后，可用于浇花、农田灌溉或排入海洋。生活污水既要不影响生态环境，又要注意充分利用水资源。

5.5.3.3 固体废物处理工艺和设备

核电站固体废物来源于核电站的运行过程和换料检修活动，通常分为湿固体废物和干固体废物两大类。湿固体废物包括废液预处理过程中产生的泥浆、废液蒸发处理所产生的浓缩废液（蒸发残渣）、核岛水处理系统和废液处理系统所产生的废树脂和废过滤器芯等。

一般采用固化或固定方法处理。

（1）浓缩废液　压水堆电站的浓缩废液主要来自废液处理系统和硼回收系统的蒸发器。废液处理系统浓缩废液中含有硝酸钠、硼酸或硼酸盐，最大含盐量 400g/L 或最大含硼量 4000×10^{-6}（质量分数）。硼回收系统浓缩废液主要是废硼酸，为了防止硼结晶，含硼浓缩液的温度保持在 55℃。每个电站浓缩废液的产生量同电站的规模和运行管理水平关系很大。大亚湾核电站两台机组运行 9 年（1994～2002 年）产生的蒸发浓缩废液总计为 93.58m³。浓缩废液通常用水泥进行固化，由于硼酸根离子有延缓水泥凝固的特性，常常先加入 $Ca(OH)_2$ 对浓缩废液进行预处理。对于沸水堆核电站，由于浓缩废液中含有较多 SO_4^{2-}，SO_4^{2-} 对水泥的凝固有促凝作用，需要加入缓凝剂。经水泥固化后的产物称水泥固化体。水泥固化体的各种性能必须满足国家标准《低、中水平放射性废物固化体性能要求——水泥固化体》的要求。用一般的水泥固化法固化含硼浓缩废液，增容很多，1m³ 浓缩物可能产生 2m³ 水泥固化体。采用改进的水泥固化技术，例如，我国台湾省开发的改进水泥固化技术

（HEST）仅产生 $0.25m^3$ 固化体，废物体积降低到了 1/8。目前韩国正在建造冷坩埚玻璃固化工厂，准备用来处理核电站的各类废物，经过处理后废物体积预计可减少 20 倍。放射性废物的主要固化方法见表 5.9。

现在美国有的核电站采用超滤、纳米滤材过滤器、离子交换和反渗透复合工艺取代絮凝沉淀和蒸发工艺，减少使用活性炭和减少加入化学试剂，以实现废物最小化。

表 5.9　放射性废物的主要固化方法

固化对象	名称	主要优点	主要缺点	应用状况
高放废液	玻璃固化陶瓷固化玻璃陶瓷固化	固化体浸出率较低，减容比较大，辐照稳定性和导热性较好	成本较高，工艺较复杂，产生二次废物，热稳定性较差	工业规模应用试验阶段
	人造岩石固化	固化体浸出率较低，废物容量大，辐照稳定性和化学稳定性较好	工艺较复杂，成本高	由试验转入应用阶段
	煅烧固化	减容比大（7～12），导热性、辐照稳定性和热稳定性较好	固化体浸出率高，化学稳定性较差	流化床法已得到工业应用
	热压水泥固化	固化体浸出率较低，热稳定性、辐照稳定性和机械强度较好，成本较低	研究阶段	试验阶段
中低放废液	复合固化	固化体浸出率较低，辐照稳定性和机械强度较好	工艺较复杂，成本高	试验阶段
	沥青固化	固化体浸出率较低，工艺简单，成本低廉，废物包容量大	减容比小（1～2），导热性、辐照稳定性和热稳定性较差，不耐高温、易燃/易爆	工业规模应用
	水泥固化	工艺简单，成本低廉，热稳定性、辐照稳定性和机械强度较好，无二次废物	增容明显（0.5～1 倍），固化体浸出率较高	工业规模应用
	塑料（聚合物）固化	工艺简单，减容比大（2～5），固化体浸出率低，热稳定性导热性较好，废物包容量较大	成本高，设备复杂	小规模应用

（2）废树脂　核电站的放射性废树脂不仅仅来自废液处理系统，轻水堆电站核岛有关水处理系统也都产生废树脂，例如压水堆核电站废树脂来自下列系统的除盐床。

① 化学和容积控制系统；

② 硼回收系统；

③ 反应堆换料水池和乏燃料水池冷却水处理系统；

④ 蒸汽发生器排污系统等。

核电站放射性废树脂的产生量不多，一个机组一年产生几立方米至几十立方米。大亚湾核电站两台机组运行 9 年（1994～2002 年）产生的废树脂仅为 $62.6m^3$。不同除盐床的废树脂其比活度相差很大（$10^6 \sim 10^{13}$ Bq/kg）。压水堆核电站废树脂中主要核素是 ^{137}Cs、^{134}Cs、^{60}Co 和 ^{58}Co，对于 CANDU 堆的阴树脂，则含有相当高量的 ^{14}C。废树脂的处理是迄今尚未圆满解决的问题，是核电站废物管理中的一个难点，主要有以下原因。

① 废树脂富集了放射性核素，虽然多数仍属于低中水平放射性废物，但有的废树脂可能比活度很高；

② 废树脂是有机物质，在干燥的状态下具有可燃性；

③ 废树脂会辐解、热解或生物降解，产生 H_2、CH_4、C_2H_6、NH_3 等燃爆性气体；

④ 废树脂含有较多硫和氮，焚烧产物和降解产物对贮存容器和设备有较强腐蚀性；

⑤ 废树脂长期存放会粉化，在贮槽底部板结，会造成回取困难；

⑥ 废树脂是弥散性物质，不允许直接处置（除非脱水后装入高整体性容器）；

⑦ 沥干水的废树脂含有 50%～60%（质量分数）水分，燃烧热值低，塑料固化时尚需作进一步的干燥处理。

虽然废树脂的处理方法已经研究开发很多（见图 5.21），但迄今为止尚没有一个圆满解决的方法，目前大多采用水泥固化法处理。

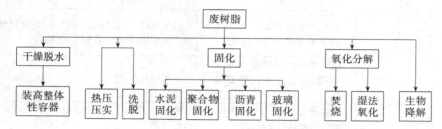

图 5.21　废树脂处理和整备方法

上述已开发研究的废树脂的处理方法大致可分为以下两类。

① 不破坏树脂有机结构，如洗脱法、压实法、水泥固化、沥青固化、塑料固化和干燥后装入高整体性容器等。

② 破坏树脂有机结构，如氧化分解（焚烧或湿法氧化）、玻璃固化、生物降解等。

废树脂包容量大的水泥固化体，长期浸泡在水中后固化体会龟裂和破碎，因此要限制水泥固化体中废树脂的包容量。为了保证废树脂水泥固化体的质量，要减少废树脂的包容量，这会加大水泥固化体的体积。对于处置成本高，处置场地困难大的电站，应该优选经过处理和包装后废物体积小的处理工艺，例如，将废树脂烘干后直接装入高整体性容器，或者采用冷坩埚玻璃固化的方法处理废树脂。对于一个已经运行的核电站，如果没有条件建造新的废树脂处理设施或改造已有的处理设施，可利用已有的水泥固化装置固化废树脂，把废树脂逐步少量掺入到浓缩废液中一起进行固化，采用这种方法要选好配方，包括优选所采用的水泥类型和添加剂，以保证固化体的质量。评价废树脂水泥固化体，至关重要的是鉴定长期浸泡后（1 年以上）的抗浸出性能是否满足要求。

③ 干固体废物　干固体废物如废活性炭、石墨、吸附剂、废高效过滤器芯、控制区内准备废弃的设备、部件、工具、劳保用品、擦拭材料、铺垫或覆盖用的塑料等。此外，还有很少量可能放射性强的堆内测量部件等。根据所采用的减容工艺，干固体废物可以分为可压实废物和不可压实废物，或可燃性废物和不可燃性废物。

焚烧可燃性废物可获得较大的减容（10～100 倍），但焚烧设施的建造费用和运行费用较高。国外常在多堆场址建设可燃性废物的焚烧设施。采用压实方法对可压实废物的减容倍数较小（2～10 倍），但由于压实机的建造和运行费用相对较低，并且操作简单，因此在核电站使用很多。我国各个核电站也都设有压实机。

为了提高减容倍数，可在预压实（用数十吨到上百吨压实机）之后，再用超级压实机（1500～2000t 压力）进一步压实。超级压实机可将经过预压实的废物连桶一起压实，获得更大减容。通常 200L 的桶装废物经超级压实机压实之后，压成的饼块装在 400L 金属桶中，周围空隙浇水泥砂浆固定。也有将废物装在 180L 桶中进行预压实、再经超级压实机压实成饼块后装在 200L 金属桶中，用水泥砂浆固定。压实机必须设置装有高效过滤器的排风系统，以防止废物压实时释放的放射性气溶胶和气载颗粒污染周围环境。此外，还要注意收集废物压实过程被挤压出的水分。

5.6　核辐射与防护

在 2011 年 3 月 11 日发生的日本 9 级强震引发了海啸，导致福岛核电站受损泄漏。日本经济产业省原子能安全保安院决定将福岛第一核电站核泄漏事故等级提高至 7 级，这使日本核泄漏事故等级与苏联切尔诺贝利核电站核泄漏事故等级相同。上天入地下海，日本核辐射已经"传染"了全球。虽然美国、韩国、俄罗斯等国都安抚公众说，辐射量对人体没有损害，但大家难免对这种看不见摸不着的杀手心存不安与恐惧。那么，核辐射到底是什么东西？它有什么危害，要如何防护呢？

5.6.1　核辐射

辐射分为两类，电离辐射和非电离辐射。比如，我们所说的电脑辐射属于后者，而核辐射则属前者。

核辐射是指原子核转变过程中放出的粒子流（通常仅指 α 粒子、β 粒子和中子 γ）与电磁辐射（γ 辐射）。核辐射主要包括 α、β、γ 三种射线。其中，α 射线是氦核，β 射线是电子，γ 射线则是一种短波长的电磁波。α 及 β 射线的穿透力较弱，一块普通的砖可以有效地阻挡 β 射线，而一张纸就可以挡住 α 射线。因此，这两种作用距离比较近的射线只要避免其辐射源进入体内，影响不会太大。γ 射线的穿透力则比前两种射线强得多，其可以穿透厚达几十厘米的水泥墙。一般防护 γ 射线时需要采用吸收能力很强的铅块。目前，用于衡量辐射对生物体组织伤害的是吸收剂量，其单位为 Sv（希弗），一个 Sv 相当于每千克物体吸收 1 焦耳的辐射能量，Sv 是个很大的单位，实际通用单位一般采用 mSv（千分之一 Sv，毫希弗），或是 μSv（千分之一 mSv，微希弗）。需要指出的是，并不是所有的核辐射都会对人体产生危害。长期的实践和应用发现，少量的辐射照射（小于 100mSv）并不会危及人类的健康。

5.6.2　核辐射的危害

核辐射之所以会对人体产生辐射损伤，一方面是因为射线照射产生热效应，导致热损伤；另一方面，也是最主要的损伤途径，是核辐射与人体作用时，通过辐射物理化学作用，损伤人体中的某些生物分子，使之失去生理活性，诱导相应的组织产生病变，导致人体调节机能的紊乱。

核辐射对于人体的影响包括外照射和内照射两种。外照射是指放射性物质直接照射在人体上；而内照射是放射性物质进入空气、水、植物，通过呼吸、饮水、吃饭等方式进入人体。大剂量的核辐射致人患病、死亡，辐射也是癌症发病率增加的潜在诱因。核辐射对人体的损害分为确定性效应和随机性效应。确定性效应是接受的辐射剂量超过一定阈值才会出现的效应，其临床表现是呕吐、脱发、白内障、性欲降低、白细胞降低、各种类型放射病，直至死亡。随机性效应是指辐射剂量引起的癌症发病率增加，没有剂量阈值。原则上接受任何小剂量的辐射，都会引起癌症发病率增加。一旦诱发癌症，其严重程度就与接受的辐射量无关了。

核辐射对人体的损伤主要包括以下几种。

① 急性核辐射损伤　急性损伤多见于核辐射事故。

② 慢性核辐射损伤　全身长期超剂量慢性照射，可引起慢性放射性病。局部大剂量照射，可产生局部慢性损伤，如慢性皮肤损伤、造血障碍、白内障等。慢性损伤常见于核辐射工作的职业人群。

③ 胚胎与胎儿的损伤　胚胎和胎儿对辐射比较敏感，接触辐射可能使死胎率或胎儿畸形率升高，新生儿死亡率也相应升高。据流行病学调查显示，在胎儿期受核辐射照射的儿童中，白血病和某些癌症的发生率较对照组为高。

④ 远期效应　在中等或大剂量范围内，核辐射致癌已为动物实验和流行病学调查所证实。在受到急慢性照射的人群中，白细胞严重下降，肺癌、甲状腺癌、乳腺癌和骨癌等各种癌症的发生率随照射剂量增加而增高。

⑤ 受核辐射污染后的后遗症问题　受辐射污染后 6 个月会发生的机体变化，包括晶状体浑浊、白内障、男性睾丸和女性卵巢受影响导致永久不育、骨髓受损出现造血功能障碍，以及出现各种癌症。另外也会有遗传效应，令生殖细胞基因或染色体发生变异，导致畸胎等问题。

当然，这些危害虽然可怕，但要造成这些危害，必须达到一定的剂量才行。当辐射剂量小于 100mSv 时，对人体基本没有影响；100～500mSv 之间时，人体也不会产生明显的疾病感觉，但血液中对人体免疫非常关键的白细胞数量会减少；1000～2000mSv 时，会发生轻微的射线疾病，产生疲劳、呕吐、食欲减退、暂时性脱发等，血液中的红细胞减少且不可恢复；2000～4000mSv 时，则会发生严重的射线疾病，如骨骼和骨密度遭到破坏，血液中的红细胞和白细胞数量极度减少，并伴随内出血、呕吐、腹泻等症状；当辐射剂量大于 4000mSv 时，将直接导致人的死亡。目前，国际放射防护委员会对人体接受的辐射剂量限值有明确规定，对于从事辐射相关行业人员，所受职业照射为 5 年平均剂量不超过 20mSv/年，一年内不超过 50mSv；对于普通公众，要求一年内不超过 5mSv。

5.6.3　核辐射的防护

我们在正确认识核辐射的基础上，还应该了解和掌握一定的辐射防护知识。一是减少射线对人体的外照射，这主要通过控制照射时间、增大与辐射源间的距离、采用适当的屏蔽措施来实现。二是要尽量避免放射性物质进入体内形成内照射，内照射会对人体产生长期的危害，因此在辐射较高的场所，必须穿戴必要的防护护具，避免饮食。这两点对于直接从事放射及辐射性行业的人员非常重要，同时也是普通民众应对核事故时可以采取的有效措施。三是在日常生活中注意加强自身防护，例如，如无必要，尽量避免频繁 X 线检查，减少吸烟，远离煤矿粉尘，家居装修时要注意检测大理石类地板是否放射性超标等。具体的防护措施举例如下。

① 进入空气被放射性物质污染严重的地区时，要对五官严防死守。例如，用手帕、毛巾、布料等捂住口鼻，减少放射性物质的吸入。

② 穿戴帽子、头巾、眼镜、雨衣、手套和靴子等，有助于减少体表放射性污染。

③ 要特别注意，不要食用受到污染的水、食品等。

④ 如果事故严重，需要居民撤离污染区，应听从有关部门的命令，有组织、有秩序地撤离到安全地点。撤离出污染区的人员，应将受污染的衣服、鞋、帽等脱下存放，进行监测和处理。

⑤ 受到或可疑受到放射性污染的人员应清除污染，最好的方法是洗淋浴。

5.6.3.1　辐射的防护管理措施

上面谈到了一些主要的防护措施，所有防护措施都是由人来完成的，而人的知识和技能会直接影响这些措施的有效性，会直接影响他们遵守有关法律、法规和规程以及遵守操作规程的自觉性和主动性。因此，辐射防护的一个重要方面是加强对各级各类人员的辐射与辐射防护的教育和训练。正确认识辐射，驱散不必要的恐惧，掌握在各种情况下减小辐射照射的方法。没有良好的辐射防护管理，就不可能做到良好的辐射防护。首先，为了控制受到较高剂量照射的人数和受照时间，必须对工作场所进行分区管理。根据工作场所的辐射水平，通常将辐照范围分为三个区域：①控制区，在其中连续工作的人员受到的辐射照射可能超过年剂量限值的 3/10 的区域；②监督区，在其中连续工作的人员受到的辐射照射一般不超过年剂量限值的 3/10，而可能超过 1/10 的区域；③非限制区，在其中连续工作的人员受到的辐射照射一般不超过年剂量限值的 1/10 的区域。各区应有明显的标志，必要时应附有必需的说明。必须严格控制进入控制区的人员，尽量减少进入监督区的人员。一般不在控制区和监督区设置办公室，也不得在这些区域里进食、饮水或吸烟。对于任何涉及辐射照射的工作，事先都应进行周密的计划，制定切实可行的工作程序，尽量减少工作人数，禁止不必要人员进入高辐射水平的工作场所。为了提高工作效率，减少在辐射工作场所停留的时间，应使参加工作的人员事先熟悉所要完成的任务和工作程序，必要时（特别是涉及高辐射照射的工作，如设备维修工作）应事先进行空白练习。为了加强对辐射工作人员的管理，根据他们工作条件的不同，对他们实行剂量监督和医学监督。建立个人剂量档案，准确地记录他们的工作性质、工作条件和所接受的剂量，剂量档案应长期保存。应由授权的医疗单位承担对辐射工作人员的医学监督，就业前要进行医学检查，就业后要定期进行职业医学检查，发现与职业有关的疾病要进行治疗。医学检查记录也要长期保存。

5.6.3.2　辐射防护监测与评价

辐射防护的根本目的是既保证能应用核能和原子能科学技术造福于人类，又要保证工作人员和广大公众及其后代的健康与安全。为达到这一目的，规定了工作人员和公众成员的剂量限值，为满足这些剂量限值，根据不同情况要采取各种各样的防护措施。为了评价是否遵守剂量限值，防护措施是否有效、是否恰当，必须进行辐射防护监测。

依据监测对象的不同，辐射监测可以分为职业辐射监测和环境辐射监测。职业辐射监测是为了确定是否已经建立并维持了安全的工作条件，工作人员接受的辐射照射是否达到了可合理达到的最低水平，为职业辐射防护提供依据。而环境监测的目的是为了确定环境的辐射水平，看人们生活的环境是否安全，为核环境保护提供依据；为做好职业辐射监测必须进行工作场所监测和个人监测，每种监测又可分为常规监测、操作监测和特殊监测。为了完成辐射监测任务，所使用的监测仪器必须满足一定的要求。对监测仪器最重要的要求是可靠性，要求仪器提供的数据具有足够的准确性。仪器可靠性不足给测量带来的损失是无法弥补的。其次，仪器必须具备完成指定任务的能力及在预期的工作条件下工作的能力。对所要探测的辐射有足够的响应能力和识别能力，量程合适，对环境条件（温度、湿度、振动等）能够适应，具有抗干扰（电磁干扰、射频干扰等）能力。另外，要求仪器使用方便，不易损坏，比如仪器结构设计要合理，外壳应具有一定的机械强度，控制键的安排合理，读数容易，应具有自检能力等。对可携式仪器来说，质量要轻，体积要小，功耗要小。当然，仪器的灵敏度也是个重要要求，最小可探测水平应合乎要求。

监测的目的是为了获取所需要的资料，从而对工作人员或公众所接受的剂量、防护措施是否有效，设备的运行是否正常或者工作条件是否安全做出评价，所以对测量结果的评价是十分重要的。为了做好评价工作，必须有一个良好的监测方案，使得测量的结果能对所要确定的量提供最佳的估计，并有助于对结果的评价。如对测量对象、测量点的布置、测量时间、样品的采取和制备等都要有很好的规划。

思　考　题

1. 什么是核能？简述世界和中国核能的发展史。
2. 简述核电的发展历程，以及中国核电的发展现状。
3. 简述核能发电的原理。
4. 什么是核反应堆？简述其主要用途、分类和组成。
5. 什么是核动力堆？简述其主要类型及用途。
6. 简述核电站存在的主要安全隐患，简述保证核电站安全的措施。
7. 常见的核电站反应堆有哪些堆型？简述其主要工作原理。
8. 核废料是如何产生的？简述核废料的种类和常用的处理方法。
9. 核辐射的危害有哪些？简述核辐射的防护措施。

参　考　文　献

[1] 马栩泉. 核能开发与应用. 北京：化学工业出版社，2005.
[2] 李传统. 新能源与可再生能源技术. 第 2 版. 南京：东南大学出版社，2012.
[3] 黄素逸，王晓墨. 能源与节能技术. 北京：中国电力出版社，2008.
[4] 李全林. 新能源与可再生能源. 南京：东南大学出版社，2008.
[5] 王革华，艾德生. 新能源概论. 第 2 版. 北京：化学工业出版社，2011.
[6] 王成孝. 核能与核能技术. 北京：原子能出版社，2005.
[7] 翟秀静，刘奎仁，韩庆. 新能源技术，第 2 版. 北京：化学工业出版社，2010.
[8] 冯飞，张蕾. 新能源技术与应用概论. 北京：化学工业出版社，2011.
[9] 高秀清，胡霞，屈殿银. 新能源应用技术. 北京：化学工业出版社，2011.

第6章 能源利用与水污染防治

6.1 水污染及污染源

人类在能源开采开发、加工、利用过程中不可避免地会把大量的废弃物排入水中，使水受到污染。《中华人民共和国水污染防治法》对"水污染"定义为：水体因某种物质的介入，而导致其化学、物理、生物或者放射性等方面特征的改变，从而影响水的有效利用，危害人体健康或者破坏生态环境，造成水质恶化的现象称为水污染。水体是受害者，造成水体污染的主要原因是废水。废水污染是指废水对水体、大气、土壤或生物的污染，废水是产生污染的原因。

水污染按污染源空间分布分类，可分为点污染源、面污染源和扩散污染源。点污染源具有确定的空间位置，指工矿废水、生活污水等通过管道、沟渠集中排入水体的污染源。面污染源指污染物来源于集水面上，如农田排水、矿山排水、城市和工矿区的路面排水等。这些排水或从地面直接汇入水体，或通过管道或沟渠汇入水体。扩散污染源指随大气扩散的有毒有害污染物通过重力沉降或降水等途径污染水体，如放射性、酸雨等。本章重点研究对象为点污染源，主要研究能源开采、开发、利用过程中工业生产废水的排放和污染控制。

能源开发、加工、利用过程包括许多环节，如能源开采、加工过程、燃烧过程、加热和冷却过程等，需要大量用水。水可作为工艺过程中传递热量的介质，又是溶剂、洗涤剂、吸收剂，也是生产的原料或反应物的反应介质。工业生产过程中用过的水中除含有不能被利用的废弃物外，还常夹带流失的原材料、中间产品、最终产品和副产品等污染物，因此，工业废水（industrial wastewater）是指在工业企业生产过程中所排出的废水，是水体最重要的污染源。它产生量大、污染面广，含污染物种类多，成分复杂，有些成分在水中不易净化，处理也比较困难。它具有以下特征：①悬浮物质含量高，最高可达 $n \times 10^4 \, \text{mg/L}$ 以上；②耗氧量高，有机物一般难于降解，对微生物起毒害作用，COD 及 BOD 每升有几百毫克、几千毫克甚至达几万毫克；③pH 值变化幅度大，pH 值 2～13；④温度较高，排入水体可引起热污染；⑤易燃，常含有低燃点的挥发性液体，如汽油、苯、甲醇、酒精、石蜡等；⑥含种类繁多的有毒有害成分，如硫化物、氰化物、汞、镉、铬、砷等。

6.2 工业废水的成分和性质

6.2.1 工业废水水质指标

水质是指水和其中所含的污染物共同表现出来的物理、化学和生物学的综合特征。水质指标则具体表示出其中污染物的种类和数量，是判断水质的具体参数。表征废水中污染物的指标按污染物性质可分为物理、无机化学成分、有机化学成分和生物等类别。

6.2.1.1 物理指标

表征废水的物理指标包括固体物质、浊度、电导率、颜色和温度。

废水中的固体物质包括悬浮固体和溶解固体两类。

悬浮固体（suspended solid，SS）是指悬浮于水中的固体物质。在水质分析中，将水样过滤，凡不能通过过滤器的固体颗粒物称为悬浮固体。由于水常常是流动的，水中的固体含量是指随水流流动而不至于下沉的固体物。一般的废水中溶解性固体量是非常低的，因此悬浮固体的量总能代表水中的总的固体物。

溶解固体（dissoloved solids，DS）也称溶解物，是指溶于水的各种无机物质和有机物质的总和。在水质分析中，是指将水样过滤后，将滤液蒸干所得到的固体物质。溶解固体与悬浮固体两者之和称为总固体。在水质分析中，总固体是将水样在一定温度下蒸干后所残余的固体物质总量，也称蒸发残余物。

浊度是废水允许光线穿透能力的度量，它也是表征废水中胶体和固体悬浮物数量的参数。水中含有泥土、粉砂、微细有机物、无机物、浮游生物等悬浮物和胶体物都可以使水体变得浑浊而呈现一定浊度。水中存在离子会产生导电现象。电导是电阻的倒数。单位距离上的电导称为电导率。电导率表示水中电离物质的总数，间接表示了水中溶解盐的含量。电导率只能表示废水中离子状态的物质的数量，不能表示溶解性的有机物类非离子态物质的数量。

废水中由于存在各种各样的污染物而呈现不同的颜色。废水的颜色可以用色泽和色度来表征。废水的色泽是指废水的颜色种类，通常用文字描述。色度是废水所呈现的颜色深浅程度。色度有两种表示方法：一是采用铂钴标准比色法，规定在 1L 水中含有氯铂酸钾（K_2PtCl_6）2.491g 及氯化钴（$CoCl_2 \cdot 6H_2O$）2.00mg，也就是 1L 水中含铂（Pt）及钴（Co）0.5mg 时所产生的颜色深浅为 1 度。二是采用稀释倍数法，用纯净水将废水稀释，用把废水稀释到接近无色时所需的稀释倍数表示色度，单位是倍。

废水温度会影响水中化学反应的形式和反应速率、水生生物的生存和废水是否适合回用等，是一项重要指标。水温通常用 0.1℃ 的温度计测定。深水可用倒置温度计。

6.2.1.2　无机化学组分

废水中各种无机组分的含量很大程度上影响废水的处理方法和回用。主要无机非金属组分包括 pH 值、氮、磷、碱度、气体和重金属离子。

pH 值是指水中氢离子浓度的大小，在数值上等于氢离子浓度的负对数。排放到环境中的废水允许 pH 值为 6.5～8.5。废水碱度表示废水接受质子的能力，可以用水中所有能与强酸发生中和作用的物质能接受质子的总量来度量。大多数情况只考虑碳酸氢盐、碳酸盐和氢氧化物等产生碱度的物质，其他物质忽略不计。

表征废水中有关氮的指标有：①有机氮，N-organ，主要指在蛋白质、尿素、尿酸、氨基酸等有机物内所含的氮，也包括偶氮和联氮等。②氨氮 NH_3-N，指以 NH_3 和 NH_4^+ 形态存在的氮。③总凯氏氮 TKN，指以 -3 价存在的氮。TKN 为 N-organ 的一部分，包括蛋白质、尿素、氨基酸等所含的氮，不包括偶氮、联氮以及丙烯腈中的氮。④硝态氮 NO_x-N，指以 NO_2^- 和 NO_3^- 形态存在的氮。⑤总氮 TN，所有形态的氮的总和。

表征废水中有关磷的指标有：①有机磷 P-organ，指在有机物中结合的磷，如合成洗涤剂和有机磷农药中的磷。②正磷酸盐 PO_4^{3-}，指以 PO_4^{3-} 或 HPO_4^{2-}、$H_2PO_4^-$ 形态存在的磷。③聚合磷 Poly-P，指以焦磷酸盐 $P_2O_7^{4-}$ 和聚合三磷酸盐 $P_2O_{10}^{5-}$ 等形态存在的磷。④总磷 TP，所有形态磷的总和。氮和磷的危害主要是引起水体的富营养化。富营养化是指含有氮、磷等营养物质的废水大量排入湖泊、河口、海湾等缓流水体，促进藻类以及其他水中浮游生物过量繁殖，从而引起水质恶化，导致鱼类及其他生物大量死亡的现象。氮、磷也是废水生物处理过程中的重要因素。另外，不同形态的氮、磷也反映了废水处理过程的不同阶段。工业废水因为缺乏必要的 N、P 将严重影响生物处理效果。

废水中的气体指标包括溶解氧、硫化氢和甲烷。废水中的溶解氧可以避免臭气的产生，主要由以下因素决定：①气体的溶解度；②大气中该气体的分压；③温度；④水中杂质的含量，如盐度、悬浮固体等。硫化氢主要来源于废水中含硫有机物的厌氧分解及亚硫酸盐和硫酸盐的还原，溶氧量高的水中不会形成硫化氢。废水中有机物厌氧分解最主要的副产物是甲烷。在部分废水收集和处理设施底部大量的沉积物中有时会由于厌氧腐化作用聚集产生甲烷，甲烷高度易燃，爆炸危害极大，检修相关设施过程须保证通风。

化学上一般把相对密度大于 4 的金属称为重金属。水污染中影响最严重的五种重金属包括 Hg、Cr、Cd、Pb、As。Hg 进入水体后，易沉于水底，并在厌氧微生物作用下甲基化，并通过生物链在甲壳类生物体内富集。Cr 在水中以 Cr^{3+} 和 Cr^{6+} 形态存在。Cr^{3+} 毒性低，Cr^{6+} 以铬酸盐或铬酸的形式存在，非常稳定，能为植物吸收。人体大量摄入 Cr 能够引起急性中毒，长期少量摄入也能引起慢性中毒。废水中的 Cd 能被植物吸收富集。人体摄取一定量的 Cd 有可能在人体骨骼中积累并取代其中的钙，造成以骨损伤为主的中毒症状，如骨节变形。Pb 大量进入人体能够引起急性中毒。长期微量累积进入人体也可能产生慢性中毒。As 化合物是一种常见污染物。As^{3+} 毒性较 As^{5+} 强。对人体的危害主要是慢性中毒。

6.2.1.3　有机化学组分

废水中常见的有机物有蛋白质（质量分数为 40%～60%）、碳水化合物（质量分数为 25%～50%）、油类和脂肪（质量分数为 8%～12%）。除了以上有机物外，废水中还含有含量低但种类繁多的人工合成有机物。废水中有机物的表征有两种方法，一种是用来测量综合有机物，一种是定量地测定单个有机物含量。

用来表征废水中综合有机物含量的指标有生物化学需氧量、化学需氧量、总需氧量、总有机碳、油类物质及表面活性剂等。

① 生物化学需氧量简称生化需氧量（biological oxygen demand，BOD），指在温度、时间都一定的条件下，微生物在分解、氧化水中有机物过程中，所消耗的溶解氧量，单位为 mg/L。BOD 既是水中可生物降解有机成分的间接指标，也是进行生化反应需氧量的直接反映，它是废水生物处理中最重要的参数之一。微生物在分解有机物过程中，分解作用的速度和程度与温度和时间有直接关系。微生物的降解作用较缓慢，废水中的有机物在好氧微生物作用下降解并转化为 CO_2、H_2O 及 NH_3 的过程，在 20℃ 条件下，一般需要 10～20d 才能完成。为了使测定的 BOD 值有可比性，在水质分析中，规定将水样在 20℃ 条件下，培养 5d 后测定水中溶解氧消耗量作为标准方法，测定结果称为五日生化需氧量，以 BOD_5 表示。如果测定时间是 20d，测定结果称为 20 天生化需氧量，以 BOD_{20} 表示。

② 化学需氧量也称为化学耗氧量（chemical oxygen demand，COD），指在一定条件下，用强氧化剂（重铬酸钾或高锰酸钾）将废水中有机物彻底矿化，其中碳水化合物被氧化为 H_2O 和 CO_2，此时所测定的氧（重铬酸钾或高锰酸钾中的化合态氧）的消耗量。我国废水检验标准采用重铬酸钾作为氧化剂，用硫酸银作为催化剂，在酸性条件下测定，可记作 COD_{Cr}，单位为 mg/L。COD 是间接反映废水中相对强氧化剂为还原性的物质的指标。由于重铬酸钾氧化能力很强，可以完全氧化水中几乎所有的有机物和一些还原性无机物，如废水中无机物很少，COD 反映的几乎就是废水中全部的有机物含量。由于强氧化剂对有机物的

氧化作用比微生物的生物氧化作用更强烈和彻底，因此废水的 COD 一般总是大于 BOD 值。对于生活污水 BOD_5 和 COD_{Cr} 的比值大致为 $0.4\sim0.8$。BOD_5 和 COD_{Cr} 的比值（B/C）大小常常被用来判断废水能否用好氧生物法来处理或者判断用好氧生物法处理能够进行到怎样的程度，称为废水可生化指标。一般认为 BOD_5/COD 大于 0.3 的废水才适宜采用生物处理。另外，该比值可以间接地衡量原废水中生物毒性物质含量的高低。由于生物需氧量的测定是在好氧条件下进行的，因此废水的 BOD 指标对指导厌氧生物处理仅具有一定的参考意义。

③ 总需氧量（total oxygen demand，TOD）和总有机碳（total oxygen carbon，TOC）测定比 COD 测定快，更有利于指导废水处理。测定方法是在 900℃ 下，以铂为催化剂，使水样汽化燃烧，然后测定气体载体中氧的减少量，作为有机物完全氧化所需的氧量，称为总需氧量；废水样品在约 950℃ 下高温燃烧，用红外线仪定量测出燃烧中所生成的 CO_2 量，此时测得的碳的含量为废水中的总碳（TC）含量。总碳中包含有机碳和以 CO_2 和 HCO_3^- 形式存在的无机碳。如在高温燃烧前，将废水进行酸化曝气，去除无机碳后用同样的方法测定的废水的含碳量即为总有机碳 TOC。也可以将废水先加热至150℃，此时也只有无机碳转变成 CO_2，此时用红外线测定的含碳量为总无机碳 TIC，$TC-TIC=TOC$。

④ 废水中的油类物质指的是比水轻、能浮在水面上的液体物质。其主要影响是不溶于水，进入水体后会在水面上形成薄膜，影响氧气的溶入，降低水中的溶解氧。废水中油类物质主要来自炼油厂废水、石油运输过程的泄漏、油库泄漏，大多数工业废水中都含有油类污染物。废水中油类污染物含量常用单位是 mg/L。

⑤ 表面活性剂一般是由一个强憎水基团和一个强亲水基团构成的有机大分子物质。通常分为：阴离子、阳离子、非离子和两性离子四种。目前废水中的表面活性剂有两种测试方法。阴离子表面活性剂可通过表面活性物质在亚甲基蓝标准溶液中颜色的变化检测；非离子表面活性剂可通过硫氰酸钴活性物质检测。废水中表面活性剂含量表示单位为 mg/L。

废水中需要表征的某些特定物质包括优先污染物、挥发性有机化合物、酚等。

对众多有毒污染物进行分级排队，从中筛选出潜在危害性大、在环境中出现频率高的污染物作为监测和控制对象。这一筛选过程应用了数学上的优先过程，经过优先选择的污染物称为环境优先污染物，简称为优先污染物。优先污染物的特点包括：①已知或怀疑有致癌性、致突变性、致畸性或强毒性；②生物难以降解；③在环境中有持久性和生物积累性。优先污染物的含量用每种物质在废水中的质量浓度表示，单位为 mg/L。

把沸点≤100℃或在25℃时蒸汽压≥101.33kPa 的有机化合物称为挥发性有机化合物。其特点为：①挥发性有机化合物一旦处于气态就很容易流动，因此更容易释放到环境中；②挥发性有机化合物在大气中会给公共健康带来很大威胁；③挥发性有机物污染物会增加大气中的活性烃，进而导致光化学氧化剂的产生。挥发性有机化合物的含量用 mg/L 表示。

酚是芳香烃苯环上的氢原子被羟基取代而生成的化合物。按照苯环上羟基数目不同，分为一元酚、二元酚、多元酚等。按照能否与水蒸气一起挥发分为挥发酚和不挥发酚。酚基化合物是一种原生质毒物，可使蛋白质凝固，酚是常见的有机毒物指标。含酚废水主要来自焦化厂、煤气厂、石油化工厂、绝缘材料厂等工业部门以及石油裂解制乙烯、合成苯酚、聚酰胺纤维、合成染料、有机农药和酚醛树脂生产过程。

6.2.1.4　生物组分

作为废水水质的生物指标主要有细菌总数、大肠菌数等。

细菌总数是指 1mL 水中所含有各种细菌的总数。在水质分析中，是把一定量水接种于琼脂培养基中，在 37℃ 条件培养 24h 后，数出生长的细菌菌落数，然后计算出每 mL 水中所含的细菌数。

大肠菌数是指 1L 水中所含大肠菌个数。废水中病原体种类虽然多，但在微生物中所占份额少，因此认为水中大肠菌的含量低时，水中微生物数量也微乎其微，且大肠菌的数量多，检验并计数的方法比较简单，因此把大肠菌数作为生物污染指标。

6.2.2　工业废水的成分和性质

据统计，工业废水排放量占废水总排放量的 2/3 以上。工业废水一般可分为工艺废水、设备冷却水、原料或成品洗涤水、设备场地冲洗水等。这些废水排入江河、湖泊、海湾和近海海域，恶化水体水质，污染饮用水源，危机人群健康，是污染环境水体的主要污染源。工业生产过程产生的工业废水因工业部门、生产工艺、设备条件与管理水平等不同，在水质、水量与排放规律等方面差异很大。即使生产同一产品的同类工厂所排放的废水，其水质、水量与排放规律也有所不同。城市和工业部门排放的主要水污染物如表 6.1 所示。

表 6.1　城市和工业部门排放的主要水污染物

序号	分　类	排放的主要水污染物（水质参数）
1	生产、生活设施	BOD_5、COD、pH 值、悬浮物、氨氮、磷酸盐、表面活性剂、水温、溶解氧
2	城市及城市扩建	BOD_5、COD、pH 值、悬浮物、氨氮、磷酸盐、表面活性剂、水温、溶解氧、油、重金属
3	黑色金属矿山	pH 值、悬浮物、硫化物、铜、铅、锌、镉、汞、六价铬
4	黑色金属冶炼、有色金属冶炼	pH 值、悬浮物、COD、硫化物、氟化物、挥发性酚、氰化物、石油类、铜、铅、锌、砷、镉、汞
5	火力发电、热电联供	pH 值、悬浮物、硫化物、挥发性酚、砷、水温、铅、铜、石油类、氟化物
6	焦化及煤制气	BOD_5、COD、pH 值、悬浮物、硫化物、挥发性酚、氰化物、石油类、氨氮、苯类、多环芳烃、砷、溶解氧、B(a)P(苯并[a]芘)
7	煤矿	BOD_5、COD、pH 值、悬浮物、硫化物、砷、溶解氧、水温
8	有机原料、合成脂肪酸及其他有机化工	BOD_5、COD、pH 值、悬浮物、挥发性酚、氰化物、苯类、硝基苯类、有机氯、石油类、锰、油脂类、硫化物
9	水泥	pH 值、悬浮物
10	造纸	pH 值、BOD_5、COD、悬浮物、水温、挥发性酚、硫化物、铅、汞、木质素、色度
11	玻璃、玻璃纤维及陶瓷制品	pH 值、BOD_5、COD、悬浮物、水温、挥发性酚、氰化物、砷、铅、镉
12	石油开发与炼制	pH 值、BOD_5、COD、悬浮物、溶解氧、硫化物、水温、挥发性酚、氰化物、石油类、苯类、多环芳烃
13	化肥、农药	pH 值、BOD_5、COD、悬浮物、氟化物、砷、氨氮、磷酸盐、有机氯、有机磷、硫化物、水温、挥发性酚、氰化物

按废水中所含污染物性质，可将工业废水分为有机废水、无机废水、重金属废水、放射性废水和热污染废水等。

6.3　水污染控制的基本原则及方法

废水中的污染物质是多种多样的，所以往往不可能用一种处理单元就能够把所有的污染物质去除干净。一般一种废水往往需要通过由几种方法和几个处理单元组成的处理系统处理后，才能达到排放要求。采用哪些方法或哪几种方法联合使用，需根据废水的水质和水量、排放标准、处理方法的特点、处理成本和回收经济价值等，通过调查、分析、比较后决定，必要时要进行小试、中试等试验研究。

6.3.1　水污染控制的基本原则

废水处理的主要原则，首先是从清洁生产的角度出发，改革生产工艺和设备，减少污染物，防止废水外排，进行综合利用和回收。必须外排的废水，其处理方法随水质要求而异。一级处理，主要分离水中的悬浮固体物、胶状物、浮油或者重油等，可以采用水质水量调节、自然沉淀、上浮、隔油等方法。许多化工废水需要进行中和处理，如硅酸等化合物，无烟炸药、杀虫剂以及酸性除草剂等的生产废水。二级处理主要是去除可生物降解的有机溶解物和部分胶状物的污染，用以减少废水的 BOD 和部分 COD，通常采用生物化学法处理，这是化工废水处理的主体部分。化学混凝法和化学沉淀池是二级处理的方法，如含磷酸盐废水和含胶体物质的废水需用化学混凝法处理。对于环境卫生标准要求高，而废水的色、臭、味污染严重，或 BOD 和 COD 比值甚小（小于 0.2～0.25），则需采用三级处理方法予以深度净化，化工废水的三级处理，主要是去除生物难降解的有机污染物和废水中溶解的无机污染物，常用的方法有活性炭吸附和化学氧化，也可以采用离子交换或膜分离技术等。含多元分子结构污染物的废水，一般先用物理方法部分分离，然后用其他方法处理。各种不同的工业废水可以根据具体情况，选择不同的组合处理方法。

6.3.2　废水处理基本方法概述

水处理工程就是使用工程手段、建造工程设备和装置来对水质进行净化处理，降低水中污染物或杂质的含量，以满足人们既定的使用要求和减少污水对环境的污染及危害。废水中所含污染物是多种多样的，其物理和化学性质各不相同，存在的形式、浓度也不同，因此对不同水质的废水要采用不同的处理方法。水处理方法及其设备多种多样，但它们所起的作用不外乎两个：分离和转化，如物理方法和物化方法主要起分离作用，而化学方法以及生物方法主要起转化作用。在水处理系统中，分离和转化紧密关联、互为因果。受其作用原理性质的决定，每一种处理方法都有它适用的场合，例如，物理法主要用于分离水中的不溶态颗粒物质，在化工上称为非均相分离；生物法主要用于转化水中能够被生物利用的溶解态和胶体态物质；化学法采用中和、沉淀、氧化还原等改变水中污染物的性质、存在形态等；物化方法主要用于水中离子和溶质的分离。

在实际的水处理工程中，各种水处理方法往往组合成一个完整的工艺系统来完成既定的水质净化目标，这种工作又称为废水处理工艺流程的确定。废水性质、废水处理目标是处理方法的择用和处理流程的确定的根本依据。对于城市污水的处理和原水的净化，人们在长期的研究和工程实践中积累了丰富的经验，因此处理方法的选择和工艺流程的确定已经比较成熟。工业废水种类多、变化多，因此与城市污水的处理以及原水的净化有很大的不同，处理方法的择用和工艺的确定必须建立在大量试验研究和工程实践的基础上，从不成熟到逐渐完善。科学技术的发展日新月异和人们对水处理的要求也是在不断变化的，水处理方法和工艺处于不断更新和完善之中。

有些废水处理方法是从传统的给水处理中借鉴过来的，有些是从化学工程中借鉴过来的，而废水的生物处理装置在微生物学工作者看来简直类似于大型发酵池。从分离和转化角度分类如下。

6.3.2.1　分离法

废水中的污染物有各种存在形式，大致有离子态、分子态、胶体和悬浮物。污染物的多样性和特异性，决定了分离方法的多样性。污染物的分离法如表 6.2 所示。

表 6.2 分离法的分类

污染物存在形式	分 离 方 法
离子态	离子交换法、电解法、电渗析法、离子吸附法、离子浮选法
分子态	萃取法、结晶法、精馏法、吸附法、浮选法、反渗析法、蒸发法
胶体	混凝法、气浮法、吸附法、过滤法
悬浮物	重力分离法、离心分离法、磁力分离法、筛选法、气浮法

6.3.2.2 转化法

转化法可分为化学转化和生化转化两类，如表 6.3 所示。

表 6.3 转化法的分类

方 法 原 理	转 化 方 法
化学转化	中和法、氧化还原法、化学沉淀法、电化学法
生化转化	活性污泥法、生物膜法、厌氧生物处理法、生物塘等

6.3.3 物理处理方法和设备

水的物理处理方法借助物理学原理，对水中污染物主要起分离作用，处理过程中并没有改变污染物的化学性质和赋存形态。物理处理法在废水处理中占有重要地位。与其他方法比，物理法具有设备简单、成本低、管理方便、效果稳定等优点，主要用于去除废水中的漂浮物、悬浮固体、砂和油类等物质。通常作为其他处理方法的预处理或补充处理，包括过滤、沉淀、离心分离等。

6.3.3.1 过滤

过滤是去除废水中粗大的悬浮物和杂质，以保护后续处理设施能正常运行的一种预处理方法。过滤方法具体可分为筛滤、砂滤两种。而筛滤又可细分为格栅和筛网。

（1）筛滤 废水中往往含有大量的悬浮物，在废水处理过程中也会形成大量的絮体或污泥，采用合适的处理方法与设备对这些悬浮物进行有效的分离不仅是废水处理本身的需要（降低污染物浓度），也是防止废水处理设备和管道发生磨损、堵塞的根本需要。

筛滤就是采用多孔介质（格栅、网、纤维织物）对水中所含的悬浮物或污泥絮体进行分离的一种物理处理方法。

① 格栅 在城市污水处理中，最常用的筛滤设备是格栅。格栅由一组平行的金属栅条或筛网制成，安装在污水渠道、泵房集水井的进口处或污水处理厂的进水端部，用以截留较大的悬浮物或漂浮物。格栅通常倾斜地设在其他处理装置构筑物之前或泵站集水池进口处的渠道中，以防止漂浮物堵塞孔道、闸门、管道等后续处理构筑物，并使之正常运行。因此，格栅被截留的物质称为栅渣。栅渣含水率约为 $70\% \sim 80\%$，容重约为 $960 \mathrm{kg/m^3}$。城市污水处理中产生的栅渣含有较多有机物质，容易腐化，必须及时收集和妥善处置。

格栅按形状可分为平面格栅与曲面格栅两种。按格栅条间隙，可分为粗格栅（$50 \sim 100 \mathrm{mm}$）、中格栅（$10 \sim 40 \mathrm{mm}$）、细格栅（$3 \sim 10 \mathrm{mm}$）3 种。

按功能方式，可分为拦截型和粉碎型格栅。其中拦截型格栅按清渣方式，可分为人工清渣和机械清渣两种。其中机械清渣又分为固定式清渣机和活动清渣机。人工清渣格栅适用于小型污水处理厂。当栅渣量 $> 0.2 \mathrm{m^3/d}$ 时，都应采用机械清渣格栅，并附设破碎机，以便将栅渣就地粉碎后再与污泥一并处理。图 6.1 为格栅示意图。

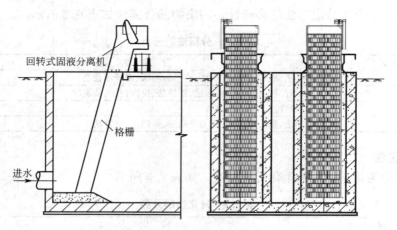

图 6.1　格栅示意图

②筛网　筛网主要用于截留粒度为 1～10mm 的细碎悬浮态杂物，如纤维、纸浆、藻类等，通常用金属丝、化纤编织而成，或用穿孔钢板，孔径一般小于 5mm，最小可为 0.2mm。以造纸厂为例，一般制浆造纸厂废水（特别是纸机白水）中含有大量纤维，不能用格栅截留，也难以用沉淀法除去，用筛网分离，具有简单、高效和处理费用低廉的优点。筛网有转鼓式、振动式、固定式斜筛等多种，纸厂最常用的是固定式斜筛。

（2）砂滤　废水通过石英砂床层时，其中细小的悬浮物和胶体被截留在砂料的表面和内部空隙中。这种通过粒状介质层分离不溶性污染物的方法即为砂滤。

①过滤机理

a. 阻力截留。当废水自上而下流过粒状滤料层时，粒径较大的悬浮颗粒首先被截留在表层滤料的空隙中，从而使此层滤料空隙越来越小时，截污能力随之变得越来越高，结果逐渐形成一层主要由被截留的固体颗粒构成的滤膜，并由它起主要的过滤作用。这种作用属于阻力截留或筛滤作用。

b. 重力沉降。废水通过滤料层时，众多的滤料表面提供了巨大的沉降面积。据估计，$1m^3$ 粒径为 0.5mm 的滤料中就有 $400m^2$ 不受水力冲刷影响而可供悬浮物沉降的有效面积，形成无数的小"沉淀池"，悬浮物极易在此沉降。

c. 接触絮凝。由于滤料具有巨大的表面积，与悬浮物之间有明显的物理吸附作用，此外，砂粒在水中常带有表面负电荷，能吸附带正电荷的铁、铝等胶体，从而在滤料表面形成带正电的薄膜，并进而吸附带负电荷的黏土和多种有机物等胶体，在砂粒上发生接触絮凝。

在实际过滤中，上述三种作用往往同时存在。

②过滤工艺流程　过滤工艺包括过滤和反洗两个基本阶段。过滤即截留污物；反洗即把污染物从滤料层中洗去，使之恢复过滤功能。图 6.2 是重力式快滤池的构造和工作过程。

过滤时，废水由进水管经闸门进入池内，并通过滤料层和垫层流到池底，水中的悬浮物和胶体被截留于滤料表面和内层空隙中，滤过的水由集水系统闸门排出。随着过滤过程的进行，污物在滤料层中不断积累，当过滤水头损失超过滤池所能提供的高低水位差，或出水中污染物浓度超过许可值时，应立即终止过滤，并进行反冲洗。反洗时，反洗水进入配水系统（过滤水的集水系统），向上流过垫层和滤层，冲去沉积于滤层内的污物，并夹带着污物进入洗砂排水槽，由此经闸门排出池外。反洗完毕，即可进入下一循环的过滤。图 6.3 为普通砂滤池示意图。

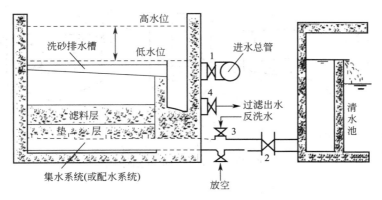

图 6.2　重力式快滤池的构造

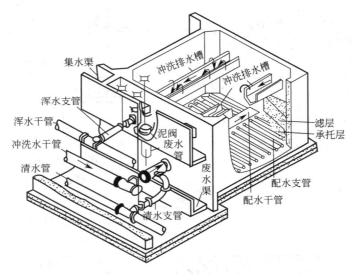

图 6.3　普通砂滤池

6.3.3.2　沉淀

沉淀是利用废水中的悬浮颗粒和水的相对密度不同的原理，借助重力沉降作用将悬浮颗粒从水中分离出来的水处理方法。

（1）水中悬浮固体的沉淀类型　水中悬浮固体的沉降是无数固体颗粒沉降的宏观集合。根据水中可沉颗粒的性质、凝聚性能的强弱以及黏度的高低，悬浮固体的沉淀可分为四种类型，包括：①自由沉淀；②絮凝沉淀；③集团沉淀；④压缩沉淀。

（2）沉淀池类型和强化沉淀效率的途径　根据沉淀池内的水流方向，沉淀池通常有：平流沉淀池、竖流沉淀池和辐流沉淀池三种基本型式。如图 6.4 所示。

平流沉淀池和竖流沉淀池一般适用于中小处理水量的场合，其中竖流沉淀池如图 6.5 所示，具有占地少、深度大的特点，应用于地质情况较好、地下水位较低的地区；大中型污水厂则广泛采用图 6.6 所示的辐流沉淀池。另外，根据浅层沉淀池的原理在沉淀池内设置斜管或斜板构成斜管或斜板沉淀池。沉淀池的排泥也有重力排泥、泵吸排泥等不同的方式；有些沉淀池还设有机械驱动设备（中心驱动和周边驱动），以带动池表面的刮渣板和池底的刮泥板。

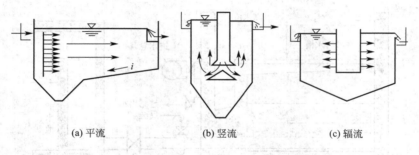

(a) 平流　　　　　　(b) 竖流　　　　　　(c) 辐流

图 6.4　沉淀池的水流方向

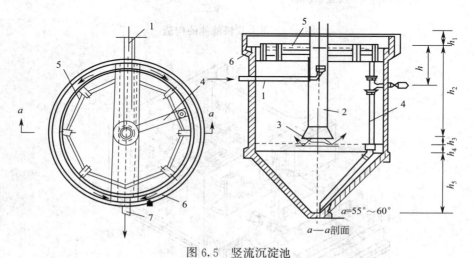

a—a剖面

图 6.5　竖流沉淀池

1—进水管；2—中心管；3—反射板；4—排泥管；5—挡板；6—流出槽；7—出水管

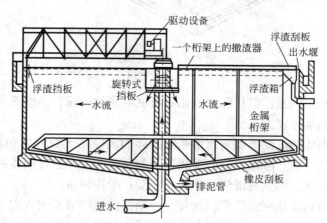

图 6.6　机械刮泥辐流沉淀池

6.3.3.3　浮力浮上法

浮力浮上法是对不溶态污染物的一种分离技术，指借助于水的浮力，使水中不溶态污染物浮出水面，然后用机械加以刮除的水处理方法。其中最具代表性的气浮法是固-液或液-液分离的一种方法。它是设法在水中通入或产生大量的微细气泡，使其黏附于废水中密度与水接近的固体或液体颗粒上，造成整体密度小于水的状态，并依靠浮力使其上浮至水面，从而获得固-液或液-液分离的一种水处理方法。

　　气浮法广泛应用于以下几个方面：分离地面水中的细小悬浮物、藻类及微聚体；回收工业废水中的有用物质，如造纸厂废水中的纸浆纤维及填料等；代替二次沉淀池，分离和浓缩剩余活性污泥，特别适用于那些易于产生污泥膨胀的生化处理工艺中；分离回收含油废水中的悬浮油和乳化油；分离回收分子或离子状态存在的物质，如表面活性物质和金属离子。微细气泡与悬浮颗粒的黏附形式有气颗粒吸附、气泡顶托及气泡裹挟三种形式，如图 6.7 所示。

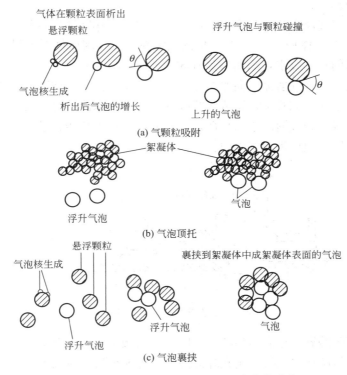

图 6.7　微细气泡与悬浮颗粒的三种黏附形式

　　废水中的亲水性固体粉末，如粉砂、黏土等，表面大部分被水润湿，一小部分为油所黏附，需投加混凝剂，使水中荷电污染粒子脱稳、破乳。常用混凝剂包括：硫酸铝、聚氯化铝、二氯化亚铁、三氯化铁等（废水中硫化物含量多时，不宜采用铁盐，以免生成稳定的硫化铁胶体）。对含有细分散性亲水性颗粒杂质（如纸浆、煤泥等）的工业废水，采用气浮法处理时，除应投加电解质混凝剂进行电中和外，向水中投加浮选剂，也可使颗粒的亲水性改变为疏水性，并能够与气泡黏附。当浮选剂（极性-非极性分子组成的表面活性剂）的极性端被吸附在亲水性颗粒表面后，其非极性端则朝向水中，物质表面与气泡结合力的强弱，取决于其非极性端碳链的长短。分离洗煤废水中煤粉时采用的浮选剂为脱酚轻油、中油、柴油、煤油或松油。采用柴油时，投量取 1.4g/L，松油投量为 0.09g/L 时，可取得良好的分离效果。分离造纸废水中的纸浆，则以动物胶（投量 3.5mg/L）、松香、铝矾土、甲醛（各 0.3mg/L）、氢氧化钠（0.1mg/L）等为浮选剂为宜。

　　应用实例：某机床厂排放大量乳化液，COD 高达 5000mg/L 左右，采用盐析-混凝法破乳，药剂有氯化钠、氯化铝和氯化钙，单独使用氯化钠、氯化铝和氯化钙时出水 COD 分别为 1057mg/L、524mg/L 和 1070mg/L，而采用复合混凝剂（碱式氯化铝＋明矾＋PAM）后可以将出水 COD 降低到 400mg/L 以下，并且混凝剂用量大大减少。

在一定条件下，气泡在水中的分散程度是影响气浮效果的重要因素，所以气浮设备一般以产生气泡的方法来分类。按水中产生气泡方法的不同可以分为：散气气浮、溶气气浮和电解气浮等。

散气气浮是利用机械剪切力，将混合于水中的空气粉碎成微细气泡，以进行气浮的方法。按粉碎方法的不同，散气气浮又分为：水泵吸水管吸气气浮、射流气浮、扩散曝气气浮和叶轮气浮等四种。

水泵吸水管吸气气浮方法设备简单，但由于受水泵工作特性的限制，吸入空气量一般不能大于吸水量的 10%（体积比），并且形成的气泡粒度大，因而气浮效果不好。用这种方法处理通过隔油池后的石油废水，除油率只有 50%～65%。

射流气浮采用以水带气射流，向水中充入空气。射流器构造如图 6.8 所示。由喷嘴射出的高速水流使吸入室内形成真空，造成吸管吸入空气。气水混合物在喉管内进行激烈的能量交换，空气被粉碎成微细气泡。进入扩散段后，动能转化为势能，进一步压缩气泡，增大了空气在水中的溶解度，随后进入气浮池。

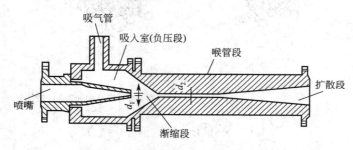

图 6.8　射流器的构造及作用原理

叶轮气浮的充气是靠叶轮高速旋转时在固定的盖板下形成负压，从空气管中吸入空气。进入废水中的空气与循环水流被叶轮充分搅混，成为细小的气泡甩出导向叶片，经过整流板稳流后，气泡垂直上升，进行气浮。形成的气泡不断被缓慢旋转的刮板刮出槽外。

布气气浮的优点是设备简单、易于实现，但其主要缺点是空气被粉碎得不够充分，形成的气泡较大，在供气量一定的条件下气泡的总表面积小。因为气泡直径大，上浮速度快，所以气泡与被去除污染物质的接触时间短促，使布气气浮去除效率不高。

溶气气浮是使空气在一定压力下溶解于水中并达到过饱和的状态，然后再突然使溶气水减到常压，这时溶解于水中的空气便以微细气泡的形式从水中逸出，从而形成溶气气浮过程。溶气气浮形成的气泡细小，其初始粒度可能在 80μm 左右。在溶气气浮过程中，可以人为地控制气泡与废水的接触时间，因此，溶气气浮净化效果较高。

根据气泡从水中析出时所处压力的不同，溶气气浮可分为：加压溶气气浮和溶气真空气浮两种类型。前者是空气在加压条件下溶入水中，而在常压下析出；后者是空气在常压或加压条件下溶于水中，在负压条件下析出。加压溶气气浮是国内外最常用的气浮方法。

6.3.3.4　离心分离

使水高速旋转，利用离心力分离水中悬浮颗粒的方法为离心分离法。常用的离心分离设备有利用高速水流形成旋流的压力式水力旋流器或重力式水力旋流器及利用机械动力旋转的离心机。

　　压力式水力旋流器简称水旋器，是借助进水压力和速度产生的离心力来分离废水中各种悬浮固体和浓缩泥浆的设备。整个水旋器由钢板或其他耐磨材料制成。上部是有顶盖的圆筒，下面连有倒置圆锥体，进料管与短筒切向连接。废水以 $6\sim10m/s$ 的速度沿切向进入圆筒，顺着器壁形成向下螺旋涡流。其中重而大的悬浮颗粒则随内层澄清水向下旋转一定程度后改变方向，形成二次涡流，由锥顶做向上的螺旋形运动，经溢流管排到溢流筒并从排水管排出。在水旋器的中心沿着轴线形成一个空气柱，在水旋器安装位置较高，而排水管出口位置较低情况下，空气管有平衡内压力、切断出水管虹吸作用的功能。

　　离心分离机是利用一个可随转动轴旋转的转鼓，在传动装置带动下高速旋转，给入其中的固体悬浮液也随之高速旋转，由于悬浮液中固体颗粒的密度和液相的密度不同，所受离心作用力也不同，从而达到固液分离的目的。离心分离机转鼓内的悬浮液或乳浊液在离心力场中所受的离心力与其重力的比值称为分离因数 α。根据离心机分离因数大小可将离心机分为高速离心机（$\alpha>3000$）、中速离心机（$1500<\alpha<3000$）和低速离心机（$1000<\alpha<1500$）。按离心机分离容器几何形状分为转筒式离心机、管式离心机、盘式离心机及板式离心机等。中低速离心机用于分离废水中纤维类悬浮物和污泥脱水，高速离心机适用于分离废水中的乳化油脂类物质。

6.3.4　化学处理法

　　化学处理法是通过化学反应和传质作用来分离、去除废水中呈溶解、胶体状态的污染物或将其转化为无害物质的方法。在化学处理法中，以投加药剂产生化学反应为基础的处理单元有混凝、中和、氧化还原等。相应的处理设备或单体构筑物有：混凝反应装置、中和池、化学沉淀和氧化还原槽等。

6.3.4.1　混凝

　　对于粒径分别为 $1\sim100nm$ 和 $100\sim10000nm$ 的胶体粒子和细微悬浮物，由于布朗运动、水合作用，尤其是微粒间的静电斥力等原因，能在水中长期保持悬浮状态。向水中投加药剂，先快速混合，使药剂均匀分散水中，然后慢速混合，使水中难以沉淀的胶体颗粒互相聚合形成大的可沉降絮体，即为混凝。

　　混凝法可以降低原水的浊度和色度，去除多种有机物、某些重金属和放射性物质等。它既可以自成独立的系统，又可以与其他处理单元组合，作为预处理、中间处理和最终处理过程，还可用于污泥脱水前的浓缩过程。化学混凝法的主要处理对象是水中的胶体污染物。胶体污染物是水中污染物的重要组成，但由于其稳定性而难以从水中分离。造成胶体稳定性的原因主要有：胶体的布朗运动、颗粒之间的静电斥力以及颗粒表面的水化作用。

　　混凝包括凝聚和絮凝两个过程。凝聚是指胶体脱稳并聚集为微小絮粒的过程，絮凝是指微絮粒通过吸附、卷带和桥连而形成更大的絮体的过程。从药剂与水均匀混合起直至大颗粒絮体形成为止，在工艺上总称混凝过程。

　　在水处理中能够起混凝作用的化学药剂非常多，按其成分可以划分为无机混凝剂和有机混（絮）凝剂两种，按分子量大小，有常规低分子混凝剂和高分子混凝剂。常用的无机低分子混凝剂有：硫酸铝、氯化铝、硫酸亚铁、三氯化铁、生石灰等；常用的无机高分子混凝剂有：聚合氯化铝、聚合硫酸铁、聚合硫酸铝铁等；常见的天然高分子絮凝剂有：淀粉、壳聚糖、海藻酸钠、纤维素和木质素等；常用的合成有机高分子絮凝剂有：聚丙烯酰胺、聚丙烯酸钠等。

在无机混凝剂中，聚合硫酸铁（简称为聚铁）具有许多独特的优点，例如，聚铁的立体聚合结构，在水解时很快形成多核心与分支的水解产物，其分支分别附在几个污染物胶粒表面的活性空位上而形成絮团，聚铁絮凝物比铝盐絮体重沉降速度快（一般可达 0.5～0.8mm/s）；适应的 pH 值范围广（4～11）；对水中重金属离子（锰除外）有明显的去除效果；不仅能有效地去除水中悬浮物，而且同时能去除水中 COD、BOD、色度、硫化物恶臭等；对废水中乳化油有良好的破乳效果和去除效果；对设备的腐蚀性较三氯化铁小得多；制造工艺简单，而且原料可用废酸和废铁制成，达到以废治废、综合利用的目的；价格便宜，性能稳定，便于贮存，液体聚合硫酸铁有效期两年，不分层，不产生沉淀，效率也不降低；污泥具有良好的脱水性能。由于上述特点，使得聚铁在水处理中被广泛应用。

在合成有机高分子絮凝剂中，聚丙烯酰胺（PAM）使用范围最广泛。聚丙烯酰胺絮凝剂是由丙烯酰胺聚合而成的有机高分子聚合物，无色、无味、无臭、易溶于水，没有腐蚀性。聚丙烯酰胺在常温下比较稳定，高温、冰冻时易降解，并降低絮凝效果，故其贮存与配制投加时，温度不得超过 65℃，室内温度不得低于 2℃。聚丙烯酰胺相对分子量一般为 $1.5 \times 10^6 \sim 6 \times 10^6$。聚丙烯酰胺产品按其纯度来分，有粉剂和胶体两种。粉剂产品含聚丙烯酰胺 92%，胶体产品含聚丙烯酰胺 8%～9%。按离子型分，PAM 有阳离子型、阴离子型和非离子型。阳离子型一般毒性较强，主要用于工业用水和有机质胶体多的工业废水；阴离子型是水解产物，由非离子型改性而来，它带有部分阴离子电荷，可使这种线型聚合物得到充分伸展，从而加强了吸附能力，适用于处理含无机质多的悬浮液或高浊废水。

当单独使用混凝剂不能取得预期效果时，需投加助凝剂以提高混凝效果。助凝剂的作用是改善絮凝体结构，产生大而结实的矾花，作用机理是调整 pH 值，增加絮体密度或高分子物质的吸附架桥作用。助凝剂作用只能提高絮凝体的强度，促进沉降，且使污泥有较好的脱水性能，破坏对混凝作用有干扰的物质，其本身不起凝聚作用。常用的助凝剂有两类。①调节或改善混凝条件的助凝剂，如 CaO、$Ca(OH)_2$、Na_2CO_3、$NaHCO_3$ 等碱性物质，用来达到混凝剂使用最佳 pH 值。用 Cl_2 作氧化剂，可以去除有机物对混凝剂的干扰，并将 Fe^{2+} 氧化为 Fe^{3+}。②改善絮凝体结构的助凝剂，如活性硅酸、活性炭、各种黏土等。

混凝法在废水处理中可以用于预处理、中间处理和深度处理的各个阶段。除了除浊、除色外，对高分子化合物、动植物纤维物质、部分有机质、油类物质、微生物、某些表面活性物质、农药、汞、镉、铅等重金属都有一定的清除作用，应用十分广泛。其优点是设备费用低、处理效果好、管理简单；缺点是要不断向废水中投加混凝剂，运行费用较高。

6.3.4.2 中和法

工矿业生产中往往产生大量的酸碱废水，如金属酸洗废水和味精发酵废水以及铁矿采矿排水都是典型的酸性废水，而造纸废水则是典型的碱性废水。酸碱废水除 pH 值偏离常值外，还同时含有大量其他污染物质，酸碱废水处理中除采用中和法使得 pH 值达标外，还应该使得其他污染物也得到有效的净化。

中和法处理是利用酸碱相互作用生成盐和水的化学原理，将废水从酸性或碱性调整到中性附近的处理方法。

（1）酸性废水的中和处理　最常用的酸性废水的中和处理有酸碱废水相互中和、投药中和法和过滤中和法。

① 酸碱废水相互中和。酸碱废水相互中和是一种既简单又经济的以废制废的处理方法。酸碱废水相互中和一般是在混合反应池内进行，池内设有搅拌装置。两种废水相互中和时，

由于水量和浓度难以保持稳定，一般在混合反应池前设有均质池。

② 投药中和。最常采用的碱性药剂是石灰（CaO），它能够处理任何浓度的酸性废水。其中石灰乳法是将石灰消解成石灰乳后投加，其主要成分是 $Ca(OH)_2$。$Ca(OH)_2$ 对废水中的杂质具有絮凝作用，适用于含杂质多的酸性废水。投药中和法的工艺过程包括：中和药剂的制备与投配、混合与反应、中和产物的分离、泥渣的处理与利用。酸性废水投药中和之前，有时需要进行预处理。预处理包括悬浮杂质的澄清、水质及水量的均和，以减少投药量并创造稳定的处理条件。

③ 过滤中和。过滤中和是指废水通过具有中和能力的滤料进行中和反应。这种方法适用于含硫酸浓度不大于 $2\sim3mg/L$ 并生成易溶盐的各种酸性废水的中和处理。当废水中含有大量悬浮物、油脂、重金属盐和其他毒物时，不宜采用。常见的酸性废水中和药剂有氢氧化钠、碳酸钠、碳酸氢钠、电石渣、生石灰、石灰石、白云石等。常见的碱性废水中和药剂有"三酸"、烟道气、二氧化硫等。由于废水量大，中和药剂的选用应力求经济，以降低废水处理费用，如在酸性废水中和处理时，经常采用生石灰、石灰石和白云石这类价廉物美的中和药剂，其中以石灰应用最广，它可同时起到中和与混凝作用，其价格便宜，来源广，处理效果好，几乎可以使除汞以外的所有重金属离子共沉淀除去。

（2）碱性废水的中和处理　碱性废水的中和要用酸性物质，通常采用的方法有利用酸性废水中和、投酸中和及利用烟道气进行中和。利用酸性废水中和与处理酸性废水原理完全相同。

a. 投酸中和。由于硫酸价格较低，主要采用工业硫酸中和。使用盐酸的最大优点是反应产物的溶解度大、泥渣量少，但出水中溶解固体浓度高。

b. 烟道气中和。烟道气中含有 24% 的 CO_2，有时还含有 SO_2 及 H_2S，可与碱性废水生成强酸弱碱盐。用烟道气中和碱性废水时，废水由接触筒顶淋下，或沿筒内壁流下，烟道气则由筒底向上逆流通过。在逆流接触过程中，废水与烟道气都得到了净化。用烟道气中和碱性废水的优点是可以把废水处理与消烟除尘结合起来，缺点是处理后的废水中，硫化物、色度和耗氧量均有显著增加。

6.3.4.3　化学氧化

化学氧化是指利用强氧化剂氧化分解废水中污染物质以达到净化废水的一种方法。通过化学氧化，可以使废水中的有机物和无机物氧化分解，从而降低废水的 BOD 和 COD 值，或使废水中有毒物质无害化，是最终去除废水中污染物质的有效方法之一。用于废水处理最多的氧化剂是臭氧（O_3）、次氯酸（HClO）、氯（Cl_2）和空气，当采用氯、臭氧等化学氧化时，还可以达到废水去臭、去味、脱色、消毒的目的。

（1）空气氧化　空气氧化是利用空气中的氧气氧化废水中的有机物和还原性物质的一种处理方法。因空气氧化能力较弱，主要用于含还原性较强物质的废水处理，如硫化氢、硫醇、硫的钠盐和铵盐。空气氧化法目前已用于石油炼制厂含硫废水的处理。废水经除油和除沉渣后与压缩空气及蒸汽混合，升温至 $80\sim90℃$ 后进入塔内，经喷嘴雾化，分四段进行氧化反应，氧化速度随反应温度升高而显著上升。氧化过程中气水比例大于 15，增加气水比例则气液接触面加大，有利于空气中氧向水中扩散。反应时间不宜小于 1h，一般采用 $1.5\sim2.5h$。

（2）臭氧氧化　臭氧（O_3）是氧的同素异构体，在水中分解很快，能与废水中大多数有机物及微生物迅速作用，在废水处理中对除臭、脱色、杀菌、除酚、氰、铁、锰，降低

COD 和 BOD 等具有显著的效果。其优点在于：①氧化能力强，约为氯的 2 倍；②在水中分解为氧，无二次污染；③氧化或部分氧化产物毒性低。其缺点是电耗大，处理成本高，通常应用于废水的深度处理。

(3) 湿式氧化 湿式氧化是在液态和高温条件下，用空气中的氧气来氧化溶于水或在水中悬浮的有机物的一种方法，可看作是无火焰的燃烧。操作温度一般控制在 $100\sim370℃$，操作压力为 $1\sim28MPa$。湿式氧化法广泛应用于炼焦、化工、石油、轻工等废水处理上，如有机农药、染料、合成纤维、还原性无机物（如 CN^-、SCN^-、S^{2-}）及难于生物降解的高浓度废水的处理。湿式氧化法处理高浓度废水，如丙烯腈废水，其 COD 和氰化物去除率可达 100%。

(4) 焚烧 当有机废水不能用其他方法处理时，常采用焚烧方法处理。焚烧是使废水呈雾状喷入高温（大于 800℃）燃烧炉中，使水雾完全汽化，让废水中的有机物在炉内氧化，分解成完全燃烧产物——CO_2 和 H_2O，废水中含的矿物质、无机盐氧化生成固体或熔融粒子。因此，焚烧实质是对废水进行高温空气氧化。焚烧的缺点是燃料消耗大。因此，对于低热值废水可采用蒸发、蒸馏等方法预处理后再焚烧。丙烯腈废水毒性大、燃值高，目前国内外大都采用焚烧法处理。

(5) 氯氧化 氯氧化能力强，可以氧化处理废水中的酚类、醛类、醇类以及洗涤剂、油类、氰化物等，还有脱色、除臭、杀菌等作用。主要用于处理含氰、含酚、含硫化物的废水和染料废水。常用于氯氧化的药剂有漂白粉、漂白精、液氯、次氯酸和次氯酸钠等。其中在工业上较为常用的为漂白粉 $CaCl(ClO)$、$Ca(ClO)_2$、液氯。

6.3.4.4 还原与化学沉淀

(1) 还原法 废水中许多金属离子（如汞、铜、镉、银、金、六价铬、镍等）在高价态时毒性很大，可用化学还原法将其还原为低价态后分离除去。主要包括金属还原法和药剂还原法两种。

① 金属还原法。金属还原法以固体金属为还原剂，用于还原废水中的污染物，特别是汞、镉、铬等重金属离子。如含汞废水可以用铁、锌、铜、锰、镁等金属作为还原剂，把废水中的汞离子置换出来。应用效果较好的金属为铁和锌。

② 药剂还原法。药剂还原法是采用一些化学药剂作为还原剂，把有毒物转变成低毒或无毒物质，并进一步将污染物去除，使废水得到净化。如含铬废水中六价铬的毒性很大，利用硫酸亚铁、亚硫酸氢钠、二氧化硫等还原剂可以将 Cr^{6+} 还原成 Cr^{3+}。如用硫酸亚铁还原剂，首先在酸性条件下（$pH=2.9\sim3.7$），把废水中的 Cr^{6+} 还原成 Cr^{3+}，然后投加石灰，在碱性条件下（$pH=7.5\sim8.5$）生成氢氧化铬沉淀。

(2) 化学沉淀法 各种物质在水中的溶解度不同，利用这一性质，可对废水中一些溶解性污染物进行化学沉淀分离处理。通过向废水中投加化学药剂（沉淀剂），使之与水中溶解态的污染物直接发生化学反应，形成难溶的固体沉淀物，然后进行固液分离的方法即为化学沉淀法。通常包括三个步骤：①投加化学沉淀剂，与水中污染物反应，生成难溶的沉淀物而析出；②通过凝聚、沉降、气浮、过滤、离心等方法进行固液分离；③泥渣的处理利用。

化学沉淀法可分为氢氧化物沉淀法、硫化物沉淀法、铁氧体沉淀法、钡盐沉淀法和卤化物沉淀法等。其中氢氧化物沉淀法是采用各种碱性药剂，如石灰、碳酸钠、苛性钠、石灰石、白云石等去除废水中如 Al^{3+}、As^{3+}、Cr^{3+}、Fe^{3+}、Hg^{2+}、Pb^{2+}、Zn^{2+} 等金属离子。硫化物沉淀法是向废水中加入硫化氢、硫化铵或碱金属的硫化物，使待处理物质生成难溶硫化物沉淀，以达到分离纯化的目的。常用沉淀药剂有 H_2S、Na_2S、$NaHS$、CaS、$(NH_4)_2S$ 等，可用于去除 As^{3+}、Hg^+、Cu^{2+}、Cd^{2+}、Zn^{2+}、Pb^{2+}、AsO_2^- 等废水。铁氧体沉淀法是向废水中投加铁盐，通过控制工艺条件，使废水中的重金属离子与铁盐生成稳定的铁氧体共沉淀物，然后再采用固液分离法使沉淀物与水分离，从而去除废水中的重金属离子。钡盐沉淀法主要用于处理含 Cr^{6+} 的废水，采用的沉淀剂有 $BaCO_3$、$BaCl_2$ 和 BaS 等，生成铬酸钡（$BaCrO_4$）。为了促使沉淀的进行，常加过量的沉淀剂，导致出水中含有过量的钡，不能直接排放，出水一般要通过以石膏为滤料的滤池，使石膏中的钙离子置换水中的钡离子生成硫酸钡沉淀，从而去除过量的钡。卤化物沉淀法包括往含银废水中加氯化物形成氯化银沉淀及投加石灰去除废水中单纯的氟离子以生成 CaF_2 沉淀。

6.3.5　物理化学处理法

物理化学法利用物理化学的原理去除废水中的杂质。主要用来分离废水中无机或有机的（难以生物降解的）溶解态或胶态污染物质，回收有用组分，并使废水得到深度净化，适用于处理杂质含量高的废水（用作回收利用）或含量很低的废水（用作废水深度处理）。常用的物理化学方法有吸附法、离子交换法、膜析法（包括渗析法、电渗析法、反渗透法、超过滤法）和萃取法。相应的处理设备或单体构筑物有：吸附柱或塔、离子交换柱、电解槽和电渗析器等。

6.3.5.1　吸附法

吸附法利用多孔性的固体物质使污水中的一种或多种物质被吸附在固体表面而去除。这种有吸附能力的多孔性物质亦称为吸附剂，能作为吸附剂的固体物质必须具有较大的吸附容量和一定的机械强度及较好的化学稳定性，在水中不致溶解于水，不能含有毒物质。

溶质在固体表面上的吸附分为：物理吸附和化学吸附两类。吸附剂和吸附质之间通过分子间力所产生的吸附称为物理吸附。当吸附剂和吸附质之间发生化学作用，由于化学键作用而产生的吸附称为化学吸附。

常用的吸附剂有活性炭、磺化煤、木炭、焦炭、硅藻土、木屑和吸附树脂等。一般吸附剂均呈松散多孔结构，具有巨大的比表面积。其吸附力可分为分子引力、化学键力和静电引力三种，水处理中大多数吸附剂是上述三种吸附力共同作用的结果。

活性炭是最常用的吸附剂，市售的产品呈粉末状、粒状、片状和纤维状。活性炭的制造是由含碳物质（如木材、锯木、果壳、煤等）经碳化和活化两步进行。碳化也称热解，是在隔绝空气条件下对原材料加热，加热的温度一般在 600℃ 以下。碳化使原材料分解放出多种气体，进一步分解或碎片，并重新集合成微晶体结构。活化是在氧化剂的作用下，对碳化后的材料加热以生成新的微孔和扩大微孔尺寸。

活性炭可用于处理低浓度含汞废水，可使废水中汞的含量从 $0.1\sim1.0mg/L$ 降低到 $0.01\sim0.05mg/L$；含铬 $20\sim30mg/L$ 的废水经活性炭吸附后，出水含铬量可降低到 $1mg/L$。在许多工业废水的处理中，活性炭吸附装置往往起到后续的精处理作用。另外，在有机工业废水的生物处理装置中投加适量的粉末活性炭对提高生物处理效果、降低废水的色度效果十分显著。

除活性炭外，含腐殖酸煤（风化煤）也是一种价格低廉的天然吸附剂。腐殖酸分子结构中的羧基、酚羟基、甲氧基等活性基团，对重金属具有吸附交换性能。腐殖酸煤可以用来处理含多种重金属离子的废水（Cu、Pb、Zn、Cd、Hg、Ni、Cr、Co 等），它对放射性元素、石油、表面活性剂、染料、农药等污染物也有一定的吸附效果。据报道，日本用泥炭处理镉、铜、铁、镍、汞、锑、锌等废水，其去除效率均达98%以上。

沸石对水中的NH_4^+具有良好的吸附去除作用，常用于饮用水的深度净化。

当废水（初始浓度为C_0）进入交换柱后首先与顶层吸附剂接触并减缓。废水继续流过下层时污染物浓度逐渐降低，工作层下移，使得整个吸附床分为上部失效层（饱和区）、中部工作层和下部新料层三部分。当工作层的前沿到达吸附床底层时，出水开始出现污染物，这个时刻称为吸附床的穿透时刻，随后出水中污染物含量逐渐增高，直到接近排放标准时便应对吸附剂进行再生。

吸附剂吸附饱和后的再生是指把吸附质从吸附剂的细孔中除去，恢复其吸附能力。再生的方法有加热再生法、蒸汽吹脱法、化学氧化再生法（湿式氧化、电解氧化和臭氧氧化等）、溶剂再生法和生物再生法等。吸附法可以高效地去除水中多种污染物质，如重金属离子、氨氮和有机污染物，也可以有效地降低水的色度和浊度。

6.3.5.2　离子交换法

借助固体交换剂与溶液中离子的置换反应，除去水中有害离子的处理方法叫做离子交换法。离子交换剂有无机和有机两大类。无机离子交换剂有磺化媒、天然绿砂、沸石等。

有机离子交换树脂是指以有机高聚物为骨架材料，分别经磺化、氯甲基化、胺化、水解等化学反应以引入活性交换基团以及相应的后处理而制得的各类阳离子交换树脂、阴离子交换树脂以及特性离子交换树脂的总称，是一种疏松的多孔三维网状结构的惰性固体，在网状骨架之间具有一定大小的空隙，可以允许游离的离子自由运动，树脂的可电离基团均匀地分布在这个网状空间内。离子交换树脂的结构可以分为两部分：一部分具有高分子的结构形式，称为离子交换树脂的骨架；另一部分是带有可交换离子的基团（称为活性基团），它们化合在高分子骨架上。活性基团的种类很多，根据所带官能团性质不同，可分为阳离子交换树脂和阴离子交换树脂，而阳离子交换树脂所带活性基团（官能团）都是酸性基团，根据其解离出H^+能力的强弱分为强酸性阳离子交换树脂和弱酸性阳离子交换树脂。阴离子所带官能团都是碱性基团（通常是有机胺），根据其碱性强弱不同，又可分为强碱性阴离子交换树脂和弱碱性交换树脂。根据树脂单体种类，可分为苯乙烯系、酚醛系和丙烯酸系等。

用离子交换法处理重金属废水时，一般金属离子，如Cu^{2+}、Zn^{2+}、Cd^{2+}等，可以采用阳离子交换树脂；而以阴离子形式存在的金属离子络合物或酸根（如$HgCl_4^{2-}$、$Cr_2O_7^{2-}$等）则需用阴离子交换树脂予以去除。为了同时去除废水中的阴、阳离子，可以将阴离子和阳离子交换器串联使用。

离子交换的运行操作包括四个步骤：交换、反洗、再生、清洗。其阀门布置如图6.9所示。交换操作时，开启进水阀和出水阀，其余阀门关闭。反洗前，关闭排气阀和反洗排水阀，打开反洗进水阀，然后在逐渐开大反洗排水阀进行反洗。再生前先关闭出水阀和反洗排水阀，打开排气阀及清洗排水阀，将水放到离树脂表面10cm左右，再关闭清洗排水阀，开启进再生液阀门，排出交换器内空气后，即关闭排气阀，在适当开启清洗排水阀，进行再生。清洗时，先关闭进再生液阀门，然后

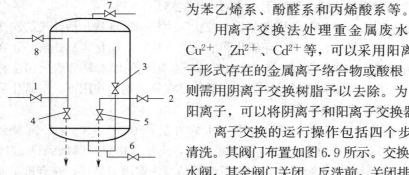

图6.9　离子交换器的阀门布置图
1—进水阀；2—出水阀；
3—反洗进水阀；4—反洗排水阀；
5—清洗排水阀；6—底部放水阀；
7—排气阀；8—进再生液阀

开启进水阀和清洗排水阀。

离子交换法的优点是可以除去用其他方法难以分离的重金属离子：既可去除废水中的金属阳离子，也可以去除阴离子，可以使废水净化到较高的纯度，还可以从含多种金属离子的废水中选择性地回收贵重金属。这种方法的缺点是离子交换树脂价格较高，树脂再生时需用酸、碱或盐，运行费用较高，再生液需要进一步处理。因此，离子交换法在较大规模的废水处理工程中较少采用，一般用于处理电镀废水、人造纤维含锌废水、水量小毒性大（如含汞）废水或有较高回收价值的含金、银、铂等废水的回收。

离子交换设备主要有固定床、移动床和流动床。目前使用最广泛的是固定床，包括单床、多床、复合床和混合床。

6.3.5.3　膜析法

膜析法是利用薄膜以分离水溶液中某些物质的方法的统称。目前有扩散渗析法（渗析法）、电渗析法、反渗透法和超过滤法等。

（1）渗析法　人们早就发现，一些动物膜，如膀胱膜、羊皮纸，有分隔水溶液中某些溶解物质（溶质）的作用。例如，食盐能透过羊皮纸，而糖、淀粉、树胶等则不能。如果用羊皮纸或其他半透膜包裹一个穿孔杯，杯中盛满盐水，放在一个盛放清水的烧杯中，隔上一段时间，我们会发现烧杯内的清水带有咸味，表明盐的分子已经透过羊皮纸或半透膜进入清水。如果把穿孔杯中的盐水换成糖水，则会发现烧杯中的清水不会带甜味。显然，如果把盐和糖的混合液放在穿孔杯内，并不断地更换烧杯里的清水，就能把穿孔杯中混合液内的食盐基本上都分离出来，使混合液中的糖和盐得到分离。这种方法叫渗析法。起渗析作用的薄膜，因对溶质的渗透性有选择作用，故叫半透膜。

近年来半透膜有很大的发展，出现很多由高分子化合物制造的人造薄膜，不同的薄膜有不同的选择渗析性。半透膜的渗析作用有三种类型：①依靠薄膜中"孔道"的大小分离大小不同的分子或粒子；②依靠薄膜的离子结构分离性质不同的离子，例如，用阳离子交换树脂做成的薄膜可以透过阳离子，叫阳离子交换膜，用阴离子树脂做成的薄膜可以透过阴离子，叫阴离子交换膜；③依靠薄膜有选择的溶解性分离某些物质，例如，醋酸纤维膜有溶解某些液体和气体的性能，而使这些物质透过薄膜。一种薄膜只要具备上述三种作用之一，就能有选择地让某些物质透过而成为半透膜。在废水处理中最常用的半透膜是离子交换膜。

电渗析法是利用有选择性的阳离子交换膜和阴离子交换膜，使之交替排列，构成多室电渗析槽，膜堆两端分别设置有阴、阳电极；进入电渗析器的溶液在外加直流电场作用下，阴、阳离子各自向相反电极方向移动，因而形成浓室和淡室相间的格局。将浓缩液和淡化液分别从浓室和淡室引出，便可达到重金属浓缩分离和废水净化的目的。图 6.10 即为典型的多膜电渗析器。根据各隔室中溶液杂质变化情况，多膜电渗析器分为淡水室、浓水室、极水室。原水不断通过这些水室，可在淡水室制取含盐量很低的淡水。浓水室的出水排放掉，两极水室的水引出后相互混合，使其酸碱中和。

电渗析用于味精废水的预处理可以有效地分离废水中的有机物（发酵菌体、多糖和蛋白质），降低废水的 COD，还可以浓缩，达到回收稀硫酸的目的。但运行费用较高，在我国一般用于饮用水的深度净化（优质水生产）和处理水量较小、回收价值较高的的工业废水处理。

（2）反渗透法　反渗透法是一种借助压力促使水分子反向渗透，以浓缩溶液或废水的方法。

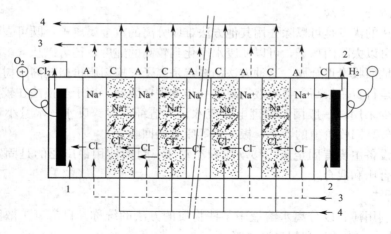

图 6.10　多膜电渗析器

A—阴膜；C—阳膜；1—阳极进水；
2—阴极进水；3—淡化进出水；4—浓缩进出水

　　如果将纯水和盐水用半透膜隔开，此半透膜只有水分子能够透过而其他溶质不能透过，则水分子将透过半透膜进入溶液（盐水），溶液逐渐从浓变稀，液面则不断上升，直到某一定值为止。这个现象叫渗透。高出水面的水柱高度（决定于盐水的浓度）是由溶液的渗透压所致。可以理解，如果我们向溶液的一侧施加压力，并且超过它的渗透压，则溶液中的水就会透过半透膜，流向纯水一侧，而溶质被截留在溶液一侧，这种方法就是反渗透法（或称逆渗透法）。

　　近年来，由于反渗透膜材料和制造技术的发展以及新型装置的不断开发和运行经验的积累，反渗透技术的发展非常迅速，已广泛用于水的淡化、除盐和制取纯水等，还能用以去除水中的细菌和病毒。但反渗透法所需的压力较高，工作压力要比渗透压力大几十倍。即使是改进的复合膜，正常工作压力也需 1.5MPa 左右。同时，为了保证反渗透装置的正常运行和延长膜的寿命，在反渗透装置前必须有充分的预处理装置。

　　反渗透装置一般都由专门的厂家制成成套设备后出售。在生产中，根据需要予以选用。

　　（3）超过滤法　超过滤法与反渗透法相似。但超滤膜的微孔孔径比反渗透膜大，在 0.005~1μm 之间。超滤的过程并不是单纯的机械截留、物理筛分，而是存在着以下三种作用：①溶质在膜表面和微孔孔壁上发生吸附；②溶质的粒径大小与膜孔径相仿，溶质嵌在孔中，引起阻塞；③溶质的粒径大于膜孔径，溶质在膜表面被机械截留，实现筛分。毫无疑问，应力求避免在孔壁上的吸附和膜孔的阻塞，应选用与被分离溶质之间相互作用弱和膜孔结构是外密内疏的不对称构造的超滤膜。

　　超滤的过程是动态过滤，即在超滤膜的表面既受到垂直于膜面的压力，使水分子得以透过膜面并与被截留物质分离，同时又产生一个与膜表面平行的切向力，以将截留在膜表面的物质冲开。所以，超滤运行的周期可以较长。在运行方面，还可短时间地停止透水而增加切面流速，即可达到冲洗膜面的效果，使透水率得到恢复。这样的运行方式，使超滤（膜）-活性污泥法这种新型的处理工艺得以实施和发展。

　　在废水处理中，超滤法目前主要用于分离有机的溶解物，如淀粉、蛋白质、树胶、涂料等。超滤法所需的压力比反渗透法要低，一般为 0.1~0.7MPa。

近年来，各种超滤膜技术在水处理上被广泛使用。其中，无机膜具有耐高温、耐强酸碱和有机溶剂、耐微生物腐蚀、机械强度高和孔径分布窄等特点。

6.3.6　生物处理法

废水的生物处理是利用微生物的新陈代谢作用，对废水中的污染物进行转化和稳定，使之无害化的处理方法。对污染物进行转化和稳定的主体是微生物。

按照生物处理设备中微生物的存在方式、供氧情况等，生物处理法可划分为许多类型和应用场合。按照微生物（以污泥作为表现形式）在废水中的存在状态，划分为：悬浮生物法和固着生物法两类。按供氧和不供氧，划分为好氧生物法和厌氧生物法。

6.3.6.1　好氧生物处理

好氧生物处理是指依赖好氧菌和兼性菌的生化作用来完成废水处理的工艺。主要有活性污泥法和生物膜法两种。

（1）活性污泥法　向富含有机污染物并有细菌的废水中不断地通入空气（曝气），一定时间后会出现悬浮态絮花状泥粒，即为活性污泥。活性污泥是好氧菌（及兼性菌）、好氧菌所吸附的有机物和好氧菌代谢活动的产物所组成的聚集体，具有很强的分解有机物的能力，且易于沉淀分离，使废水得到澄清。这种利用活性污泥的吸附和氧化作用，以分解和去除废水中的有机物，然后使污泥与水分离，大部分污泥再回流以处理废水，多余部分则排出活性污泥系统的生物处理法称为"活性污泥法"。

活性污泥法的实质是有机污染物作为营养物质被活性污泥摄取、代谢与利用的过程，其过程的结果是污泥微生物得到净化，微生物获得能量合成新的细胞，使活性污泥得到增长。

要达到良好的好氧生物处理效果，需满足三个条件：①向好氧菌提供充足的溶解氧和适当含量的有机物；②好氧菌和有机物需充分接触，要有搅拌混合设备；③好氧菌把废水中有机物吸附分解后，活性污泥易于与水分离以改善出水水质，同时回流污泥，重新使用。

由于活性污泥法处理系统中存活着大量的好氧微生物，溶解氧成为废水中污染物好氧分解和转化的必要条件。曝气池中溶解氧的提供主要是通过曝气设备实现的，其依据的原理是气液传质的双膜理论。曝气设备的型式主要有：鼓风-扩散曝气、机械曝气、射流曝气三种。鼓风-扩散曝气由鼓风机、空气输送管道和空气扩散器组成；机械曝气靠曝气叶轮或转刷起作用；射流曝气的核心装置为射流器。在实际工程应用中，这些类型的曝气设备可以单独使用，也可以联合使用，其目的都是提高氧吸收率、氧转移速率和充氧动力效率。

好氧活性污泥法的典型运行方式包括以下几种。

① 普通活性污泥法　又称为传统活性污泥法。原废水从池首进入曝气池，回流污泥也同步流进池中。废水在池中呈推流形式流动到池末。在池中有机物经历了第一阶段的吸附过程和第二阶段的生物代谢过程；活性污泥也经历了从池首的对数增长到池中的减速增长和池尾的内源呼吸的完全生长周期。由于有机物浓度沿着池长逐渐降低，需氧速率也是沿池长逐渐减小的。因此在池首曝气池前段的混合液中溶解氧浓度较低甚至可能处于溶解氧不足状态；随着有机物降解的进行，需氧速率也逐渐降低，溶解氧浓度开始回升，到池末时溶解氧充足或过剩，具有出水水质好的优点，适宜于处理净化程度和稳定程度都要求较高的污水水质。但其存在供氧和需氧不协调（前段缺氧、后段氧富余）、耐冲击负荷能力较差和易于发生污泥膨胀等问题。

② 吸附再生活性污泥法　吸附再生活性污泥法又称为生物吸附活性污泥法或接触稳定活性污泥法，开发的理论依据是活性污泥在与污水接触初期对非溶解态的污染物具有高速、

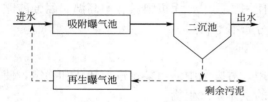

图 6.11 吸附再生活性污泥法工艺流程图

高效去除作用。整个生物处理系统分为吸附和再生两个阶段，工艺流程示意图如图 6.11 所示。在再生池中，活性污泥的生物活性得以充分再生，基本处于内源呼吸期。将这种活性污泥回流到吸附池中，它对污水中的呈悬浮、胶体状态的有机物具有强烈的吸附和黏附作用，去除率很高。由于初期吸附过程迅速，故吸附池的容积较小，这对降低投资十分有利。吸附了大量有机物的活性污泥一部分作为剩余污泥排放出去，另一部分再回流到再生池中进行生物代谢与生物活性恢复，形成一个循环。但吸附再生法不宜处理含溶解性有机物较多的污水。

③ AB法　AB 两端污泥法工艺如图 6.12 所示，其主要特点是：不设初沉池，由吸附池和中间沉淀池组成的 A 段为一级处理系统，A 段从排水系统中连续不断地接受大量的微生物，对原污水水质已经具有了较强的适应能力，A 段的污泥产率高，具有较强的吸附能力；由曝气池和二沉池组成 B 段，进入 B 段的污水水质、水量相对较稳定，污泥龄较长，能够获得较好的出水水质。

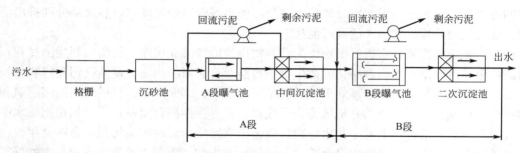

图 6.12　AB 两段污泥法工艺流程图

④ 延时曝气活性污泥法和氧化沟　延时曝气活性污泥法属于低负荷活性污泥法的一种，其主要特点为有机物负荷很低、曝气时间很长（一般在 24h 以上），池中的活性污泥长期处于内源呼吸状态，剩余污泥量很少，基本上不需要另外设污泥处理设施，有机物氧化充分（特别是在池尾），故出水水质稳定、水质很好，系统运行稳定。在曝气池的池尾具有良好的好氧环境，故较高等的微生物易于存活、繁殖，它们对保证很好的出水水质也起到一定的作用。氧化沟属于其中的一种，典型布置如图 6.13 所示。

氧化沟可分为间歇运行和连续运行两种

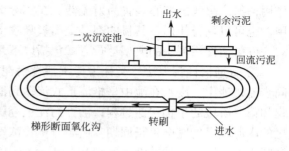

图 6.13　氧化沟的典型布置

方式，其主要特点在于有较高脱氮效果，系统简单，管理方便，产泥少且稳定性好。但曝气池占地面积大，投资高，运行费较高，适用于悬浮性 BOD_5 低、有脱氮要求的中小型污水厂，不宜处理高浓度污水；池容积大。

⑤ 深井（水）曝气活性污泥法　传统活性污泥法的曝气池深度一般在 5 m 以内，由于氧的分压有限，其氧的利用率、动力效率都不高。深井曝气法所依据的基本原理是：通过增

加水深，即可提高空气扩散装置出口的氧分压，从而可以加大氧的传质推动力，加快氧向混合液中转移；同时，通过增加水深，延长了氧在混合液中的传质时间，从而提高氧的利用效率，混合液中的溶解氧浓度得以大大提高。

由于深井曝气池中具有很高的溶解氧浓度，因此它可以适应相对较高的进水浓度，处理城市污水时甚至可以不设初沉池对原污水直接进行处理；有机物的降解很充分；占地较传统法要小得多；表面积相对较小，因而其受外界环境条件（气温、风力、降雨、下雪等）的影响相对较小。这都是它的优点。

（2）生物膜法　当废水长期流过固体滤料表面时，微生物在介质"滤料"表面上生长繁育，形成黏液性的膜状生物性污泥，称为"生物膜"。利用生物膜上的大量微生物吸附和降解水中污染物的水处理方法称为"生物膜法"。它与活性污泥法的不同之处在于微生物附着生长于介质滤料表面，故又称为"固着生长法"，活性污泥又称为"悬浮生长法"。与活性污泥法类似，生物膜法也可分为充氧和不充氧两种，不充氧的生物膜呈现厌氧状态，称为"厌氧生物膜法"。其构造和原理如图 6.14 所示。

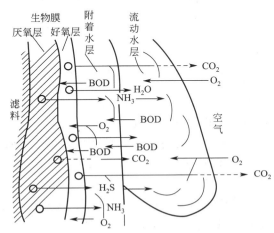

图 6.14　生物膜构造和工作原理示意图

按照处理装置的外形、构造以及生物膜在装置中的存在方式，生物膜分为：生物滤池、生物滤塔、生物转盘和生物接触氧化以及生物流化床五种。

按照供氧方式分，生物膜法有自然通风供氧和人工强化供氧两种，或兼而有之（在自然通风的基础上辅以强化供氧）。生物滤池、生物滤塔、生物转盘通常采用自然通风供氧；生物流化床、生物接触氧化等则采用人工强化供氧。

按照载体在废水中的存在状态分，生物膜法可分为固定式生物膜、转动式生物膜和流态化生物膜。另外，这些载体在废水中可全部淹没（如生物流化床、生物接触氧化），也可部分淹没（如生物转盘），还可以让废水流过生物膜表面（如普通生物滤池和滤塔）。

新型的生物接触氧化法（最初称为淹没式生物滤池）与活性污泥法不仅在供氧方式上相似，而且在污泥的存在方式上（悬浮和固着）和物料的混合上都有一定的相似性，因而其兼有泥法和膜法的优点，成为近年来的开发重点。

① 普通生物滤池　普通生物滤池由滤料、池壁、池底、布水装置和排水沟渠所组成。其中，滤料可以是碎石或碎砖；池壁用于围挡载体、保护布水，一般由砖、毛石等砌筑；池底用于支撑滤料、排水和通风，一般用多孔砖支撑滤料的承托层（为 10～15cm 直径、20～30cm 高的卵石层）；布水装置用于向滤池表面均匀布水，有固定式和旋转式两种，分别如图 6.15、图 6.16 所示。排水沟渠由一定坡度的排水沟将出水汇集到总排水出口。

普通生物滤池滤率很低，只有 1～2m/d，处理能力小，易于堵塞，供氧能力较弱。改进措施有：增加水力负荷，提高水力冲刷效果，消除堵塞现象，并防止滤池蝇的孳生；增加滤池高度，延长废水的净化时间，保证出水水质，同时增加通风能力。并由此开发出高负荷生物滤池和生物滤塔（超高负荷生物滤池）。

② 高负荷生物滤池　在普通生物滤池的基础上，通过加大进水流量或将出水回流来提

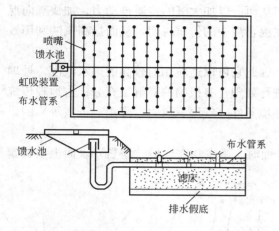

图 6.15　固定喷水普通生物滤池图

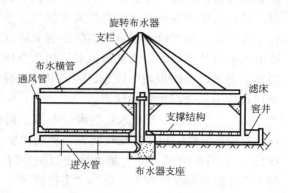

图 6.16　旋转喷水普通生物滤池图

高滤率和污染物负荷率，加强水力冲刷效果，避免堵塞和灰蝇生长；同时，辅以机械通风加强供氧，以提高滤池净化效果。

　　高负荷生物滤池的水力负荷率和有机负荷率分别是普通生物滤池的 6～10 倍和 4～6 倍。但由于高负荷滤池水力停留时间较普通式的短（5min～15s），故其出水水质较普通式的差，硝化作用也不明显。

　　③ 塔式生物滤池　1952 年前民主德国化学工程师舒尔兹运用气体洗涤塔原理创立了塔式生物滤池。高度为 8～24m。通过增加高度，减少了占地面积，保证了在较高的负荷率前提下获得较好的出水效果，使得生物相在塔内沿高度方向上产生明显的分层、分级，扩大了净化功能的范围（如硝化作用等）。同时，通过增加塔高使得塔内形成强烈的拔风作用，因而供氧情况良好，其水力负荷和有机负荷率分别是高负荷生物滤池的 2～10 倍和 2～3 倍，故此称为超高负荷生物滤池。

　　塔式生物滤池池壁结构为钢框架与塑料板。池壁一般应高出滤料表层 0.5～0.9m 左右，以防风力影响布水。塔式生物滤池可以采用一处（塔顶）进水，也可以从沿塔身高度上若干点进水（可看成是多级生物滤池沿高度方向上的组合，类似于多点进水活性污泥法）。

　　④ 生物转盘　生物转盘自 1954 年开发应用以来，广泛应用于印染、造纸、皮革和石油化工等行业的废水处理中。生物转盘结构示意图如图 6.17 所示，由转动轴、转盘、接触槽和转盘的驱动装置组成。生物转盘的供氧主要靠大气复氧和转盘的转动，也可以通入鼓风空气，兼起驱动作用。在转盘转动过程中，盘片上的生物膜完成吸氧、吸收有机污染物、分解污染物的循环。

　　生物转盘的盘片可以是竹片，也可以是聚乙烯硬质塑料板或玻璃钢波纹板等，要求有一定的机械强度和抗腐蚀性，盘片直径一般为 2～3m，盘片间距为 20～30mm。接触槽由混凝土浇筑或钢板焊制，其断面直径比盘片大 20～40mm，以便盘片自由转动，脱落的生物膜流出接触槽。

　　⑤ 生物接触氧化　生物接触氧化法的核心构筑物是接触氧化池，其由池体、填料及支架、曝气装置、进出水装置和排泥管道等部分组成。池体的形状有圆形或方形（矩形）两种，构筑材料有钢板（池容积较小时）或钢筋混凝土（池容积较大时）。池体厚度由结构强度要求计算，池体高度由填料、布水布气层和稳定水层的高度确定，一般的填料高度为

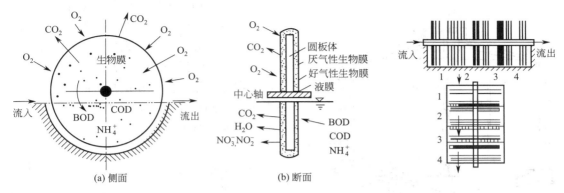

图 6.17　生物转盘结构示意图

3.0～3.5m、底部布气布水层高度为 0.6～0.7m。为了填料的拆卸方便，一般将支架做成拼装式，或者将支架连同填料一起做成单元框架式。支架的材料可以是圆钢、扁钢或塑料管，要求其断面不要太尖锐（以免割裂填料）。

生物接触氧化池填料的选择对生物接触氧化法至关重要，一般对其填料有三个方面的要求。a. 生物膜的附着性能：要求填料表面有一定的粗糙度和亲水性能。b. 水力学性能：要求填料有一定的孔隙率、比表面积和填充率，填料在氧化池内分布均匀是克服池内流速偏差的有效方法之一。c. 经济：影响填料成本的主要因素是材质、形状、厚度和加工工艺过程，填料在氧化池总造价中占有相当的份额（使用玻璃钢蜂窝填料时为 65% 左右）。有机高分子材质的填料中以维纶纤维填料较为便宜，而玻璃钢蜂窝填料和半软性填料均较贵。填料的形状有多种，可以是蜂窝管状、束状、波纹状、网状，也可以是中空球状或不规则粒状等；其硬度有硬性、半软性、软性三种。

生物接触氧化法处理对于生活污水时水力停留时间采用 0.8～1.2h，对于印染废水采用 3.0～4.0h，对于高浓度有机废水则采用 10～14h。对城市污水及生活污水，设计容积水力负荷率为 8～25m³/(m³·d)，容积有机负荷率为 1.0～4.0kg BOD_5/(m³·d)，表面水力负荷率为 3～10m³/(m²·h)。

6.3.6.2　厌氧生物处理

厌氧生物处理是在无氧条件下，通过厌氧菌和兼性菌的代谢作用，对有机物进行生化降解的处理方法。用作生物处理的厌氧菌需有数种菌种接替完成，整个生化阶段分为两个阶段：①酸性发酵阶段。在分解初期，厌氧菌活动中的分解产物为有机酸（如甲酸、乙酸、丙酸、乳酸等）、醇、CO_2、NH_3、H_2S 及其他一些硫化物，这时废水发出臭气。如果废水中含有铁质，则生成硫化铁等黑色物质，使废水呈黑色。此阶段内有机酸大量积累，pH 值下降，故称为酸性发酵阶段。参与此阶段作用的细菌称为产酸细菌。②碱性发酵阶段，又称为甲烷发酵阶段。由于所产生的 NH_3 的中和作用，废水的 pH 值逐渐上升，这时另一群统称为甲烷细菌的厌氧菌开始分解有机酸和醇，产物为 CH_4 和 CO_2，此时随着甲烷细菌的繁殖，有机酸迅速分解，pH 值迅速上升，所以又称为碱性发酵阶段。

厌氧生物法主要包括以下几个类型。

① 厌氧消化池　厌氧消化池构造如图 6.18 所示，厌氧消化池外观形状一般有圆柱型和蛋型两种。对于中小型污水处理厂，一般采用圆柱型，其直径为 6～35m，池总过度与池直径之比取 0.8～1.0，其池底、池盖倾角一般为 15°～20°，池顶集气罩直径取 2～5m，高度

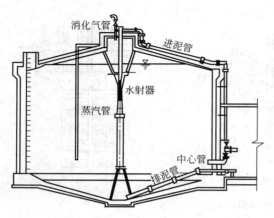

图 6.18　厌氧消化池构造

为 1～3m。大型污水处理厂一般采用蛋型消化池，其容积可以做到 10000m³ 以上，具有如下优点：搅拌充分、均匀，无死角，污泥不会在池底固结；池内污泥的表面积小，即使形成浮渣，也容易去除；在池容积相等的情况下，池总表面积较圆柱型的小，这有利于池体保温；蛋型结构的受力条件较好。

消化池主要由污水（污泥）投配系统和排水（泥）及溢流系统、沼气排除和收集储备系统、搅拌和加温系统所组成。污水和污泥的投配管一般位于池内水位或泥位上层，而排水管或排泥管一般布置在池底，溢流管装置有三种型式：倒虹吸式、大气压式、水封式，其作用为避免消化池的沼气室与大气直接相通。搅拌设备的设计应使得全池污水或污泥在 2～5 h 内得以全面搅拌一次。沼气搅拌的优点是没有机械磨损、搅拌充分，还可促进厌氧消化，缩短消化时间；机械搅拌法多为螺旋桨型式。消化池加温的目的是使得消化过程在确定的温度（中温和高温）下进行。加温的介质可以是热水，也可以是蒸汽。加温的方法可以在消化池外的投配池中用蒸汽对污水或污泥直接进行加热，称为池外直接加温形式，其主要缺点为可能导致局部污水或污泥温度过高，优点为可有效地杀灭系统中的寄生虫卵。加温的方法也可以是在池外的泥（污水）-热水套管换热器中进行，称为池外间接加温法。

② 厌氧接触法　厌氧接触生物法在消化池后增设污泥或污水的真空脱气装置，并设置二沉池以兼性泥分离和对厌氧污泥进行回流，又称为厌氧活性污泥法。厌氧接触法由于增设了脱气装置和二沉池，因此出水水质好。同时，由于污泥得以回流，故提高了池中的 MLSS 量（可达到 6～10g/L），相应地其负荷率可达到 6kgCOD/(m³·d)，是普通消化池的两倍左右。

③ 厌氧生物滤池　厌氧生物滤池一般采取升流方式运行，早期的填料为 30～50mm 的碎石、焦炭等，其比表面积为 40～50m²/m³，孔隙率为 50%～60% 左右，滤料高度不宜超过 1.5m。后来用蜂窝、波纹塑料等材料，其比表面积可提高到 100～200m²/m³，孔隙率为 80%～90% 左右，滤料层高度可达到 5m 左右。厌氧生物滤池不进行污泥回流，不进行搅拌和污泥脱气；污泥浓度高，泥龄长（100d），耐冲击负荷能力较强，容积负荷率为 3～15kg COD/(m³·d)。但厌氧生物滤池容易堵塞，因而进水 SS 应控制在 200mg/L 以内。

④ 升流式厌氧污泥床　英文缩写为 UASB，最初由荷兰农业大学 G. Lettinga 教授于 1954 年在厌氧滤池基础上逐渐开发出来的。

UASB 将厌氧消化与固-气-液的三相分离集中在一起，结构紧凑。整个 UASB 由底部进水区、池内反应区、气-液-固三相分离器、沼气罩、出水区五部分组成的。在反应区中，下部为颗粒污泥床，上部为悬浮污泥层。底部进水区的关键在于布水的均匀性。在反应区内沼气的上升对污泥床起到了一定的浮升和搅拌作用，污水穿过污泥区时与污泥得以充分的接触。三相分离器对保证系统出水质量、污泥回流和沼气释放均很重要。污泥床中污泥浓度很高：悬浮区中为 40～50g/L；污泥床中为 70～100g/L，装置运行后期将形成 0.5～4.0mm 的颗粒污泥，颗粒污泥的存在有利于进一步提高污泥浓度和三相分离，耐冲击负荷能力很强。UASB 处理污水的水力停留时间为 4～24h，接近于好氧生物法；而容积负荷率为 5～40kgCOD/(m^3·d)，是好氧生物法的几倍到上百倍。UASB 处理系统不设机械搅拌设施，污泥进行自身回流，因而动力消耗低。

厌氧发酵处理的最终产物为气体，以 CH_4 和 CO_2 为主，另有少量的 H_2S 和 H_2。厌氧生物处理的条件是：隔绝空气；pH 值维持在 6.8～7.8；温度应保持在适宜于甲烷菌活动的范围（中温菌为 30～35℃；高温菌为 50～55℃）；要供给细菌所需要的 N、P 等营养物质，并要注意到有机污染物中的有毒物质的含量不得超过细菌的耐受极限。

厌氧处理常用于有机污泥的处理。近年来在有机物含量高的废水（BOD_5＞5000～10000 mg/L）处理中也得到应用，如屠宰场废水、乙醇工业废水、洗涤羊毛油脂废水等。一般先用厌氧法处理，然后根据需要进行好氧生物处理或深度处理。

6.3.6.3　自然条件下的生物处理

利用天然水体和土壤中的微生物的生化作用来净化废水的方法称为自然生物处理，常用的有生物稳定塘、废水土地处理法和人工湿地生态处理技术。

(1) 生物稳定塘　生物稳定塘是利用天然水中存在的微生物和藻类，对有机废水进行好氧、厌氧生物处理的天然或人工池塘。生物塘内的生态系统比人工生物处理系统复杂，包括了菌类、藻类、浮游生物、水生植物、底栖动物以及鱼、虾、水禽等高级动物，形成了相互依赖的食物链。废水在塘里停留时间很长，有机物通过水中生长的微生物的代谢活动得到稳定分解。净化后的废水可用于灌溉农田。

根据塘内微生物的种类和供氧情况，可分为以下四种类型。

① 好氧塘。好氧塘水深 0.5m 左右，阳光能投入底部。通过两类微生物的新陈代谢将有机物去除：好氧菌消耗溶解氧，分解有机物并产生 CO_2；藻类的光合作用消耗 CO_2 产生氧气。这两者组成了相辅相成的良性循环。

② 兼性塘。兼性塘水深 1.0～2.0m，上部溶解氧充足，呈好氧状态；下部溶解氧不足，由兼性菌起净化作用；沉淀污泥在塘底进行厌氧发酵。

③ 厌氧塘。厌氧塘水深一般大于 2.5m，BOD 负荷高，整个塘水呈厌氧状态，净化速度很慢，废水停留时间长。底部有 0.5～1m 的污泥层。为防止臭气逸出，常采用浮渣层或人工覆盖措施。这种塘一般作为氧化塘的预处理塘。

④ 曝气塘。曝气塘水深为 3.0～4.5m，其特征是在塘水表面安装浮筒式曝气器，全部塘水都保持好氧状态，BOD 负荷较高，废水停留时间较短。

(2) 废水土地处理法　废水土地处理是在人工调控下利用土壤-微生物-植物组成的生态系统使废水中的污染物得到净化的处理系统。它既利用土壤中的大量微生物分解废水中的有机污染物，也充分利用了土壤的物理特性（表层土的过滤截留和土壤团粒结构的吸附贮存）、物理化学特性（与土壤粒子的离子交换、络合吸附）和化学特性（与土壤中的钙、铝、铁等离子形成难溶的盐类如磷酸盐等）净化各种污染物，同时也利用废水及其中的营养物质灌溉土壤供作物吸收，是使废水资源化、无害化和稳定化的处理利用系统。

(3) 人工湿地生态处理法　在人工湿地床内有不同介质配比的土壤层和经筛选栽种的湿地植物，从而构成一个人工生态系统。当经过初步处理的废水（经格栅和絮凝沉淀处理）通过配水系统进入人工湿地时，附着在湿地植物根系和土壤层中的微生物就对废水中的营养物质和污染物质进行有效地吸收和分解。同时，土壤本身也能起到过滤吸附作用，最终使废水得到净化。

这种潜流式人工湿地处理方式的最大优点在于：废水通过配水系统直接送至人工湿地床的基质中，能减少臭味和蚊蝇孳生，避免破坏整体景观；运行费用比常规的二级生物处理低50％左右；可形成堆肥、绿化、野生动物栖息等综合效益；湿地植物（常选美人蕉、水竹、芦苇等）的观赏性可为湿地园区增添新景观。

6.4　循环冷却水的处理与污水回用

6.4.1　循环冷却水的处理

6.4.1.1　循环水冷却原理

循环利用的冷却水称为循环水。循环水的冷却通常用空气作为介质，水中空气中的降温原理主要是水与气之间的接触传热和水的蒸发散热。

循环冷却水系统一般分为密闭式循环冷却水系统和敞开式循环冷却水系统两种。

密闭式循环冷却水系统是用冷却水通过热交换来冷却工艺介质或物料。其特点在于不与空气接触，冷却水在密闭系统内进行循环热交换，升温后的冷却水仍在密闭系统中由水冷换热设备或空冷换热塔降温以后，再供冷却工艺介质循环使用。

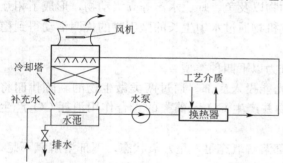

图 6.19　敞开式循环冷却水系统示意图

敞开式循环冷却水系统是工艺生产中应用较普遍的一种冷却水系统。其原理如图 6.19 所示。水池中的冷却水由水泵送往系统中的换热器，温度升高的冷却水再流经冷却塔返回水池，如此反复使用。空气则由冷却塔底部进入，与落下的水接触换热，将热水冷却。在循环冷却过程中，因蒸发、风吹和渗漏而损失，同时，有杂质和气体进入系统，使循环水量减少，水质发生变化，因此，为维持系统水量的平衡和水质稳定，必须适量补充冷却水，并排出一定量的污水。

6.4.1.2　循环冷却水的处理

冷却水在循环系统中长时间地反复使用，不断地吸热和放热，在冷却过程中经历蒸发、泄漏、浓缩和补充水稀释等过程。在此过程中会有水垢、腐蚀及产生微生物等现象出现。

（1）水垢及其控制　水垢一般由碳酸钙、磷酸钙、硫酸钙、硅酸钙以及少量镁盐微溶物组成，这些盐类不仅溶解度极小，且极易在温度高的传热部位结晶析出，特别是当水流速度较小或传热面粗糙时，更容易慢慢沉积成垢。水垢的形成主要是由于蒸发浓缩、水中二氧化碳散失、水温升高及起化学反应生成难溶物质。

控制水垢的方式包括软化原水、酸化法和投加阻垢剂法三种。

对含钙镁离子较多的补充水，可用石灰软化法或离子交换法进行预处理，以降低补充水的碳酸盐浓度。理论上，原水经过石灰软化法处理后，水中硬度可降至 $CaCO_3$ 和 $Mg(OH)_2$ 的溶解度值，但实际上，钙镁的沉淀物常常以胶体形态少量残留于水中，故工业上常采用石灰软化与混凝沉淀同时进行处理的工艺。

酸化法是通过加酸使补充水的碳酸盐硬度转化为溶解度较大的非碳酸盐硬度，使循环水的碳酸盐硬度降低到极限碳酸盐硬度以下。加酸操作需要注意腐蚀和安全问题，一般控制

pH 值在 7.2~7.8 之间。也可向水中通 CO_2 或净化后的烟道气，提高循环水允许的极限碳酸盐浓度。

投加阻垢剂是防止致垢盐类结垢的主要方法。

结垢是水中微溶盐结晶沉淀的结果。结晶过程是在盐类达到过饱和后，首先产生晶核，并形成少量微晶粒，然后微晶粒相互碰撞接触，并按特有的次序排列起来，使小晶粒不断长大，最后形成大晶体而结垢。投加阻垢剂可控制或破坏结晶过程中某一进程，从而使水垢难以形成。具有阻垢功能的药剂有螯合剂、抑制剂和分散剂，统称为阻垢剂。

螯合剂能与水中结垢阳离子形成螯合物或络合物，阻止阳离子与阴离子结合生成水垢。抑制剂能在结晶过程中阻止微小晶粒的聚集，将晶核和其他离子隔开，从而抑制晶核长大。分散剂是一种高分子聚合物，如聚丙烯酸盐、聚马来酸、聚丙烯酰胺等，它们吸附在微小晶粒上，或同时吸附数个微晶粒起到桥连作用，从而形成微晶粒间距离较大的疏松的微粒团，阻止晶粒互相接触而长大，使其长时间分散在水中。

常用的阻垢剂有聚磷酸盐、磷酸盐、磷酸酯、聚丙烯酰胺、木质素、单宁、淀粉及纤维素的衍生物等。近年来，新型阻垢剂的研制和应用取得很大进展，有机磷酸盐、低分子量聚羧酸类阻垢剂，以及聚天冬氨酸钠盐（PASP）等都得到了广泛的应用。

（2）腐蚀及控制　冷却水系统中大多数换热器是由碳钢制成的。碳钢组织和表面并不是绝对均匀的，它与冷却水接触时，在其表面会形成许多微小面积的低电位区（阳极）和高电位区（阴极），阳极区、阴极区和水溶液通过金属本体构成了腐蚀原电池。

金属腐蚀是一个电化学过程。造成金属腐蚀的是金属在阳极的溶解反应，即金属的腐蚀破坏只出现在腐蚀原电池的阳极区，而腐蚀原电池的阴极区是不发生腐蚀的。影响腐蚀的因素主要有：水中溶解固体、悬浮物、氯离子、pH 值、溶解氧等水质因素，温度、水的流速、微生物和金属的相对面积效应等。

控制腐蚀的方法主要有以下三类。

① 通过电镀在金属表面形成防腐层，或用涂料覆盖的办法，使金属和循环水隔离，避免金属与水的直接接触来控制腐蚀。

② 在冷却水系统中，可使用电极电位比铁低的镁、锌等牺牲阳极与需要保护的碳钢设备和直流电源的负极相连，并在正极上再接一个辅助阳极（如石墨），设备在外加电流作用下转成阴极而受到保护，这是外加电流阴极保护法。

③ 向循环水中投加缓蚀剂，使金属表面形成一层均匀致密、不易剥落的保护膜。这是目前国内外普遍采用的方法，缓蚀剂的种类很多，按其成分可分为无机缓蚀剂和有机缓蚀剂；按其抑制作用的电化学过程，分为阳极型缓蚀剂、阴极型缓蚀剂和混合型缓蚀剂；按缓蚀剂在金属表面形成的保护膜类型，分为钝化膜型缓蚀剂、沉淀膜型缓蚀剂和吸附膜型缓蚀剂。

阳极型缓蚀剂多为无机氧化剂，如铬酸盐、亚硝酸盐、钼酸盐、钨酸盐等，它们的缓蚀机理是在阳极区域与金属离子作用，生成氧化物或氢氧化物，沉积覆盖在阳极区形成保护膜。铬酸盐的缓蚀效果较好，但它在环境中或动植物体内聚积，对人体健康产生潜在的不良影响。铬酸盐作为缓蚀剂一般不单独使用，而是与其他缓蚀剂复合使用，以降低铬酸盐的用量。

阴极型缓蚀剂主要有聚磷酸盐和锌盐。聚磷酸盐较为常用，其作用是与水中阳离子

（Ca^{2+}、Fe^{2+}）络合或螯合形成带正电性的胶体，在阴极区沉积形成保护膜。其缺点是成膜慢，对其他金属离子粘在铁表面引起的电化学腐蚀不起缓蚀作用，且能促使菌藻的繁殖。锌盐是一种较为安全但低效的缓蚀剂，其缓蚀机理是在阴极区形成氢氧化锌沉淀保护膜。锌盐具有成本低和成膜速度快等优点。

混合型缓蚀剂大多是有机缓蚀剂，既能在阳极区成膜，也能在阴极区成膜。它们的成膜机理是靠极性基团与金属表面的吸附作用，因此也称吸附膜型缓蚀剂。例如，烷基胺类既有N、S、O等亲水性基团，也有苯烷基及其衍生物组成的疏水性基团。亲水基团吸附在金属表面，而疏水基团则朝向水，可阻止水和溶解氧向金属表面扩散，从而抑制腐蚀发生。

（3）微生物及其控制　冷却水系统中的微生物包括细菌、真菌和藻类。

与金属腐蚀或黏泥形成的有关细菌主要是产黏泥细菌、铁沉积细菌、产硫化物细菌和产酸细菌。冷却水系统中的真菌包括霉菌和酵母两类，它们通常生长在冷却塔的木质构件上、水池壁上和换热器中，破坏木材的纤维素，使木质构件腐朽变质，真菌形成的黏混物覆盖在金属表面，阻止冷却水中的缓蚀剂发挥防护作用。冷却水中藻类主要有蓝藻、绿藻和硅藻。它们常常停留在阳光和水分充足的地方，如水泥冷却塔的塔壁以及集水池的边缘等。死亡的藻类会变成冷却水系统中的悬浮物和沉积物，堵塞管路，降低冷却水流量，从而影响冷却效果。

微生物在冷却水中繁殖形成黏混物，附着于设备或管道表面，降低传热效率，加速金属设备的腐蚀，影响输水，黏混物腐败后产生臭味，恶化水质，故必须加以控制。微生物的控制方法主要有以下几种。

① 选用耐蚀材料。金属材料耐微生物腐蚀的性能排列为：钛＞不锈钢＞黄铜＞纯铜＞硬铝＞碳钢。

② 控制水质。主要是控制冷却水和补充水中的氧含量、pH值、悬浮物和微生物的养料。油类是微生物的养料，应尽可能防止它泄露到冷却水系统。

③ 采用抑菌涂料。当采用防腐涂料保护金属换热器时，在涂料中添加能抑制微生物生长的药剂（如硼酸钡、氧化亚铜、氧化锌、三丁基锡等），是控制微生物生长繁殖的条件。

④ 水池加盖。这是防止阳光照射，控制藻类生长繁殖的条件。

⑤ 旁流过滤。在循环冷却水系统中，安装用砂子或无烟煤等作滤料的旁滤池过滤冷却水，可在不影响冷却水系统正常运行的情况下除去水中大部分微生物。

⑥ 投加混凝剂。在对原水进行絮凝沉淀过程中，使水中的大部分微生物随生成的絮凝剂一起沉淀下来，从而将它们除去。

⑦ 投加杀菌剂。这是目前普遍采用的来控制微生物的方法。杀菌剂又称为杀生剂，分为氧化型和非氧化型两大类。氧化杀菌剂主要有氯、次氯酸钠、次氯酸钙、氯胺、二氧化氯、臭氧等。氯在循环水系统中易散失，不能持续杀菌，一般与非氧化型药剂联合使用。非氧化型主要有氯酚类、丙烯醛、二硫氰基甲烷、硫酸铜等。另外季铵盐类表面活性剂由于可吸附到带负电的细菌、真菌和藻类等生物体的表面，破坏细胞的半透膜，引起细胞的内代谢物质和辅酶泄漏而起到抑菌作用。

6.4.2　污水回用

6.4.2.1　污水回用概况

城市污水回用有两种方式：隐蔽回用和直接回用。隐蔽回用是指上游污水排入江河，下游取用；或者在一地将污水回渗地下，另地抽用。直接回用则是对城市污水进行适当处理后直接利用。通常所指的污水回用，均指污水的直接回用。

城市污水回用形式如图 6.20 所示。

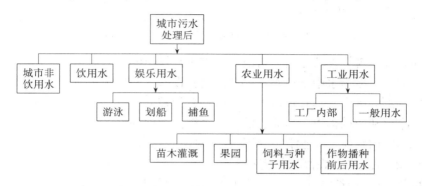

图 6.20　城市污水再利用的主要形式

水回用的主要方法包括灌溉、工业用水、地表水补给、地下水回灌等。地表水补给和地下水回灌也可以通过自然排水、灌溉水渗透和降雨径流来实现。各种途径转移的水量由流域特点、气候、地球水循环、水的使用目的、直接或间接水回用程度等因素决定。

水回用范围可大可小，通常有：①跨行业部门回用，如城市污水的农田灌溉；城市污水厂出水与河水混合后作为景观水体补充水和绿化用水；②跨厂界回用，如火力发电厂使用附近工厂的废水进行水力冲灰等；③车间或工序内回用，如各种设备的冷却水循环使用、印染厂和电镀厂的逆流漂洗、吸收法净化废气流程中的多级逆流喷淋等，洗衣机漂洗水应用冲洗卫生器具。广义上说，净化合格的污水排放到天然水体或灌注到地下也属于水的循环使用，但原则上水的回用都是指废水产生源头的小范围内的回用，如住宅生活污水回用、工艺污水复用等。

城市污水中含有丰富的氮、磷、钾等盐类，是很好的肥料，将经过处理的污水用于农田，一方面有利于农作物的生长，弥补农业用水的不足，获得经济效益，另一方面又有利于土壤的自净化作用，有效地防治污染。农业灌溉回用水的水质要求包括：①不传染疾病，确保使用者及公众的卫生健康；② 不破坏土壤的结构和性能，不使土壤盐碱化；③不能使土壤中重金属和有害物质的积累超过有害水平；④不影响农作物的产量和灌溉；⑤不污染地下水。就农作物生长而言，对水的化学指标比细菌学指标要求高，主要是矿物质和盐类成分的含量。特别当回用污水中氮的含量在 20～40mg/L 时，农业生产出问题的可能性极大。

美国加州粮食作物灌溉的再生处理流程见图 6.21。

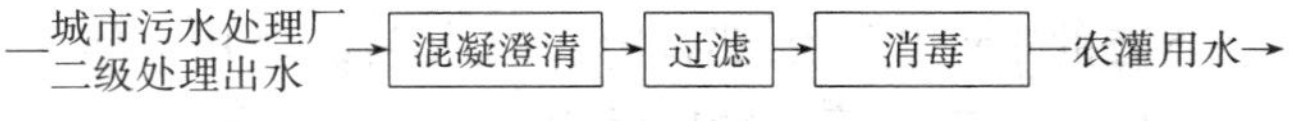

城市污水处理厂 二级处理出水 → 混凝澄清 → 过滤 → 消毒 → 农灌用水 →

图 6.21　美国加州粮食作物灌溉的再生处理流程图

经过处理后的城市污水还可以作为城市景观水体的补充水，但应该注意如下问题：表面活性剂的泡沫；N、P 导致水体的富营养化；气味和颜色。出水适量加氯可以改善补充水的卫生学质量，但加氯太多也会影响水体的生态。

典型污水回用于景观河道的工艺流程见图 6.22。

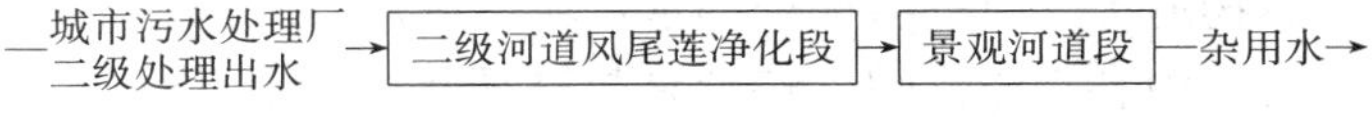

城市污水处理厂 二级处理出水 → 二级河道凤尾莲净化段 → 景观河道段 → 杂用水 →

图 6.22　典型污水回用于景观河道的工艺流程图

典型污水处理厂二级处理出水回用于景观用水的工艺流程见图 6.23。

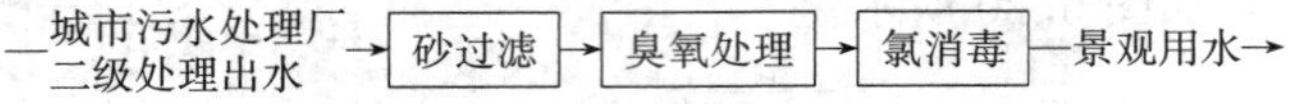

城市污水处理厂二级处理出水 → 砂过滤 → 臭氧处理 → 氯消毒 → 景观用水 →

图 6.23　典型污水回用于景观用水的工艺流程图

从住宅和公共建筑（宾馆饭店、浴池和洗衣房）排出的生活污水是人们普遍关注的回用对象之一。住宅中生活污水中杂用水主要是指洗涤设备（厨房洗菜池、卫生间洗脸盆和洗衣机以及浴室）排出的废水，具有水量大、污染物含量较低的特点，易于处理和回用。生活杂用水的收集、净化和回用构成一个完整的中水系统。国内外许多城市都已经和正在规划并建设生活杂用水的回用系统，并制订了相应的中水水质标准和系统设计规范。如日本东京自20 世纪 70 年代以来，开始在高层住宅和大型宾馆中推广应用中水系统，实施中对中水管及其阀门的颜色和式样进行特别标记，并定期检查中水系统有无与上水、下水系统混接。对用户抱怨的中水色味浊、卫生器具结垢等问题，通过对回用水进行过滤和消毒得以满意地解决，通过加氯有效地防止了中水系统中微生物孳生和结垢，另外试用中水管道采用塑料管和塑料衬里的管道以减缓管道的腐蚀。生活杂用水经过处理后可以用于洗车、卫生设备冲洗、绿地浇灌、道路冲洗等。中水系统的投资仅为房产开发投资的 1%～2%。

城市污水处理厂二级处理用水回用于生活杂用水的典型流程见图 6.24。

城市污水处理厂二级处理出水 → 混凝沉淀 → 过滤 → 消毒 → 杂用水 →

图 6.24　污水回用于生活用水的典型流程图

在特殊情况下，废水和污水还可以作为饮用水水源。以色列的淡水资源严重匮乏，水的回用率几乎达到了 100% 的程度；航天飞机中污水经过深度净化后循环回用作为宇航员的饮用水。

2010 年 12 月获国务院批复的我国第一个国家水资源战略规划——《全国水资源综合规划》中详细制订了工业用水的复用指标，如重复利用率、间接冷却水循环率、工艺水回用率和蒸汽冷凝水的回用率；规划 21 世纪初全国工业用水的复用率达到 60%～65%，其中华北严重缺水的城市达到 73% 以上。工业行业水复用率：火电厂 70%、黑色金属 85%、化纤85%、医药 20%、有色金属 80%、化工 75%、纺织 70%、机械和电子 60%、食品 50%、印染 40%、造纸 50%。即使在河网密布的江南水乡城市也已经开始实行生活杂用水的回用实践。

在工业用水中几乎所有的工业生产中都有冷却用水系统，其中使用量较大的有发电厂、钢铁厂、造纸厂、炼油厂以及化工厂等。城市污水回用于工业的主要用途包括：①工业冷却系统用水；②锅炉补充水；③工艺用水。

工业冷却水对水质要求相对较低，城市污水的二级出水均能满足要求，城市污水回用于冷却水是城市污水回用的重要方向之一。

锅炉水水质与操作压力相关，一般锅炉压力越小，对水质要求越低。当锅炉中的操作压力和温度增加时，容易发生结垢和腐蚀。锅炉补给水应防止锅炉系统中产生沉积物、腐蚀、汽水共沸、发泡和微生物危害。对一般锅炉用水，城市污水二级处理出水仅需软化、脱盐等处理后，即可使用；对于中、高压锅炉，特别是超高压锅炉，其用水水质控制指标（硬度、盐含量、碱度、pH 值、二氧化硅含量、溶解氧、油等）极为严格，因此，目前国内外将再生水用于锅炉补给水的实例相对较少。

城市污水回用于工艺用水主要用作水浴、蒸煮、漂洗、水力开采与输送、冲灰、清洗、产品和原料用水等多方面。一些工艺（原材料清洗与运输、废物运输、维护保养等）对回用水的水质要求较低，而工艺直接用水（产品处理水、原料水等）则对水质要求较高。当回用于工艺用水有多种用途时，其水质要求应按最高要求确定。再生水可作为水源供给不同行业作为生产工艺用水，在金属初级加工、纺织工业、制浆造纸、石油化工、采矿及矿石加工等行业已有应用。目前，我国的纸浆和造纸行业、石油工业、电子工业等对工艺用水水质已有明确要求和限制。

6.4.2.2　典型工艺流程示例

城市污水再生工艺流程的选定应该从利用用途、再生水原水（二级出水）的特性、再生处理法技术发展方向等几个方面综合分析确定。

① 大连春柳污水处理厂城市废水回用于工业循环冷却水，工艺流程如图 6.25 所示。

图 6.25　城市污水回用于工业循环冷却水工艺流程图

该工艺流程简单可靠、技术成熟、管理方便，经过了示范工程检验，具有符合我国国情前提下的技术与经济指标的先进性。该处理流程特别适用于城市污水再生水回用于电厂，多年运行结果表明，氨氮可以控制在电力系统要求的标准 1mg/L 以下，对铜的腐蚀率判定为"几乎不腐蚀"。

② 城市污水回用于化工循环冷却水，工艺流程如图 6.26 所示。

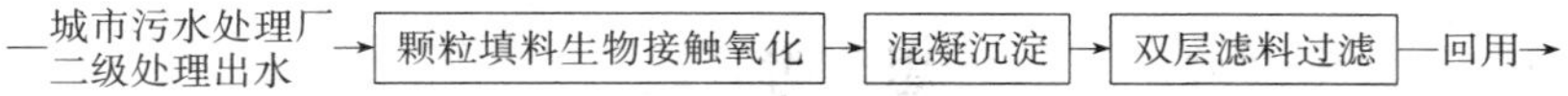

城市污水处理厂二级处理出水 → 颗粒填料生物接触氧化 → 混凝沉淀 → 双层滤料过滤 → 回用

图 6.26　城市污水回用于化工循环冷却水工艺流程图

本流程再生工艺在生物接触氧化中选用生物陶粒，利用其巨大的表面积供微生物生长，能进一步去除二级出水中难降解的溶解性 COD 和氨氮。工艺采用生物和物理处理法结合，其运行费用比投加化学药剂的混凝沉淀-过滤工艺低得多。

③ 城市污水回用于造纸工业工艺用水，工艺流程如图 6.27 所示。

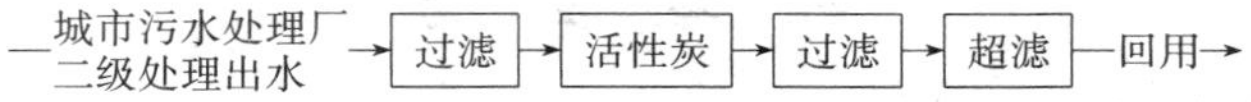

城市污水处理厂二级处理出水 → 过滤 → 活性炭 → 过滤 → 超滤 → 回用

图 6.27　城市污水回用于造纸工业工艺用水流程图

④ 再生水用于低压锅炉用水，工艺流程如图 6.28 所示。

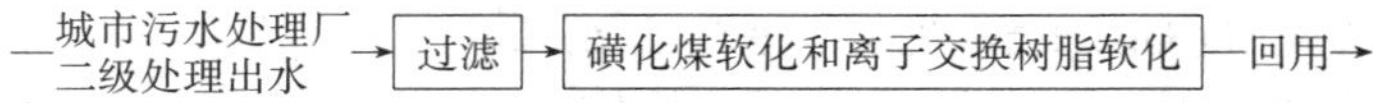

城市污水处理厂二级处理出水 → 过滤 → 磺化煤软化和离子交换树脂软化 → 回用

图 6.28　再生水用于低压锅炉用水工艺流程图

⑤ 城市污水处理厂再生水作钢铁用水，工艺流程如图 6.29 所示。

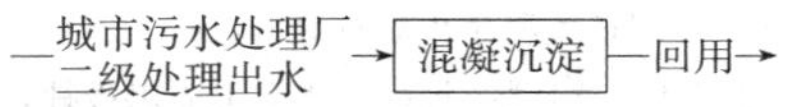

城市污水处理厂二级处理出水 → 混凝沉淀 → 回用

图 6.29　再生水作钢铁用水工艺流程图

⑥ 城市污水处理厂再生水作冷却用水，工艺流程如图 6.30 所示。

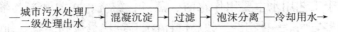

图 6.30　再生水作冷却用水工艺流程图

北京某污水处理厂处理用水回用于北京某热电厂，作电厂冷却水，具体工艺流程如图 6.31 所示。

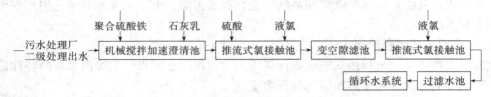

图 6.31　城市污水回用于热水厂冷却水工艺流程图

⑦ 城市污水回用于地下回灌　地下回灌是借助于工程设施，将适当处理后的污水直接或用人工诱导的方法引入地下含水层，用以补充地下水量，稳定或抬高地下水位；控制地面沉降或塌陷；滨海和岛屿地区使地下水淡化和防止海水入侵等。

美国加利福尼亚州某海水入侵屏障工程，技术工艺如图 6.32 所示。

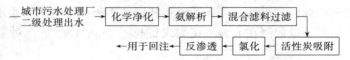

图 6.32　海水入侵屏障工程工艺流程图

思　考　题

1. 列表归纳废水中污染物的类别、危害和相应的污染指标。

2. 举例说明有哪些工业废水、废渣、废气可用于酸、碱废水中和处理。

3. 综述石灰法在水处理中的应用（包括作用原理、去除污染物范围、工艺流程、优点及存在问题、处理实例）。

4. 简述城市污水二级处理出水回用的五种工艺流程。

参　考　文　献

[1]　孙体昌，娄金生．水污染控制工程．北京：机械工业出版社，2009.

[2]　杨建，章非娟，余志荣．有机工业废水处理理论与技术．北京：化学工业出版社，2004.

[3]　苏琴，吴连成．环境工程概论．北京：国防工业出版社，2004.

[4]　朱蓓丽．环境工程概论．北京：科学出版社，2011.

[5]　王光辉，丁忠浩．环境工程导论．北京：机械工业出版社，2006.

[6]　赵庆良，任南琪．水污染控制工程．北京：化学工业出版社，2005.

[7]　田禹，王树涛．水污染控制工程．北京：化学工业出版社，2010.

[8]　唐玉斌．水污染控制工程．哈尔滨：哈尔滨工业大学出版社，2006.

[9]　张索青，赵志宽．水污染控制技术．大连：大连理工大学出版社，2006.

[10]　郭茂新．水污染控制工程学．北京：中国环境科学出版社，2005.

[11]　王国华，任鹤云．工业废水处理工程设计与实例．北京：化学工业出版社，2005.

第 7 章　节能技术与环境保护

7.1　节能技术的基础知识

7.1.1　节能定义

简单地说，节能就是节约能源。就狭义而言，就是节约石油、天然气、电力、煤炭等能源。广义的节能是节约一切需要消耗能量才能获得的物质，如自来水、粮食、布料等。节能并不是不用能源，而是善用、能用、巧用能源，充分提高能源的使用效率，在维持目前的工作状态、生活状态、环境状态的前提下，减少能量的使用。

《中华人民共和国节约能源法》第三条对"节能"的定义如下："节能是指加强用能管理，采取技术上可行、经济上合理以及环境和社会可以承受的措施，减少从能源生产到消费各个环节中的损失和浪费，更加有效、合理地利用能源。"《化工节能技术手册》对化工企业节约能源的定义是：在满足相同需求或达到相同生产条件下使能源消耗减少（即节能），能源消耗的减少量即为节能量。在这个定义中，必须注意到在化学工业中节能必须满足两个前提条件中的其中一个，否则就不是节能。

7.1.2　节能的必要性及意义

人类目前正在大规模使用的石油、天然气、煤炭等化石资源在人类可预期的时间内不能再生，属于不可再生能源。就目前的储量而言，势必有枯竭之日。据《BP 世界能源统计（2006 版）》资料介绍，以目前探明储量计算，全世界石油还可以开采 40.6 年，天然气还可以开采 65.1 年，煤炭还可以开采 155 年。即使以最乐观的态度，再过 200 年，地球上可开采的矿石资源将消耗殆尽，到时人类如何面对，将是一个关乎全人类生存的严峻问题。而对于水能、风能、太阳能等可再生能源而言，获取这些能源有些需要较大的初始投资，有些存在供给不稳定或能密度不高等缺点。因此，如果人类如果无节制地使用能源，不仅有限的不可再生能源将加速消耗，即使是可再生能源也无法满足人类对能源的需求。

随着我国经济发展，能源消费量逐年增加，而我国石油对外依存度提高，且国际原油价格在高位徘徊，而国际因能源问题引发的各种冲突日益增多，能源问题远不是一个国家的经济问题了，它已涉及国家战略安全问题。

我国目前的能源政策是"资源开发与节约并举，把节约放在首位"，依法保护和合理使用资源，保护环境，提高资源的利用效率，实现可持续发展。对于各种企业实施节能，不仅可以降低企业的能耗成本，提高企业的经济效益，而且有助于缓解政府能源供应和建设压力，减少废气污染，保护环境。

7.1.3　节能的内容

从节能的领域来看，节能的内容包括工业节能、交通节能、建筑节能、农业节能及日常生活节能，而每一个领域又可以细分为多个领域。如工业节能可分为燃料动力工业节能，冶金工业节能，石油化工业节能等；从节约能源的形式来看，包括节煤、节油、节气、节电；

从广义节能的角度来看，几乎包含任何所有的物质，如节约用水、节约粮食、重复利用资源等。

从节能的方法措施领域来看，包括管理节能、技术节能、结构调整节能、EMC（energy management contract）节能。技术节能又可以细分为工艺节能、控制节能、设备节能；结构调整节能又可以分为产业结构调整节能、产品结构调整节能。从能源转换过程来看，节能的内容包括能源开采过程节能、能源加工、转换和储运过程节能及能源终端利用过程节能；从节能的时空位置来看，可以说是时时可节能、处处可节能。

总之，在任何地方、任何时间、任何事件上，只要我们注意到了节能这个问题，总可以找到需要我们节能的内容，正是时时、处处、事事可节能。

7.1.4　节能的层次及准则

7.1.4.1　节能的层次

在具体的工作中，为了更好地开展节能工作，可将节能工作分成不同的层次，在不同的层次，节能工作的侧重点不同。按难易程度，节能工作可分为以下四个层次。

（1）不使用能源　这是一个最简单易行的节能工作，如不开车外出，不用空调。目前世界上和我国有些大城市设立的无车日就属于不使用能源来达到节能减排目的这个层次的工作，但这个层次节能工作的实际效果不一定十分理想，不是真正意义上的节能，对节能工作的宣传教育意义大于实际的节能效果，其主要目的还是引起人们对节能工作的重视。

（2）降低能源的使用质量　这是一个比较可行的节能方法，例如通过降低驾车的速度来减少汽油的消耗，当然这个速度的减少是相对于高速行驶而言，它通过行车时间的增加来换取能源消耗的减少，对于那些对时间要求不是十分紧迫的情况而言是可行的，但当时间价值大于所节约的能源价值时，该方法就显得不可行。另外像降低热水器温度、提高空调房间设定的温度在不影响基本生活质量的前提下，适当降低一点生活的舒服程度就可以带来一定的节能效果，这在某些情况下是值得推广的一种节能方法。

（3）通过技术手段提高能源使用效率　这一层次的节能工作属于目前正在采用的真正意义上的节能工作，通过各种技术手段，在不改变生产、生活质量的前提下，减少能源的消耗；开发和推广应用先进高效的能源节约和替代技术、综合利用技术及新能源和可再生能源利用技术；加强管理，减少损失浪费，提高能源利用效率。例如前面提及的驾车问题，在所用时间不变，甚至减小情况下，通过提高发动机的燃烧效率或改进汽车结构使能源的消耗减少。

（4）通过调整经济和社会结构提高能源利用效率　这是一个最高层次的节能工作，主要通过调整产业结构、产品结构和社会的能源消费结构，淘汰落后技术和设备，加快发展以服务业为主要代表的第三产业和以信息技术为主要代表的高新技术产业，用高新技术和先进适用技术改造传统产业，促进产业结构优化和升级换代，提高产业的整体技术装备水平。经济和社会结构的调整和转型必须结合各地的实际情况，选择合理的替换产业和社会能源消费模式。

7.1.4.2　节能的准则

目前我国出台了不少有关节能的标准。中国国家层面上的法律或规定有：1998年实施的《中华人民共和国节约能源法》，1999年3月10日公布并实施的《重点用能单位节能管理》，2001年1月8日公布并实施的《节约用电管理办法》，2000年8月25日公布并实施的《关于发展热电联产的规定》，2006年1月1日实施的《中华人民共和国可再生能源法》。

此外还有其他层面的标准，如《公共建筑节能设计标准》（GB 50189—2005）、《民用建筑节能设计标准》（JGJ 26—1995）、《汽车节油技术评定方法》（GB/T 14951—2007）、《汽车节能产品使用技术条件》（JT/T 306—1997）、《节能产品评价导则》（GB/T 15320—2001）。

7.1.5　节能的方法及措施

节能的方法和措施在不同的层面和不同角度有不同的划分方法。按节能工作的深浅程度及广度，节能工作的方法和措施可以分为以下几种。

（1）管理节能方法　即通过能源的管理工作，减少各种浪费现象，杜绝不必要的能源转换和输送，在能源调配环节进行节能工作。管理节能可以在工矿企业开展，也可以在机关部门开展。管理工作的方法通常有经济方法、行政方法、法律方法、社会心理学方法等。

（2）技术节能方法　所谓技术节能就是在生产中或能源设备使用过程中用各种技术手段进行节能工作。技术节能在各个领域均可以展开，但主要是在工业领域。工业技术节能按困难程度从高到低可以分为工艺节能、控制节能、设备节能。工艺节能是工业节能过程中难度大、投资多，同时也是节能效果显著的节能措施。由于工艺节能需要改变工艺操作过程，通常需要控制节能和设备节能配合起来，常在企业新项目或旧项目大修或设备淘汰时进行。控制节能一般对工艺影响不大，它不改变整个工艺过程，只改变控制方案，在考虑到企业的安全连续稳定的生产情况下容易被企业接受。设备节能是对耗能设备进行改造、替换、采用新材料新技术以及加强设备管理使耗能设备的能耗降下来，或使能量回收设备回收效率增加。

（3）产业结构调整节能方法　结构调整节能就是调整产业规模结构、产业配置结构、产品结构等进行节能工作。它涉及的范围较广，但带来的节能效果也是十分巨大的。如我国许多产业的规模结构不合理，生产规模偏小，需要在逐步淘汰小规模企业的前提下，建立符合能源最佳利用生产规模的企业。产业配置包括同一产业在全国地理位置上的配置，也包括不同产业所占比例的配置问题。总之，结构调整节能工作具有全局性及超前性，它需要在企业生产前落实具体的节能工作，反之，一旦企业已经投入生产，再进行结构调整节能工作将碰到很大的困难和阻力。

（4）需求侧方节能管理方法　它是电力管理节能的一种方法。通过对用户用电负荷的合理分配、协调管理从而减小了最大负荷的电力，以同等的电力供应满足更大的电力需求，进而减少了电力设施的投入，达到节能的目的。

（5）合同管理节能方法　EMC 是合同能源管理的简称，它是 20 世纪 70 年代在西方发达国家开始发展起来的一种基于市场运作的全新的节能新机制。EMC 公司的经营机制是一种节能投资服务管理，客户见到节能效益后，EMC 公司才与客户一起共同分享节能成果，取得双赢的效果。

任何节能方法和措施如果没有制度的保障或不去实施都无法产生节能效果，为此包括中国在内的世界各国对节能工作十分重视，出台了许多有关节能工作的法律、法规及保障措施。国家发展和改革委员会的《节能中长期规划》中对节能工作提出了以下保障措施：坚持和实施节能优先的方针；制定和实施统一协调促进节能的能源和环境政策；制定和实施促进结构调整的产业政策；制定和实施强化节能的激励政策；加大依法实施节能管理的力度；加快节能技术开发、示范和推广；推行以市场机制为基础的节能新机制；加强重点用能单位节能管理；强化节能宣传、教育和培训；加强组织领导，推动规划实施。

7.2　能源利用环节

7.2.1　能源定义及基本概念

（1）能源　所谓能源，就是能量的来源，是能提供能量的资源。从狭义上来说，能源是物质或物质的运动，前者如煤炭、石油、天然气等化石燃料，后者如水流、风、海浪等。从广义上说，有一些自然资源本身拥有某种形式的能量，这些自然资源就是能源，如化石燃料、太阳光、风、水流、地热和核燃料等。为便于运输和使用，在生产和生活中常将上述能源进行加工转换成更符合使用要求的能量来源，如煤气、电力、焦炭、蒸汽等，它们也被称为能源。

（2）能量转换　能量转换是能量最重要的属性，是能量使用过程中最重要的环节。能量转换一般是指能量形态上的转换，如经过燃烧，燃料的化学能转换成热能，经过热机，热能转换成机械能。广义上的转换还包括：能量在空间上的转移，即能量的传输；能量在时间上的转移，即能量的储存。任何能量转换过程都必须遵守能量转换和守恒定律。

（3）能量传递　能量的利用是通过能量传递来实现的，因此能量的利用过程通常也是一个能量的传递过程。能量的传递是有条件的，其传递的推动力是所谓"势差"。如传热过程中的温度差，导电过程中的电位差等。能量传递的速率正比于传递的推动力而反比于传递的阻力，常见的传递阻力如热阻和电阻等。能量的传递形式包括转移与转换。转移是某种形态的能，从一地到另一地，从一物到另一物；转换则是由一种形态变为另一形态。

能量传递通过两条基本途径实现：由物质交换和质量迁移而实现能量转移，在体系边界面上的通过能量交换转移。在体系边界面上的能量交换，主要以两种方法进行：①传热——由温差引起的能量的转换，这是能量传递的微观形式；②做功——由非温差引起的能量交换，这是能量传递的宏观方式。能量传递的最终去向通常只有两条：或转移到产品，或散失于环境。能量传递的实质就是能量利用的实质。人类用的不是能量的数量，而是能量的质量（品质、品位），即能量的质量急剧降低，直至进入环境，最终成为废能。

7.2.2　主要的能量转换过程

在能源利用中，最重要的能量转换过程是将燃料的化学能通过燃烧转换为热能，热能再通过热机转换为机械能。将热能转换为机械能是目前获得机械能的主要方式，这一过程通常是在热机中完成的。应用最广的热机有内燃机、蒸汽轮机、燃气轮机。

根据能量贬值原理，热能不可能全部转换为机械能，任何企图制造一种能将热能 100% 地转换为机械能的热机都是不可能实现的。所有的热机都是工作在一个高温热源和一个低温热源之间，高温热源的温度越高，低温冷源的温度越低，热机的效率越高。

7.2.2.1　化学能转换为热能

燃料燃烧是化学能转换为热能的最主要方式。能在空气中燃烧的物质称为可燃物，但不能把所有的可燃物都称作燃料（如米和砂糖之类的食品）。

所谓燃料，就是能在空气中容易燃烧并释放出大量热能的气体、液体或固体物质，是能在经济上值得利用其发热量的物质的总称。燃料通常按形态分为固体燃料、液体燃料和气体燃料。

天然的固体燃料有煤炭和木材；人工的固体燃料有焦炭、型煤、木炭等。其中煤炭应用最为普遍，是我国最基本的能源。天然的液体燃料有石油（原油）；人工的液体燃料有汽油、煤油、柴油、重油等。天然的气体燃料有天然气；人工的气体燃料则有焦炉煤气、高炉煤气、水煤气和液化石油气等。

将燃料的化学能转换为热能的设备除锅炉外还有工业窑炉、炼铁窑炉、炼钢平窑、转炉、水泥回转窑。

7.2.2.2　热能转换为机械能

热能转换为机械能是目前获得机械能的最主要的方式，热能转换为机械能是在热机中完成的。应用最广泛的热机有蒸汽轮机、内燃机、燃气轮机等。

（1）蒸汽轮机　蒸汽轮机简称汽轮机，是将蒸汽的热能转换为机械功的热机。汽轮机单机功率大、效率高、运行平稳，在现代火力发电厂和核电站中都用它驱动发电机。汽轮发电机组所发的电量占总发电量的 80% 以上。此外，汽轮机还用来驱动大型鼓风机、水泵和气体压缩机，也用作舰船的动力。

（2）燃气轮机　燃气轮机和蒸汽轮机最大的不同是，它不是以水蒸气作工质而是以气体作工质。燃料燃烧时所产生的高温气体直接推动燃气轮机的叶轮对外做功，因此以燃气轮机作为热机的火力发电厂不需要锅炉。它包括三个主要部件：压气机、燃烧室和燃气轮机。它具有质量轻、体积小、投资省、启动快、操作方便等优点；同时，水、电、润滑油消耗少，只需少量的冷却水或者不用水。因此可以在缺水的地区运行；而且辅助设备用电少，润滑油消耗少，通常只占燃料费的 1% 左右，而汽轮机要占 6% 左右。一般而言，以燃气轮机作热机的火力发电厂主要用于尖峰负荷，对电网起调峰作用。但燃气轮机在航空和舰船领域却是最主要的动力机械。

由于燃气轮机的平均吸热温度远高于汽轮机，因此其热转换功率也比蒸汽轮机高许多。但燃气轮机的功率却远远小于蒸汽轮机，而且可靠性也不够高，难以成为火力发电的主要机组。

（3）内燃机　内燃机包括汽油机和柴油机，是应用最广泛的热机。大多数内燃机是往复式，有气缸和活塞。内燃机只能将燃料热能中的 25%～45% 转换为机械能，其余部分大多被排气或者冷却介质带走。如何利用内燃机排气中的能量就成为提高内燃机动力性和经济性的主要问题。

7.2.2.3　机械能转为电能

将蒸汽轮机或者燃气轮机的机械能转换成电能是通过同步电动机实现的。

7.3　能源利用分析

能源的有效利用是能源利用中的最重要的问题，通常能源的有效利用是指消耗同样的能源获得较多的效益，或者获得同样的效益，消耗较少的能源。

对能源利用的分析评价常常包括两方面，即对能量利用过程进行分析评价和对能源消耗结果的分析评价。对于能量利用过程，具体有能量平衡法、（㶲）分析法、熵分析法和能级分析法；对于能源消耗结果，有全能耗分析法、净能量分析法、价值分析法和能量审计法。

7.3.1　能量平衡法

能量平衡法是按照能量守恒的原则，对指定时期内，能量利用系统收入能量和支出能量在数量上的平衡关系进行考察，以定量分析用能的情况，为提高能量利用水平提供依据。

能量平衡法的理论依据是能量守恒和转换定律，即对一个有明确边界的系统有

$$输入能量＝输出能量＋体系内能量的变化$$

对于正常稳定的连续生产过程，其所在的系统内的能量不会变化，于是有

$$输入能量＝输出能量$$

因此，能量平衡主要是通过考察进出系统的能量状态与数量来分析该系统能量利用的程度和存在的问题，而不要求考察系统中的变化。

能量平衡既包括一次能源和二次能源提供给系统的能量，也包括工质和物料所携带的能量，以及在能源转换和传输过程中的各项能量的输入和输出。一般而言，热能是能量利用过程中的主要形式，因此，在考察系统的能量平衡时，通常将其他各种形式的能（如电能、机械能等）折算成等价热能，以热能为基础来进行能量平衡的计算。所以又将能量平衡称为热平衡，能量平衡分析又称为热平衡分析。

热平衡分析具体做法是：确定平衡分析的范围；根据热力学第一定律对选定范围进行热平衡测试，对能量不漏计、重计和错计；用能源平衡表或能流图反映测试结果；分析各种损失能量的去向、比例。

热平衡分析的对象可以是设备、车间（工艺）或者企业，设备能量平衡着眼于设备单元的能量输入输出分析。车间或企业的能量平衡以企业为基本单位，着眼于企业整体能量利用的综合平衡分析。企业能量平衡的技术指标包括单位能耗、单位综合能耗、设备效率和企业能量利用率等。设备效率计算可以采用正平衡法或反平衡法，并可将两种方法进行比较，以确定测试精度。

$$采用正平衡设备效率＝\frac{有效能量}{供入能量}\times100\% \tag{7.1}$$

$$采用反平衡设备效率＝(1-\frac{损失能量}{供入能量})\times100\% \tag{7.2}$$

7.3.2　㶲分析法

能量平衡法对于提高能源利用率作用重大，但随着能源供需矛盾日益突出，以及能源的种类和能量的品位日趋多样化，以热力学第一定律为基础的能量平衡法的缺陷凸现出来，能量平衡只能反映系统的外部损失（如排热、散热），而不能揭示能量转换和利用过程中的内部损失（不可逆损失）；能量平衡法也不能适用不同品位能源同时存在的综合系统。能量平衡法这种缺陷正是来源于其理论基础，因为如果只考察能量的数量平衡，而不考虑能量"质"的差异，很难全面反映能源利用的完善程度。㶲分析法正是从"质"和"量"两方面来综合评价能源系统的新方法。㶲分析法的基本原理是以对平衡状态（基准点）的偏离程度作为㶲，或者作为做功能力的度量。通常都采用周围环境作为基准态。

任何不可逆过程都会引起㶲损失，实际过程均为不可逆过程，故㶲不守恒，而且在能量利用过程中是逐渐减少的。通常采用所谓㶲效率来作为反映能量在转换过程中的有效利用程度和判断能量利用的综合水平的统一标准尺度。

$$对于正平衡㶲效率＝\frac{（净）收益的㶲}{消耗的㶲} \tag{7.3}$$

$$对于反平衡㶲效率＝1-\frac{各项㶲损耗之和}{消耗的㶲} \tag{7.4}$$

但实际操作中收益㶲与消耗㶲的区分在很大程度上具有任意性，给比较㶲效率计算带来

不确定性。在㶲分析法中常用㶲的传递效率和㶲的目的效率来代替㶲效率。

$$㶲的传递效率 = \frac{出口㶲总和}{入口㶲总和} = \frac{通过某设备（或过程）传递得到的㶲}{由此设备（过程）传递的㶲} \tag{7.5}$$

某些设备的采用或某过程的进行，往往与某一特定的目的相联系（为获取机械功或热量，或为改变物质的组成和状态），为达到此目的必须付出一定的代价，此时多采用㶲的目的效率。

$$㶲的目的效率 = \frac{工质㶲的增加 + 输出功}{消耗的总㶲} \tag{7.6}$$

7.4　能量梯级利用

能量梯级利用原理是热力系统及其转换利用过程的核心科学问题，不仅为热力循环系统集成开拓提供理论依据，而且为相关的系统设计优化等指明有效途径与方法。能量的梯级利用理论的发展有以下三个阶段：热能（物理能）的梯级利用，化学能的梯级利用，能的梯级利用与环境问题（CO_2 排放）的结合。这里仅探讨有关热能的梯级利用。

7.4.1　热能梯级利用概述

用以实现热功转换功能的热力循环是热机发展的理论基础和能源动力系统的核心，而其相关的核心科学问题就是热能的梯级利用，这是因为热能转换时不仅有数量的问题，还有热能品位的问题。热能的品位是单位能量所具有可用能的比例，它常常被认为是热能温度所对应的卡诺循环效率。

1988 年，吴仲华教授在他主编的《能的梯级利用与燃气轮机总能系统》专著中，从能量转化的基本定律出发，阐述了热能的梯级利用与品位概念，基于热能的梯级利用的总能系统，提出了著名的"温度对口、梯级利用"原则。

上述总能系统关联了燃气轮机和其他用能系统，综合考虑能源的梯级利用。所谓总能系统，就是通过系统集成把各种热力过程有机地整合在一起，来同时满足各种热工功能需求的能量系统。系统集成理论对总能系统的设计优化、新系统开拓以及应用发展等都是至关重要的，而其本质特征在于不同热力循环和用能（供能）系统的有机整合与集成。

"温度对口、梯级利用"原则具体包括：把高温下使用的热机与中低温下工作的热机有机联合时，"联合循环的梯级利用原则"；通过热机把能源最有效地转化成机械能时，基于热源品位概念的"热力循环的对口梯级利用"原则；把热机发电和余热利用或供热联合时，大幅度提高能源利用率的"功热并供的梯级利用"原则等；"温度对口、梯级利用"原理从能的"质与量"相结合的思路进行系统集成，其本质是如何实现系统内动力、中温、低温余热等不同品位的能量的耦合与转换利用。

7.4.2　狭义总能系统应用方式

温度对口、梯级利用的热力系统，通常被称为狭义总能系统。狭义总能系统（特别是燃气轮机的总能系统），已显示出更大的竞争力和更好的总体性能，得到了电力、石化、冶金等部门的广泛应用。其主要应用方式有联合循环、不同热力系统整合、中低温热能利用等。

7.4.2.1　联合循环

通常理解的狭义（常规）联合循环是指最常用的燃气轮机和汽轮机串联在一起的联合循

环，是目前最为广泛采用、且获得最高实用热机效率的循环。即以各种方式把 Brayton 循环和 Rankine 循环结合起来的燃气蒸汽联合循环。从热力循环系统能量转换利用的组织形式来分，有 5 种基本类型方案。即无补燃的余热锅炉型联合循环，补燃的余热锅炉型联合循环，排气全燃型联合循环，增压锅炉型联合循环以及给水加热型联合循环。

在相当长时期内许多热机多采用简单循环，且多采用一种工质，由于所采用的工质性质和金属材料耐温性等限制，只能局限于狭窄的温度区间内工作，热转功的效率比较低。若将具有不同工作温度区间的热机循环，按"温度对口、梯级利用"原则，联合起来、互为补充，就可以大大提高整体循环效率。

例如，目前获得广泛采用和最高实用热机效率的燃气蒸汽联合循环发电系统，借助燃气轮机在高温区段实现高效热功转换，又利用汽轮机在中、低温区段实现热功转换、输出有效功，因而比较充分实现热能梯级利用，热效率就比较高。这样，它按梯级利用的原则把高加热温度（如 1300℃ 以上）与高排气温度（一般在 450～600℃）的 Brayton 循环（燃气轮机）和低初温（550℃ 左右）与低排汽温度（接近环境温度）的 Rankine 循环（汽轮机）串联起来，获得比燃气轮机和汽轮机简单循环时高得多的循环效率（50%～60%）。这主要得益于系统集成。联合循环中系统整合原则是：按照热能品位的高低进行梯级利用，安排好不同循环的热能对口利用及其各种能量之间的配合关系与转换使用，在系统的层面上综合利用好各级能量，从而获得更好的联合循环系统性能。另外，联合循环系统可以在常规联合循环基础上后置更低温热力循环或逆向制冷循环，即所谓的正逆向耦合循环动力系统。它是通过吸收式制冷逆向循环，利用各种废热或余热，把正向循环（Brayton 循环）进口工质温度或循环放热平均温度降低，来提高循环性能。而利用 LNG 冷㶲的动力系统也是出于类似的思路，液化天然气处于约 −160℃ 的超低温状态，可用来降低 Brayton 循环进口工质的温度与压缩耗功，也可用来降低 Rankine 循环工质排温与排压，从而提高循环效率。

7.4.2.2　不同热力系统整合

不同热力系统整合是指将具有两种以上热工功能（发电、供热以及制冷等）的热力系统整合到一起，实现热能的梯级利用。常见的有功热并供、冷热电三联产等类型。

功热并供联产是指热机或联合循环输出机械功（电）同时，还生产工艺用热和生活用热。多数热用户所需温度并不高，往往可以用输出功的热机余热来满足。这样，高温段产功，低温段供热，合乎工程热力学梯级利用能的原则。因为相对于生产等量的功（电）和热而言，热电分产时：一方面，产热系统用于生产热的燃料燃烧后产生的燃烧产物的高温区段可用能没有被充分利用，而直接去产生较低温度的蒸汽或热水，可用能损失很大；另一方面，发电系统工质发电后的可利用余热没有合理利用而损失掉。热电联产可以用汽轮机、燃气轮机，也可以用燃气蒸汽联合循环系统。每种选择都有自身的特点，主要取决于燃料的类型、供电和供热的生产成本，以及联供的功热输出容量与比例。

热电联供系统（combined heat and power，CHP）是一种基于热能梯级利用概念将供热与发电过程有机结合在一起的总能系统。大量的热电联产系统实例的研究结果表明：①从热电联供系统能量转换的特点及基本规律看，联供系统集成的关键在于热能的梯级利用，如若更好实现中低温热能的合理利用，性能更佳。②联供系统的性能主要取决于动力系统设计与集成。与传统单一功能的简单循环系统相比，联产系统是一种复杂的多变量能量供应系统，它的热力学性能不仅与各子系统的具体形式和性能参数有关，更为重要的是还取决于系统构成流程形式以及各子系统间的热力参数匹配情况，系统集成时体现能的梯级利用原理的充分性与系统性能特性密切相关。③各种形式功热并供有其相适应的功热比范围。余热锅炉式燃气轮机功热并供的理想最佳功热比在 0.4～1.1 之间，最佳功热比值附近总的效益特性变化不大，这时能更好地体现热能梯级利用原则，以便能获得更好的系统性能。

冷热电三联产（combined cooling, heat and power, CCHP）是在热电联产的基础上发展起来的，运用能量梯级利用原则，把制冷、供热及发电过程有机结合在一起的能源利用系统。燃料燃烧产生的热量首先发电，同时根据用户的需要，将发电后的余能用于制冷或制热。发电后的余能一般指高温烟道气、各种工艺冷凝冷却热，其具体实现的途径有多种。

典型 CCHP 系统一般包括动力系统和发电机、余热回收装置、制冷或供热系统等组成部分。CCHP 技术实施方案有两个技术分支：一个分支是大型电厂将已在汽轮机上做了功的低品位热能，根据用户的需要用以供热和制冷；另一个分支是分布式能源系统，用于建筑物能源供应系统的燃气冷、热、电三联供系统，是指以天然气为主要燃料的燃气轮机等燃气发电设备运行，天然气燃烧发电后的废气通过余热锅炉等设备向用户供热、供冷。经过能源的梯级利用，使能源利用效率从常规发电系统的 40% 左右提高到 80% 左右，大大提高了能源使用效率。

7.4.2.3　中低温热能利用

根据热力学原理：任何热力循环中热转功的最大值都受制于理想的卡诺循环效率，工质的温度越低，高效热转功就越困难。与高温热源情况相比，中低温热源热功转换效率很低，系统集成困难得多。为此，需要开拓各种有效利用中低温热能的热力循环和技术，而其关键点仍然是热能梯级利用问题。

STIG（steam-lnjected gas turbine, STIG）循环和 HAT（humid air turbine, HAT）循环都是高效转换利用系统中的中低温热能的热力循环，它们属于湿化燃气轮机循环。湿化燃气轮机循环是通过在常规燃气轮机循环的不同位置注入水或蒸汽，使循环的性能得到改善，并且降低了燃烧产物中 NO_x 的含量，减少了对环境的污染。下面以这两个典型循环为例，分析系统中低温热能的梯级利用情况。

STIG 循环如图 7.1 所示，外界给水首先依次通过中冷器和后冷器，对空气分别进行中间冷却和后冷却，然后进入余热锅炉被传热管外的燃气透平的排气加热蒸发，产生的过热水蒸气在回热器中回收排气的热量后再回注到燃烧室，与从压气机进入燃烧室的空气一起被加热后再进入燃气透平膨胀做功。

STIG 循环不仅保持了联合循环对能量实行梯级利用的优点，而且省去了联合循环中的蒸汽轮机及其附属设备，大大简化了系统的结构。同时由于 STIG 循环可以随时根据负荷的变化改变回注入燃烧室的蒸汽量，所以部分负荷循环性能优于联合循环。但由于注入的水蒸气不能像在蒸汽透平中那样完全膨胀做功，所以 STIG 循环的效率略低于联合循环。

STIG 循环采用注蒸汽技术来有效回收燃气轮机中低温排热，以增加透平工质流量和相对减少工质压缩耗功，是热力循环中体现热能梯级利用的系统集成思路以实现高效利用各种中低温余热的重要途径。它不同于 Rankine 循环，是回收工质的排热产生蒸汽，并通过和高温燃气混合以升温。它有别于一般的 Brayton 循环，有两种工质（因此又称为双工质循环），而且流过透平和压气机的气体量不同。它和余热锅炉型联合循环差异也大，是把两种工质混合，在同一透平中膨胀做功。

湿空气透平（humid air turbine, HAT）循环具有高效率、高比功、低污染、低成本及良好的变工况性能等优点，受到国际能源动力工程界的重视，已成为新型热力循环的重要研

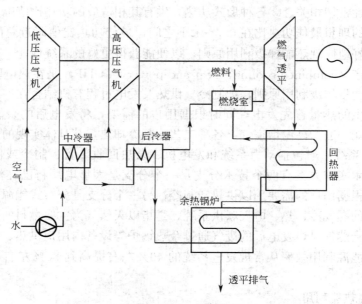

图 7.1　STIG 循环简图

究方向之一，被誉为 21 世纪的热力循环。HAT 循环是一种采用湿化技术的 Brayton 回热循环，系统集成时采用许多有效手段来利用系统中各种中低温余热与废热用于工质湿化和加热湿空气，从而节约输入循环的燃料，提高循环效率。

湿空气燃气透平循环如图 7.2 所示。经低压压气机和高压压气机压缩升温的空气先进入后冷器，释放少量热量加热外界给水后进入湿化器的底部，与从湿化器顶部进入的水进行直接接触逆流换热。空气被湿化后进入高温回热器回收排气的高温余热，而后进入燃烧室与燃料混合燃烧，产生的高温燃气和二次冷却空气混合，使混合气体降低到适当温度后进入湿燃

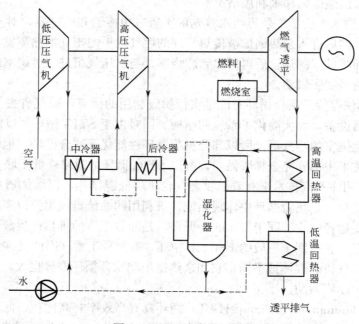

图 7.2　HAT 循环示意图

气透平中膨胀做功。而由湿化器顶部进入的水吸收空气的热量后部分蒸发，未蒸发的水从湿化器底部排出进入低温回热器，温度升高后与补水混合后再进入湿化器。由于 HAT 循环中进入燃烧室的空气中含有 20％～40％ 的水蒸气，使产生的高温燃气的温度有所降低，故可减少所需的二次冷却空气的用量，从而降低了压气机的耗功，增大了净功输出。

HAT 循环中的集成度较高，它无需联合循环中的蒸汽轮机及其附属设备，同时用湿化器取代 STIG 循环中的余热锅炉。湿化器是 HAT 循环中的核心部件，它一方面通过加湿空气而增加工质的流量，进而增大比功；另一方面通过降低水温，使系统低温余热的回收成为可能，进而提高效率。HAT 循环中，水在湿化器中是变温蒸发，因此与 STIG 循环相比只需较少的热量就可实现对空气的湿化，而高温排气余热则可用来加热湿空气。而 STIG 循环需要较高温的热源才能产生回注蒸汽，很多余热被转化为蒸汽的潜热而散发到大气中，所以 HAT 循环大大提高了排气余热的利用率。

7.5　余热利用技术

7.5.1　余热资源概念、分类及回收方法

按《工业余热术语、分类、等级及余热资源量计算方法》（GB/T 1028）来解释：规定以环境温度为基准，从某一被考察的载热体系中释放出的热量称为余热。它包括目前实际可利用的和不可利用的两部分热量。余热资源的利用不仅决定于能量本身的品位，还决定于生产发展情况和科学技术水平，也就是说，利用这些能量在技术上应是可行的，在经济上也必须是合理的。

按余热资源的来源不同可划分为如下六类：①高温烟气的余热；②高温产品和炉渣的余热；③冷却介质的余热；④可燃废气、废液和废料的余热；⑤废汽、废水余热；⑥化学反应余热。

按温度划分为如下三类：①高温余热，指温度高于 500℃ 的余热资源；②中温余热，温度在 200～500℃ 之间的余热资源；③低温余热，温度低于 200℃ 烟气及低于 100℃ 的液体属于低温余热资源。

7.5.2　余热利用的原则

余热的回收利用方法，随余热资源的不同而各不相同。余热利用的方法总体可分为热回收和动力回收两大类。通常进行回收余热的原则如下。

① 对于排出高温烟气的各种热设备，其余热应优先由本设备或本系统加以利用。

② 在余热余能无法回收用于加热设备本身，或用后仍有部分可回收时，应用来生产蒸汽或热水，以及产生动力等。

③ 要根据余热的种类、排出的情况、介质温度、数量及利用的可能性，进行企业综合热效率及经济可行性分析，决定设置余热回收利用设备的类型及规模。

④ 应对必须回收余热的冷凝水，高、低温液体，固态高温物体，可燃物和具有余压的气体、液体等的温度、数量和范围制定利用的具体管理标准。

7.5.3　余热资源回收利用技术

根据余热资源在利用过程中能量传递和转换的特点，可以将余热利用技术分为热交换技术、热功转换技术和余热制冷技术。

7.5.3.1　热交换技术

余热回收应优先用于本系统设备或本工艺流程，降低一次能源消耗，尽量减少能量转换次数，因此工业中常常通过空气预热器、回热器、加热器等各种换热器回收余热加热助燃空气、燃料（气）、物料或工件等，提高炉窑性能和热效率，降低燃料消耗，减少烟气排放；或将高温烟气通过余热锅炉或汽化冷却器生成蒸汽热水，用于工艺流程。这一类技术设备对余热的利用不改变余热能量的形式，只是通过换热设备将余热能量直接传递给自身工艺的耗能流程，降低一次能源消耗，可统称为热交换技术，这是回收工业余热最直接、效率较高的经济方法，相对应的设备是各种换热器，既有传统的各种结构的换热器、热管换热器，也有余热蒸汽发生器（余热锅炉）等。

工业用的换热器按照换热原理基本分为间壁式换热器、混合式换热器和蓄热式换热器。其中间壁式换热器和蓄热式换热器是工业余热回收的常用设备，混合式换热器是依靠冷热流体直接接触或混合来实现传递热量，如工业生产中的冷却塔、洗涤塔、气压冷凝器等，在余热回收中并不常见。

（1）间壁式换热器　间壁式换热器主要有管式、板式及同流换热器等几类。管式换热器虽然热效率较低，平均在 26%～30%，紧凑性和金属耗材等方面也逊色于其他类型换热器，但它具有结构坚固、适用弹性大和材料范围广的特点，是工业余热回收中应用最广泛的热交换设备。板式换热器有翅片板式、螺旋板式、板壳式换热器等，与管式换热器相比，有传热系数约为管壳式的 2 倍，传热效率高，结构紧凑，节省材料等优点。但由于板式换热器使用温度、压力比管式换热器的限制大，应用范围受到限制。对于各种工业炉窑的高温烟气，还常采用块孔式换热器、空气冷却器和同流热交换器等。其中同流换热器属于气-气热交换器，主要有辐射式和对流式两类，应用较为广泛，多用在均热炉、加热炉等设备上回收烟气余热，预热助燃空气或燃料，降低排烟量和烟气排放温度。常见的辐射同流换热器入口烟气温度可达 1100℃ 以上，出口烟气温度亦高达 600℃，可将助燃空气加热到 400℃，助燃效果好；温度效率可达 40% 以上，但热回收率较低，平均在 26%～35%。

（2）蓄热式热交换器　蓄热式热交换设备是冷热流体交替流过蓄热元件进行热量交换，属于间歇操作的换热设备，适宜回收间歇排放的余热资源，多用于高温气体介质间的热交换，如加热空气或物料等。

根据蓄热介质和热能储存形式的不同，蓄热式热交换系统可分为显热储能和相变潜热储能。显热储能的系统在工业中应用已久，简单换热设备如常见的回转式换热器；复杂设备如炼铁高炉的蓄热式热风炉、玻璃熔炉的蓄热室。由于显热储能热交换设备储能密度低、体积庞大、蓄热不能恒温等缺点，在工业余热回收中具有局限性。

相变潜热储能换热设备利用蓄热材料固有热容和相变潜热储存传递能量，具有高出显热储能设备至少一个数量级的储能密度，因此在储存相同热量的情况下，相变潜热储能换热设备比传统蓄热设备体积减少 30%～50%。此外，热量输出稳定，换热介质温度基本恒定，使换热系统运行状态稳定是此类相变潜热储能换热设备的另一优点。相变储能材料根据其相变温度大致分为高温相变材料和中低温相变材料，前者相变温度高、相变潜热大，主要是由一些无机盐及其混合物、碱、金属及合金、氧化物等和陶瓷基体或金属基体复合制成，适合于 450～1100℃ 及以上的高温余热回收，应用较为广泛；后者主要是结晶水合盐或有机物，适合用于低温余热回收。

（3）基于热管的换热设备　热管是一种高效的导热元件，通过在全封闭真空管内工质的蒸发和凝结的相变过程和二次间壁换热来传递热量，属于将储热和换热装置合二为一的相变储能换热装置。由于它良好的导热性能及一系列新的特点，从 1964 年问世以来即得到了迅速的发展。

从热力学角度看，热管导热性优良，传热系数比传统金属换热器高近一个数量级，还具有良好的等温性、可控制温度、热量输送能力强、冷热两侧的传热面积可任意改变、可远距离传热、无外加辅助动力设备等一系列优点。一般来说，热管由管壳、吸液芯和端盖组成。热管内部被抽成负压状态，充入某种低沸点，易挥发的液体。管壁有吸液芯，它由毛细多孔材料构成。

当热量从高温热源传进热管时，处于热管加热段内壁吸液芯中的工作液因吸热汽化而变成蒸汽，进入热管的空腔，通常热管的加热段也称汽化段。蒸汽不断进入空腔，使汽化段腔内压力逐步增大，蒸汽就向热管右端流动。如热管右端有冷源，蒸汽因放热而重新凝结成液体，并为右端管内壁的吸收芯所吸收，这段热管称凝结段。在汽化段和凝结段之间的区段因无热交换，只作为热的传输段，也称绝热段。

在汽化段，工作液在吸液芯内汽化逸出，使液体－蒸汽的界面退缩到吸液芯结构的里面，并形成弯月形的液凹面；它会产生一个附加压力（与液体表面张力系数成正比，与弯月形液面的曲率半径成反比），使吸液芯中工作液从凝结段回流到汽化段。这就能使热管工作连续进行。

热管工作时要经历以下四个过程：①管内吸液芯中的液体受热汽化。②汽化了的饱和蒸汽向冷端流动。③饱和蒸汽在冷端凝结放出热量。④冷凝液体在吸液芯毛细力作用下回到热端继续吸热汽化。

热管工作温度分为极低温热管（$<-200℃$）、低温（$-200\sim+50℃$）、常温（$50\sim250℃$）、中温（$250\sim600℃$）、高温（$>600℃$）的热管，需要根据不同的使用温度选定相应的管材和工质。其中碳钢-水重力热管的结构简单、价格低廉、制造方便、易于推广，使得此类热管得到了广泛的应用。

将若干热管组装起来，就成了热管换热器。热管换热器属于热流体与冷流体互不接触的表面式换热器。热管换热器显著的特点是结构简单，换热效率高，在传递相同热量的条件下，热管换热器的金属耗量少于其他类型的换热器。换热流体通过换热器时的压力损失比其他换热器小，因而动力消耗也小。由于冷、热流体是通过热管换热器不同部位换热的，而热管元件相互又是独立的，因此即使有某根热管失效、穿孔，也不会对冷、热流体间的隔离与换热有多少影响。此外，热管换热器可以方便地调整冷热侧换热面积比，从而可有效地避免腐蚀性气体的露点腐蚀。

（4）余热锅炉　余热锅炉是利用高温烟气余热、化学反应余热、可燃气体余热以及高温产品余热等作为热源，生产具有一定压力和温度的蒸汽或热水的设备，用于工艺流程或进入管网供热，是余热回收利用中最重要的设备之一，在各工业部门得到了广泛的应用。通常余热锅炉由省煤器、蒸发器、过热器以及联箱和汽包等换热管组和容器等组成，在有再热器的蒸汽循环中，可以加设再热器。由于余热锅炉的热源在余热锅炉中不发生燃烧过程，没有燃烧装置，从本质上讲只是一个汽-水/蒸汽的换热器。

按照受热面的型式，余热锅炉主要分为火管式、水管式和热管式三大类。火管式余热锅炉的特点是烟气在管内流动，水在管外吸热蒸发。烟气由烟道进入，通过烟（火）管排出，主要热交换面是火管，为强化对流换热，要求烟气通过管内有较高的流速(约 20m/s)。水在烟管外的锅筒中产生的饱和蒸汽，通过管道经过热器后送往用户。火管式余热锅炉不需要炉壁，操作简单，对水质要求不高，但热效率低，钢材消耗量较大，工作压力不能太高。

水管式余热锅炉的特点是水在管内流动并受热汽化，烟气在管外加热水管。根据汽水循环系统的特点，又分为自然循环式和强制循环式两种。自然循环是指水在管路系统中在工作状态时由于密度不同而自行循环。而强制循环式是依靠水泵实现水管系统内汽水强制循环，水循环比较稳定。强制循环式水管式余热锅炉效率高，结构紧凑，但投资较高，运行复杂，且对水质要求较高。

热管式余热锅炉是以热管作为传热元件，热管受热端（蒸发端）置于含余热的烟气通道内，热管放热端（冷凝端）置于汽水系统中。与火管余热锅炉和水余热锅炉相比，热管式余热锅炉具有结构紧凑、重量轻，烟气阻力小，单根热管可拆换等特点，同时可以避免因受热面烧坏或腐蚀引起的爆管现象。根据热管放热端在汽水系统中的不同位置，可以分为汽包式热管余热锅炉（容量较小，产汽量一般小于 2t/h）和水套管式热管余热锅炉（容量较大）。

7.5.3.2　热功转换技术

热交换技术通过降低温度品位仍以热能的形式回收余热资源，是一种降级利用，不能满足工艺流程或企业内外电力消耗的需求。此外，对于大量存在的中低温余热资源，若采用热交换技术回收，经济性差或者回收热量无法用于本工艺流程，效益不显著。因此，利用热功转换技术提高余热的品位是回收工业余热的又一重要技术。按照工质分类，热功转换技术可分为传统的以水为工质的蒸汽透平发电技术和低沸点工质的有机工质发电技术。由于工质特性显著不同，相应的余热回收系统及设备组成也各具特点。目前主要的工业应用是以水为工质，由余热锅炉＋蒸汽透平或者膨胀机所组成的低温汽轮机发电系统。相对于常规火力发电技术参数而言，低温汽轮机发电机组利用的余热温度低、参数低、功率小，在行业内多被称为低温余热汽轮机发电技术，新型干法水泥窑低温余热发电技术是典型的中低温参数的低温汽轮机发电技术。

低温汽轮机发电可利用的余热资源主要是大于 350℃ 的中高温烟气，如烧结窑炉烟气，玻璃、水泥等建材行业炉窑烟气或经一次利用后降温到 400～600℃ 的烟气，单机功率在几兆瓦到几十兆瓦，如钢铁行业氧气转炉余热发电、烧结余热发电，焦化行业干熄焦余热发电、水泥行业低温余热发电，玻璃、制陶制砖等建材炉窑烟气余热发电等多种余热发电形式。但从余热资源的温度范围来看，该技术利用的是中高温余热，属于中高温余热发电技术。

此外，通过余热锅炉或换热器从工艺流程中回收大量蒸汽，其中低压饱和蒸汽（1 MPa左右）或热水占有很大比例，除用于生产生活，还有大量剩余常被放散。目前利用这类低压饱和蒸汽发电或拖动的技术主要是采用螺杆膨胀动力机技术。螺杆膨胀动力机属于容积式膨胀机，受膨胀能力限制，直接驱动螺杆膨胀动力机的热源应用范围为小于 300℃ 的 0.15～3.0MPa 的蒸汽或压力 0.8MPa 以上、高于 170℃ 的热水等，由于结构特点，螺杆膨胀动力机单机功率受限，多数在 1000kW 以下，主要用于余热规模较小的场合。

7.5.3.3　余热制冷技术

与传统压缩式制冷机组相比，吸收式或吸附式制冷系统可利用廉价能源和低品位热能而避免电耗，解决电力供应不足；采用天然制冷剂，不含对臭氧层有破坏的 CFC 类物质，具有显著的节电能力和环保效益，在 20 世纪末得到了广泛的推广应用。

吸收式和吸附式制冷技术的热力循环特性十分相近，均遵循"发生（解析）-冷凝-蒸发-吸收（吸附）"的循环过程，但吸收式制冷的吸收物质为流动性良好的液体，制冷工质为氨-水、溴化锂水溶液等，其发生和吸收过程通过发生器和吸收器实现。

溴化锂制冷机是利用溴化锂浓溶液在常温下吸收水蒸气，在一定压力下，溴化锂稀溶液在加热的条件下易蒸发出水蒸气的特性来工作的，通过加热或冷却使溴化锂溶液在机内发生状态变化，从而使制冷剂在真空条件下蒸发吸热获得制冷效应。

吸附式制冷吸附剂一般为固体介质，吸附方式分为物理吸附和化学吸附，常使用硅胶-水、活性炭-氨气、分子筛-水、氯化钙-氨等工质对，解析和吸附过程通过吸附器实现。

以溴化锂水溶液为工质的吸收式制冷系统应用最广泛，一般可利用 80～250℃ 范围的低温热源，但由于用水作制冷剂，只能制取 0℃ 或 5℃ 以上的冷媒温度，多用于空气调节或工业用冷冻水，其性能系数 COP（coefficient of performance）因制冷工质对热物性和热力系统循环方式的不同而有很大变化，实际应用的机组 COP 多不超过 2，远低于压缩式制冷系统，但是此类机组可以利用低温工业余热（如 HCl 合成炉余热）、太阳能、地热等低品位热能，不消耗高品质电能，而在工业余热利用方面有一定优势。吸收式余热制冷机组制冷效率高，适用于大规模热量的余热回收，制冷量小可到几十千瓦，高可达几兆瓦，在国内已获得大规模应用，技术成熟，产品的规格和种类齐全。

吸附式制冷机的制冷工质对种类很多，各类吸附工质对组成的吸附式制冷系统对各种低品位的余热资源均具有较强的适应性。例如，硅胶-水吸附式制冷机能有效回收低温余热；沸石分子筛-水或氯化钙-氨吸附式制冷机能有效回收较高温的余热。吸附式制冷机适用的热源温度范围大，可利用低达 50℃ 的热源，而且不需要溶液泵或精馏装置，也不存在制冷机污染、盐溶液结晶以及对金属的腐蚀等问题。吸附式制冷系统结构简单，无噪声，无污染，可用于颠簸振荡场合，如汽车、船舶，但制冷效率相对低，常用的制冷系统性能系数多在 0.7 以下，受限于制造工艺，制冷量小，一般在几百千瓦以下，更适合利用小热量余热回收，或用于冷热电联产系统。

7.5.3.4 热泵技术

热泵是一种将低温物体中的热能传递至高温物体的装置。热泵的特点如下。

① 能长期、大规模地利用江河湖海、城市污水、工业污水、土壤或空气中的低温热能。

② 是目前世界上最节省一次能源（如煤、石油、天然气等）的供热系统。它能用少量不可再生的能源（如电能）将大量的低温热能升为高温热能。热泵技术所消耗的一次能源仅是电热采暖和燃油、燃气锅炉采暖供热方式的 1/5 或近 1/6。

③ 是在一定条件下可以逆向使用，既可供热，也可用以制冷，而不必搞两套设备的投资。

（1）热泵的原理及构成　热泵以消耗一部分高质能（电能、机械能或高温热能）作为补偿，通过制冷机热力循环，把低温余热源的热量"泵送"到高温热媒，其工作原理和系统组成与制冷系统完全相同，只不过制冷着眼于从低温处吸热，将低温物体的温度再降低，而热泵的目的是向高温处放热，将高温物体的温度升得更高，从而使本来难以回收的低温余热得到重新利用的可能。

（2）热泵分类　按热泵制取热能的温度分类可分为常温热泵（低于 40℃）、中温热泵（40～100℃）和高温热泵（高于 100℃）。按工作原理分类，热泵主要可分为蒸汽压缩式热泵、吸收式热泵、吸附式热泵、蒸汽喷射式热泵、热电式热泵、化学热泵和涡流管热泵。按热源种类分，可分为空气源热泵、水源热泵、土壤源热泵和复合热泵。

（3）蒸汽压缩式热泵的构成及原理　蒸汽压缩式热泵主要靠电力驱动压缩机使热泵工质

在压缩机、蒸发器、冷凝器、节流装置等组成的闭合回路系统中进行循环，通过工质的相变，将低品位的热能转化为高品位热能。主要由蒸发器、压缩机、冷凝器和膨胀阀四部分组成。通过让工质不断完成蒸发（吸取环境中的热量)-压缩-冷凝（放出热量)-节流-再蒸发的热力循环过程，从而将环境里的热量转移到工质中。蒸汽压缩式热泵在工作时，把环境介质中储存的热量 Q_2 在蒸发器中加以吸收，它本身消耗一部分能量，即压缩机耗电 W，通过工质循环系统在冷凝器中进行放热 Q_1，所以 $Q_1 = Q_2 + W$。即，热泵输出的热量为压缩机做的功 W 和热泵从环境中吸收的热量。

（4）吸收式热泵的构成及原理　吸收式热泵是利用工质的吸收循环实现热泵功能的一类装置，由发生器、吸收器、蒸发器、冷凝器及节流阀、溶液泵等部件组成封闭环路，封闭环路内充以工质对。工质对一般是由循环工质和吸收剂组成的二元非共沸混合物，其中循环工质（制冷剂）的沸点低，吸收剂的沸点高，而且它们的沸点具有较大的差值。循环工质在吸收剂中应该具有较大的溶解度，相应地，工质对溶液对循环工质的吸收能力要比较强。

吸收式热泵的运行情况如下：发生器加热工质对溶液，产生高温高压的循环工质蒸气，进入冷凝器；在冷凝器中循环工质凝结放热变为高温高压的循环工质液体，进入节流阀；经节流阀后变为低温低压的循环工质饱和气与饱和液的混合物，进入蒸发器；在蒸发器中循环工质吸收低温热源的热量变为蒸气，进入吸收器；在吸收器中循环工质蒸气被工质对溶液吸收，吸收了循环工质蒸气的工质对稀溶液经热交换器升温后被不断"泵送"到发生器，同时产生了循环工质蒸气的发生器中的浓溶液经热交换器降温后被不断放入吸收器，维持发生器和吸收器中的液位、浓度和温度的稳定，实现吸收式热泵的连续运转。

目前生产的吸收式热泵分为两类，第一类吸收式热泵是消耗少量高温的驱动热能（蒸汽或燃料)，从低温热源中吸取热量，制备高温热水（热水的温度低于驱动热源温度)，它是以输入少量温度品位较高的热能，而得到数量较多、温度水平较低的热量输出，故称"低温热泵"。第二类吸收式热泵不需要专门的高温驱动热源，其消耗的驱动热量直接取自低温热源，是输入较多的中低品位热能来得到数量适中的温度较高的热量输出，故称"高温热泵"。

7.6 建筑节能

7.6.1 建筑节能概述

7.6.1.1 建筑节能的概念

建筑节能就是有关建筑的节能技术，涉及建筑设计、建筑材料、建筑施工、建筑物日常运行等问题。就一般而言，建筑节能是指在建筑材料生产、房屋建筑施工及使用过程中，合理地使用、有效地利用能源，以便在满足同等需要及达到相同目的的条件下，尽可能降低能耗，以达到提高建筑舒适性和节省能源的目标。从建筑节能的一般性定义可知其包括三层含义：一是建筑节能涉及建筑物的整个生命周期过程，包含建筑的设计、建造、使用等过程；二是建筑节能的前提条件是在满足同等需要及达到相同目的的情况下，达到能源消耗的减少，也就是说，不能通过减低建筑的舒适性来节能，如减少照明强度，缩短空调使用时间，这些都不是积极意义上的节能；三是建筑节能不能简单地认为少用能，其核心是提高能源使用效率。

7.6.1.2 建筑节能的必要性及意义

（1）必要性　我国建筑能耗的总量逐年上升，在能源总消费量中所占的比例已从 20 世纪 70 年代末的 10%，上升到近年的 30%。而国际上发达国家的建筑能耗一般占全国总能耗的 33% 左右。原国家建设部科技司研究表明，随着城市化进程的加快和人民生活质量的改善，我国建筑耗能比例最终还将上升至 35% 左右。如此庞大的比例，建筑耗能已经成为我国经济发展的软肋。

尽管国际油价日益高升、温室气体效益及环境污染日益加剧，但我国年均建筑竣工面积仍在不断增长，到 2020 年我国城镇民用建筑还将增长 150 亿平方米，其中约 80 亿平方米需要采暖，大型公共建筑面积将在 10 亿平方米以上，按照现有的建筑耗能水平测算，到 2020 年我国将需要增加采暖用标煤 1.4×10^8 t/a/年，建筑用电将达到（4000～4500）$\times 10^8$ kW·h/a。因此建筑节能刻不容缓，它对于解决能源短缺、减少环境污染、改善建筑热环境具有重要意义。

（2）意义　开展既有建筑的节能改造，有利于发展国民经济，启动内需，增加就业；也有利于缓解由于温室气体过度排放造成的地球变暖的威胁，所以应该作为城市基础设施看待；有利于改善室内热环境，提高健康水平。开展建筑节能也是提高经济效益的重要措施。

7.6.2　建筑设计节能技术

建筑工程设计是指设计一个建筑物或建筑群所要做的全部工作，一般包括建筑设计、结构设计、设备设计等几个方面的内容。

建筑设计又包括总体设计和个体设计两个方面，一般是由建筑师来完成。主要有两个方面的设计内容：建筑空间环境的组合设计和建筑空间环境的构造设计。

所谓建筑设计节能技术，就是在设计阶段引入节能技术，使建筑物以后的运行节能工作更好地开展。

（1）建筑格局朝向设计节能技术　在地理环境许可的前提下，建筑物格局和朝向设计时应尽量考虑坐北朝南，即建筑物的轴线为东西走向，有利于冬暖夏凉。这样夏天可降低制冷能耗，冬天可减少采暖能耗，从而达到节能的目的。

（2）外形结构设计节能技术　除了建筑物整体格局朝向在设计规划阶段需要注意外，建筑物本身的外形结构设计中也要注意节能设计。建筑物外形结构设计主要涉及建筑物的体形系数、面积、长度、宽度、幢深、层高和层数等，这些外形结构的数据对建筑物制冷和采暖负荷有较大的影响。

（3）热工参数优化设计节能技术　所谓建筑物热工参数就是建筑物在制冷和供暖时的工作参数，它包括建筑物室外的热工参数、建筑物本体的热工参数、建筑物室内的热工参数。建筑物热工参数的改变，对建筑物的能源消耗有较大的影响。

建筑物室外的热工参数包括室外的温度、湿度、日照、风速等，主要受气象控制，只能适应，无法改变。建筑物本体的热工参数可以认为可以改变，如采用双层玻璃窗可减少窗户的传热系数，减少能量损耗；采用绝热墙体，可减少墙体的热损失达到节能的目的。

室内热环境参数包括室内空气温度、空气湿度、气流速度和环境热辐射等。在满足生产要求和人体健康的基本要求的情况下，尽量按照"冬季取低，夏季取高"的原则来进行参数选择。在加热工况下，室内温度每降低 1℃，能耗可减少 5%～10%，在冷却工况下，室内温度每升高 1℃，能耗可减少 8%～10%。舒适性标准，冬季取暖只要不低于 18℃，夏季制冷不高于 28℃ 即可。

在热工参数优化设计时，需要注意新风量，在舒适健康、经济环保和节约能源之间寻找到平衡点才是建筑节能的关键所在。

（4）其他节能设计　在建筑照明、用能设备选择等方面预先做出设计，为以后的建筑节能改造在建筑物本体上预留一定的空间和位置。

7.6.3　建筑结构节能技术

7.6.3.1　窗体节能

对建筑物而言，环境中最大的热能是太阳辐射能，从节能的角度考虑，建筑玻璃应能控制太阳辐射和黑体辐射，照射到玻璃上的太阳辐射，一部分被玻璃吸收或反射，另一部分透过玻璃成为直接透过的能量。

目前窗体面积大约为建筑面积的 1/4，围护结构面积的 1/6。单层玻璃外窗的能耗约占建筑物冬季采暖、夏季空调降温的 50% 以上。窗体对于室内负荷的影响主要是通过空气渗透、温差传热以及辐射热的途径。根据窗体的能耗来源，可以通过相应的有效措施来达到节能的目的。窗体节能的主要措施有：①采用合理的窗墙面积比，控制建筑朝向；②加强窗体的隔热性能、增强热反射、合理选择窗玻璃；③增加外遮阳，减少热辐射；④安设窗体密封条，减少能量渗漏。

7.6.3.2　屋顶与地板节能技术

（1）屋顶节能技术　在建筑物的外围护结构中屋顶占了很大的部分，所以加强屋顶节能是建筑节能当中相当重要的环节。屋顶按其保温层所在位置分类，目前主要有：单一保温屋顶、外保温屋顶、内保温屋顶和夹芯屋顶。屋顶若按保温层所用材料分类，可以分为加气混凝土保温屋顶、乳化沥青珍珠岩保温屋顶、憎水型珍珠岩保温屋顶、玻璃棉板保温屋顶、浮石砂保温屋顶、水泥聚苯板保温屋顶、聚苯板保温屋顶以及彩色钢板聚苯乙烯泡沫夹芯保温屋顶等。

屋顶的节能工作应注意以下几个问题。

①屋面保温层不宜选用吸水率较大的保温材料，以防止屋面湿作业时，保温层大量吸水，降低保温效果。

②屋面保温层不宜选用堆密度较大、热导率较高的保温材料，以防止屋面质量、厚度过大。

③在确定具体屋面保温层时，应根据建筑物的使用要求、屋面的结构形式、环境气候条件、防水处理方法和施工条件等因素，经技术经济比较后确定。

（2）地板节能技术　地板（指不直接接触土壤的地面）是楼层之间的分割构件，在保证强度、隔声及防开裂渗水的前提下，尽量减少传热及导热性能，可参考屋顶的节能方法加以实施。

7.6.3.3　墙体节能技术

目前在建筑物墙体中可选择的新型墙体材料主要是新型砖材料、建筑砌块及新型保温节能墙板三大类。新型砖材料主要指各种空心砖 [0.35~0.40W/（m·k）]，建筑砌块主要是加气混凝土砌块、轻骨料砌块、粉煤灰空心砌块等 [0.12~0.15/（m·k）]，新型保温节能墙板主要有彩钢聚苯乙烯复合墙板、彩钢岩棉复合墙板等。

对于一般的居民采暖空调系统而言，通过采用节能墙体材料，可以在现有基础上节能 50%~80%。复合材料墙体的节能的关键问题就在于保温性能，其方式包括：内保温复合外墙、外保温复合外墙以及夹芯保温复合外墙。对于最佳建筑节能墙体方式的选择，由于受到很多客观因素的影响，譬如材料、价格、施工技术、政策等方面的制约，尚无在节能方面孰优孰劣的判断。

墙体外保温是将保温隔热体系置于外墙外侧，使建筑达到保温的施工方法。由于结构层在系统的内侧，外界环境对墙体影响甚微，而其高值的蓄热性能得到充分利用。

外墙内保温墙体是将保温隔热体系置于外墙内侧，使建筑达到保温的施工方法。由于保温层在系统的内侧，尽管方便施工和维修，但相对于外保温而言，墙体高值的蓄热性能没有得到充分利用。

7.6.3.4　建筑空调节能技术

暖通空调系统耗能占建筑物耗能的 60%～70%，占全国总耗能的 25% 以上。建筑暖通空调的节能工作首先应将空调系统合理分区，尽可能根据温湿度要求、房间朝向、使用时间、洁净度等级划分不同的空调分区系统。在此基础上，可以采用的节能方法如下：①加大冷热水和送风的温差，以减少水流量、送风量和输送动力；②降低风道和水管的流速，减少系统阻力；③采用热回收系统，回收建筑内多余的能量；④采用蓄冷蓄热系统储存多余的能源；⑤采用全热交换器，减少新风冷、热负荷；⑥采用变风量、变水量空调系统，节约风机和水泵耗能；⑦最后采用能效比高的空调器和风机盘管。

7.7　交通节能技术

当前我国经济发展与资源环境的矛盾突出，石油资源尤为紧缺，目前我国石油对外依存度已突破 50% 的警戒线。交通运输业是全社会石油消费的主要行业，也是建设资源节约型、环境友好型社会的重要领域。2008 年交通运输业石油消费量约占全国石油终端消费总量的 36%，其中公路运输、水路运输、城市客运在交通运输业中的比例分别约为 44%、20% 和 15%。国家"十二五"规划纲要提出，到 2015 年，非化石能源占一次能源消费比例达到 11.4%。单位国内生产总值能源消耗降低 16%，单位国内生产总值二氧化碳排放降低 17%。因此，"十二五"时期，交通运输发展仍将处于重要战略机遇期。

7.7.1　内燃机节油技术

内燃机是各种交通运输工具最重要的动力来源，包括汽车、拖拉机、火车机车和船舶。推土机、挖掘机、压路机、起重机等工程机械也是以内燃机为动力。国家统计局数据显示，2011 年末我国民用汽车保有量达到 10578 万辆（包括三轮汽车和低速货车 1228 万辆），比上年末增长 16.4%，其中私人汽车保有量 7872 万辆，增长 20.4%，其中私人轿车保有量 4322 万辆，增长 25.5%，内燃机的石油消费量迅速增加。

传统内燃机包括火花点燃式和压燃式两大类。汽油机属于预混合均质燃烧，借助于电火花点燃，采用较低的压缩比及需要用节气门控制进气量，使得燃料利用率比柴油机低，同时易产生大量的 NO_x 和不完全燃烧产物。柴油机属于燃料喷雾扩散燃烧，依靠发动机活塞压缩到接近终点时的高温使混合气自燃着火。由于燃料与空气混合时间短，很难达到均匀，极易形成高温火焰区和高温过浓区。高温火焰区温度高，可达 2700K，非常有利于 NO_x 的形成，而高温过浓区由于贫氧又生成大量炭烟。由于其非均质燃烧的固有特性，柴油机存在 NO_x 和炭烟排放的最低极限。

突破传统内燃机燃料利用率和有害物排放两个极限是内燃机技术进步的关键。目前改进内燃机性能，提高内燃机的热效率以及减少有害物排放的工作集中在以下两个方面：其一是对内燃机进行改良；其二是基于全新的燃烧理论，研究新一代内燃机。

7.7.1.1　对内燃机进行改良

内燃机改良技术的思路主要包括合理组织换气过程、改善供油系统、完善燃烧过程、提高机械效率等。对汽油机而言，采用分层稀薄燃烧系统，改善气缸内的空气运动和燃烧过程，降低了汽油机的油耗。对柴油机而言，由于采用自喷式燃油系统、高压喷射和电子控制等新技术使柴油消耗大大降低，与此同时，发动机的污染物排放减少，而动力性、安全性和可靠性也大大增加。

内燃机改良技术中，最重要的技术进步是汽油直喷技术和先进柴油直喷技术。汽油缸内直喷（gasoline direct injection，GDI）技术，专家认为，该技术的出现，使汽车发动机技术进入了一个崭新的时代。传统的汽油发动机是将汽油喷射到进气管中，与空气混合后再进入气缸内燃烧，而 GDI 发动机是将汽油直接喷入气缸，利用缸内气流和活塞表面的燃料雾化与空气形成混合气进行燃烧。

GDI 发动机具有很好的工作稳定性和负荷性能，同时低温启动性能得到了明显改善，能实现分层燃烧，燃油经济性大大提高，其油耗可达到涡轮增压直喷（TDI）柴油机的水平，且省略了涡轮增压装置，省却了复杂的高压喷射系统。GDI 发动机能用稀燃技术，空燃比可高达 40∶1，甚至最高可达 100∶1，使得功率和转矩均高于传统汽油机，油耗、噪声及二氧化碳的排放量都较低，GDI 发动机工作的均匀性、瞬时反应性、启动性等均比传统汽油发动机有较大的改进。因此各国汽车生产企业都在大力开发这种技术先进、性能优异的GDI 发动机。

先进直喷柴油机是将各种新技术应用于传统直喷柴油机上，以提高燃料利用率和减少污染物排放。由于传统直喷柴油机扩散燃烧的特点，对 NO_x 和炭黑颗粒物排放完全实现缸内控制非常难，先进直喷柴油机采用的是缸内控制和缸外控制并举的方式。供油系统作为燃烧系统的核心部分，对燃烧和排放性能起主导作用。现代直喷柴油机供油系统的主流是泵嘴系统和共轨系统。柴油机共轨喷油系统有一个共同的特点，就是有一个共同的高压燃油蓄势器，称为共轨。高压供油泵只负责向这个蓄势器提供高压燃油，不负责控制燃油定量和喷油定时。管理燃油压力和向各个气缸输送燃油的任务通过共轨系统完成。这样，燃油喷射过程可以不受压力产生和燃油输送过程的牵制；燃油定量控制和喷油定时控制在众多的电控系统中有最大的灵活性和自由度。

废气再循环（exhaust gas recirculation，EGR）技术，是将柴油机产生的废气的一部分再送回气缸。再循环废气由于具有惰性将会延缓燃烧过程，降低燃烧温度，从而减少氮氧化合物排放。另外，提高废气再循环率会使总的废气流量减少，因此废气排放中总的污染物输出量将会相对减少。EGR 系统的任务就是使废气的再循环量在每一个工作点都达到最佳状况，从而使燃烧过程始终处于最理想的情况，最终保证排放物中的污染成分最低。由于废气再循环量的改变会对不同的污染成分可能产生截然相反的影响，因此所谓的最佳状况往往是一种折中的、使相关污染物总的排放达到最佳的方案。比方说，尽管提高废气再循环率对减少氮氧化物（NO_x）的排放有积极的影响，但同时这也会导致颗粒物和其他污染成分的增加，这往往通过采用高旋流改善混合气的形成，提高燃烧速率来避免。

7.7.1.2 用全新的燃烧理论开发新一代内燃机

传统内燃机的燃烧方式决定了经济性与排放的矛盾，这也是内燃机发展的主要矛盾。新一代内燃机的燃烧理论可以有效地缓解这对矛盾，它的基本特征是：均质，压燃，低火焰燃烧，建立在该理论上的燃烧过程是清洁、高效的燃烧过程。这一理论涉及混合气形成过程的流动、传热、传质和稀薄均质混合气燃烧中的物理和化学过程，以及内燃机动态工况燃烧控制和燃烧设计等理论问题。

发动机均质充量压缩着火 HCCI(homogeneous charge compression ignition，HCCI) 燃烧是一种全新的燃烧方式。HCCI 是均匀的可燃混合气在气缸内被压缩直至自行着火燃烧的方式。随着压缩过程的进行，气缸内的温度和压力不断升高，已混合均匀或基本混合均匀的可燃混合气多点同时达到自燃条件，使燃烧在多点同时发生，而且没有明显的火焰前锋，燃烧反应迅速，燃烧温度低且分布较均匀，因而，只生成极少的 NO_x 和微粒（PM），在低负荷时具有很高的热效率。HCCI 发动机主要具有以下优点：超低的 NO_x 和 PM 排放。HCCI 发动机在部分工况下的 NO_x 排放相对柴油直喷机（DI）可降低 $95\% \sim 98\%$。燃烧热效率高。HCCI 发动机的热效率甚至超过了直喷式柴油机。

7.7.2　替代燃料油技术

石油主要用于交通运输、化工原料和现阶段无法替代的用油领域，我国在"十二五"期间继续实施了节约和替代石油工程，即推广燃煤机组无油和微油点火、内燃机系统节能、玻璃窑炉全氧燃烧和富氧燃烧、炼油含氢尾气膜法回收等技术。开展交通运输节油技术改造，鼓励以洁净煤、石油焦、天然气替代燃料油。在有条件的城市公交客车、出租车、城际客货运输车辆等推广使用天然气和煤层气。因地制宜推广醇醚燃料、生物柴油等车用替代燃料。实施乘用车制造企业平均油耗管理制度。"十二五"时期节约和替代石油 800 万吨，相当于1120 万吨标准煤。

内燃机采用代用燃料已成为当前节油的热点之一。采用代用燃料常用方式有两种：一是燃用劣质油，用品质低的燃油去代替品质高的燃油，二是燃用其他的气体或液体燃料。如柴油机尽可能采用品质较低的柴油，如宽馏分柴油、低十六烷值柴油和高凝点柴油。

7.7.2.1　燃用可用气体燃料

内燃机可替代的气体燃料有天然气、液化石油气、煤气（含高炉和焦炉煤气、裂解煤气和发生炉煤气）、沼气、氢气等。

天然气和液化石油气（liquefied petroleum gas，LPG）是内燃机首选的替代气体燃料。

LPG 的主要组分是丙烷（超过 95%），还有少量丁烷。作为汽油发动机的替代燃料，大多是在汽车发动机上采用加装气体燃料供给系统的方法来实现，这种两用燃料发动机既可燃用汽油，也可燃用 LPG，但它没有充分发挥 LPG 的潜力。在常压下，丙烷和丁烷的辛烷值较高，自燃温度分别是 510℃ 和 430℃，因此 LPG 在柴油机上的应用以柴油引燃 LPG 的柴油/LPG 双燃料发动机为主。

天然气用作内燃机的替代燃料，通常的形式是压缩天然气（compressed natural gas，CNG）或液化天然气（liquefied natural gas，LNG）。天然气汽车存在以下问题，如简单改装的两用燃料发动机在燃用天然气时，发动机的功率比使用汽油时明显下降，功率一般要下降 15% 左右，甚至更多；腐蚀与早期磨损问题。此外 CNG 发动机对天然气品质较敏感。提高天然气汽车功率的措施主要有：提高充气系数，适当提高发动机压缩比，使用天然气汽车发动机专用润滑油等。

7.7.2.2　燃用替代的液体燃料

替代液体燃料主要包括醇类燃料、二甲基醚燃料等。

醇类燃料主要有甲醇和乙醇。甲醇燃料的低热值仅为汽油的 46% 左右，因此当在汽油机上燃用甲醇或甲醇汽油混合燃料时，应增加循环油量，从而使混合气的热值大体与汽油空气混合气相等或略高，使发动机在燃用甲醇燃料时动力性能不降低甚至可以提高，同时也有合适的空燃比。甲醇燃料的气化热为汽油的 7 倍（按相同热值的混合气计），从而使混合气在气化时的温降较大。甲醇燃料的辛烷值高，在汽油机上使用时可以提高压缩比，有利于提高发动机的动力性能和经济性能。由于甲醇燃料的气化热大，因此进入气缸的混合气温度低，滞燃期长，应适当增大点火提前角。甲醇含氧量达 50%，利于燃料完全燃烧，降低 CO 和 HC 排放。在相同条件下，甲醇的燃烧速度高于汽油，燃烧持续期缩短，有利于提高热效率。

乙醇燃料的低热值为汽油的 62% 左右。乙醇燃料的气化热为气油的 2.9 倍，从而使混合气在气化时温降大，这有利于提高发动机的充量系数和动力性，但不利于燃料在低温下的蒸发，会造成发动机冷启动困难（尤其是在冬季）和暖机时间长。乙醇燃料的辛烷值高，在火花点火发动机上使用时，可以提高压缩比，有利于提高发动机的动力性能和经济性能。乙醇燃料的气化热大，进入气缸的混合气温度低，滞燃期长，应适当增大点火提前角。乙醇的黏度比汽油高得多，当管道中流动阻力较大时，会导致火花点火发动机高速、高负荷时功率上不去。

二甲醚的十六烷值比轻柴油高，自燃温度比轻柴油低，因此它特别适合作为轻柴油的替代燃料使用，它滞燃期短，有利于减少 NO_x 排放和降低燃烧噪声。其分子结构中没有 C—C 键，只有 C—H 和 C—O 键，此外它含氧 34.8%（质量分数），因此在任何工况下均可实现无烟燃烧。二甲醚蒸发热约为柴油的 1.6 倍，它有利于降低气缸内的最高燃烧温度，使 NO_x 排放下降。沸点低，喷入气缸后能立即气化，因此二甲醚对喷油系统的喷射压力要求不高。

7.7.3 汽车整身节能技术

前面所述的节能技术是或对现有内燃机进行改进，或对燃料（动力源）进行替代使用以提高燃料的利用效率和减少污染物的排放。采用常规内燃机和燃料的汽车，通过改进传动系统、降低行驶阻力和减少车身重量可以实现节能减排。

① 改进传动系统。提高传动系统的效率对燃油经济性的作用大约有 10%。发动机的有效功率必须通过传动系统转变成驱动功率，提高驱动效率的主要途径有以下几个方面。一是采用节油自动离合器，这可实现节油、消除机件空转、延长其使用寿命、减少行车阻力、增加汽车的滑行能力等目的。二是结合实际情况，采用机械多挡变速器传动系，挡位越多，汽车在运行过程中越有可能选用合适的速比，使发动机处于最经济的工作状态，以达到最佳的燃油经济性。三是采用无级变速器。

② 降低汽车行驶阻力。汽车行驶时的需要克服的阻力主要为空气阻力和滚动阻力，减少空气阻力和滚动阻力有利于节约燃料。空气阻力主要为形状阻力，它与汽车车身的形状有着密切的关系。汽车的滚动阻力与路面状况、行驶车速、轮胎结构及传动系统、润滑油料等都有关系。从汽车本身看，要减少汽车滚动阻力主要通过选用合适的轮胎并保持合适的气压。

③ 减少车身重量。节约能源首先是提高汽车的燃油经济性，而降低汽车重量是其中的重要措施之一。汽车越重，驱动功率就越大，消耗能量也就越多。大量试验结果表明，在空气阻力和滚动阻力不变的情况下，汽车质量每减少 100kg，百公里耗油便会减少 0.6～0.7L。因此，采用铝或其他轻型材料来减轻汽车重量，同样可达到节省燃料的目的。

7.8 城市与民用节能

根据使用过程的特点，能源的终端使用可以分为两大类：物质产品、信息产品生产过程中的能源使用和服务产业与日常生活领域的能源使用。物质产品、信息产品生产过程中的能源使用指第一、第二产业的生产过程和与此相关的货物运输过程中的能源消耗。服务业与日常生活领域的能源使用主要指民用建筑运行和客运交通中发生的能源消耗。随着城市化和现代化的发展，城市的功能逐渐集中于居住和政治、文化、金融、商业等，城市与民用的主要能耗途径为住宅、办公建筑、学校、商场、宾馆、文体娱乐设施、交通枢纽等民用建筑的运行能耗（采暖、通风、空调和照明等）和客运交通的能源消耗。可以看出城市和民用节能主要针对的还是建筑和客运交通中的能耗。有关建筑节能和交通节能在前面已经有所涉及，在本节主要介绍照明及常见家用电器节能。

（1）照明灯具的节电　在家庭中使用的照明灯具，一般有白炽灯与日光灯二大类。一般来说，日光灯比白炽灯节电约 70％，而紧凑型日光灯的发光效率比普通日光灯高 50％，同时细管型日光灯比普通粗管日光灯节电又在 10％左右，所以家庭照明一般最好选用紧凑型细管型日光灯较为省电、节电。

当然，目前推广应用的电子节能灯亦是家庭最省电的照明灯具，因为这种以稀土三基色荧光粉为介质材料的节能灯，最大特点是发光效率高，产品寿命长，使用方便，节能效果显著。经有关数据证明，一支 9W 的三基色电子节能灯，其发光亮度相当于一支 45W 的白炽灯照明效果，而实际使用寿命亦是普通白炽灯泡的 5～8 倍，即一支合格的节能灯在正常情况下使用，其工作寿命可达 5000h 以上。

（2）电视机的节电　对于家庭而言，电视机亦是使用频率最高的电气设备，而电视机最大的耗电是待机能耗。据有关对各类品牌彩电的调查表明，大屏幕彩电的待机耗电高达 21W 左右，平均值在 5W 上下，尤其是采用遥控关机、定时开/关机等功能，从而造成电视机长期处于待机耗电状态而造成浪费大量电能，所以说使用完电视机，当遥控关机后，应及时关闭机上电源开关，以杜绝由待机产生的大量耗电。

与此同时，在收看电视时，彩电屏幕亮度不宜过亮，因为电视机的屏幕亮度最亮状态比最暗状态多耗用电 50％～60％，所以适当调节屏幕亮度，不仅可节约电耗，而且还有利于延长显像管的实际使用寿命，同时对保护视力也有好处。对彩电音量的适当控制也很必要，因为音量越大耗电也随之增加，从电耗功率换算，当每增加 1W 音频功能时，就要增加 4～5W 的电功耗。

（3）空调的节电　我们知道，空调亦是家电产品中耗电量较大的电气设备，以一台普通 1.5 匹的定速空调而言，其电能的耗电每小时约 1.3 度左右，所以平时家庭中使用空调时，应当在启动空调前，提前关闭门窗，在空调的出风口留存足够大的空间，让冷气从吹风口处吹送顺畅，同时应细心适当调节空调的合适温度。因为盛夏高温季节，当制冷时定高 1℃时，空调即可省电在 10％以上，同样空调在冬天制热定低 1℃时，亦节约很大耗电量。一般来说，室内温度降到比室外温度低 5～8℃左右就可以了，同时注意空调的"通风"，开关不能处于常开状态，否则会长时间增加空调耗电量。另一方面对空调内的过滤网最好 1～2 星期清洗一次，清洗时在清水中浸泡些时间，去除净残留在滤网表面的浮尘污物，并最好用电吹风吹干后再装上，这样既能充分有效保证空调送风通畅冷气强，而且可节电在 15％左右。空调在夜间睡眠时，启用睡眠功能设置，也可节省空调的不少耗电量。

值得一提的是：目前空调省电的产品就是采用变频技术生产的空调，这种变频空调比普通定速型空调其节省电耗在 35% 左右，尤其是以直流技术变频空调的节能最高可达 50%，尽管变频空调比定速空调价格高些，但从节能省电方面来说，家庭采用变频空调比较省电实惠。当然变频低能耗的节能空调也是家电空调业未来发展的方向。

（4）电冰箱的节电　家用电冰箱是间歇式制冷机械，对于一台电冰箱而言，消耗电能的多少跟其总工作时间及启动次数有关。此外，电冰箱工作的目的是将冰箱内的热量排至冰箱周围的空间，从而保持冰箱内的空间温度在设定的温度范围。因此电冰箱节能可以从以下几方面入手：①尽量减少开冰箱门的次数和时间，并将冷冻室温度调整至合适温度。②电冰箱尽量放在阴凉通风处，避免阳光直射，冰箱顶部左右两侧及顶部都要留有 $10 \sim 20$ cm 空间位置，可有效帮助冰箱散热从而减少电耗。③冷藏物品不要放得太密，留出空隙有利箱内冷空气循环，因为过满或过紧都会增加压缩机的工作时间，从而使电耗量增加。④定期除霜和清洗冷凝器及箱体表面尘灰，充分保证蒸发器和冷凝器的吸热和散热性能良好，以缩短压缩机工作时间，节约电耗。⑤选用节能型冰箱。以一台普通型电冰箱能效系数为 90% 的话，那么平均耗电量为 1.5 度左右。而目前新型的节能型产品的能效系数为 50%，那么平均日耗电量仅为 0.6 度左右（冰箱是否节能将取决于能效系数，能效系数越小，冰箱越节能），所以目前家庭需选择购置冰箱，使用节能型冰箱是节能省电的最佳方法。

（5）电脑节电　随着电脑性能的不断升级，电脑的功率已从几十瓦上升到几百瓦，庞大的电脑用户群体、长时间的使用，使得电脑的节电工作显得十分迫切。对于电脑节能，我们可以从以下几方面着手。

① 显示器设置合适亮度，节电又护眼　将电脑显示器亮度调整到一个合适的值。显示器亮度过高既会增加耗电量，也不利于保护视力。中国目前有几千万电脑显示器，仅此一项每年可省电 50 亿度。

② 设置合理的"电源使用方案"　为电脑设置合理的"电源使用方案"，短暂休息期间，可使电脑自动关闭显示器；较长时间不用，使电脑自动启动"待机"模式；更长时间不用，尽量启用电脑的"休眠"模式。坚持这样做，每天可至少节约 1 度电，还能延长电脑和显示器的寿命。

③ 使用耳机听音乐，减少音箱耗电量　在用电脑听音乐或者看影碟时，最好使用耳机，以减少音箱的耗电量。

④ 选择合适的电脑配置　例如，显示器的选择要适当，因为显示器越大，消耗的能源越多。一台 17 英寸的显示器比 14 英寸显示器耗能多 35%。电脑屏保画面要简单，及时关闭显示器屏幕保护。屏幕保护越简单的越好，最好是不设置屏幕保护，运行庞大复杂的屏幕保护可能会比你正常运行时更加耗电。可以把屏幕保护设为"无"，然后在电源使用方案里面设置关闭显示器的时间，直接关显示器比起任何屏幕保护都要省电。

⑤ 使用电脑时，尽量选用硬盘。在电脑硬盘上操作各种文档，最终保存后再复制到移动存储设备上。要看 DVD 或者 VCD，不要使用内置的光驱和软驱，可以先复制到硬盘上面来播放，因为光驱的高速转动将耗费大量的电能。

⑥ 禁用闲置接口和设备　对于暂时不用的接口和设备如串口、并口和红外线接口、无线网卡等，可以在 BIOS 或者设备管理器里面禁用它们，从而降低负荷，减少用电量。

⑦ 电脑关机拔插头关机之后，要将插头拔出，否则电脑会有约 4.8 瓦的能耗。

（6）减少待机功耗节电　待机功耗是指产品在关机或不行使其原始功能时的电耗，具有待机功能的电器有空调、功放、音响系统、微波炉、洗衣机、电脑显示器等。与产品在使用过程中产生的有效能耗不同，待机功耗基本上是一种能源浪费。上海市节能协会公开测试的主要家电设备的待机功耗数据显示，一户普通家庭中的所有家电，一天的待机电耗大约为 $1kW \cdot h$。以全国 2 亿户家庭，平均待机功率为上海的 20% 计算，全国每年能耗达 $146 \times 10^8 kW \cdot h$。减少待机功耗应从两方面入手：一是养成良好的习惯，不用电器时，彻底切断电源。二是提高各种电器的技术性能，减少其待机功耗，或采用家用电器智能化待机节电插座，在正常遥控器关闭 30 秒内自动切断电源。

思　考　题

1. 什么是节能？节能有哪几个层次？
2. 什么是技术节能？工业领域技术节能分类有哪些？各类的特点是什么？
3. 能源传递的推动力是什么？如何区分能源传递中的转移和转换？
4. 简述热机的主要类型及其各自特点。
5. 能源利用分析中常见的两种方法及采用的主要指标是什么？
6. 能量平衡法的局限性是什么？
7. 简述联合循环梯级利用中热能的利用过程。
8. 联合循环中系统整合原则是什么？
9. 热电联产的工作原理是什么？
10. 简述余热资源定义、分类及其利用原则。
11. 简述工业余热回收中常见换热器的种类及其特点。
12. 简述热管的结构及其工作原理。
13. 简述余热锅炉的类型及各自的特点。
14. 简述热泵的特点。
15. 简述蒸汽压缩式热泵和吸收式热泵的构成和工作原理。
16. 简述建筑节能的含义。
17. 简述建筑设计节能技术的主要内容。
18. 简述建筑结构节能技术的主要内容。
19. 简述废气再循环技术、汽油直喷技术和先进柴油直喷技术的工作原理。

参　考　文　献

[1]　方利国. 节能技术应用与评价. 北京：化学工业出版社，2008.
[2]　黄素逸，王晓墨. 节能概论. 武汉：华中科技大学出版社，2008.
[3]　金红光，林汝谋. 能的综合梯级利用与燃气轮机总能系统. 北京：科学出版社，2008.
[4]　林汝谋，金红光，蔡睿贤. 燃气轮机总能系统及其能的梯级利用原理. 燃气轮机技术，2008，21（1）：1-12.
[5]　李汛，刘婷婷. 湿化燃气轮机循环的性能分析. 燃气轮机技术，2006，19（3）：1-4.
[6]　王龙文，宋华芬. HAT 循环研究发展概况. 节能与环保，2004，8：26-29.
[7]　车得福，刘艳华. 烟气热能梯级利用. 北京：化学工业出版社，2006.
[8]　连红奎，李艳，束光阳子，顾春伟. 我国工业余热回收利用技术综述. 节能技术，2011，29（116）：123-129.
[9]　张军，孟祥睿，马新灵. 低品位热能利用技术. 北京：化学工业出版社，2012.
[10]　张其林. 玻璃幕墙结构. 济南：山东科学技术出版社，2006.
[11]　马保国. 外墙外保温技术. 北京：化学工业出版社，2008.

[12] 涂逢祥. 节能窗技术. 北京: 中国建筑工业出版社, 2003.

[13] 赵键. 建筑节能工程设计手册. 北京: 经济科学出版社, 2005.

[14] 李德英. 建筑节能技术. 北京: 机械工业出版社, 2006.

[15] 付祥钊. 夏热冬冷地区建筑节能技术. 北京: 中国建筑工业出版社, 2002.

[16] 宋德宣. 节能建筑设计与技术. 上海: 同济大学出版社, 2003.

[17] 向红, 梁正文. 柴油机 HCCI 燃烧特点及影响因素分析. 机械管理开发, 2006, 6: 8-11.

[18] 中国城市能耗状况与节能政策研究课题组. 城市消费领域能源使用特征和节能途径. 北京: 中国建筑出版社, 2010.

[19] 张培君. 家用电器如何节电省电. 家电检修技术, 2008, 2: 1.

[20] 史培甫. 工业锅炉节能减排应用技术. 北京: 化学工业出版社, 2009.

第8章 能源与环境可持续发展

8.1 能源利用与可持续发展

根据美国能源信息署（EIA）最新预测结果，随着世界经济、社会的发展，未来世界能源需求量将继续增加。预计 2020 年达到 128.89 亿吨油当量，2025 年达到 136.50 亿吨油当量，年均增长率为 1.2%。欧洲和北美洲两个发达地区能源消费占世界总量的比例将继续呈下降的趋势，而亚洲、中东、中南美洲等地区将保持增长态势。伴随着世界能源储量分布集中度的日益增大，对能源资源的争夺将日趋激烈，争夺的方式也更加复杂，由能源争夺而引发冲突或战争的可能性依然存在。

未来世界能源供应和消费将向多元化、清洁化、高效化、全球化和市场化发展。

（1）多元化 世界能源结构先后经历了以薪柴为主、以煤为主和以石油为主的时代，现在正在向以天然气为主转变，同时，水能、核能、风能、太阳能也正得到更广泛的利用。可持续发展、环境保护、能源供应成本和可供应能源的结构变化决定了全球能源多样化发展的格局。天然气消费量将稳步增加，在某些地区，燃气电站有取代燃煤电站的趋势。未来，在发展常规能源的同时，新能源和可再生能源将受到重视 。

（2）清洁化 随着世界能源新技术的进步及环保标准的日益严格，未来世界能源将进一步向清洁化的方向发展，不仅能源的生产过程要实现清洁化，而且能源工业要不断生产出更多、更好的清洁能源，清洁能源在能源总消费中的比例也将逐步增大。

（3）高效化 世界能源加工和消费的效率差别较大，能源利用效率提高的潜力巨大。随着世界能源新技术的进步，未来世界能源利用效率将日趋提高，能源强度将逐步降低。

（4）全球化 由于世界能源资源分布及需求分布的不均衡性，世界各个国家和地区已经越来越难以依靠本国的资源来满足其国内的需求，越来越需要依靠世界其他国家或地区的资源供应，世界贸易量将越来越大，贸易额呈逐渐增加的趋势。

（5）市场化 由于市场化是实现国际能源资源优化配置和利用的最佳手段，故随着世界经济的发展，特别是世界各国市场化改革进程的加快，世界能源利用的市场化程度越来越高，世界各国政府直接干涉能源利用的行为将越来越少，而政府为能源市场服务的作用则相应增大，特别是在完善各国、各地区的能源法律法规并提供良好的能源市场环境方面，政府将更好地发挥作用。

8.2 环境保护与可持续发展

8.2.1 环境管理与规划

目前，环境管理与规划已被国内外的实践证明是行之有效的重要途径。它通过运用法律、行政、经济、教育等综合手段实施环境管理，以达到保护环境的目的。环境污染防治，已经不仅仅限于产品生产过程的末端治理，更加强调生产全过程的环境污染预防，即注重清洁生产技术的开发与使用。此外，由于环境污染、生态破坏具有区域性和全球性的特征，保护环境和解决环境问题需要世界各国的共同努力。因此，国际间的合作就显得愈发重要。随着人们对保护环境和人类可持续发展达成共识，越来越多的国际环境公约被制定，由于国际环境公约所具有的法律特征，使得其在解决国际环境事务中起着举足轻重的作用。

环境管理是在环境保护的实践中产生，并在实践中不断发展起来的。随着环境问题不断对环境管理提出新的挑战，环境管理已逐渐形成了自己的学科——环境管理学。因此，环境管理往往包括着两层含义，一是把环境管理当成一门学科看待，它是研究环境问题，预防环境污染，解决环境危害，协调人类与环境冲突的学问；二是把环境管理当成一个工作领域看待，它是环境保护工作的一个最重要的组成部分，是政府环境保护行政主管部门的一项最重要的职能。这里仅从工作领域的角度对环境管理作简单介绍。

8.2.1.1 环境管理的概念

狭义的环境管理主要是指控制污染行为的各种措施。例如，通过制定法律、法规和标准，实施各种有利于环境保护的方针、政策，控制各种污染物的排放。广义的环境管理是指按照经济规律和生态规律，运用行政、经济、法律、技术、教育和新闻媒介等手段，通过全面系统地规划，对人们的社会活动进行调整与控制，达到既要发展经济满足人类的基本需要，又不超过环境的容许极限的目的。狭义和广义的环境管理，在处理环境问题的角度和应用范围等方面有所不同，但它们的核心是协调社会经济与环境的关系，最终实现可持续发展。

8.2.1.2 环境管理的内容

环境管理可以从以下两个方面来划分。

(1) 从环境管理的范围来划分

① 资源环境管理：主要是自然资源的保护，包括不可更新资源的节约利用和可更新资源的恢复和扩大再生产。为此，要选择最佳方法使用资源，尽力采用对环境危害最小的发展技术，同时根据自然资源、社会、经济的具体情况，建立一个新的社会、经济、生态系统。

② 区域环境管理：区域环境管理主要是协调区域社会经济发展目标与环境目标，进行环境影响预测，制定区域环境规划等。包括整个国土的环境管理，经济协作区和省、市、自治区的环境管理，城市环境管理以及水域环境管理等。

③ 部门环境管理：部门环境管理包括能源环境管理、工业环境管理、农业环境管理、交通运输环境管理、商业和医疗等部门的环境管理以及各行业、各企业的环境管理等。

(2) 从环境管理的性质来划分

① 环境计划管理：环境计划管理首先要制定好各部门、各行业、各区域的环境保护规划，使之成为社会经济发展规划的有机组成部分，然后用环境保护规划指导环境保护工作，并根据实际情况检查和调整环境规划。通过计划协调发展与保护环境的关系，对环境保护加强计划指导是环境管理的重要内容。

② 环境质量管理：环境质量管理是为了保护人类生存与健康所必需的环境质量而进行的各项管理工作。主要是组织制定各种环境质量标准、各类污染物排放标准、评价标准及其监测方法、评价方法，组织调查、监测、评价环境质量状况以及预测环境质量变化的趋势，并制定防治环境质量恶化的对策措施。

③ 环境技术管理：环境技术管理主要是制定防治环境污染和环境破坏的技术方针、政

策和技术路线，制定与环境相关的适宜的技术标准和标范，确定环境科学技术发展方向，组织环境保护的技术咨询和情报服务，组织国内和国际的环境科学技术协调和交流等，并对技术发展方向、技术路线、生产工艺和污染防治技术进行环境经济评价，以协调技术经济发展与环境保护的关系，使科学技术的发展既能促进经济不断发展，又能保护好环境。

8.2.1.3　中国的环境管理

（1）环境保护是我国的一项基本国策　在 1983 年 12 月召开的全国第二次环境保护会议上，把环境保护确定为中国的一项基本国策，这说明了我国政府对环境保护事业的高度重视。这项基本国策是指导我国环境保护工作的重大方针政策，推动了我国环境保护事业的发展，使环境保护工作进入了一个新的历史发展阶段。

（2）我国环境保护的基本方针

① 环境保护的"三十二字"方针　1973 年第一次全国环境保护会议上正式确立了我国环境保护工作的基本方针：即"全面规划、合理布局、综合利用、化害为利、依靠群众、大家动手、保护环境、造福人民"的方针。

②"三同步、三统一"的方针　该方针是在 1983 年第二次全国环境保护会议上提出来的，即经济建设、城乡建设和环境建设要同步规划、同步实施、同步发展，实现经济效益、社会效益和环境效益的统一。它是"三十二字"方针的重大发展，也是环境管理理论的新发展。

③ 环境与发展的十大对策　结合我国进一步改革开放的形势，为了适应经济制度转轨过程中强化环境管理的需要，国家批准出台了中国环境与发展的十大对策，这也是我国在新形势下进一步强化环境管理的十大对策。

a. 实行持续发展战略。

b. 采取有效措施，防治工业污染。

c. 开展城市环境综合整治，治理城市"四害"（即废气、废水、废渣和噪声）。

d. 提高能源利用效率，改善能源结构。

e. 推广生态农业，坚持不懈地植树造林，切实加强生物多样性的保护。

f. 大力推进科技进步，加强环境科学研究，积极发展环保产业。

g. 运用经济手段保护环境。

h. 加强环境教育，不断提高全民族的环境意识。

i. 健全环境法规，强化环境管理。

j. 参照联合国环境与发展大会精神，制定我国行动计划。

（3）我国环境保护的基本政策　20 世纪 80 年代我国制定了预防为主、谁污染谁治理以及强化环境管理的三大环境保护政策。

① 预防为主　其基本思想是把消除污染、保护环境的措施实施在经济开发和建设过程之前或之中，从根本上消除环境问题产生的根源，从而减轻事后治理所要付出的代价。"预防为主"政策的主要内容是：把环境保护纳入国民经济与社会发展计划中，进行综合平衡；实行城市环境综合整治，主要是把环境保护规划纳入城市总体发展规划，调整城市产业结构和工业布局，建立区域性"生产地域综合体"，实现资源的多次综合利用，改善城市能源结构，减少污染产生和排放总量；实行建设项目环境影响评价制度，避免产生新的重大环境问题；实行污染防治措施必须与主体工程同时设计、同时施工、同时投产的"三同时"制度。

② 谁污染谁治理　其基本思想是治理污染、保护环境是生产者不可推卸的责任和义务，

由于污染产生造成的损害以及治理污染所需要的费用，都必须由污染者承担和补偿，从而使"外部不经济性"内化到企业的生产中去。"谁污染谁治理"政策的主要内容包括：要求企业把污染防治与技术改造结合起来，技术改造资金要有适当比例用于环境保护措施；对工业污染实行限期治理；实施污染物排放许可证制度和征收排污费。

③ 强化环境管理　依据我国的国情，以强化环境管理为核心，以实现经济、社会与环境的协调发展战略为目的，走具有中国特色的环境保护道路。

④ 我国现行的环境管理制度　从 1973 年第一次全国环境保护会议以来，我国在环境保护的实践中，经过不断探索和总结，逐步形成了一系列符合中国国情的环境管理制度。这些制度主要包括：老三项制度即环境影响评价制度、"三同时"制度和排污收费制度，以及新五项制度即排污许可证制度、环境保护目标责任制、城市环境综合整治定量考核制度、污染集中处理制度和污染限期治理制度。

a. 环境影响评价制度　环境影响评价是对拟建设项目、区域开发计划及国际政策实施后可能对环境造成的影响进行预测和评估。环境影响评价制度是我国规定的调整环境影响评价中所发生的社会关系的一系列法律规范的总和，它是环境影响评价的原则、程序、内容、权利义务以及管理措施的法定化。

b. "三同时"制度　"三同时"制度为我国独创，它来自 20 世纪 70 年代初防治污染工作的实践。这项制度的诞生标志着我国在控制新污染的道路上迈上了新的台阶。所谓"三同时"是指新建、扩建、改建项目和技术改造项目、自然开发项目，以及可能对环境造成损害的工程建设，其防治污染及其他公害的设施，必须与主体工程同时设计、同时施工、同时投产。

⑤ 环境保护目标责任制　环境保护目标责任制是一种具体落实地方各级人民政府和有污染的单位对环境质量负责的行政管理制度。这项制度确定了一个区域、一个部门乃至一个单位环境保护的主要责任者和责任范围，运用目标化、定量化、制度化管理方法，把贯彻执行环境保护这一基本国策作为各级领导的行动规范，推动环境保护工作全面、深入地发展。

⑥ 城市环境综合整治定量考核制度　所谓城市环境综合整治，就是把城市环境作为一个系统、一个整体，运用系统工程的理论和方法，采取多功能、多目标、多层次的综合战略、手段和措施，对城市环境进行综合规划、综合管理、综合控制，以最小的投入，换取城市环境质量优化，做到"经济建设、城乡建设、环境建设同步规划、同步实施、同步发展"。城市环境综合整治定量考核，不仅使城市环境综合整治工作定量化、规范化，而且还增强了透明度，引进了社会监督机制。

⑦ 排污许可证制度　排污许可证制度是以改善环境质量为目标，以污染物总量控制为基础，对排污的种类、数量、性质、去向、方式等的具体规定，是一项具有法律含义的行政管理制度。我国目前主要推行水污染物排放许可证制度，关于大气污染物的排放许可证目前还处于研究和初试阶段。

⑧ 污染集中控制制度　污染集中控制是指污染控制走集中与分散相结合，以集中控制为主的发展方向，以便充分发挥规模效应的作用。

⑨ 污染限期治理制度　污染限期治理就是在污染源调查、评价的基础上，以环境保护规划为依据，突出重点，分期分批地对污染危害严重、群众反映强烈的污染物、污染源、污染区域采取限定治理时间、治理内容及治理效果的强制性措施，是人民政府保护人民的利益对排污单位和个人采取的法律手段。

8.2.2　环境保护的对象和类型

8.2.2.1　对象

在世界范围内，许多人正在设法对地球上的土地资源、水资源和生物资源等进行精心的管理和保护。这些资源有的是野生资源，如未被砍伐的原始森林、未被开发的大草原、湿地等；有的则是正在被开发利用的资源，如正被砍伐的林地，正在被开垦的草原和湿地；有的是早已被利用的资源，如已经耕种数千年的土地等。

环境资源保护概念不只是保护现有的野生资源与环境，而且还要保护正在利用的已经受到干扰和破坏的自然资源与环境。例如，森林是保护对象，当森林被砍伐后，其残留的裸露土壤也是保护的对象，否则，就会出现水土流失，营养丢失，河流淤积、水体富营养化等一系列的生态破坏。在人口比较密集区的农业生态环境、耕地肥力、城市生态环境及其水源地的水质均在保护之列。

8.2.2.2　主要类型

可以按照不同的分类依据对生态保护进行分类。按照保护的方式、目的大致可以分为维护、保护、恢复和重建 4 种类型。

维护（preservation）一词通常意味着保持自然陆地与水体的现有模式不变。保护（conservation）通常指的是将资源，如土地资源、水资源和生物资源等保持在良好的状态，使当代人和后代人都同样可以对其进行可持续的利用。在资源已被破坏的地方，保护的意义就扩大为恢复（restoration）、重建（reconstruction）、复垦（reclamation）等，简言之，就是消除已造成的损害。

（1）维护　维护区包括对于生态极为敏感、景观独特、不宜开发利用的地区（如原始森林、草原、湿地等）；人为干扰较小或无直接人为影响，可以进行自我调节的地区；自然保护区的核心区也属于维护区。

（2）保护　对于生态敏感、景观较好、有重要的生物资源，虽已经受到人为干扰影响，面临严重破坏的危险，但若干扰影响解除后，可以自然恢复的地区，应实行人为保护，如划定自然保护区。在有效保护的基础上，可以有限制地利用。

（3）恢复　生态系统的结构和功能已经受到严重干扰破坏，影响了社会经济的发展，为了良好的环境和资源的可持续利用，在必须解除干扰或减轻干扰的情况下，采用人为的措施，使其结构和功能尽快返回到类似于干扰前的状况。

（4）重建　生态系统的结构和功能已经受到严重的干扰和破坏，自然恢复到原来的结构和功能有困难，为了更有效地开发利用，可以进行人工生态设计，实行生态改建或重建。生态改建或重建的项目应符合生态学原理和生态经济学规律，在进行较少能量投入的条件下，可以维持系统的良性平衡，达到环境和资源的可持续利用。

从整体上讲，上述 4 种类型是统一的，不可偏废，应该从整体上进行合理的分配和划定。但在人口居住密集的地区，生态系统已经受到严重的干扰和破坏，进行生态恢复与重建已成为最主要的人为生态保护活动。

按照人工化的程度可将生态保护分为自然保护和生态建设两类。

自然保护（conservation of nature）指采用各种手段，包括行政的、技术的、经济的和法律的，对自然环境和自然资源实行保护。其保护的对象很广，主要有土地、水、生物（包括森林、草原和野生生物等）、矿藏、典型景观等资源，其中心是保护、增殖（可更新资源）和合理利用自然资源，以保证自然资源的永续利用。

对自然资源的保护有各种不同的含意：①原则上不干预自然；②禁止对自然的任何干预；③主要是明智地利用自然，不论其目的如何；④关切人与环境之间的相互作用；⑤在时间进程中保持资源自身的永续生存。

自然保护区、海上自然保护区都属于自然保护。

生态建设（ecological construction）主要是对受人为活动干扰和破坏的生态系统（包括水生和陆生生态系统）进行生态恢复和重建。生态恢复与重建是从生态系统的整体性出发，保障生态系统的健康发展、自然资源的永续利用和生物生产力的提高。生态建设与自然保护的含义不同，生态建设是根据生态学原理进行的人工设计，充分利用现代科学技术，充分利用生态系统的自然规律，是自然和人工的结合，达到高效和谐，实现环境、经济、社会效益的统一。

8.3　可持续发展战略与政策

8.3.1　可持续发展

可持续发展（sustainable development）亦称持续发展。1987 年挪威首相布伦特兰夫人在她任主席的联合国世界环境与发展委员会的报告《我们共同的未来》中，把可持续发展定义为"既满足当代人的需要，又不对后代人满足其需要的能力构成危害的发展"，这一定义得到广泛接受，并在 1992 年联合国环境与发展大会上取得共识。我国有的学者对这一定义作了如下补充：可持续发展是"不断提高人群生活质量和环境承载能力的、满足当代人需求又不损害子孙后代满足其需求能力的、满足一个地区或一个国家需求又未损害别的地区或国家人群满足其需求能力的发展"。还有从"三维结构复合系统"出发定义可持续发展的。美国世界观察研究所所长莱斯特·R·布朗教授则认为，"持续发展是一种具有经济含义的生态概念……一个持续社会的经济和社会体制的结构，应是自然资源和生命系统能够持续维持的结构"。

可持续发展包含两个基本要素或两个关键组成部分："需要"和对需要的"限制"。满足需要，首先是要满足贫困人民的基本需要。对需要的限制主要是指对未来环境需要的能力构成危害的限制，这种能力一旦被突破，必将危及支持地球生命的自然系统如大气、水体、土壤和生物。决定两个要素的关键性因素是：①收入再分配以保证不会为了短期存在需要而被迫耗尽自然资源；②降低主要是穷人对遭受自然灾害和农产品价格暴跌等损害的脆弱性；③普遍提供可持续生存的基本条件，如卫生、教育、水和新鲜空气，保护和满足社会最脆弱人群的基本需要，为全体人民，特别是为贫困人民提供发展的平等机会和选择自由。

8.3.2　可持续发展战略的提出

可持续发展是 20 世纪 80 年代提出的一个新的发展观。它的提出是应时代的变迁、社会经济发展的需要而产生的。世界上第一次提出"可持续发展"概念是 1987 年由布伦特兰夫人担任主席的世界环境与发展委员会提出来的。但其理念可追溯至 20 世纪 60 年代的《寂静的春天》、"太空飞船理论"和罗马俱乐部等。1989 年 5 月举行的第 15 届联合国环境署理事会期间，经过反复磋商，通过了《关于可持续发展的声明》。

可持续发展的核心思想是，健康的经济发展应建立在生态可持续能力、社会公正和人民积极参与自身发展决策的基础上。它所追求的目标是：既要使人类的各种需要得到满足，个人得到充分发展；又要保护资源和生态环境，不对后代人的生存和发展构成威胁。它特别关注的是各种经济活动的生态合理性，强调对资源、环境有利的经济活动应给予鼓励，反之则应予摒弃。

所谓可持续发展战略，是指实现可持续发展的行动计划和纲领，是多个领域实现可持续发展的总称，它要使各方面的发展目标，尤其是社会、经济与生态、环境的目标相协调。1992 年 6 月，联合国环境与发展大会在巴西里约召开，会议提出并通过了全球的可持续发展战略——《21 世纪议程》，并且要求各国根据本国的情况，制定各自的可持续发展战略、计划和对策。1994 年 7 月 4 日，国务院批准了我国的第一个国家级可持续发展战略——《中国 21 世纪人口、环境与发展白皮书》。

8.3.3　可持续发展的政策

可持续发展对于发达国家和发展中国家同样是必要的战略选择，但是对于像中国这样的发展中国家，可持续发展的前提是发展。为满足全体人民的基本需求和日益增长的物质文化需要，必须保持较快的经济增长速度，并逐步改善发展的质量，这是满足目前和将来中国人民需要和增强综合国力的一个主要途径。只有当经济增长率达到和保持一定的水平，才有可能不断消除贫困，人民的生活水平才会逐步提高，并且提供必要的能力和条件，支持可持续发展。在经济快速发展的同时，必须做到自然资源的合理开发利用与保护和环境保护相协调，即逐步走上可持续发展的轨道上来，在提高质量、优化结构、增进效益的基础上，保持国民生产总值以平均每年 8%～9% 的速度增长。

2012 年 10 月 24 日，时任国务院总理温家宝主持召开国务院常务会议，讨论通过《能源发展"十二五"规划》。

会议讨论通过的《能源发展"十二五"规划》提出，"十二五"时期，要加快能源生产和利用方式变革，强化节能优先战略，全面提高能源开发转化和利用效率，合理控制能源消费总量，构建安全、稳定、经济、清洁的现代能源产业体系。

重点任务是以下几个方面。

① 加强国内资源勘探开发。安全高效开发煤炭和常规油气资源，加强页岩气和煤层气勘探开发，积极有序发展水电和风能、太阳能等可再生能源。

② 推动能源的高效清洁转化。高效清洁发展煤电，推进煤炭洗选和深加工，集约化发展炼油加工产业，有序发展天然气发电。

③ 推动能源供应方式变革。大力发展分布式能源，推进智能电网建设，加强新能源汽车供能设施建设。

④ 加快能源储运设施建设，提升储备应急保障能力。

⑤ 实施能源民生工程，推进城乡能源基本公共服务均等化。

⑥ 合理控制能源消费总量。全面推进节能提效，加强用能管理。

⑦ 推进电力、煤炭、石油天然气等重点领域改革，理顺能源价格形成机制，鼓励民间资本进入能源领域。推动技术进步，提高科技装备水平。深化国际合作，维护能源安全。

中国国务院新闻办公室于 2012 年 10 月 24 日发布《中国的能源政策》白皮书称，维护能源资源长期稳定可持续利用，是中国政府的一项重要战略任务。中国能源必须走科技含量高、资源消耗低、环境污染少、经济效益好、安全有保障的发展道路，实现节约发展、清洁发展和安全发展。

白皮书指，中国将通过坚持"节约优先"等八项能源发展方针，推进能源生产和利用方式变革，构建安全、稳定、经济、清洁的现代能源产业体系，努力以能源的可持续发展支撑经济社会的可持续发展。

这八项能源发展方针有以下具体内容。

① 节约优先。实施能源消费总量和强度双控制，努力构建节能型生产消费体系，促进经济发展方式和生活消费模式转变，加快构建节能型国家和节约型社会。

② 立足国内。立足国内资源优势和发展基础，着力增强能源供给保障能力，完善能源储备应急体系，合理控制对外依存度，提高能源安全保障水平。

③ 多元发展。着力提高清洁低碳化石能源和非化石能源比重，大力推进煤炭高效清洁利用，积极实施能源科学替代，加快优化能源生产和消费结构。

④ 保护环境。统筹能源资源开发利用与生态环境保护，在保护中开发，在开发中保护，积极培育符合生态文明要求的能源发展模式。

⑤ 科技创新。加强基础科学研究和前沿技术研究，增强能源科技创新能力。

⑥ 深化改革。充分发挥市场机制作用，统筹兼顾，标本兼治，加快推进重点领域和关键环节改革，构建有利于促进能源可持续发展的体制机制。

⑦ 国际合作。大力拓展能源国际合作范围、渠道和方式，提升能源"走出去"和"引进来"水平，推动建立国际能源新秩序，努力实现合作共赢。

⑧ 改善民生。统筹城乡和区域能源发展，加强能源基础设施和基本公共服务能力建设，尽快消除能源贫困，努力提高人民群众用能水平。

白皮书指出，今后一段时期，中国仍将处于工业化、城镇化加快发展的阶段，发展经济、改善民生的任务十分艰巨，能源需求还会增加。作为一个拥有 13 亿多人口的发展中大国，中国必须立足国内增加能源供给，稳步提高供给能力，满足经济平稳较快发展和人民生活改善对能源的需求。

中国可持续发展建立在资源的可持续利用和良好的生态环境基础上。国家保护整个生命支撑系统和生态系统的完整性，保护生物多样性；解决水土流失和荒漠化等重大生态环境问题；保护自然资源，保持资源的可持续供给能力，避免侵害脆弱的生态系统；发展森林和改善城乡生态环境；预防和控制环境破坏和污染，积极治理和恢复已遭破坏和污染的环境；同时积极参与保护全球环境、生态方面的国际合作活动。到 2015 年，主要污染物排放总量显著减少；城乡饮用水水源地环境安全得到有效保障，水质大幅提高；重金属污染得到有效控制，持久性有机污染物、危险化学品、危险废物等污染防治成效明显；城镇环境基础设施建设和运行水平得到提升；生态环境恶化趋势得到扭转；核与辐射安全监管能力明显增强，核与辐射安全水平进一步提高；环境监管体系得到健全（见表 8.1）。

表 8.1 "十二五"环境保护主要指标

序　号	指　标	2010 年	2015 年	2015 年比 2010 年增长
1	化学需氧量排放总量/万吨	2551.7	2347.6	−8%
2	氨氮排放总量/万吨	264.4	238.0	−10%
3	二氧化硫排放总量/万吨	2267.8	2086.4	−8%
4	氮氧化物排放总量/万吨	2273.6	2046.2	−10%
5	地表水国控断面劣 V 类水质的比例/%	17.7	<15	−2.7%
	七大水系国控断面水质好于 III 类的比例/%	55	>60	5%
6	地级以上城市空气质量达到二级标准以上的比例/%	72	≥80	8%

8.3.4　与可持续发展有关的立法

与可持续发展有关的立法是可持续发展战略和政策定型化、法制化的途径，与可持续发展有关的立法的实施是把可持续发展战略付诸实现的重要保障。在今后的可持续发展战略和重大行动中，有关立法和法律法规的实施占重要地位。

近十几年来，中国逐步加强了与可持续发展有关的立法，追求经济效益、社会效益和环境效益的统一，保障经济和社会的可持续发展。

① 中国制定了大量的经济法律法规，对各种经济社会关系进行调整，并在一定程度上体现了可持续发展的原则和要求；

② 科学技术是可持续发展的重要支柱，中国已制定了《科学技术进步法》、《农业科学技术推广法》等法律，依法推动了科学技术在可持续发展中的作用；

③ 截至目前，中国已制定了 4 部环境法律、8 部资源管理法律、20 多项环境资源管理行政法规、260 多项环境标准，初步形成了环境资源保护的法律体系框架；

④ 在教育、卫生、文化和社会保障等重要领域内，中国已制定大量的法规和政策，初步形成了保障社会可持续发展的法律框架。

中国与可持续发展有关的立法尚面临着新的挑战。

① 中国可持续发展领域的法规体系尚待进一步完善，使环境保护与经济发展相协调的原则得以更充分、更全面的体现；

② 为适应中国社会主义市场经济体制的建立，对已有的与可持续发展有关的立法进行调整完善，引入符合市场经济规律和市场机制要求的法律调整手段；

③ 地方立法需要进一步加强，使全国性的法律、行政法规确定的可持续发展原则在各地区得到有效的实施；

④ 随着中国逐步加入国际经济大循环，在与可持续发展有关的立法以及技术规则和标准的制定中，中国需要尽快与国际立法和惯例接轨；

⑤ 中国加入的有关可持续发展的国际公约，需要通过国内立法和国家行动计划予以实施。

思　考　题

1. 环境管理的内容是什么？
2. 我国环境保护的基本政策是什么？
3. 环境保护的主要对象及类型是什么？

参　考　文　献

[1] 刘涛，顾莹莹，赵由才. 能源利用与环境保护能源结构的思考. 北京：冶金工业出版社，2011.
[2] 李含琳. 环境理论与环境保护. 兰州：甘肃人民出版社，2004.
[3] 伊武军. 资源、环境与可持续发展. 北京：海洋出版社，2001.
[4] 王浣尘. 可持续发展概论. 上海：上海交通大学出版社，2000.
[5] 陈勇. 中国可持续发展总纲第三卷中国能源与可持续发展. 北京：科学出版社，2007.
[6] 罗强. 中国的能源问题与可持续发展. 北京：石油工业出版社，2001.
[7] 赛迪顾问股份有限公司. 2009－2011 年中国新能源产业发展研究年度报告.
[8] BP 世界能源统计年鉴. 2012.6. bp.com/statisticalreview.
[9] 国家能源局. 国家能源科技"十二五"规划（2011－2015）. 2011.12.

[10] 中华人民共和国国务院新闻办公室．中国的能源政策（2012）白皮书．2012.10.

[11] 董建辉．环境保护与可持续发展．西安：西北大学出版社，2003.

[12] 钱易，唐孝炎．环境保护与可持续发展．北京：高等教育出版社，2000.

[13] 吴承业．环境保护与可持续发展．北京：方志出版社，2004.

[14] 周国强，张青．环境保护与可持续发展概论．北京：中国环境科学出版社，2010.

[15] 周国强．环境保护与可持续发展概论．北京：中国环境科学出版社，2005.

[16] 王革华．能源与可持续发展．北京：化学工业出版社，2005.

[17] 朱焯炜．能源与可持续发展．上海：上海科学普及出版社，2011.